中国科学技术大学
交叉学科基础物理教程

主编　侯建国　　副主编　程福臻　叶邦角

热力学与统计物理导论

袁业飞　编著

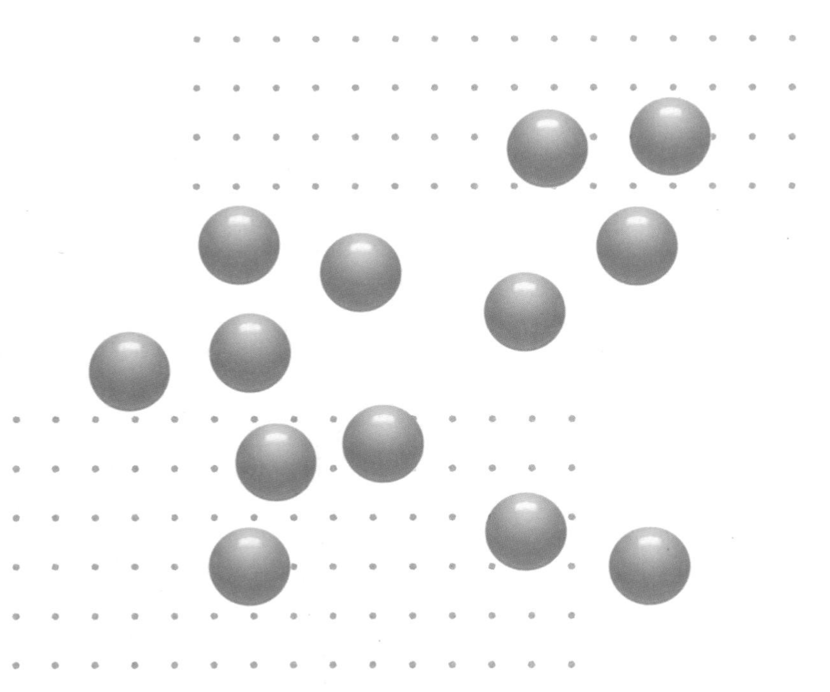

中国科学技术大学出版社

内 容 简 介

本书为中国科学技术大学交叉学科基础物理教程之一，主要内容包括：热力学系统及其热力学势，典型经典热力学系统，相变和临界现象，理想经典气体和量子气体的统计理论，统计系综理论，气体动力论。

本书适合物理专业以及天文学、空间科学等交叉学科专业的本科生学习使用。

图书在版编目(CIP)数据

热力学与统计物理导论/袁业飞编著. —合肥：中国科学技术大学出版社，2024.4
(中国科学技术大学交叉学科基础物理教程)
安徽省高等学校"十三五"省级规划教材
ISBN 978-7-312-05872-1

Ⅰ. 热…　Ⅱ. 袁…　Ⅲ. ①热力学—高等学校—教材 ②统计物理学—高等学校—教材　Ⅳ. O414

中国国家版本馆 CIP 数据核字(2024)第 043133 号

热力学与统计物理导论
RELIXUE YU TONGJI WULI DAOLUN

出版　中国科学技术大学出版社
安徽省合肥市金寨路 96 号，230026
http://press.ustc.edu.cn
https://zgkxjsdxcbs.tmall.com
印刷　合肥市宏基印刷有限公司
发行　中国科学技术大学出版社
开本　880 mm×1230 mm　1/16
印张　20.75
字数　414 千
版次　2024 年 4 月第 1 版
印次　2024 年 4 月第 1 次印刷
定价　86.00 元

总　　序

物理学从 17 世纪牛顿创立经典力学开始兴起，最初被称为自然哲学，探索的是物质世界普遍而基本的规律，是自然科学的一门基础学科。19 世纪末 20 世纪初，麦克斯韦创立电磁理论，爱因斯坦创立相对论，普朗克、玻尔、海森伯等人创立量子力学，物理学取得了一系列重大进展，在推动其他自然学科发展的同时，也极大地提升了人类利用自然的能力。今天，物理学作为自然科学的基础学科之一，仍然在众多科学与工程领域的突破中、在交叉学科的前沿研究中发挥着重要的作用。

大学的物理课程不仅仅是物理知识的学习与掌握，更是提升学生科学素养的一种基础训练，有助于培养学生的逻辑思维和分析与解决问题的能力，而且这种思维和能力的训练，对学生一生的影响也是潜移默化的。中国科学技术大学始终坚持“基础宽厚实，专业精新活”的教育传统和培养特色，一直以来都把物理和数学作为最重要的通识课程。非物理专业的本科生在一、二年级也要学习基础物理课程，注重在这种数理训练过程中培养学生的逻辑思维、批判意识与科学精神，这也是我校通识教育的主要内容。

结合我校的教育教学改革实践，我们组织编写了这套“中国科学技术大学交叉学科基础物理教程”丛书，将其定位为非物理专业的本科生物理教学用书，力求基本理论严谨、语言生动浅显，使老师好教、学生好学。丛书的特点有:从学生见到的问题入手,引导出科学的思维和实验,再获得基本的规律,重在启发学生的兴趣;注意各块知识的纵向贯通和各门课程的横向联系,避免重复和遗漏,同时与前沿研究相结合,显示学科的发展和开放性;注重培养学生提出新问题、建立模型、解决问题、作合理近似的能力;尽量做好数学与物理的配合,物理上必需的数学内容而数学书上难以安排的部分,则在物理书中予以考虑安排等。

这套丛书的编者队伍汇集了中国科学技术大学一批老、中、青骨干教师,其中既有经验丰富的国家教学名师,也有年富力强的教学骨干,还有活跃在教学一线的青年教师,他们把自己对物理教学的热爱、感悟和心得都融入教材的字里行间。这套丛书从2010年9月立项启动,期间经过编委会多次研讨、广泛征求意见和反复修改完善。在丛书陆续出版之际,我谨向所有参与教材研讨和编写的同志,向所有关心和支持教材编写工作的朋友表示衷心的感谢。

教材是学校实践教育理念、达到教学培养目标的基础,好的教材是保证教学质量的第一环节。我们衷心地希望,这套倾注了编者们的心血和汗水的教材,能得到广大师生的喜爱,并让更多的学生受益。

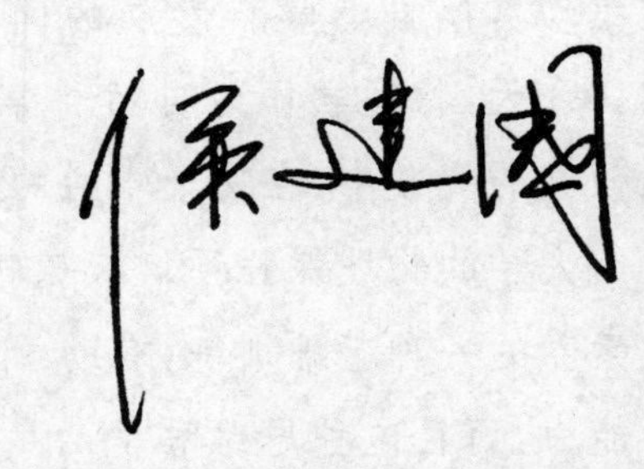

2014年1月于中国科学技术大学

前　言

费曼曾经说过，物理学只研究物质最基本的组成及运动。如果系统太复杂，系统内部存在各种相互作用，那就归为其他学科。以行星运动为例，忽略其他行星的影响，将行星和太阳当作二体系统处理，通过对行星运动的观测和数据分析，得到了行星运动的经验定律——开普勒三定律，并进一步发现万有引力定律，建立了经典力学的理论框架。而对三体系统，是无法完全求解的，甚至会出现混沌现象。

热力学和统计物理研究的对象是内部存在复杂相互作用的宏观系统。那它是怎么成为物理学的四大力学之一的呢？对于复杂的宏观系统，从理论上无法精确求解每个粒子的运动，在热力学理论发展的相当长时间内，人们甚至不知道宏观系统是由大量的原子、分子组成的（切尔奇纳尼，2002）。从实践的角度，我们也不关心系统内部微观的运动情况，而只关心系统的宏观性质。如果**放弃对系统微观状态的精确描述和预言，而变成对系统微观状态的概率性的描述，则对宏观复杂系统的研究又成了一门物理学科，一门研究热运动以及热运动对系统宏观性质影响的科学。**

从历史发展和热物理内在逻辑来看，热物理通常分为热力学和统计物理两部分。热力学理论属于唯象理论，是经验定律。**热力学第零定理、第一定律、第二定律以及第三定律，构成了热力学理论的基本框架。**热力学第零定律给出了温度的定义。热力学第一定律本质上是能量守恒在热物理中的具体表现。根据热力学第一定律，或者说基于能量守恒，可以引入热力学系统内能的概念。通过热力学第二定律，又引入了热物理中特有的概念——熵。根据热力学第三定律，熵是有绝对零点的，即可以定义绝对熵。在本书的第1章中，通过介绍热力学的四大定律，迅速建立了热力学公理化的理论体系。

能量的概念在所有物理学中占据了统治地位。相互作用本质上就是交换能量、动量和角动量。在经典力学中，力的地位很突出，它出现在动力学方程中。但在量子力学中，就没有任何力的地位了，取而代之的是“势能”，它体现了相互作用。因此，能量的概念比力的概念更普适、更本质。[①]

从物理学发展的历史来看，能量守恒的概念本身就起源于热物理，起源于热力学第一定律。能量守恒对宏观系统的大部分规律和热力学过程给出很强的限制，并衍生了其他很多基本的概念，比如温度、内能，甚至熵。本质上，热力学第一定律就是能量守恒和转化定律在热物理上的具体表现形式。

在不违背能量守恒的前提下，热力学系统自发演化是有方向性的。例如，日常生活经验告诉我们，杯中的热水(水温高于环境温度)不断损失能量而降温，从不会自发地从环境中吸收热量导致水的温度不断升高。热力学系统演化的方向由热力学第二定律判断。根据热力学第二定律，我们引入了一个在热力学中特有的概念，即熵判据。熵类似能量，首先它是个态函数，系统的状态确定之后，熵是确定的(类似势能，但还差一个任意的常数，热力学第三定律给出了绝对熵的定义)。在与外界没有能量和物质交换的环境中，系统自发演化的方向朝着熵增加的方向。熵的定义与能量密切相关。系统在演化过程中，例如在等温过程中，系统熵的改变等于系统从外界吸收的热量除以温度，即单位温度吸收的热量。热量虽然也是能量，但它是无序的能量，没有方向性，不像机械能。所以，系统吸收热量，导致系统无序度增加。另一方面，温度反映的是系统自身无序能量的大小，即温度越高，系统的内能也越高，也就是系统自身的无序能量也就越高，系统自身的无序度就越高(这里假设系统与外界没有物质交换)。在吸收相同热量的前提下，如果系统温度越高，相对系统自身的无序能量，系统增加的无序能量的比重就越小。总之，熵是系统无序度的一种精确度量。

热力学中的“力学”二字体现的其实是能量。系统再复杂，系统能量的概念还是可以保留的，而且也是我们最关心的，早期研究热物理的重要动机就是：如

① 当然了，从能量的角度来看，广义相对论是个例外，在广义相对论中，连势能的概念也不存在了！

何从系统中提取能量,提取能量的效率如何,以及系统能量改变之后,它的状态如何改变?**热物理的核心思想是基于能量的观点,因此,具有能量量纲的热力学势的概念在热力学理论中占据了统治地位。**在热力学中,热力学系统的热力学势决定了该系统所有的宏观性质。问题是,如何知道一个热力学系统的热力学势呢?在统计物理发展之前,只能通过实验不断对所研究的系统进行各种测量,根据实验数据,得到在实验参数范围适用的热力学势,并将之外推到更大的参数范围。在第2章中,介绍了几个常见的、典型的热力学系统,突出了热力学势,特别是自由能的地位。对于任何一个热力学系统,首先想到的是:系统的自由能是什么?

第3章主要讨论相变和临界现象。**相变是由于微观粒子间相互作用和热运动相互竞争,系统在有序相和无序相之间相互转化。**序参量的引入,是理解相变现象的关键。从对称性的角度,相变过程伴随着对称性的自发破缺。对称性自发破缺的思想,已成功应用到粒子物理和宇宙学中。规范场论中的希格斯机制解决了规范场粒子产生质量的问题,宇宙真空相变驱动了宇宙早期暴胀,它们本质上都是对称性自发破缺。

简单来说,统计物理就是假设系统是由大量的微观粒子组成的,根据微观粒子力学模型,可以理论推导出系统的热力学势。其中,系统的配分函数是从微观模型到宏观热力学势的桥梁和纽带:建立了系统的微观模型之后,系统的配分函数就确定了,得到系统的配分函数之后,就可以进一步得到系统的热力学势。有了热力学势,其他任务就交给热力学理论来处理。总之,统计物理起源于分子运动论,是还原论的又一次伟大胜利。虽然原子的概念要追溯到古希腊时期(例如德谟克利特认为万物的本原是原子和虚空),但是一直到近代,伴随着量子论的发展,原子的概念才广为接受,并得到了实验的检验。例如,爱因斯坦提出通过测量溶液中花粉的布朗运动来测量溶液中看不见的分子的大小,从而证明溶液是由更小的分子组成的。

在分子运动的发展过程中,有两个关键性的重大进展,一个是麦克斯韦根据分子运动论和概率论,理论推算出气体分子的速度分布律,即著名的麦克斯韦速度分布,并得到实验验证。奥地利著名物理学家**玻尔兹曼根据等概率假设,推导出经典的玻尔兹曼分布,得到了系统的热力学势,并给出了熵的统计解释**,即熵正比于系统在给定宏观条件下可能的微观状态总数的对数。统计物理可以给出热力学四大定律的统计解释。玻尔兹曼关于经典理想气体的统计理论主要在第4章中介绍。

第5章主要介绍理想量子气体的统计理论。理想量子气体包括费米气体和玻色气体。它们的统计理论与玻尔兹曼的统计理论是完全相同的,不同之处在于量子的能量可能是分立的,它们的统计性质与自旋有关,以及微观粒子的全同性。玻尔兹曼当年建立经典理想气体统计理论的时候,也采用了“能级”的概念,但那只是为了讨论问题方便而采用的工作假设,即将连续的能量分布离散化,并不是真正的能量量子化。对处于束缚态的量子气体,粒子的能级实际上就是分立的。粒子能级分立不是量子理想气体与经典理想气体统计理论的本质区别,它们之间的本质区别源自费米子和玻色子的统计性质与它们的自旋有关,以及微观粒子具有全同性。费米子自旋为半整数,需遵守泡利不相容原理,而玻色子自旋为整数,不需要遵守泡利不相容原理。**自旋和统计性质的关系本质量子力学也回答不了,这是量子论和狭义相对论相结合导致的一个自然的结果,与因果律有关。**

玻尔兹曼发展的统计理论只适用于理想气体,而自然界中粒子之间普遍存在相互作用,理想气体理论适用范围有限。后来,耶鲁大学数学物理教授吉布斯发展了麦克斯韦和玻尔兹曼的统计思想,建立了**统计物理的系综理论,是平衡态统计物理的普遍理论,原则上适用于由存在相互作用粒子组成的系统**,例如实际气体。系综理论是第 6 章的主题。系综是我们在思想实验中人为复制的一堆与真实的系统宏观条件和微观动力学模型完全一样的热力学系统。玻尔兹曼的统计理论与吉布斯的统计理论的基本思想是完全一致的,只是它们的统计对象不一样。在玻尔兹曼统计理论中,统计对象是真实系统中粒子的微观物理量,例如系统的内能就是对系统中各个粒子能量的统计平均。而在系综理论中,统计对象是系综中系统的能量。系综的能量就是对系综中各个系统的能量求平均。**基于各态历经假说,吉布斯假设系综平均等价于时间平均**(在对处于平衡态的系统进行测量的过程中,总是在宏观短、微观长的时间内完成的,因此测量值就是时间平均值),系综平均值就变得真实和物理的了!

气体动力论就是从系统的微观运动方程出发,得到系统宏观性质及其随时间的演化方程。气体动力论试图回答如下三个问题:**系统中的粒子是不停运动的,如何定义系统的平衡态?所有的系统都能自然地演化到平衡态吗?非平衡态系统如何演化?**在第 7 章,从系统的正则方程出发,导出了粒子之间碰撞效应的单粒子、双粒子一直到 $N-1$ 粒子分布函数满足的方程链,即 BBGKY 方程链。对于无碰撞的稀薄空间等离子体,BBGKY 方程链退化为无碰撞的单粒子分布函数 f_1 满足的方程——弗拉索夫方程。如果气体分子碰撞时标比较短,进一步采用分子混沌假设(分子在碰撞之前,如果在分子碰撞力程之外,它们是非关联的),就可以导出只包含单粒子分布函数 f_1 的微分-积分方程,即玻尔兹曼方程。气体分子运动论大多从玻尔兹曼方程出发讨论问题。

最后再简述一下热力学与统计物理的区别和联系。热力学从宏观、整体的角度研究热力学系统,理论基础就是通过长期实践和大量实验总结出来的热力学三大定律。有时候也加上热力学第零定律,它给出了温度的严格定义。热力学的四个定律是通过大量实验和实践总结出来的,因此在此基础上建立的热力学理论是可靠的、普适的,对客观世界的描述是相对准确的。对于某个具体的热力学系统,只要知道了该系统的热力学势函数,根据热力学理论,就可以推导出其他任何热力学函数或热力学量。热力学势反映了某个具体的热力学系统的个性化的物理性质,无法通过理论获得,只能通过实验测量、数据分析和拟合近似得到。热力学理论另外一个很大的缺陷是,它无法给出系统的涨落,因为在热力学中,给定系统的状态之后,系统的热力学量和热力学势都是确定的值。

统计物理是热物理中的还原论。在统计物理中,我们认为系统由具有阿伏伽德罗常数量级的大量微观粒子组成,系统的宏观性质是大量微观粒子微观物理量的统计平均值,系统的宏观规律是大量微观粒子微观运动规律的统计平均。统计物理分析问题的方式是,首先建立微观粒子的力学模型,其次建立系统的统计模型,即在给定宏观条件之后(例如给定温度和体积),系统的微观状态有很多种可能性,它们各自出现的概率如果给定,就给定了系统的统计模型,即系统的微观状态应该遵循的具体的统计分布函数。系统的统计模型可以基于等概率假设给出。等概率假设说,给定系统的宏观条件后,系统所有可能的微观状态出现的概率是相同的。等概率假设非常自然,非常质朴。

统计物理因为基本假设最少、最普适,所以被认为是极为优美的理论之一。统计物理很自然地解决了涨落问题,因为在给定系统的宏观条件之后,系统的微观状态并不唯一确定,我们测量到的宏观物理量是时间平均值,但会有涨落。当然了,在热力学极限下,系统的涨落一般趋近于零($\propto 1/\sqrt{N}$,其中 N 为系统的粒子数)。在统计物理中,不同物理系统的个性体现在具体的微观力学模型。当然,统计物理的缺点和它的优点一样突出:由于模型总是近似反映了实际情况,因此它对客观世界的描述可能不太准确,可以通过不断修正模型来弥补。

以上就是我在编写这本教材时对本课程逻辑体系安排和内容选择的基本考虑。

三十多年的学习、教学和科研经历告诉我,两类教材最受大家的欢迎:一类是薄的教材,另一类则是厚的教材。以基础物理学教材为例,薄的教材指的是导论性的教材,注重物理思想、物理概念和物理图像,在理论推导过程中,不片面追求数学的严格性，而注重体现物理思想的启发性的推导、教学式的推导，或者将物理模型尽量简化，抓住主要矛盾，反映核心的物理思想、关键的物理概念和主要的物理过程。厚的教材是指大百科全书式的教材，里面什么内容都有，系统而又全面，几乎是同类教材的终结者。

这两类教材都受欢迎的主要原因是这符合认识论的规律。学习一门新课，其实我们需要学好几轮，每一轮都是螺旋式上升的。导论性的教材适合初学者，初学者刚接触一门新课的时候，最大的障碍是新课中肯定存在大量的新的革命性的概念，很多概念甚至颠覆了他们以往先验性的认知，例如相对论和量子论。短时间之内正确理解这些新概念其实是很不容易的。一本好的导论性教材可能牺牲了很多技术细节，但是能帮助初学者很快掌握这门课的基本概念和逻辑体系，特别是背后的物理思想。以狭义相对论为例（国内狭义相对论介绍一般放在"电动力学"课程的最后），我翻看了很多电动力学教材，在介绍狭义相对论的时候，大都非常突出狭义相对论公理化的体系：从两个基本假设出发，逻辑演绎出了整个理论体系。这当然是对的，也是非常重要的。但是，爱因斯坦在狭义相对论中提出的他一生中最伟大的物理思想是：对称性决定物理规律。只需要将一个在牛顿力学中成立的三维的动力学方程改造成四维的方程，使之自动满足洛伦兹协变性，即洛伦兹对称性，那它就是粒子在接近光速运动时也成立的相对论性的运动方程。

著名数学家华罗庚曾经说过，学习要由薄到厚，再由厚到薄。大百科全书式的教材就是我们学习的第二个阶段所需要的，通过第二个阶段的学习，找差补缺，我们对某个课程的理解会更加深入、系统和全面。第三个阶段就是学以致用，只有能运用学过的知识去思考问题、理解问题并最终解决问题，才算真正掌握了所学的新概念，才能做到由厚到薄，让新思想和新概念变成常识。

著名物理学家李政道曾说过："我认为统计力学是理论物理中极完美的科目之一，因为它的基本假设是简单的，但它的应用却十分广泛。"（李政道，2006）他本人也曾著有统计物理方面的教科书。国内外成功的"热力学和统计物理"教材已经很多，我一直很困惑，是否有必要再编写一本新的教材呢？最终我说服了自己。希望借编写这本交叉学科教材的机会，在各位前辈的鞭策下，通过博采众家之长，加上自己的一点点科研经历和教学研讨，能够贡献出一本薄一点的，注重物理思想、物理概念和物理图像的教材。为了体现学科交叉，我在教学过程中介绍了不少与天体物理相关的内容，例如，萨哈方程、白矮星与中子星、相对性费米气体、宇宙暴胀、宇宙热历史、等离子体中的弗拉索夫方程等。不仅仅是因为我的研究领域是相对论天体物理，更重要的原因是，**宇宙为我们**

提供了各种极端条件下的物理实验室，在这些天体物理“实验室”里，物理系统特别简单，非常适合作为客观、真实的教学案例。例如，白矮星中电子是完全强简并的，可以当作温度为绝对零度（$T=0$ K）的费米气体。另外，在宇宙早期，整个宇宙完全处于等温状态，由几乎完全相对论性的正负电子对、中微子等费米气体以及作为玻色子的光子气体组成。同时，现代天文学的发展，导致宇观尺度的宇宙演化与微观的物理过程统一起来。特别是，宇宙的演化历史就是一部时空演化史、一部热力学演化史！热力学和统计物理对我们理解宇宙是如何运行的起到了关键性的作用。

在本书完稿之际，我首先要致谢的是我的老师程福臻教授。作为“恒星结构和演化”课程的主讲老师，他教给了我很多天体物理知识，其中大量的内容都与本课程有关。另外，在本书编写过程中，他一直给我鼓励和鞭策，不仅给我推荐了很多国内外优秀的教材，而且非常仔细认真地审阅了整本书稿。我还要感谢周子舫教授，我曾担任周老师本课程的助教，认真聆听了他讲授的所有本课程内容，受益良多。非常感谢我课题组已毕业的学生史欣玥博士和李春灵，她们在担任本课程助教的时候，收集整理了大量的习题，很多习题已收录在本教材中。本书初稿完成之后，承蒙南京大学鞠国兴教授，中国科学技术大学郑惠南教授、何海燕副教授，齐鲁师范学院刘门全教授，安徽师范大学汤宁宇副教授以及博士生茆常详同学审阅了全书，提出了很多宝贵的修改意见，在此一并致谢。教学和科研是相辅相成的，在编著本教材的过程中，我的科研工作受到了国家自然科学基金杰青项目（批准号：11725312）和科技部 SKA 专项（批准号：2020SKA0120300）的资助。

最后，本书不当之处恳请各位教师、同学和读者批评指正！发现错误请与我联系（yfyuan@ustc.edu.cn）。

袁业飞

2023 年 12 月 8 日于中国科大

目　录

第1章　热力学系统及其热力学势

焦耳（James Prescott Joule，1818—1889）1845年测量热功当量时所用的实验装置

图片来自网络。

热力学和统计物理的研究对象是宏观的热力学系统，热力学系统由大量的微观粒子组成。一套成熟的物理理论主要包含两部分：物理态及其演化，即如何刻画系统的状态？系统的动力学演化方程是什么？系统存在大量微观粒子，粒子之间存在相互作用。在给定宏观条件下（比如温度和体积），通过相互作用，粒子之间通过充分地交换能量和动量达到**平衡态**。系统处于平衡态的时候，它的宏观性质基本不随时间变化，系统的宏观状态就确定了。如果不关心系统的微观状态，而只关心系统的宏观性质，则平衡态就是热力学系统的物理态。事先给定的宏观条件，比如温度和体积，确定了平衡态的性质，也就是平衡态是温度和体积的函数，我们称温度和体积为系统的状态参量，这类似分析力学中的广义坐标。当外部条件改变之后，即系统的状态参量改变之后，系统将会演化到新的平衡态。系统物理态微观状态的演化由刘维尔方程决定（见第7章的讨论），对稀薄气体，近似由玻尔兹曼（Ludwig Eduard Boltzmann，1844—1906）方程决定，玻尔兹曼方程就是系统（稀薄气体）的动力学方程。如果系统宏观动力学时标远大于微观粒子的碰撞时标，系统内部很快就建立了局部热平衡，气体近似当作流体处理，在该条件下，系统宏观状态的演化由流体力学方程组决定（参见7.6节的内容）。作为一门导论课程，本教材主要集中讨论系统处于热力学平衡态时的诸多性质。

系统处于平衡态时，它的宏观性质由热力学四大定律所确定，它们构成了热力学的基本理论框架。系统处于平衡态时，**根据热力学第零定律，可以定义系统的温度**。当两个系统温度相同的时候，不管它们各自的物理性质有多大的差别，将它们进行热接触的时候，它们相互之间不会交换能量。

热力学第一定律说，无论你给系统注入何种形式的能量，无论你经过什么样的过程给系统注入能量，处于热力学平衡态时系统的总能量是确定的。**根据热力学第一定律，可以定义系统的内能**，内能是系统热力学势的一种。热力学第一定律也告诉我们如何测量系统的内能：根据注入系统能量的多少，可以预言系统内能的改变量。

热力学第二定律说，系统在自发演化过程中，系统的演化是有方向性的。比如不能从单一热源提取热能，将一种无序的能量，转化为机械能（方向性很强的能量）而对外做功。**根据热力学第二定律，可以引入熵的定义**。熵是态函数，即它是状态参量的函数，但根据热力学第二定律，无法完全确定熵的绝对大小，还差一个任意的常数，但两个平衡态之间的熵差是确定的。在与外界没有能量和物质交换的孤立环境中，系统自发演化总是朝着系统熵增加的方向。熵增原理是热力学第二定律的精确化。

热力学第三定律说绝对零度只能无限逼近，而永远无法到达。**根据热力学第三定律，可以定义绝对熵**，即绝对零度时系统的熵为零。在绝对零度时，系统的熵是唯一的，完全由温度决定，而与其他状态参量没有任何关系。

本章将详细介绍热力学四大定律，以及如何通过它们分别引入温度、内能、

熵以及绝对熵的概念。对于粒子数给定化学组成单一的系统，一般选择温度(T)、体积(V)、压强(p)和熵(S)中的两个作为系统的状态参量，而将具有能量量纲的内能、自由能、焓以及吉布斯自由能作为系统的热力学势。根据马修(Francois Jacques Dominique Massieu，1832—1896)定律，给定系统的热力学势作为状态参量的具体函数形式之后，系统的所有的宏观性质和其他热力学势都可以由其导出。在热力学理论中，只能通过实验不断对所研究的系统进行各种宏观性质测量，根据实验数据，得到在实验参数范围适用的热力学势，并将之外推到更大的参数范围。

对于粒子数可变，即系统与外界存在粒子数交换的化学组成单一的系统(开放系统)，还需引入新的状态参量，比如系统中粒子的摩尔数。在开放系统中，最常用的热力学势是巨热力学势。如果系统还带电、带磁等其他物性，还需要引入新的电磁参量扩充系统的状态参量。

1.1 热力学系统及其平衡态

热力学和统计物理研究的对象是热力学系统，也简称为系统。热力学系统是由大量的微观粒子(原子、分子、电子、光子、离子、原子核甚至是声子这样的虚粒子等)组成的宏观物质系统。常见的系统有地球大气、江河湖海中的水、冰、等离子体、磁流体、辐射场、金属中的电子、白矮星、中子星、凝聚态物质、超导体等。甚至在宇宙早期，宇宙年龄小于 38 万年，即在宇宙中的电子与光子退耦之前，整个宇宙就是一个热力学系统。

热力学和统计物理研究的具体内容是与我们日常生活经验密切相关的系统的宏观性质(例如温度、压强、内能等)之间的关系和它们随着时间的演化，以及系统内部、系统与外界通过交换能量、物质等方式发生相互作用的规律。热力学的研究方法是在人类大量的生产实践和精密物理实验基础之上，归纳总结出以热力学第零定律、热力学第一定律、热力学第二定律和热力学第三定律为代表的经验定律，以此为基础建立热力学的理论体系，用于研究系统的宏观性质和演化。因此，热力学理论是普适的，与实验符合得比较好。

热力学是伴随着第一次工业革命(18 世纪 60 年代至 19 世纪 40 年代)而发展的，当时原子论的观点还没有被广泛接受。在热力学中，系统被看作为连续介质，系统的热力学性质是系统状态的连续函数，因此，热力学不能够解释系统的涨落现象。以标准大气为例，根据下面的讨论，易知大气分子的平均自由程远小于系统的物理尺度，或者说分子碰撞时标远小于宏观观测时标，流体近似还是非常不错的假设。

在统计物理中，基于分子运动论，系统的宏观性质可以视为大量微观粒子无规热运动的统计平均结果。统计物理的研究方法是，首先建立组成系统的微观粒子的力学模型，然后采用统计方法，得到系统的宏观性质。一方面由于在建立微观粒子力学模型的过程中，不可避免地采用了一些近似；另外一方面，在对大量微观粒子作统计平均的过程中，经常遇到非常复杂的计算，不得不采用某些近似。相比于热力学，在很多情况下，统计物理得到的很多结果与实验符合得并不太好，但是统计物理有助于理解热现象背后的物理本质，而且不难理解，统计物理可以很自然地解释系统的涨落现象。

为了加深对热力学系统中微观粒子数的理解，估算一下标准状态下空气中分子数密度。根据国际纯粹与应用化学联合会(IUPAC)的定义，标准状态是指 $T=273.15\ \mathrm{K}(0\ ^\circ\mathrm{C})$，$p=100\ \mathrm{kPa}$ 条件下，这样的定义接近海平面上水的冰点。在标准状态下，空气的物理特性见表 1.1。

表 1.1　标准状况下空气的物理特性

质量密度 ρ $(\mathrm{kg\cdot m^{-3}})$	声速 v_s $(\mathrm{m\cdot s^{-1}})$	平均分子量 M_r	定压比热容量 c_p $(\mathrm{kJ\cdot kg^{-1}\cdot K^{-1}})$	定容比热容量 c_V $(\mathrm{kJ\cdot kg^{-1}\cdot K^{-1}})$	热传导系数 κ $(\mathrm{W\cdot m^{-1}\cdot K^{-1}})$
1.293	331.5	28.9634	1.005	0.718	0.027

根据表 1.1，在标准状态下，空气中气体分子数密度 n 约为

$$n=\frac{\rho}{m}=\frac{\rho}{M_r\cdot m_u}=2.56\times10^{25}\ \mathrm{m^{-3}} \tag{1.1}$$

其中，$m_u=1.66\times10^{-27}\ \mathrm{kg}$ 为原子质量单位。$m=M_r\cdot m_u$ 为分子的平均质量。n 也可以按下式计算：

$$n=\frac{\rho}{M_m}N_A=2.56\times10^{25}\mathrm{m^{-3}} \tag{1.2}$$

其中，$M_m=29.0\times10^{-3}\mathrm{kg\cdot mol^{-1}}$ 为空气的平均分子摩尔质量，$N_A=1\ \mathrm{g}/m_u=6.02\times10^{23}$ 为阿伏伽德罗常数，它的物理意义是 1 g 物质中含有的核子数。粗略地说，宏观物质系统中含有的分子数目的特征值为阿伏伽德罗常数，这个数目无疑是非常巨大的。

可以根据系统与外界的相互作用的不同，将系统分为孤立系统、封闭系统以及开放系统，分别简称为孤立系、闭系以及开系。孤立系定义为与外界没有任何相互作用的系统，即孤立系与外界既不存在能量交换也不存在物质交换。闭系与外界存在能量交换但无物质交换，而开系则与外界同时存在能量和物质交换。开系是普遍存在的，原则上孤立系是不存在的。但是，当系统与外界的相互作用比较小的时候，即系统与外界相互作用的能量远小于系统本身的能量，交换粒子数目远小于系统本身的粒子数目时，该系统从物理上可以作为孤立系处理，这是物理学中经常采用的理想化方法，在建立物理模型和理论推导的过程中

非常有用。另一方面,孤立系统的定义又是相对的:如果将某开放系统与外界作为一个整体来研究,该新的系统又可以当作一个更大的孤立系统来处理。

在外界条件不变的情况下,经过足够长的时间之后,系统的宏观性质(诸如系统的总粒子数、温度和压强等宏观物理量)不再随时间变化,这时我们称系统达到热力学**平衡态**。所谓时间足够长是与系统状态改变的特征时标——弛豫时间相比较而言的。系统状态的改变可以用某特征物理量ϕ的改变$\Delta\phi\approx\phi$来表示,如果该物理量的变化速率为$\dot{\phi}$,则该过程的特征时标τ定义为

$$\tau = \frac{\Delta\phi}{\dot{\phi}} \tag{1.3}$$

下面分别估算在标准状态下空气中各种典型物理过程的特征时标。

1. 碰撞时标

空气通过分子间的频繁碰撞很快就能建立局域平衡,根据分子运动论,该弛豫时标取决于系统中微观粒子的数密度n、粒子间相对运动速度以及粒子间相互碰撞的截面σ。气体分子可以简化为半径$d=3.10\times10^{-10}$ m的刚性小球,则$\sigma=\pi d^2$,因此,分子运动的平均自由程λ和弛豫时间τ分别为

$$\lambda\approx\frac{1}{n\sigma} = 1.29\times10^{-7}\ \text{m} \tag{1.4}$$

$$\tau\approx\frac{\lambda}{\bar{v}} = 2.81\times10^{-10}\ \text{s} \tag{1.5}$$

其中,$\bar{v}=\sqrt{8k_{\text{B}}T/(\pi m)}$为分子的平均运动速率,分子数密度$n$由表1.1计算得到。

2. 动力学时标

在空气(流体)中,密度或压强的扰动以声速v_{s}传播,假设系统的尺度为$l=1$ m,则该动力学过程的特征时标为

$$\tau\approx\frac{l}{v_{\text{s}}} = 3.02\times10^{-3}\ \text{s} \tag{1.6}$$

3. 热传导时标

如果系统中存在ΔT的温差,系统的体积$V\sim l^3$,系统的横截面积$A\sim l^2$,则系统中的热量的改变ΔQ为

$$\Delta Q\approx c_V\rho l^3\Delta T \tag{1.7}$$

根据热传导的傅里叶定律,系统中热量的改变速率为

$$\Delta\dot{Q} = -\kappa\frac{\mathrm{d}T}{\mathrm{d}z}A\approx\kappa\frac{\Delta T}{l}l^2 \tag{1.8}$$

于是热传导的特征时标为

$$\tau \approx \frac{\Delta Q}{\Delta \dot{Q}} \approx \frac{c_V \rho l^2}{\kappa} \approx 3.4 \times 10^4 \text{ s} \tag{1.9}$$

4. 扩散时标

如果空气中的氧气出现 Δn 的浓度差，系统中氧气分子的改变量 $\Delta N \sim \Delta n l^3$，根据分子扩散的菲克定律，

$$\Delta \dot{N} = D \frac{\mathrm{d}n}{\mathrm{d}z} A \approx D \frac{\Delta n}{l} l^2 \tag{1.10}$$

在室温下，$D \approx 1.78 \times 10^{-5}\ \mathrm{m}^2 \cdot \mathrm{s}^{-1}$，氧气分子扩散的特征时标为

$$\tau \approx \frac{\Delta N}{\Delta \dot{N}} = \frac{l^2}{D} = 5.3 \times 10^4 \text{ s} \tag{1.11}$$

从上面的讨论中可以得到以下的几点结论：对于通常的热力学系统，第一，系统最容易达到局域热平衡。即使系统宏观上处于非平衡态，在宏观小、微观大的尺度（远大于分子平均自由程）上，系统局部处于热平衡态。第二，系统也比较容易达到宏观的动力学平衡（密度和压强均匀）。在系统状态受到外界条件的改变而改变的过程中，如果外界条件改变的特征时标远大于系统的动力学时标，在宏观短、微观长（远大于动力学时标）的时间尺度上，系统可以看作处于热力学平衡态。因此，热力学过程经历了一系列的平衡态，即准静态过程。同时，可以采用流体近似来描述系统，即系统的宏观物理量可以表述为状态参量的连续函数。第三，系统中温度均匀化和化学成分的浓度均匀化一般需要更长的时间。第四，宏观物理过程的弛豫时间依赖于系统的特征尺度，系统的尺度越大，弛豫时标就越大。

系统处于平衡态时，系统的所有宏观物理量都不随时间变化，可以用一组独立的宏观物理量的数值来表征系统的平衡态，所需独立宏观物理量的数目称为系统的自由度，该组独立的宏观物理量称为**状态参量**。例如，装在封闭容器中的化学成分单一的气体，它的自由度为 2，状态参量可以选为压强和体积：(p, V)。这时候在 pV 平面内（或其他态空间）的任一点与系统的某一平衡态一一对应，系统状态的改变过程（准静态过程）在 pV 空间可以表示为一条曲线，如图 1.1 所示。pV 平面完全类似于力学中的相空间（坐标-动量空间）[①]，而热力学系统的平衡态也完全类似于力学系统的态。也可以将 pV 平面称作为该热力学系统的相空间。

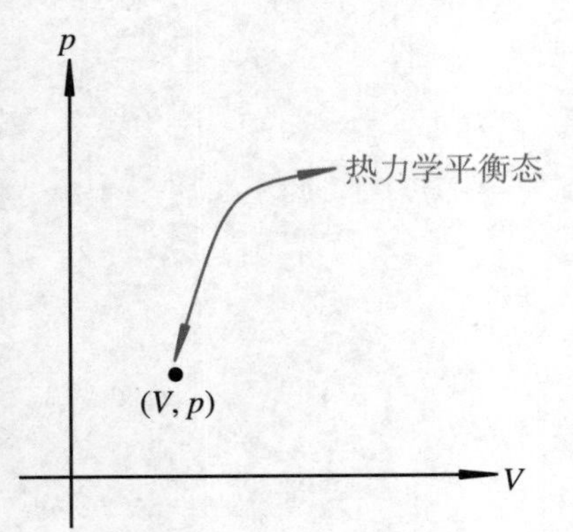

图 1.1　热力学平衡态与热力学相空间

相空间中的一个点与一个热力学平衡态一一对应。

对于化学纯的开放系统，即该系统与一个大的粒子源相互交换粒子和能

① “相空间”中的“相”指的是系统的状态。而“相变”中“相”的意思是物质存在的形态，不同相对应于由同一种化学物质组成但内部结构不同的系统，例如水的气态、液态和固态三相。

量，那么除了体积和压强，还需要知道系统中的粒子数 N，或者粒子数密度 n，因此该系统的自由度就是3，例如可以取(p,V,n)作为状态参量。不难理解，由 m 种化学成分组成的开放系统，它的自由度是 $m+2$，如果该系统是封闭的，由于受到总质量守恒这一约束条件，封闭系统的自由度就是 $m+1$。体积显然刻画了系统的几何性质，称为几何参量；而压强刻画了系统的力学性质，称为力学参量；粒子数密度 n（或者总粒子数 N）表征了系统中化学成分的变化，称为化学参量；温度刻画了系统的热学性质，称之为热参量。温度的严格定义参见1.2.1小节的讨论。

热力学理论是普适的，它同样适用于处于电场或磁场中的电介质和磁介质，本质上，电介质和磁介质系统也是有大量“微观粒子”组成的宏观系统，只不过这里的“微观粒子”指的是分子环流或电极化分子。对于电磁介质，它们的状态参量必须含有被称为电磁参量的电场强度、电极化强度、磁感应强度以及磁化强度等。

总之，处于热力学平衡态的系统是我们研究的主要对象，平衡态与一组状态参量一一对应，例如对 pVT 系统，三者中的任何两个参量都可以作为系统的状态参量。处于平衡态时，系统的力学参量、几何参量、热参量以及化学参量都不随时间发生变化。因此，系统达到热平衡的充要条件是系统必须同时达到了力学平衡、热平衡以及化学平衡(也称为相平衡)。

热力学参量或热力学函数可以分为**广延量**和**强度量**两大类。广延量与系统的总粒子数 N 成正比，例如体积 V、总能量 U 等，当然，N 本身也是广延量。强度量与系统的总粒子数无关，例如压强 p、温度 T、粒子数密度 $n=N/V$ 等。根据广延量的可加性可以很容易判断某个量是不是广延量。若复制一个完全相同的系统，将两个系统合并：如果某个量加倍了，那它就是广延量，例如体积 V；反之，如果某个量不变，例如温度 T，那它就是强度量。我们尽量用大写字母表示广延量，小写字母表示与之对应的强度量，例如 N 与 n。温度 T 是个特例，它有特别的含义，它表示理想气体温标或绝对温标，详见1.2节和1.4.4小节的讨论。

1.2 热力学第零定律与温度

1.2.1 热力学第零定律：温度

当系统处于热力学平衡态之后，系统的所有宏观物理量，即热力学量都不再随时间变化，包括系统的热参量，例如温度。粗略地说，温度反映了系统的冷热程度，温度的严格定义由热平衡定律给出，热平衡定律同时也给出了定量测量温度的一种方法。热平衡定律指的是两个都处于平衡态的系统之间通过热量交换,从而导致各自热力学状态的改变,最终两者都达到相互关联的、新的平衡态的定律。可以用下面的思想实验来说明热平衡定律。

考察三个都处于平衡态的封闭系统(图 1.2),系统的体积可以改变,系统之间也可以相互交换能量。用带有活塞的刚性容器来模拟这样的系统,其中容器有一面可以通过与另一个系统同样的面接触交换能量,称之为导热壁,导热壁是刚性的,刚性壁的假设是为了保证系统间只存在能量的交换,从而各自独立地演化达到新的平衡态而不相互影响,也就是说,系统间通过能量交换,除了它们的热参量存在某种关联之外,其他的参量,包括几何参量和力学参量等都不存在直接的关联。其他壁与外界不存在能量交换,称之为绝热壁。实验的第一步,将其中两个系统(系统 A 和系统 B)同时独立地与第三个系统(系统 C)通过导热壁接触,经过足够长的时间之后,三个系统都达到了新的平衡态,由于系统 A 和系统 B 之间不存在能量交换,我们称系统 A 和系统 C,以及系统 B 和系统 C 之间都达到了热平衡。实验的第二步,首先将系统 A 和系统 B 都移离系统 C,然后将系统 A 和系统 B 通过导热壁保持接触,结果发现无论经过多长的时间,系统 A 和系统 B 都处于原先的平衡态而不发生改变,也就是说系统 A 和系统 B 之间不存在能量交换,也已达到热平衡。该实验告诉我们,可以通过两个系统(A 与 B)与同一个系统(C)热接触都达到热平衡,来判断这两个系统也达到热平衡。

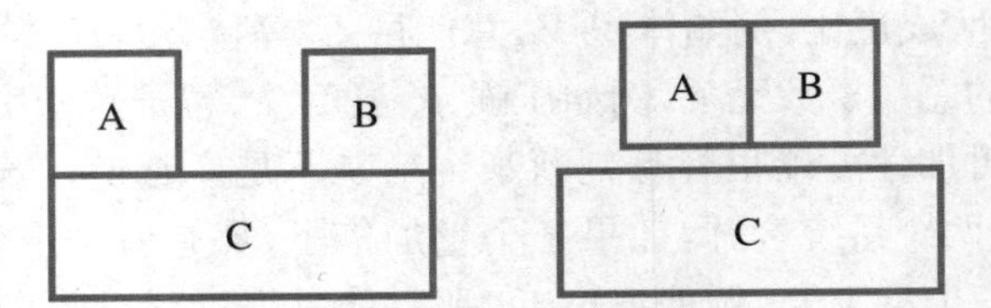

图 1.2　热力学第零定律

A,B 分别与 C 达到热平衡,A,B 之间也必然达到热平衡。

当两个系统处于热平衡的时候,它们相互之间必定存在某个数值相等的热参量,可以将该热参量定义为温度。因此,可以通过判断两个系统的温度是否相等来判断它们之间是否达到热平衡。这就是热平衡定律。热平衡定律是拉尔夫・H. 福勒(Ralph H. Fowler)于 1939 年提出来的,因为它定义了温度这个基本的热参量,是热力学第一定律、热力学第二定律以及热力学第三定律的基础和前提,因此也称之为热力学第零定律。

下面来说明温度是系统的状态函数,简称态函数,也就是说,系统的状态确定之后,系统的温度就唯一决定了。对于孤立的 pVT 系统,用数学表示,如果系统的状态参量为(p,V),那么温度就是(p,V)的函数:$T=T(p,V)$。当然,对于不同的热力学系统,系统的物态不同,$T=T(p,V)$具体函数形式也是不一样的。假设上面三个系统的状态参量分别为$(p_i,V_i,\ i=1,2,3)$,在上面思想实验的第一步中,由于系统 1 和系统 2 都与系统 3 达到热平衡,它们的平衡态必定与系统 3 的平衡态之间存在某种约束关系,形式上分别用函数 f_{13} 和 f_{23} 来

表示：

$$f_{13}(p_1, V_1, p_3, V_3) = 0 \tag{1.12}$$

$$f_{23}(p_2, V_2, p_3, V_3) = 0 \tag{1.13}$$

原则上，求解上面的两个方程，都可以得到系统 3 的压强 p_3：

$$p_3 = F_{13}(p_1, V_1, V_3) \tag{1.14}$$

$$p_3 = F_{23}(p_2, V_2, V_3) \tag{1.15}$$

由方程(1.14)和方程(1.15)得到

$$F_{13}(p_1, V_1, V_3) = F_{23}(p_2, V_2, V_3) \tag{1.16}$$

原则上可以通过求解方程(1.16)得到系统 3 的体积 V_3：

$$V_3 = g(p_1, V_1, p_2, V_2) \tag{1.17}$$

系统 3 的体积 V_3 与系统 1 和系统 2 的状态参量是独立变化的，不应该存在某种函数关系，例如，在保持系统 3 的其他状态参量以及系统 1 和系统 2 的所有状态参量不变的情况下，将系统 3 的体积增加一倍，重复上面的实验及分析，根据方程(1.17)，得到了 $V_3 = 2V_3$ 的荒谬的结论。因此，方程(1.17)的右边必须为零，即

$$g(p_1, V_1, p_2, V_2) \equiv f_{12}(p_1, V_1, p_2, V_2) = 0 \tag{1.18}$$

因此在推导方程(1.17)的过程中，V_3 必须被消去。方程(1.18)也可以从上面思想实验的第二步得到。根据上面的分析，函数 F_{13} 和 F_{23} 不是任意的，应该是以下的形式：

$$p_3 = F_{13}(p_1, V_1, V_3) = T_1(p_1, V_1)a(V_3) + b(V_3) \tag{1.19}$$

$$p_3 = F_{23}(p_2, V_2, V_3) = T_2(p_2, V_2)a(V_3) + b(V_3) \tag{1.20}$$

才能保证方程(1.17)不显含 V_3。从方程(1.19)和方程(1.20)，可以得到

$$T_1(p_1, V_1) = T_2(p_2, V_2) \tag{1.21}$$

同理，

$$T_1(p_1, V_1) = T_2(p_2, V_2) = T_3(p_3, V_3) \equiv T \tag{1.22}$$

可以将 T 定义为系统的温度。当系统间达到热平衡之后，它们的温度相等，现在可以将系统的温度相等作为达到热平衡的判据。从方程(1.22)可以看出，对不同的系统，它们的温度函数 $T_1(p, V)$，$T_2(p, V)$，$T_3(p, V)$可以是完全不同的，因为不同的系统可能是由不同的物质组成的，它们的物理属性可以完全不一样，但是，不管它们是什么样的系统，在它们达到热平衡态的时候，温度的数

值都是相等的。

可以根据热力学第零定律来测量系统的温度。用某个特定的系统与不同的系统保持热接触，当达到热平衡之后，可以通过读取该特定系统的状态参量的改变来测量系统的温度。该特定的系统就是温度计。温度计某个状态参量的数值（在保持其他状态参量不变的前提下）可以用来标定被测系统的温度，即温标。

在实际的温度测量过程中，原则上可以利用任何物质来制作温度计，只要该物质的某个属性（参量）随着温度的变化发生显著的、单调的变化，就可以建立各种各样的温标，这类温标被称为经验温标。基于理想卡诺热机理论，可以引入一种理想化的、不依赖于具体测温物质和测温属性的温标，称为绝对温标或者热力学温标（图 1.3，详见 1.4.4 小节）。

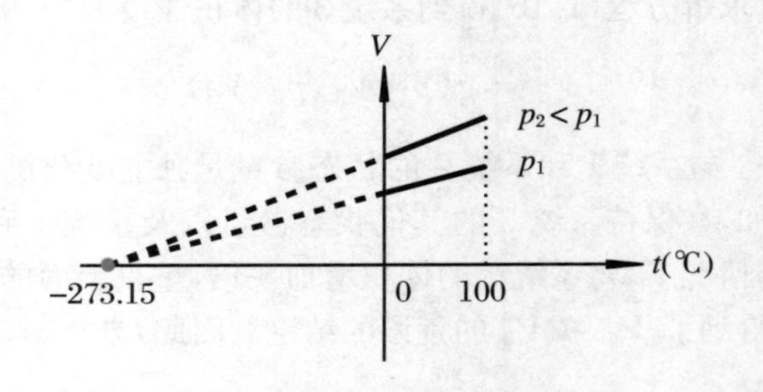

图 1.3 理想气体温标
在压强 $p\to 0$ 时，实际气体趋近于理想气体。

经验温标需要三个要素：① 测温物质及其测温属性；② 定标点，一般选择相变点，因为相变点的温度相对稳定，例如水的三相点；③ 选定物质的测温属性与温度的关系，一般选线性关系，例如水银的体积改变正比于该温标对应的温度。下面以理想气体温标为例来说明经验温标的建立过程。理想气体温标选的测温物质为理想气体，测温属性是定压条件下体积随温度的增加而增加。定标点分别选为 $t=0$ ℃，$t=100$ ℃。对应气体的体积分别为 V_0 和 V_1，如果在某温度时，测得气体的体积为 V，则该温度 t 就为

$$t(V)=\frac{100}{V_1-V_0}(V-V_0)(℃) \tag{1.23}$$

反解上式，得到

$$V=V_0+\beta_p^{-1}t=\beta_p^{-1}(t+V_0\beta_p)\equiv\beta_p^{-1}(t+1/\alpha_p) \tag{1.24}$$

其中，$\beta_p=100/(V_1-V_0)$，$\alpha_p=(V_1-V_0)/(100V_0)$。对于理想气体，$1/\alpha_p=273.15$ ℃。对一般的实际气体，在 $p\to 0$ 时，在相同的温度下，气体的体积增加，气体分子之间的距离增加，它们之间的相互作用势能减小，越来越低于分子的动能，趋近于理想气体，因此 $1/\alpha_p\to 273.15$。如果引入新的温度 T：$T=t+273.15$，这时

$$V = \beta_p^{-1} T \equiv CT \tag{1.25}$$

就不再需要两个定标点了，而只需要一个，例如选水的三相点 $T_3 = 273.16$ K (0.01 ℃)。最终理想气体温标就改为

$$T = T_3 \frac{V}{V_3} = 273.16 \frac{V}{V_3} (\mathrm{K}) \tag{1.26}$$

其中，V_3 为三相点时气体的体积。

理想气体温标在其适用的范围内，与热力学温标相一致，因此，热力学温标可以通过理想气体温标来实现。理想气体温标对应的温度 T 的单位为绝对温度单位 K。

1.2.2 状态方程及其测量

热平衡定律告诉我们，当系统处于热力学平衡态时，系统的温度是确定的，以封闭的气体为例：

$$T = T(p, V) \tag{1.27}$$

不同的系统(例如不同的气体)在给定同样的状态参量的情况下，它们的温度是不一样的，这取决于它们各自的物理特性。因此，方程(1.27)反映了系统的物理特性，称为**状态方程**，又称为物态方程。方程(1.27)也可以改写为更加对称的形式：

$$F(p, V, T) = 0 \tag{1.28}$$

状态方程还有一种常见的形式是

$$p = p(\rho, T) \tag{1.29}$$

对由非相对论性微观粒子组成的系统，ρ 是该系统的质量密度；对由相对论性微观粒子组成的系统，ρ 就是该系统的能量密度。在一般情况下，如果系统的状态参量为 $x_1, x_2, \cdots, x_n$，则系统的状态方程为

$$f(x_1, x_2, \cdots, x_n, T) = 0 \tag{1.30}$$

热力学规律是经过大量的实验和实践总结出来的，具有普适性，反映了所有热力学系统的共性，而状态方程却是系统个性的体现，只能通过实验得到。在统计物理中，可以通过粒子的微观物理模型从理论上得到。而且，状态方程是对均匀的系统来说的，如果系统不均匀，在宏观小、微观大的尺度上也可以看作均匀的子系统。

为了得到系统的状态方程，需要对系统做各种测量。下面介绍几个与状态方程测量有关的物理量，它们分别是：

1. 体膨胀系数 α_p

$$\alpha_p \equiv \frac{1}{V}\left(\frac{\partial V}{\partial T}\right)_p \tag{1.31}$$

α_p 给出在等压过程中,温度升高或降低单位温度(例如,1 K)所引起的系统的体积增加或减少的比例。

2. 压强系数 β_V

$$\beta_V = \frac{1}{p}\left(\frac{\partial p}{\partial T}\right)_V \tag{1.32}$$

β_V 给出在等容过程中,温度升高或降低单位温度(例如,1 K)所引起的系统的压强增加或减少的比例。

3. 等温压缩系数 κ_T

$$\kappa_T = -\frac{1}{V}\left(\frac{\partial V}{\partial p}\right)_T \tag{1.33}$$

κ_T 给出在等温的过程中,压强增加或减少单位压强(例如,1 Pa)所引起的系统的体积减小或增加的比例。κ_T 定义中的负号是为了在通常情况下 κ_T 取正值,因为在通常情况下,系统在等温的条件下,系统的体积随着压强的增加而减少。

由于 p,V,T 三个变量需满足状态方程,是不独立的,其偏导数之间需满足如下的关系:

$$\left(\frac{\partial p}{\partial V}\right)_T\left(\frac{\partial V}{\partial T}\right)_p\left(\frac{\partial T}{\partial p}\right)_V = -1 \tag{1.34}$$

因此 $\alpha_p,\beta_V,\kappa_T$ 满足如下的关系式:

$$\alpha_p = \kappa_T\beta_V p \tag{1.35}$$

下面以理想气体为例,介绍如何通过实验得到系统的状态方程。首先,根据理想气体温标的定义,在定压条件下,$V\propto T$;在定容条件下,$p\propto T$。等价于测量到:$\alpha_p = 1/T$,$\beta_V = 1/T$。另外,根据玻意耳-马里奥特定律:$pV = C(T)$,等价于测得:$\kappa_T = 1/p$。因此,$\ln V(T,p)$的全微分如下:

$$\mathrm{d}\ln V(T,p) = \alpha_p\mathrm{d}T - \kappa_T\mathrm{d}p = \frac{1}{T}\mathrm{d}T - \frac{1}{p}\mathrm{d}p = \mathrm{d}\ln T - \mathrm{d}\ln p \tag{1.36}$$

积分上式,得到:$\ln V(T,p) = \ln T - \ln p +$ 常数,即

$$\frac{pV}{T} = \text{常数} \tag{1.37}$$

根据阿伏伽德罗定律,上式中的常数正比于气体分子的质量数。用 R 表示对应于1摩尔(mol)理想气体该常数的值,名为摩尔气体常数。实验测得 $R = 8.3145\ \mathrm{J \cdot mol^{-1} \cdot K^{-1}}$。因此,对于1 mol理想气体,它的状态方程为

$$pV = RT \tag{1.38}$$

对任意摩尔数 n_{m} 的理想气体,它的状态方程为

$$pV = n_{\mathrm{m}} RT \tag{1.39}$$

下面再举一个实际气体的例子。对某单位摩尔的实际气体,假如实验测得它的体膨胀系数 α_p 和等温压缩系数 κ_T 分别为

$$\alpha_p = \frac{1}{T}\left(1 + \frac{3a}{VT^2}\right), \quad \kappa_T = \frac{1}{p}\left(1 + \frac{a}{VT^2}\right) \tag{1.40}$$

其中,a 为常数。当 $V \to \infty$ 时,它们分别趋近于理想气体的结果。下面讨论如何得到它的状态方程。利用 $\alpha_p = \beta_V \kappa_T p$,有

$$\frac{1}{T}\left(1 + \frac{3a}{VT^2}\right) = \frac{1}{p}\left(1 + \frac{a}{VT^2}\right)\left(\frac{\partial p}{\partial T}\right)_V \tag{1.41}$$

从而得到

$$\left(\frac{\partial \ln p}{\partial T}\right)_V = \frac{1}{T} + \frac{2a/(VT^3)}{1 + a/(VT^2)} \tag{1.42}$$

积分上式,得到

$$\ln p = \ln T - \ln\left(1 + \frac{a}{VT^2}\right) + \ln f(V) \tag{1.43}$$

其中,$f(V)$ 为积分常数。因此

$$p = \frac{Tf(V)}{1 + a/(VT^2)} \tag{1.44}$$

当体积 $V \to \infty$,该气体为理想气体,易得积分常数为:$f(V) = R/V$。因此

$$pV = \frac{RT}{1 + a/(VT^2)} \tag{1.45}$$

改写为

$$p\left(V + \frac{a}{T^2}\right) = RT \tag{1.46}$$

这就是通过实验测得的该实际气体的状态方程。

下面列举一些常见的、典型系统的状态方程。

1．混合理想气体

假设某混合理想气体的体积为 V，温度为 T，该气体中有 s 种化学成分，它们的分摩尔数分别为：$n_{m1}, n_{m2}, \cdots, n_{ms}$，它们的分压分别为：$p_1, p_2, \cdots, p_s$。对每种化学成分，利用理想气体状态方程有

$$p_i V = n_{mi} RT \tag{1.47}$$

因此，该混合理想气体的状态方程为

$$pV = \sum_i n_{mi} RT \tag{1.48}$$

其中，$p = \sum_i p_i$，为总压强。

2．实际气体

实际气体的状态方程为如下的范德瓦尔斯方程：

$$\left(p + \frac{aN^2}{V^2}\right)(V - Nb) = Nk_B T \tag{1.49}$$

其中，aN^2/V^2 项是考虑分子之间的吸引导致的内压力项，b 是考虑分子的大小引入的改正项。范德瓦尔斯气体状态也经常被改写为如下的形式：

$$\left(p + \frac{a}{v^2}\right)(v - b) = k_B T \tag{1.50}$$

其中，$v = V/N$ 为单位粒子的体积，即比容。从上式可以看出，a 的量纲是：压强·体积^2，b 的量纲是：体积。当单位气体粒子体积足够大，即当气体的密度足够低的时候，范德瓦尔斯方程就过渡到理想气体的状态方程。从微观的角度，这是可以理解的：当气体密度足够低的时候，气体分子之间的距离足够大，可以忽略分子之间的相互作用，以及分子的有限大小。

昂内斯(Heike Kamerlingh Onnes，1853—1926)将实际气体的物态方程展开为如下的级数形式：

$$pv = k_B T + B(T)p + C(T)p^2 + \cdots \tag{1.51}$$

或者

$$pv = k_B T + B'(T)\frac{1}{v} + C'(T)\frac{1}{v^2} + \cdots \tag{1.52}$$

其中，$B(T)$，$C(T)$，…以及 $B'(T)$，$C'(T)$，…分别称作维里系数。容易看出，上两式分别在 $1/v \to 0$ 和 $p \to 0$ 时回到理想气体的状态方程。作为一级近似，将维里展开保留到一阶线性项，则系数 $B(T)$ 可以通过实验测量。$B(T)$ 称为第一维里系数。

3．简单的固态和液体

对于各向同性的简单固体和液体，可以通过实验测量它们的体膨胀系数和

等温压缩系数,从而得到它们的状态方程。可以从形式上将它们的状态方程写为 $V=V(T,p)$。对上式微分得到

$$dV = \left(\frac{\partial V}{\partial T}\right)_p dT + \left(\frac{\partial V}{\partial p}\right)_T dp = V(\alpha_p dT - \kappa_T dp) \tag{1.53}$$

对于固体和液体,α_p 和 κ_T 基本为常数。积分上式得

$$\ln\frac{V}{V_0} = \alpha_p(T-T_0) - \kappa_T(p-p_0) \tag{1.54}$$

即

$$V = V_0\exp[\alpha_p(T-T_0) - \kappa_T(p-p_0)] \tag{1.55}$$

在温度和压强变化不大的条件下,近似有

$$V \approx V_0 + V_0[\alpha_p(T-T_0) - \kappa_T(p-p_0)] \tag{1.56}$$

4. 顺磁性固体

不考虑磁性固体的体积变化,那么它的状态参量为外磁场的磁感应强度 B 和磁介质的磁化强度 M(沿着磁场方向)。则它的物态方程形式上写为

$$f(M,B,T) = 0 \tag{1.57}$$

实验上测得某些顺磁介质在磁化率比较小的时候的物态方程为(居里定律)

$$M = \frac{C}{T}B \tag{1.58}$$

其中,C 为常数。从上式可以看出,在给定的温度下,顺磁体的磁化强度随着外磁场强度的增加而增加。在给定外磁场的情况下,顺磁体的磁化率随着温度的上升而下降。这是顺磁体最基本的特性。当外磁场比较强的时候,顺磁介质的磁化率变化缓慢,甚至不变,达到饱和,上式状态方程不再适用。

1.3 热力学第一定律与内能

热力学第一定律是能量守恒和转化定律在热物理中的具体体现。热力学第一定律同时定义了热力学系统的态函数:**内能 U**。

系统与外界能量交换的渠道主要有两种:一是外界对系统做功,或者系统对外界做功,即系统通过发生机械运动与外界发生能量(机械能)交换;二是系统在没有发生任何机械运动的前提下与外界发生能量(热量)交换。

1.3.1 功

当系统的状态从一个平衡态变化到另一个新的平衡态时，就说系统经历了一个热力学过程，简称为过程。如果一个热力学过程在始末两个平衡态之间所经历的所有中间态都为平衡态，则该过程为可逆过程。可逆过程可以用系统参数空间中的一条实线表示，如图 1.4 所示。严格的可逆过程是不存在的。但是，如果一个热力学过程在始末两个平衡态之间所经历的中间态可以近似看作平衡态，则该过程称为准静态过程，也叫准可逆过程。一般来说，如果与弛豫时间相比，系统状态的改变无限缓慢，该过程就可以当作准静态过程处理。而对不可逆过程来说，由于在中间过程中系统没有处于热力学平衡态，无法用状态变量空间的点表示。

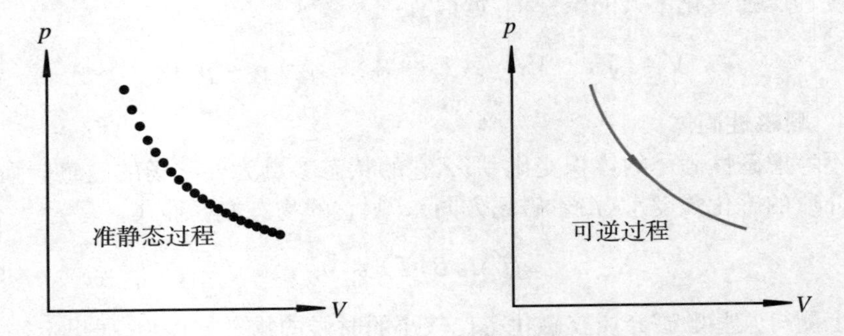

图 1.4 准静态过程与可逆过程

对于系统来说，有机械运动时系统与外界存在能量的交换，即外界对系统做功。对一个无限小的变化过程，系统体积的改变为 dV，则外界对系统做功（$đW$）为

$$đW = -p\mathrm{d}V \tag{1.59}$$

这里外界对系统做功定义为正值。如图 1.5 所示，外界对系统做功在 (p, V) 图上表示为过程曲线下面所包含的面积。显然，对不同的过程，外界对系统的做功是不一样的，因此做功是过程量。即外界对系统做的总功 W 为

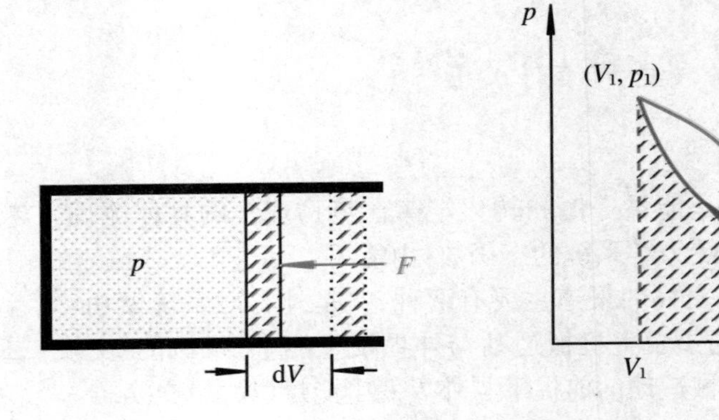

图 1.5 外界对系统做功：做功是过程量

$$W = \int đW = -\int_{V_1}^{V_2} p(V)\mathrm{d}V \tag{1.60}$$

显然，W 的值与具体的过程有关。这就是为什么我们用$đW$ 表示与过程有关的元功，以示与 $\mathrm{d}W$ 的区别。在微积分学中 $\mathrm{d}W$ 的含义是函数 W 的全微分，但是从图 1.5 和式(1.60)明显看出，态函数 $W(p,V)$是不存在的。

下面讨论外界对其他的一些热力学系统的做功问题。

1. 二维液体薄膜

二维的液体表面也是一个热力学系统。假设液体的表面张力为 γ(量纲为单位长度上的力：[$\mathrm{N\cdot m^{-1}}$])，液体的总表面积为 A(包含正反两个面)，则液体薄膜的状态方程形式上为：$f(\gamma,\ A,\ T)=0$。如图 1.6 所示，假设液体表面张力在线框上，线框的一边可以移动，宽度为 l，表面张力有使液面收缩的趋势，当将其可移动的外边移动距离为 $\mathrm{d}x$ 的位移时，外界克服表面张力所做的功为

$$đW = 2\gamma l\mathrm{d}x = \gamma \mathrm{d}A \tag{1.61}$$

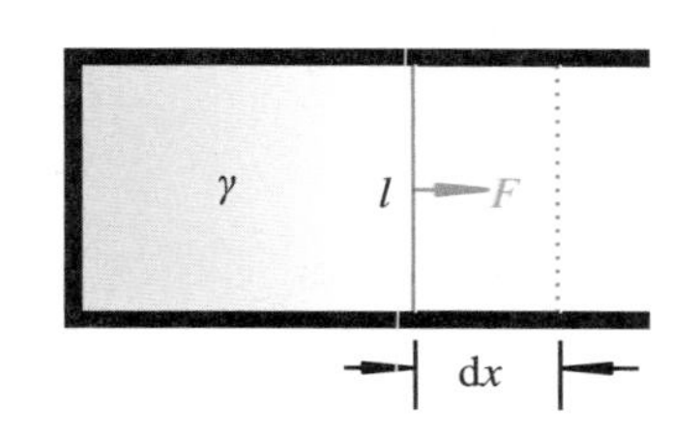

图 1.6 二维液体薄膜做功

γ 为表面张力。

2. 电介质

处在外电场 $\mathcal{E}$ 中的电介质也是一个热力学系统，状态参量可选为电场强度 $\mathcal{E}$ 和电极化强度矢量 $\mathcal{P}$。电介质在电磁学中已有详细介绍，这里简单地将电介质系统看作由无数个电偶极子，例如极化的分子，组成的热力学系统。如图 1.7 所示，每个电偶极子由带电量分别为 $+q$，$-q$ 的电偶组成，它们之间的距离为 l，电偶极子的电偶极矩定义为：$\boldsymbol{p}=q\boldsymbol{l}$。

在无外电场情况下，由于电偶极子的热运动，电介质不会出现宏观电偶极矩分布。在外电场的作用下，电偶极子趋向于外场方向，从而导致宏观的电偶极矩分布①。宏观电偶极矩分布用电极化强度矢量 $\boldsymbol{\mathcal{P}}$ 描述。它的定义为

$$\boldsymbol{\mathcal{P}} = \lim_{\Delta V\to 0}\frac{\sum_{i=1}^{n_p}\boldsymbol{p}_i}{\Delta V} \tag{1.62}$$

其中，ΔV 为宏观小、微观大的体积微元，n_p 为 ΔV 中的电偶极子数。显然在外电场的作用下，外电场对单位体积电介质做功为

$$đW = \lim_{\Delta V\to 0}\frac{1}{\Delta V}\sum_{i=1}^{n_p} q_i\,\boldsymbol{\mathcal{E}}\cdot\mathrm{d}\boldsymbol{l} = \lim_{\Delta V\to 0}\frac{1}{\Delta V}\sum_{i=1}^{n_p}\boldsymbol{\mathcal{E}}\cdot\mathrm{d}\boldsymbol{p}_i = \boldsymbol{\mathcal{E}}\cdot\mathrm{d}\boldsymbol{\mathcal{P}} \tag{1.63}$$

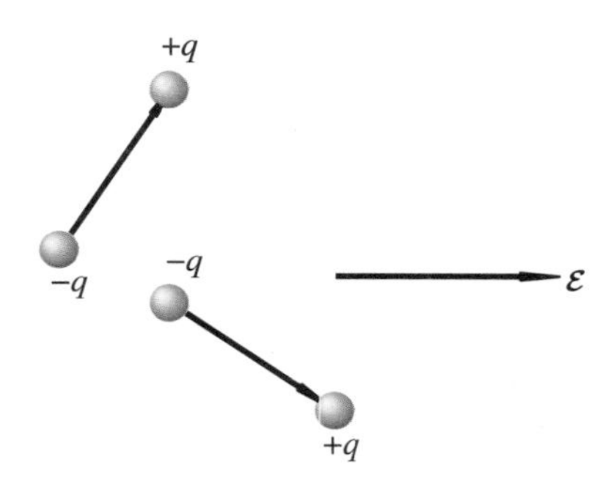

图 1.7 电介质

外场对电介质做功$đW=\mathcal{E}\cdot\mathrm{d}\mathcal{P}$。

① 电介质分子有两种：一种是不存在固有电偶极矩的分子，另外一种是存在固有电偶极矩的分子。这两种分子的极化方式不一样。不存在固有电偶极矩分子的极化是通过位移极化产生的。存在固有电偶极矩的分子极化主要是通过取向极化。我们讨论的是第二种情况。对位移极化可同样讨论。

3. 磁介质

处在外磁场 $\boldsymbol{B}$ 中的磁介质也是一个热力学系统，状态参量可选为 $\boldsymbol{B}$ 和磁化强度$\boldsymbol{M}$。微观粒子，例如电子等具有磁矩，这是一种纯量子效应。这里简单地将磁介质看成由无数多个分子环流组成，每个分子环流中的电流为 i，围成的面积为 a，每个分子环流的磁矩定义为 $\boldsymbol{\mu} = i\boldsymbol{a}$。

对于顺磁系统，在无外磁场的情况下，由于分子环流的热运动，分子环流的取向完全随机，磁介质不会出现宏观磁矩。在外磁场的作用下，分子环流趋向于外磁场方向，从而导致宏观磁矩分布，宏观磁矩定义为

$$\boldsymbol{M} = \lim_{\Delta V \to 0} \frac{\sum_{i=1}^{n_\mu} \boldsymbol{\mu}_i}{\Delta V} \tag{1.64}$$

类似$\mathcal{P}$的定义，这里 ΔV 为宏观小、微观大的体积微元，n_μ 为 ΔV 中的磁偶极子数。

在外磁场中，分子环流方向发生改变，将导致通过该分子环流的截面积的磁通量随之发生改变，根据法拉第电磁感应定律将产生感生电动势：

$$V = -\boldsymbol{B} \cdot \frac{\mathrm{d}\boldsymbol{a}}{\mathrm{d}T} \tag{1.65}$$

外界对第 i 个分子环流所做的功为

$$đW_i = -Vi\mathrm{d}T = \boldsymbol{B} \cdot \mathrm{d}\boldsymbol{\mu}_i \tag{1.66}$$

因此，外界对单位体积的磁介质做功为

$$đW = \lim_{\Delta V \to 0} \frac{\sum_{i=1}^{n_\mu} \boldsymbol{B} \cdot \mathrm{d}\boldsymbol{\mu}_i}{\Delta V} = \boldsymbol{B} \cdot \mathrm{d}\boldsymbol{M} \tag{1.67}$$

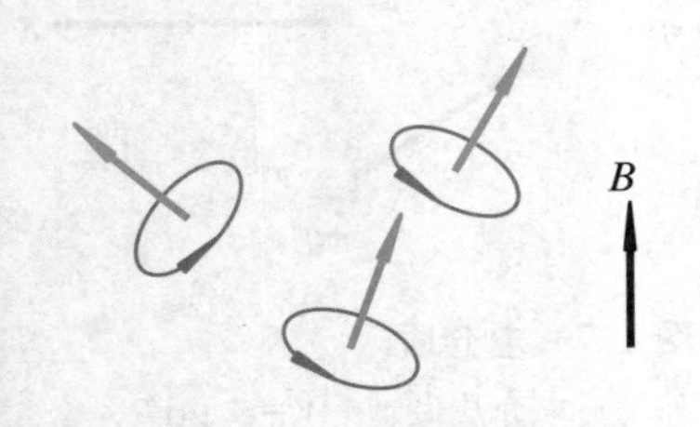

图 1.8 磁介质中的分子环流

外界对磁介质做功$đW = \boldsymbol{B} \cdot \mathrm{d}\boldsymbol{M}$。

4. 开放系统

对于开放系统，系统与外界存在粒子数交换，在此过程中外界要对系统做功。直觉告诉我们，好像往系统中注入同样的粒子，外界不需要做功。事实上，系统在增加粒子后必须保持平衡，因此不能将静止的粒子注入系统，而是需要注入与系统中其他粒子的平均能量相当的一定能量，这部分随着粒子注入而注入系统的能量可定义为外界对系统所做的功：

$$đW = \mu \mathrm{d}N \tag{1.68}$$

这里强度量 μ 称为系统的单位粒子的化学势，简称化学势。上式表明化学势(μ)是系统反抗系统粒子数增加时遇到的阻力。上式同时给出了化学势的定义，以及测量系统化学势的一种方法。在 1.5.3 小节中还将继续给出化学势的

各种严格定义。

前面我们一直强调，热力学理论具有普适性。对一般的热力学系统，外界对系统的做功可以形式上写为

$$đW = Y\mathrm{d}y \tag{1.69}$$

其中，Y 定义为广义力，y 为广义位移。

小结如下：热力学体系一般用下列热力学参量来描述。它们分别是：几何参量（V，A）、力学参量（p，σ）、电磁参量（$\mathcal{E}$，$\mathcal{P}$，B，M）、化学参量（n_i）以及热参量（T）。与之对应的广义位移、广义力和元功见表 1.2。

表 1.2 外界对一些常见的热力学系统做功

系统	y	Y	$đW$
流体	V	$-p$	$-p\mathrm{d}V$
表面膜	A	σ	$\gamma\mathrm{d}A$
电介质	$\mathcal{P}$	$\mathcal{E}$	$\mathcal{E}\cdot\mathrm{d}\mathcal{P}$
磁介质	$\boldsymbol{M}$	$\boldsymbol{B}$	$\boldsymbol{B}\cdot\mathrm{d}\boldsymbol{M}$
开放系统	N	μ	$\mu\mathrm{d}N$

1.3.2 能量守恒定律

能量守恒定律是自然科学中的基本定律之一。热力学第一定律是能量守恒和转化定律在热物理中的具体体现，为能量守恒定律的最终建立奠定了关键性的基础。能量守恒定律说，一个系统的总能量 E 的改变量只能等于传入或者传出该系统的能量的多少。总能量 E 为系统的机械能、热运动的能量及除热能以外的粒子之间及内部任何形式相互作用的能量的总和。热力学第一定律指出，热能可以从一个物体传递给另一个物体，也可以与机械能或其他能量相互转换，在传递和转换过程中，能量的总值不变。

第一次工业革命和蒸汽机的制造，大大推动了对热运动和机械能相互转换的研究。在反对热质说过程中，拉姆福德伯爵（Count Rumford，1753—1814）最早认识到摩擦可以无限制地产生热。在 1798 年的实验中，他用钻头不停地切削大炮，生动地演示了摩擦生热这个现象。最著名的一次，他将重量约 9 kg 的水放在装有大炮炮筒的容器中，切削 2.5 h 后，将水煮沸了！拉姆福德曾用马车拉动钻头转动做功，从而第一个确定了热功当量，即与单位热量相等效的功的数量。他在 1798 年得到的值为 5.60 J · cal^{-1}，非常接近现今值：4.1868 J · cal^{-1}。这比朱利叶斯 · 冯 · 迈尔（Julius Robert von Mayer，1814—1878）和詹姆斯 · 普雷斯科特 · 焦耳（James Prescott Joule，1818—1889）再次研究热功当量早了 40 多年！在 18 世纪，人们已发现在力学系统中，能量（机械能）是守恒的。第一次提出能量守恒概念是迈尔。1840 年迈尔被聘为一艘要航行到亚洲去的船上的医生。航行中他发现静脉血在热带地区比在气候寒冷的地区更红，当地人说这是由于与在寒冷气候地区相比，只需要较少的氧气来维持身体的正常温度。迈尔据此观察提出："血液是一种缓慢燃烧的液体，是生命火焰中的油。"也就是说，吃的食物所产生的能量部分转化为热量，保持体温，部分给肌肉用于做功。1842 年在返回欧洲的途中，在压缩气体做功和加热气体的实验的基础上，迈尔提出了功和热等价的看法。他把他的结果总结为能量守恒定律。迈尔从气体的绝热膨胀做功估计出来的热功当量为 3.58 J · cal^{-1}。在 1842 年，迈尔还曾用一匹马拉机械装置去搅拌锅中的纸浆，比较了马所做的功与纸浆的温升，给出了热功当量的数值。他的实验比起后来焦耳的实验来，显得粗糙，但是他深深认识到这个问题的重大意义，并且最早表述了能量守恒定律。

焦耳是一位伟大的实验物理学家，他通过精密的物理实验，定量化研究了各种运动形式之间的能量守恒与转化关系，说明了能量守恒定律的普适性。1841 年，焦耳在研究电能和热能转化的时候，发现了焦耳(第一)定律，该定律的具体内容是：电流通过导体所产生的热量与电流的平方成正比，与导体的电阻成正比，与通电时间成正比。该结果发表在《On the Heat Evolved by Metallic Conductors of Electricity, and in the Cells of a Battery during Electrolysis》(《论电的金属导体所产生的热量，以及在电解过程中在电池中产生的热量》)中[①]。1843 年，焦耳又设计了一个新的发电机实验。他将一个小线圈绕在铁芯上，用电流计测量感生电流，把线圈放在装水的容器中，测量水温以计算热量。这样在没有外界电源供电的情况下，水温的升高只是机械能转化为电能、电能又转化为热的结果。这个实验使焦耳想到了机械功与热的联系，经过反复的实验、测量，焦耳测出了热功当量，即 1 千卡的热量相当于 460 千克米的功(4.51 J · cal^{-1})。该结果发表在《On the Calorific Effects of Magneto-Electricity, and on the Mechanical Value of Heat》(《论磁电的发热效应和热的机械值》)[②]一文中。在该篇论文中，焦耳在英国学术会议上宣称："自然界的能是不能毁灭的，哪里消耗了机械能，总能得到相当的热，热只是能的一种形式。"然而，此结果并不精确。焦耳毫不气馁，开始寻求一个将功转化为热的纯机械演示过程。通过迫使水通过一个穿孔的圆柱体，他可以测量流体黏滞加热。据此他得到热功当量的值为 4.14 J · cal^{-1}。从电学和纯机械两种方法得到的数值至少符合一个数量级的事实，对焦耳来说，这是功转化为热的有力证据。焦耳继续尝试了第三条路线。他测量了压缩气体时产生的热量。他测得的热功当量的值为 4.43 J · cal^{-1}[③]。1845 年，焦耳设计了更巧妙的实验，他在量热器里装了水，中间安上带有叶片的转

① Joule J P. 1841. Philosophical Magazine, 3(19): 124, 260-277.

② Joule J P. 1843. Philosophical Magazine, 3(23): 154, 435-443.

③ Joule J P. 1845. Philosophical Magazine, 3(26): 174, 369-383.

轴，然后让下降重物带动叶片旋转，由于叶片和水的摩擦，水和量热器都变热了。根据重物下落的高度，可以算出转化的机械功；根据量热器内水升高的温度，就可以计算水的内能的升高值。把两数进行比较就可以求出热功当量的准确值来。随后，焦耳还用鲸鱼油或水银代替水来做实验，他用各种方法进行了四百多次实验，经过更精确地测量，得到的热功当量值为 4.159 $J \cdot cal^{-1}$，非常接近目前采用的值（4.184 $J \cdot cal^{-1}$）。在当时的条件下，能做出这样精确的实验来，是非常不容易的。该结果在 1850 年发表于《On the Mechanical Equivalent of Heat》（《论热能与机械能的等效性》）一文中①。焦耳准确地测定了热功当量，进一步证明了能量的转化和守恒定律是客观真理，宣告了制造“永动机”的幻想彻底破灭。后人为纪念他，在国际单位制中采用焦耳为热量的单位，取 1 卡等于 4.184 焦耳。

1.3.3 焦耳热功当量实验：内能

系统与外界可以通过做功和传热的方式交换能量。对一个绝热过程来说，系统状态的变化完全是机械作用或电磁作用导致的结果，而没有受到其他过程的影响。焦耳研究了在绝热条件下，系统状态的改变所需要能量的等价性。焦耳所做的著名的热功当量实验如图 1.9 所示。在图 1.9 中，水（所研究的热力学系统）盛在绝热的容器中，重物下降带动叶片在水中搅动而使水温升高，即机械能转化为水的热能。作为比较，焦耳还将水通过电阻加热升温，即电能转化

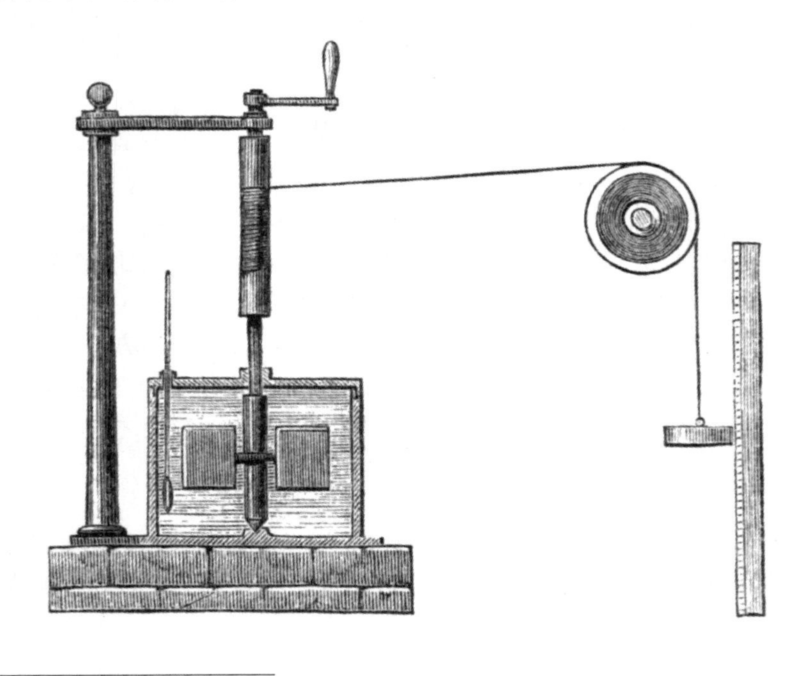

图 1.9 焦耳热功当量实验示意图
图片来自网络。

① Joule J P. 1850. Philosophical Transactions of the Royal Society of London，140：61-82.

为水的热能。经年的反复实验,结果发现,用各种不同的绝热过程使得系统升高一定的温度,所需要的能量在实验误差范围是相等的。也就是说,只要系统的初、末态确定,改变系统状态所需要的能量就是一定的,而与系统状态改变的过程无关。类似于在保守系统中可以引入势能的概念,焦耳的实验告诉我们,对一个热力学系统,可以引入内能的概念,内能是一个态函数,只要系统的平衡态是确定的,那么内能就是确定的(可以差一个零点能),与系统是如何达到该平衡态的具体过程无关。因此,在一绝热过程中,外界对系统做功 ΔW 使得系统从初态 i 改变到终态 f,系统的内能可以通过下式定义:

$$U_{\mathrm{f}} - U_{\mathrm{i}} = \Delta U = \Delta W \tag{1.70}$$

上式给出的内能函数的定义还可以差一个任意的相加常数,等价于说内能零点的选择是任意的。这类似于力学系统中势能零点的选择也是任意的,可以根据具体情况选择。从上式的定义可以看出,内能的单位与功相同,都具有能量量纲。

对于非绝热过程,不仅外界对系统做功,而且系统与外界还有热量交换 ΔQ,因此

$$U_{\mathrm{f}} - U_{\mathrm{i}} = \Delta U = \Delta W + \Delta Q \tag{1.71}$$

式(1.71)就是热力学第一定律的数学表达式,其中方程的左边与过程无关,而方程的右边两项都与过程有关。

如果系统经历一个无限小的状态改变,式(1.17)可以表述为如下的微分形式:

$$\mathrm{d}U = \text{đ}Q + \text{đ}W \tag{1.72}$$

因为 $\mathrm{d}U$ 与过程无关,因此 $\mathrm{d}U$ 是全微分,而 $\text{đ}Q$ 和 $\text{đ}W$ 与过程有关,它们都可以写成微分的形式,但不是全微分,即它们都不是可积函数。

从分子运动论的观点来看,系统的内能就是系统中所有微观粒子能量的统计平均值。微观粒子的能量包括粒子无规运动的动能、粒子之间相互作用的势能。如果系统处于外场之中,还应该包括微观粒子在外场中的势能。

对于整体处于非平衡态的系统,可以将其分为若干处于局部热平衡的子系统,系统的总内能(适用于其他广延量)就是各个子系统的内能之和:

$$U = U_1 + U_2 + \cdots + U_n \tag{1.73}$$

下面引入与系统内能测量相关的概念:热容量。假设在某个可逆的热力学过程中,系统从外界吸收的热量为 ΔQ,相应的导致系统温度的升高值为 ΔT,则系统的热容量(与具体的过程有关)定义为

$$C \equiv \lim_{\Delta T \to 0} \frac{\Delta Q}{\Delta T} \tag{1.74}$$

常见的过程是等容和等压过程,相应的热容量就是等容热容量(C_V)和等压热容量(C_p):

$$C_V \equiv \lim_{\Delta T \to 0}\left(\frac{\Delta Q}{\Delta T}\right)_V = \left(\frac{dU}{dT}\right)_V \tag{1.75}$$

$$C_p \equiv \lim_{\Delta T \to 0}\left(\frac{\Delta Q}{\Delta T}\right)_p = \left(\frac{d(U + pV)}{dT}\right)_p = \left(\frac{dH}{dT}\right)_p \tag{1.76}$$

在上式中,引入了态函数焓 $H \equiv U + pV$。显然 H 是态函数,因为内能 U 是态函数,p,V 为态参量,因此焓 H 必为态函数。

1.3.4 理想气体的内能

理想气体的定义是气体分子之间相互作用的势能与分子无规运动的动能相比,可以忽略的热力学系统,即系统的内能只包括系统中分子无规运动动能的贡献。在系统的温度比较高,而分子之间的间隔比较大的情况下,理想气体是一个很好的理想模型。焦耳在1845年用气体的自由膨胀实验研究了气体的内能。焦耳的实验装置如图1.10所示。实验开始之前,左边的容器充满气体,右边的容器为真空。两者都浸没在水中,中间安装有一个阀门。实验的时候,打开阀门让左边容器中的气体自由膨胀到右边的容器中,然后测量该过程前后水温的变化。焦耳经过反复实验,发现过程前后水温不变,即气体与外界没有热量交换:$\Delta Q = 0$。另一方面,气体在自由膨胀的过程中,由于是在真空中的自由膨胀,膨胀不受阻力,系统对气体的做功为零:$\Delta W = 0$。根据热力学第一定律,在过程前后,系统的内能不变:

$$\Delta U = 0 \tag{1.77}$$

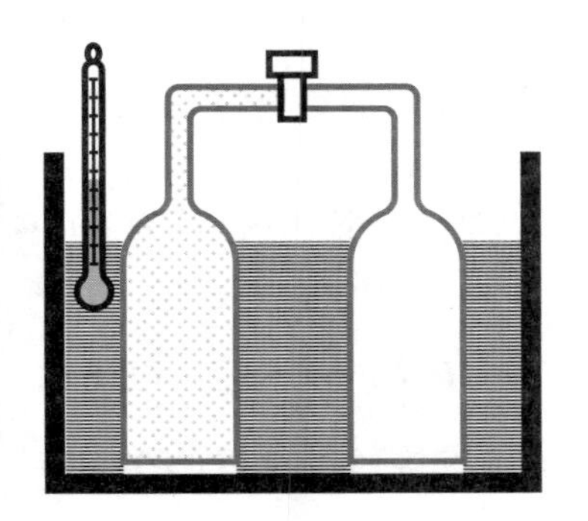

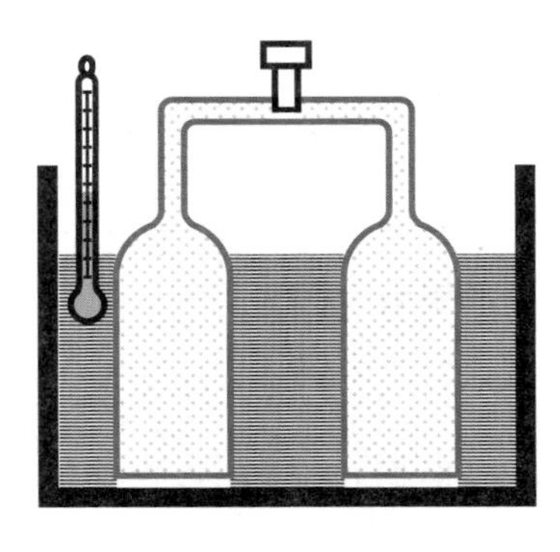

图1.10 焦耳实验:理想气体内能仅为温度的函数

理想气体经过真空自由膨胀(焦耳膨胀)之后,水温并没有改变。

对于封闭系统,系统的自由度为2,系统的状态参量可以选为(T, V),因此,系统的内能 U 是(T, V)的函数:$U = U(T, V)$。而焦耳的实验告诉我们,系统的内能不随体积的改变而改变,因此,理想气体的内能仅仅是温度的函数:$U = U(T)$。

进一步的分析如下。焦耳的实验结果表明,该实验是等内能的过程,即 U = 常数。在该过程中

$$\left(\frac{\partial T}{\partial V}\right)_U = 0 \tag{1.78}$$

因为该过程是等内能过程，所以

$$\mathrm{d}U = \left(\frac{\partial U}{\partial T}\right)_V \mathrm{d}T + \left(\frac{\partial U}{\partial V}\right)_T \mathrm{d}V = 0 \tag{1.79}$$

因此

$$\left(\frac{\partial T}{\partial V}\right)_U = -\frac{\left(\frac{\partial U}{\partial V}\right)_T}{\left(\frac{\partial U}{\partial T}\right)_V} = -\frac{1}{C_V}\left(\frac{\partial U}{\partial V}\right)_T = 0 \tag{1.80}$$

从上式得到

$$\left(\frac{\partial U}{\partial V}\right)_T = 0 \tag{1.81}$$

即内能仅仅是温度的函数：$U=U(T)$。如果在实验中测量到理想气体的等容热容量 $C_V(T)$，那么可以通过积分得到系统的内能。对理想气体，因为 U 仅是温度 T 的函数，因此

$$U(T) = \int_{T_0}^{T} \frac{\mathrm{d}U}{\mathrm{d}T}\mathrm{d}T = \int_{T_0}^{T} C_V(T)\mathrm{d}T + U_0 \tag{1.82}$$

其中，$U_0=U(T_0)$。对经典理想气体而言，等容热容量 C_V 是个常数，与温度无关，因此系统的内能进一步写作

$$U(T) = C_V(T - T_0) + U_0 \tag{1.83}$$

这里经典理想气体的定义是，系统由相互作用基本可以忽略的经典粒子组成的气体。

对理想气体，根据焓的定义：$H=U+pV$，焓不仅是态函数，它也仅为温度 T 的函数。因为

$$H = U + pV = U(T) + n_{\mathrm{m}}RT = H(T) \tag{1.84}$$

所以根据式(1.76)，理想气体的定压热容量 C_p 可以直接通过对 $H(T)$ 求导得到

$$C_p = \frac{\mathrm{d}H}{\mathrm{d}T} \tag{1.85}$$

对理想气体，定压热容量 C_p 和定容热容量 C_V 之间存在如下简单的关系：

$$C_p - C_V = n_{\mathrm{m}}R \tag{1.86}$$

引入绝热指数 γ：

$$\gamma \equiv \frac{C_p}{C_V} \tag{1.87}$$

为什么叫绝热指数？下一节将给出说明。

从分子运动论的观点来看，系统的内能等于气体分子无规运动总能量的统计平均值，其中系统的总能量包括单分子无规运动动能的总和和分子之间相互作用势能的总和。其中分子无规运动的动能依赖于系统温度，而分子之间相互作用的势能依赖于分子之间距离，因而与分子气体的体积相关。对于理想气体，由于气体分子之间相互作用的势能可以忽略，因此，理想气体的内能只依赖于系统的温度。

焦耳实验的缺点是，系统与外界（水）的热量交换通过检测水温的变化来表征，但是，由于水的热容量远大于气体的热容量，因此，该实验的精度是不高的。1852 年，焦耳和汤姆孙通过节流实验，证明实际气体的内能是温度和体积的函数（参看 2.2.3 小节的内容）。这表明，理想气体仅仅是一个在系统温度比较高、压强比较小，或者体积比较大的情况下，才是很好的近似。

1.4 热力学第二定律与熵

热力学第二定律是关于热力学系统状态自发改变进行方向的定律。热力学第二定律定义了一个新的态函数：**熵**。

蒸汽机的发明，奠定了第一次工业革命的基础。在蒸汽机的升级改造过程当中，试图得到热机最大的可能效率是个非常实际且具有巨大理论价值的课题。卡诺（Nicolas Léonard Sadi Carnot，1796—1832）在潜心研究热机效率的过程中，设计了著名的卡诺循环，发现了卡诺定理。

1.4.1 理想气体的绝热过程

卡诺循环包括两个等温过程和两个绝热过程。绝热过程就是系统与外界没有热量交换的过程。因此，对于理想气体，在绝热过程中有

$$\mathrm{d}U = C_V\mathrm{d}T = -p\mathrm{d}V \tag{1.88}$$

由理想气体的状态方程，将温度 T 表示为 p,V 的函数：

$$T = \frac{1}{n_{\mathrm{m}}R}pV = \frac{1}{C_p - C_V}pV \tag{1.89}$$

在上式中，已利用了式(1.86)。将式(1.89)代入式(1.88)，整理得到

$$\frac{\mathrm{d}p}{p} + \gamma\frac{\mathrm{d}V}{V} = 0 \tag{1.90}$$

积分上式，得到理想气体在绝热过程中，其压强和体积满足如下的指数关系：

$$pV^{\gamma} = 常数 \tag{1.91}$$

这也顺便解释了为什么 $\gamma \equiv C_p/C_V > 1$ 被称为绝热指数的原因。

将绝热过程和等温过程在 pV 图上做比较，如图 1.11 所示。从图 1.11 中可以看出，绝热线要比等温线更陡。这是因为对等温线，$p \propto V^{-1}$，对绝热线，$p \propto V^{-\gamma}$，而根据定义，$\gamma > 1$。从物理上也很好理解：对任何气体，气体在绝热膨胀过程中，对外做功，导致系统内能减少，温度下降，因此，绝热线必须跨越等温线，向更低温度的等温线靠近。

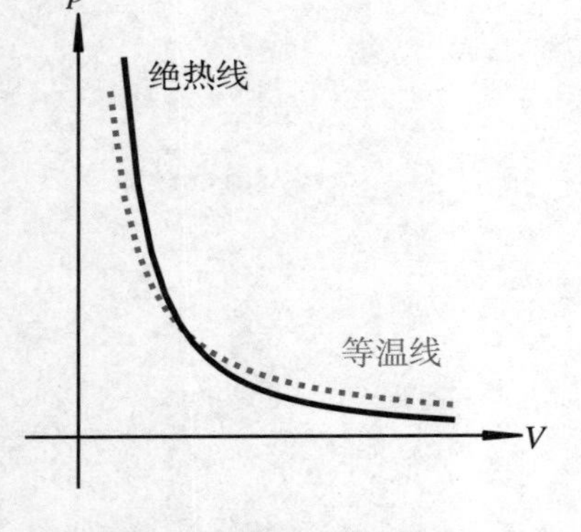

图 1.11　理想气体的绝热过程
绝热指数 $\gamma > 1$。

利用理想气体的状态方程，$pV/T = n_{\mathrm{m}}R =$ 常数，因此

$$\frac{\mathrm{d}p}{p} + \frac{\mathrm{d}V}{V} - \frac{\mathrm{d}T}{T} = 0 \tag{1.92}$$

将上式与式(1.90)联立，可以分别得到

$$\frac{\mathrm{d}T}{T} + (\gamma - 1)\frac{\mathrm{d}V}{V} = 0, \quad \gamma\frac{\mathrm{d}T}{T} - (\gamma - 1)\frac{\mathrm{d}p}{p} = 0 \tag{1.93}$$

积分上两式，得到在绝热过程中

$$TV^{\gamma-1} = 常数, \quad \frac{T^{\gamma}}{p^{\gamma-1}} = 常数 \tag{1.94}$$

1.4.2　卡诺循环

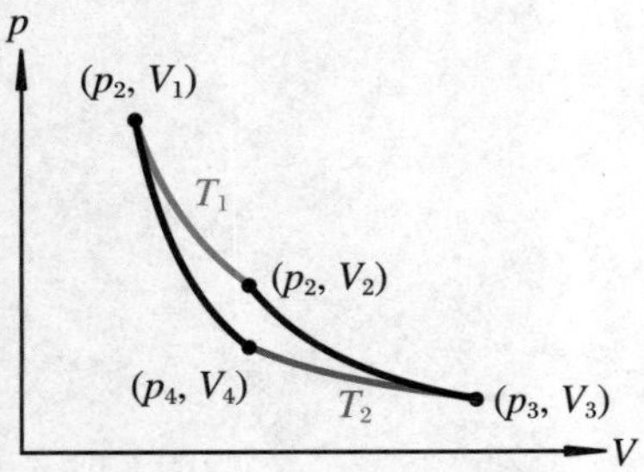

热机是一种从外界(热源)吸收热量，将热能转化为机械能的装置。热机主要包括工作物质(热力学系统)和热源。1824 年，卡诺研究了以理想气体作为工作物质的热机的循环过程。卡诺循环是一种理想的物理模型，它的重要性不仅在于它是实际循环的理想极限，而且它使得我们理解了一些原理性的概念。卡诺循环由四个可逆过程组成，该循环过程的 pV 图如图 1.12 所示。设理想气体的摩尔数为 n_{m}，卡诺循环的四个过程分别介绍如下：

图 1.12　理想气体的卡诺循环
卡诺循环由一个等温(T_1)膨胀、绝热膨胀、等温(T_2)压缩和绝热压缩组成，其中 $T_1 > T_2$。

1. 等温膨胀过程

气体与温度为 T_1 的高温热源保持接触，从状态 1(p_1, V_1)等温膨胀到状态

$2(p_2, V_2)$。在该过程中,气体从高温热源吸收热量。由于该过程等温,有

$$\frac{V_2}{V_1} = \frac{p_1}{p_2} \tag{1.95}$$

对理想气体,内能只与温度有关:

$$\Delta U_1 = \Delta W_1 + \Delta Q_1 = 0 \tag{1.96}$$

因此,在膨胀过程中,气体从高温热源(T_1)吸收的热量 ΔQ_1 为

$$\Delta Q_1 = -\Delta W_1 = n_{\mathrm{m}} R T_1 \ln \frac{V_2}{V_1} > 0 \tag{1.97}$$

2. 绝热膨胀过程

气体不再与热源接触,从状态 $2(p_2, V_2)$绝热膨胀到状态 $3(p_3, V_3)$。其中 T_2 为低温热源的温度。该过程中,系统从外界吸收的热量为零,系统的温度从 T_1 下降到 $T_2(T_2<T_1)$。对理想气体的绝热膨胀过程有

$$\frac{V_3}{V_2} = \left(\frac{T_1}{T_2}\right)^{\frac{1}{\gamma-1}} \tag{1.98}$$

由于在此过程中 $\Delta Q=0$,膨胀过程中外界对气体所做的功为

$$\Delta W_2 = \Delta U_2 = C_V(T_2 - T_1) < 0 \tag{1.99}$$

3. 等温压缩过程

气体与低温热源(T_2)保持接触,从状态 $3(p_3, V_3)$等温压缩到状态 $4(p_4, V_4)$。在该过程中,气体释放热量到低温热源。该过程类似于等温膨胀过程,因此有

$$\frac{V_4}{V_3} = \frac{p_3}{p_4} \tag{1.100}$$

由于在此过程中 $\Delta U=0$,因此气体从低温热源(T_2)吸收的热量 ΔQ_2 为

$$\Delta Q_2 = -\Delta W_3 = n_{\mathrm{m}} R T_2 \ln \frac{V_4}{V_3} < 0 \tag{1.101}$$

4. 绝热压缩过程

气体不再与热源接触,从状态 $4(p_4, V_4)$绝热压缩回状态 $1(p_1, V_1)$。该过程中,系统从外界吸收的热量为零。系统的温度从 T_2 上升回到 T_1。该过程类似于绝热膨胀过程,有

$$\frac{V_1}{V_4} = \left(\frac{T_2}{T_1}\right)^{\frac{1}{\gamma-1}} \tag{1.102}$$

由于在此过程中 $\Delta Q=0$,在该过程中,外界对系统做功为

$$\Delta W_4 = \Delta U_4 = C_V(T_1 - T_2) \tag{1.103}$$

工作物质(理想气体)经过一次循环之后,恢复原态,从上式可以看出,在绝热膨胀和绝热压缩过程中,外界对系统所做的总的功为零:$\Delta W_2+\Delta W_4=0$。因此,系统对外做功 $-W=|W|$ 为气体从高温热源和低温热源吸收热量的总和:

$$|W| = -W = \Delta Q_1 + \Delta Q_2 \tag{1.104}$$

热机效率定义为:$\eta=|W|/\Delta Q_1$,因此

$$\eta = \frac{|W|}{\Delta Q_1} = 1 + \frac{\Delta Q_2}{\Delta Q_1} = 1 - \frac{T_2}{T_1} \tag{1.105}$$

在上式中,利用了

$$\frac{V_2}{V_1} = \left(\frac{V_4}{V_3}\right)^{-1} \tag{1.106}$$

根据上式,对卡诺循环,得到

$$\frac{\Delta Q_1}{T_1} + \frac{\Delta Q_2}{T_2} = 0 \tag{1.107}$$

上式表明,对一次完整的卡诺循环(包括上述的四个过程),有

$$\oint \frac{đQ}{T} = 0 \tag{1.108}$$

现来证明方程(1.108)对任何可逆循环过程(不仅仅是卡诺循环)都成立。将任一可逆循环(如图 1.13 所示)分割成一系列 N 个无穷小的卡诺循环,所有的虚线都在两个相邻的卡诺循环进行时经历过两次,且方向相反,因而它们对整个循环没有贡献。当 N 足够大时,这些卡诺循环的效果可以按所需要的精确程度趋近原来的循环。因为每个卡诺循环都满足方程(1.108),因此这些过程的相加当然也满足。因此证明了对任意循环过程,方程(1.108)都满足。

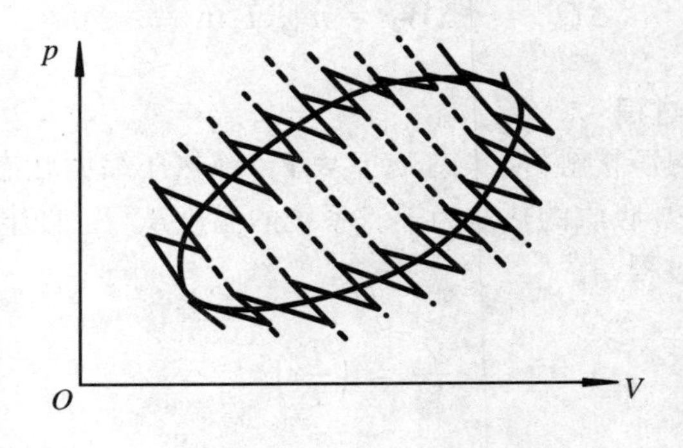

图 1.13 任意可逆循环过程都可以分解为无穷多小的卡诺循环

方程(1.108)说明$đQ/T$是与路径无关的全微分，换句话说，在数学上，$1/T$是微分$đQ=\mathrm{d}U+p\mathrm{d}V$的积分因子。式(1.108)的几何意义也非常清楚，它是某个矢量场，不妨用$\boldsymbol{A}$表示，沿着任何环路积分等于零，根据格林公式，该矢量场$\boldsymbol{A}$是无旋场：$\nabla\times\boldsymbol{A}=0$，即

$$\oint \frac{đQ}{T}=\oint \boldsymbol{A}\cdot \mathrm{d}\boldsymbol{l}=\oiint(\nabla\times \boldsymbol{A})\cdot \mathrm{d}\boldsymbol{S}=0 \tag{1.109}$$

其中，$\mathrm{d}\boldsymbol{S}$为面积微元。因此，可以引入标量函数S，使得$\boldsymbol{A}$可以表示为标量函数S的梯度：$\boldsymbol{A}=\nabla S$。该标量函数S称为态函数熵。

下面还可以更物理地讨论。假设热力学系统通过任意两个可逆过程(过程A和B)从状态1改变到状态2，由于过程可逆，可以将系统从状态1经过A过程改变到状态2，再从状态2经过B过程的可逆过程回到状态1看作一次循环过程。因此

$$\oint \frac{đQ}{T}=\int_{1A2}\frac{đQ}{T}+\int_{2B1}\frac{đQ}{T}=0 \tag{1.110}$$

从而得到(见图1.14)

$$\int_{1A2}\frac{đQ}{T}=\int_{1B2}\frac{đQ}{T} \tag{1.111}$$

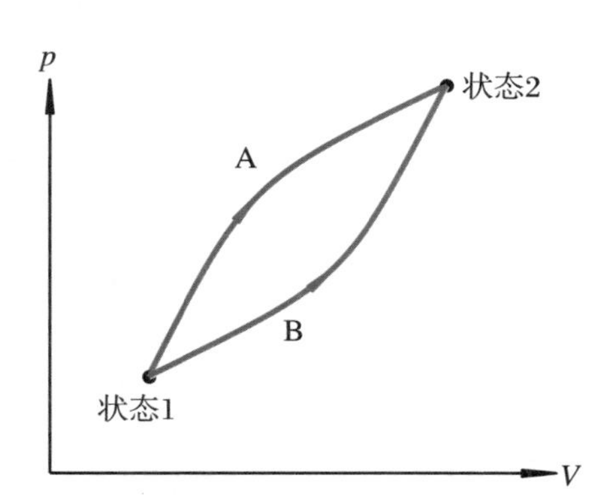

图1.14 理想气体态函数熵S的引入：$\mathrm{d}S=\frac{đQ}{T}$可积

由于过程A和B都是任意的，因此积分$\int_{1\to 2}\frac{đQ}{T}$与路径无关。

根据方程(1.108)可以根据下式定义一个新的态函数熵S：

$$\mathrm{d}S=\frac{đQ}{T},\quad S_2-S_1=\int_{1\to 2}\frac{đQ}{T} \tag{1.112}$$

实际上，对理想气体，$đQ/T$可积是显而易见的：

$$\int \frac{\text{đ}Q}{T} = \int C_V(T)\frac{\mathrm{d}T}{T} + \int \frac{p}{T}\mathrm{d}V = \int C_V(T)\frac{\mathrm{d}T}{T} + n_{\mathrm{m}}R\ln V = S \quad (1.113)$$

即从数学上来说，$\text{đ}Q = \mathrm{d}U + p\mathrm{d}V$ 不可积，但乘以积分因子 $1/T$ 之后就可积了。

下面做一点讨论。在本小节中，对理想气体，可以根据式(1.112)引入一个新的态函数熵 S。需要注意的是，式(1.112)中的温度 T 必须采用理想气体温标。另外，上面的讨论仅限于理想气体，也就是到目前为止，式(1.108)仅对理想气体成立。因此，熵的定义目前还只适用于理想气体。最关键的是，虽然引入了一个新的态函数熵 S，但是我们并不清楚它的物理含义。熵的普适定义及其物理含义由热力学第二定律给出。根据热力学第二定律，对任何热力学系统，当然包括非理想气体，都可以定义该系统的态函数熵 S(参见 1.4.4 小节的内容)。

1.4.3 热力学第二定律

热力学第二定律是从日常生活经验以及生产实践中总结出来的一条关于热力学过程进行方向性的定律。涉及热力学过程进行方向性的例子有：

(1) 将一个高温物体与低温物体接触，观测到的现象是，热量总是从高温物理传递到低温物体，而从来没有观测到热量从低温物体传递到高温物体，虽然该过程并不违反能量守恒，即并不违反热力学第一定律。

(2) 将一个装满气体的容器 A 与一个真空容器 B 通过阀门连接，打开阀门，观测到气体总是从容器 A 中扩散到容器 B 中，并最终使得容器 B 中也充满气体，而从来没有观测到相反的现象，见图 1.15。

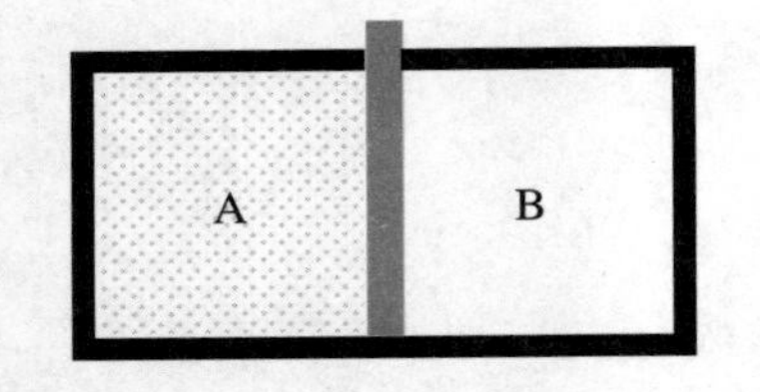

图 1.15 气体扩散：焦耳膨胀
理想气体自由膨胀到真空中。

(3) 在焦耳的实验中，重物下落，将机械能转化为水(热力学系统)的热能，而从来没有观测到相反的现象。

从上述大量涉及热力学过程进行方向的例子中，克劳修斯(Rudolf Julius Emanuel Clausius，1822—1888)和开尔文(Jean Calvin，1509—1564)分别总结出热力学第二定律。他们各自的表述如下，参见图 1.16。

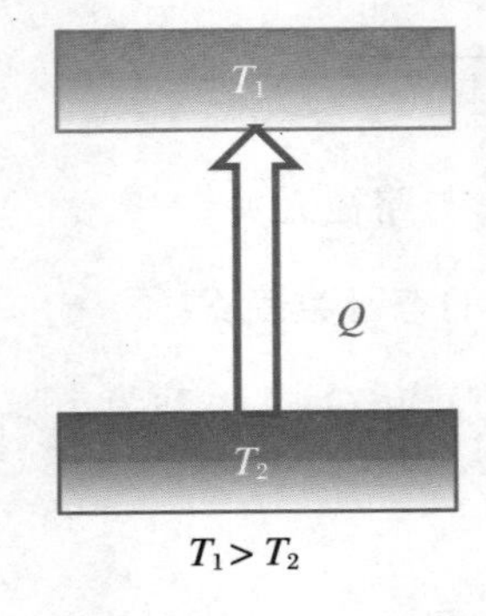

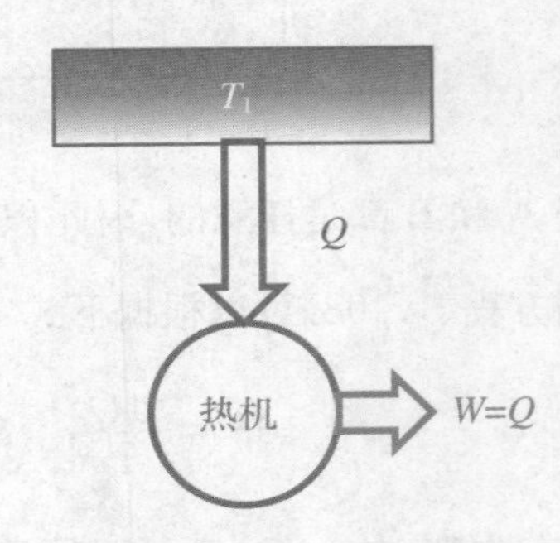

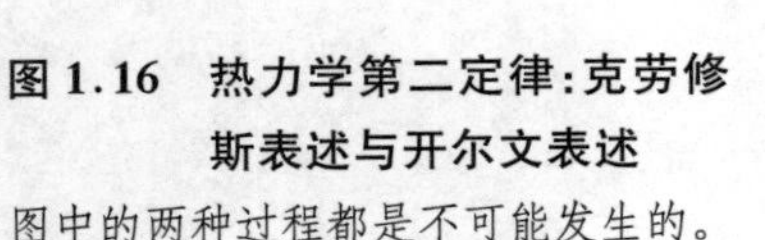

图 1.16 热力学第二定律：克劳修斯表述与开尔文表述
图中的两种过程都是不可能发生的。

(1) 克劳修斯表述：在不引起其他变化的前提下，将热量从低温物体传递到高温物体是不可能的。

(2) 开尔文表述：在不引起其他变化的前提下，从单一热源吸收热量而用来完全对外做功是不可能的。

不引起其他变化的意思是，除了系统的温度，系统的其他状态参量不发生改变。例如等温膨胀过程，虽然在该过程中，从单一热源吸热用来对外做功，但是，系统的体积发生了改变。在热学课程中，已经证明了克劳修斯表述和开尔文表述的等价性，这里不再赘述。

1.4.4 卡诺定理：绝对温标与熵

基于热力学第二定律，可以证明在所有工作于两个热源之间的热机中，可逆热机(循环过程是可逆的)的效率最大。这就是卡诺定理。卡诺定理证明如下。如图 1.17 所示，有两个热机 A 和 R 工作在温度分别为 T_1 和 T_2 的高温热源和低温热源之间。它们从高温热源吸收的热量的分别为 Q_1 和 Q_1'，从低温热源吸收的热量的分别为 Q_2 和 Q_2'，对外做功分别为 W_A 和 W_R。根据定义，它们的效率分别为

$$\eta_A = \frac{W_A}{Q_1}, \quad \eta_R = \frac{W_R}{Q_1'} \tag{1.114}$$

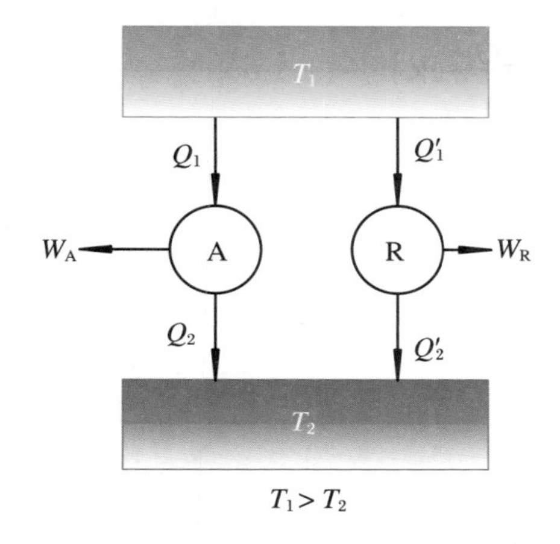

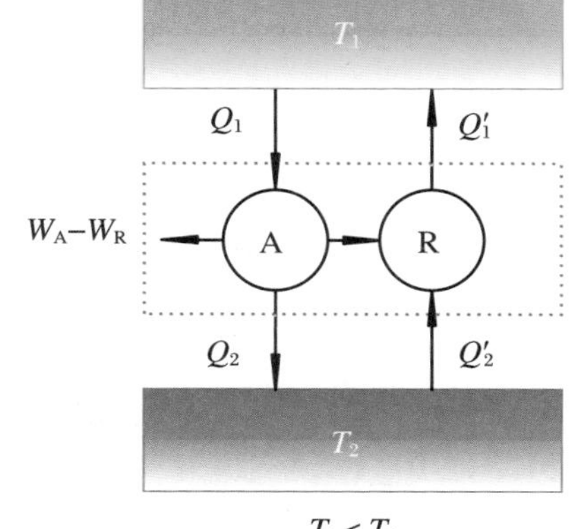

图 1.17 卡诺定理证明
若卡诺定理不成立，则可以构造一个热机，从单一热源吸收热量，全部用来对外做功，这违背了热力学第二定律的开尔文表述。

假设 R 为可逆热机，需要证明：$\eta_R \geqslant \eta_A$。用反正法。不失一般性，假设 $Q_1 = Q_1'$。如果卡诺定理不成立，则有 $\eta_R < \eta_A$，因此有 $W_R < W_A$。既然 R 是可逆热机，就可以利用 A 所做功的一部分(W_R)推动 R 反向运行。将两个热机联合看作一个循环，循环结束时，两个热机的工作物质和高温热源都恢复原状。总的效果是，整个循环过程从低温热源吸收热量 $W_A - W_R$ 而用来完全对外做功。这是违背热力学第二定律的，因此 $\eta_R < \eta_A$ 不成立，从而证明了 $\eta_R \geqslant \eta_A$。

根据卡诺定理，对任何一个工作于两个热源之间的热机，它的效率应该不

高于卡诺热机的效率，因为卡诺热机是可逆的，即

$$\eta = 1 + \frac{\Delta Q_2}{\Delta Q_1} \leqslant \eta_{\text{可逆卡诺热机}} = 1 - \frac{T_2}{T_1} \tag{1.115}$$

该热机是可逆热机的时候，上式取等号，例如卡诺热机。需要注意的是，上式中的温度必须选为理想气体温标。但是，在自然界中，理想气体并不存在，因此原则上在物理上无法通过实验得到严格的理想气体温标，因为找不到真正的理想气体。当然，这并不妨碍实际操作的时候，选择非常接近理想气体的实际气体，建立准理想气体温标①。

为了解决这个问题，开尔文根据卡诺定理，引入了一种不依赖于任何具体物质的新的温标：**绝对温标**，也称为热力学温标，为了纪念开尔文，热力学温标的单位用 K 表示。为了区分绝对温标与理想气体温标，用 T 表示理想气体温标，用 T^* 表示热力学温标。绝对温标与理想气体温标一样，只需要一个参考点，不妨与理想气体温标一致，选水的三相点的绝对温度 $T^*_{(3)} \equiv 273.16$ K。绝对温标的定义如下。待测的热源为热源 1，温度 T_1^* 待测。选择温度等于三相点的热源为热源 2，$T_2^* = T^*_{(3)}$，然后在两个热源之间放一个可逆热机，不一定选以理想气体为工作物质的卡诺热机。不妨假设该可逆热机从热源 1 吸收了 $|\Delta Q_1|$ 的热量（注意热量可精确测量），释放了 $|\Delta Q_2|$ 的热量给了参考热源，即热源 2，并对外做功 $\Delta W = |\Delta Q_1| - |\Delta Q_2|$。在测量了 $|\Delta Q_1|$，$|\Delta Q_2|$ 之后，定义热源 1 的温度为

$$T_1^* = 273.16 \frac{|\Delta Q_1|}{|\Delta Q_2|}(\text{K}) \tag{1.116}$$

根据卡诺定理，$|\Delta Q_1|/|\Delta Q_2|$ 的比值对所有可逆热机都是相同的，是确定的值，因此这样定义（测量）的热源 1 的温度 T_1^* 是唯一的、绝对的。以此类推，原则上可以测量任何热源的绝对温度 T^*。引进绝对温标 T^* 之后，可以将式(1.115)改写为

$$\eta = 1 + \frac{\Delta Q_2}{\Delta Q_1} \leqslant \eta_{\text{可逆热机}} = 1 - \frac{T_2^*}{T_1^*} = \eta_{\text{可逆卡诺热机}} = 1 - \frac{T_2}{T_1} \tag{1.117}$$

从上式以及式(1.116)可以看出，绝对温标与理想气体温标完全等价。

采用绝对温标之后，类似理想气体的卡诺循环，对任何热力学系统都可以建立广义的可逆卡诺循环：热机（系统）工作在绝对温度分别为 T_1^*，T_2^* 的两个

① 这非常类似牛顿力学中的惯性系，动力学方程 $\boldsymbol{F} = m\boldsymbol{a}$ 只能在惯性系中成立。问题是，惯性系理论上是不存在的。真正的惯性系只存在于空无一物的、平直的、绝对时空空间中。但宇宙中不可能是空无一物的，否则质量 m 就不存在了，也没必要讨论 $\boldsymbol{F} = m\boldsymbol{a}$。而根据爱因斯坦的广义相对论，原则上只要宇宙中存在物质，物质就会改变时空的性质，使得时空弯曲。因此，惯性系原则上根本就不存在。但这并不妨碍我们采用一个近似的惯性系，来研究宏观物体的机械运动。

热源之间，工作方式是两个等温过程加上两个绝热过程，其中 ΔQ_1，ΔQ_2 分别为热机从热源吸收的热量，这里已考虑了 ΔQ_1，ΔQ_2 的正负号。因此，根据卡诺定理，对可逆的广义卡诺循环，满足

$$\frac{\Delta Q_1}{T_1^*} + \frac{\Delta Q_2}{T_2^*} = 0 \tag{1.118}$$

上式与理想气体的卡诺循环给出的式(1.107)非常像，但它们的物理不完全一致。式(1.107)仅对理想气体成立，而且表达式中的 T 为理想气体温标；式(1.118)更普适，对任何热力学系统都成立，而且表达式中的 T^* 为绝对温标。只不过理想气体温标与绝对温标等价：$T = T^*$。因为两者等价，以后就用 T 表示绝对温标。

根据式(1.118)，对任何热力学系统，都可以引入该系统的态函数熵 S。仿照理想气体熵的引入，对任何一个可逆循环，将该可逆循环分割成一系列工作在两个热源之间的无穷小的可逆广义卡诺循环，类似图 1.13，只不过两者的差别是，对一般的热力学系统，等温线在 pV 上不一定是 $p \propto V^{-1}$，可能比较复杂，而且对不同的系统，差别可能比较大。但这不是问题的关键，关键是对任何系统的任一可逆循环，都有

$$\oint \frac{đQ}{T} = 0 \tag{1.119}$$

因此，对于任何热力学系统，都可以引入它的态函数熵 S：

$$S_{\mathrm{f}} - S_{\mathrm{i}} = \int_{\mathrm{i}}^{\mathrm{f}} \frac{đQ}{T} \tag{1.120}$$

其中，T 为系统的绝对温度。因此，根据上式给出的熵的定义是普适的。

最后要说明的是，对于任何简单的热力学系统，例如 pVT 系统，数学上可以证明系统必定存在熵这样的态函数。熵函数的存在与热力学第二定律没有关系。证明的大致思路是，由热力学第一定律有

$$đQ = \mathrm{d}U + P(U, V)\mathrm{d}V \tag{1.121}$$

根据微分几何里的弗罗贝尼乌斯定理，$đQ$ 必定可积，即有

$$đQ = T(U, V)\mathrm{d}S(U, V) \tag{1.122}$$

当然，对于复合的热力学系统有

$$đQ = \sum_i \left[\mathrm{d}U_i + P_i(U_j, V_j)\mathrm{d}V_i\right] \tag{1.123}$$

数学上并不能保证熵函数的存在，但是，热力学第二定律保证了熵函数的存在。详细讨论可参见舒茨(1986)。

1.4.5 熵增原理:热力学第二定律的数学表述

基于卡诺循环,我们先引入了绝对温标,进一步对任何热力学系统,引入了其态函数:熵。熵的概念是由克劳修斯在1850年引入的。下面讨论熵的物理意义。

热力学第二定律的数学表述就是熵增原理:对于任何的孤立系统,经过一个不可逆过程,系统的熵将增加。下面基于热力学第二定律的开尔文表述,通过分析两个典型的不可逆过程:不可逆等温膨胀和不可逆绝热膨胀导出熵增原理。

不可逆等温膨胀如图1.18所示,系统初态状态参量为(p_i, V_i),温度为T。去掉作用在活塞上使之保持平衡的外力F让气体膨胀,其体积从V_i变化到V_f,末态的压强为p_f。膨胀过程中系统始终与温度为T的热源保持热接触。该过程自发地发生且不能逆转,在膨胀过程中,气体不处于平衡态,在pV图上,该过程只能用初末态对应的两个点表示。

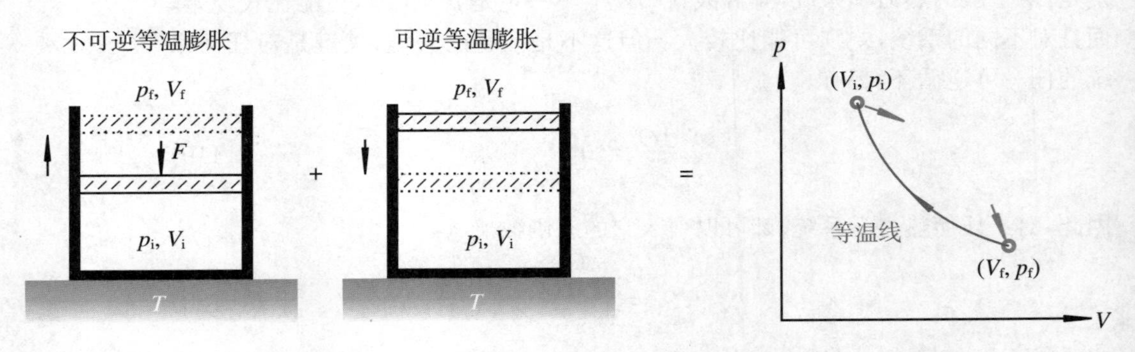

图1.18 不可逆等温膨胀与可逆等温压缩构成的一个不可逆循环

在pV图上,不可逆等温膨胀只能用初态(V_i, p_i)和末态(V_f, p_f)两个红色点表示。

该膨胀过程结束之后,在活塞上施加外力,每一步增加无限小的外力并等待系统达到新的平衡,系统最终通过可逆的等温压缩恢复到膨胀前的初始状态。整个循环过程中,系统内能改变、系统从外界吸收的热量以及外界对系统做功分别为

$$\Delta U_1 = \Delta Q_1 + \Delta W_1 \tag{1.124}$$

$$\Delta U_2 = \Delta Q_2 + \Delta W_2 \tag{1.125}$$

由于这是一个循环,系统内能总的改变为零。因此,两式相加,得到

$$0 = \Delta U = \Delta U_1 + \Delta U_2 = \Delta W_1 + \Delta W_2 + \Delta Q_1 + \Delta Q_2 \tag{1.126}$$

所以经过整个循环之后,外界对系统所做的总功为

$$\Delta W = \Delta W_1 + \Delta W_2 = -\Delta Q_1 - \Delta Q_2 = -\Delta Q_1 + T(S_f - S_i) \tag{1.127}$$

根据热力学第二定律的开尔文表述,系统不可能从单一热源吸收热量对外做

功，即要求 $\Delta W>0$。因此

$$T(S_{\mathrm{f}}-S_{\mathrm{i}})>\Delta Q_1 \tag{1.128}$$

该结果的物理含义是：与可逆等温膨胀相比，在不可逆等温膨胀过程中，系统从热源吸收的热量要小于可逆等温膨胀过程中系统从热源吸收的热量。如果 $\Delta Q_1=0$，例如理想气体的不可逆绝热膨胀，则有 $S_{\mathrm{f}}>S_{\mathrm{i}}$，也就是说在不可逆等温绝热膨胀过程中，系统朝着熵增加的方向发展。当然，对于大多数热力学系统，绝热膨胀过程通常伴随着温度下降。下面继续讨论一般热力学系统不可逆绝热膨胀。

假设孤立系统经过一个不可逆过程从初态$(p_{\mathrm{i}},V_{\mathrm{i}},T_{\mathrm{i}})$跳变到末态$(p_{\mathrm{f}},V_{\mathrm{f}},T_{\mathrm{f}})$，如图1.19的左图所示。由于系统在不可逆过程中各点的压强、温度和密度都被扰动而出现不均匀性，因此它们没有达到平衡态，不能用状态参量表示。该过程只能用图1.20中的两个红点表示，也就是说不可逆过程从初态跳变到了末态。因为初末态都是平衡态，它们的熵 $S_{\mathrm{i}}(V_{\mathrm{i}},p_{\mathrm{i}})$和 $S_{\mathrm{f}}(V_{\mathrm{f}},p_{\mathrm{f}})$是有定义的。可以证明该不可逆过程的熵变大于零，即

$$\Delta S=S_{\mathrm{f}}-S_{\mathrm{i}}>0 \tag{1.129}$$

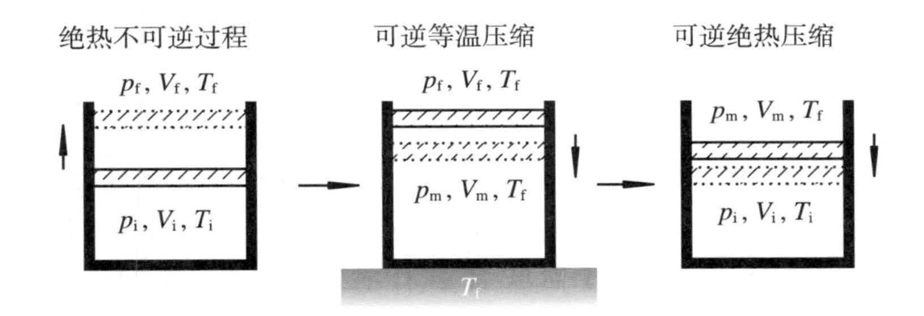

图1.19 不可逆绝热膨胀与可逆的等温压缩和绝热压缩构成一个不可逆循环

左图为某一绝热不可逆过程，初态热力学参量为 p_{i}，V_{i}，T_{i}，末态热力学参量为 p_{f}，V_{f}，T_{f}。在该过程结束之后，分别通过可逆等温压缩和绝热压缩使得系统恢复到初始状态。

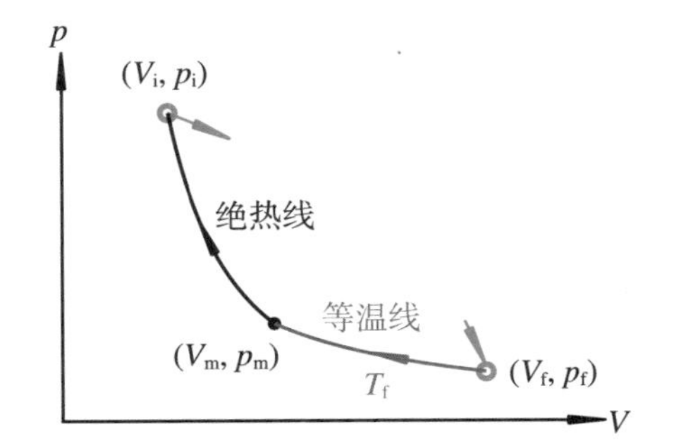

图1.20 与图1.19对应的不可逆循环在 pV 图上的表示

系统经过绝热不可逆过程从初态$(p_{\mathrm{i}},V_{\mathrm{i}},T_{\mathrm{i}})$跳变到末态初态$(p_{\mathrm{f}},V_{\mathrm{f}},T_{\mathrm{f}})$，图中两个红色的点代表该绝热不可逆膨胀过程。系统经过可逆的等温压缩从末态演化到中间态$(p_{\mathrm{m}},V_{\mathrm{m}},T_{\mathrm{f}})$。再经过绝热压缩恢复到了初态。

为了证明上式，构造一个包含上述不可逆过程的不可逆循环。如图1.19所示，在绝热不可逆过程之后，系统从初态 $S_{\mathrm{i}}(V_{\mathrm{i}},p_{\mathrm{i}})$跳变到末态$(p_{\mathrm{f}},V_{\mathrm{f}},T_{\mathrm{f}})$，紧接着分别通过等温压缩和绝热压缩使得系统恢复到初始状态。等温压缩结束之后，系统的热力学参量为 p_{m}，V_{m}，T_{f}。整个过程构成了一个不可逆循环。

该循环的各个过程中，系统内能改变、系统从外界吸收的热量以及外界对系统做功分别为

$$\Delta U_1 = \Delta Q_1 + \Delta W_1 = \Delta W_1 \tag{1.130}$$

$$\Delta U_2 = \Delta Q_2 + \Delta W_2 \tag{1.131}$$

$$\Delta U_3 = \Delta Q_3 + \Delta W_3 = \Delta W_3 \tag{1.132}$$

由于这是一个循环，系统总的内能的改变为零。因此，三式相加，得到

$$0 = \Delta U = \Delta U_1 + \Delta U_2 + \Delta U_3 = \Delta W_1 + \Delta W_2 + \Delta W_3 + \Delta Q_2 \tag{1.133}$$

所以整个循环之后，外界对系统所做的总功为

$$\Delta W = \Delta W_1 + \Delta W_2 + \Delta W_3 = -\Delta Q_2 = T_\mathrm{f}(S_\mathrm{f} - S_\mathrm{i}) \tag{1.134}$$

根据热力学第二定律的开尔文表述，系统不可能从单一热源吸收热量对外做功，即要求 $\Delta W>0$。因此，得到 $S_\mathrm{f}>S_\mathrm{i}$。

也可以基于克劳修斯不等式导出任意不可逆过程的熵增原理。基于卡诺原理，对于一个不可逆循环过程有

$$\sum_{\mathrm{irr(不可逆)}} \frac{đQ_\mathrm{i}}{T_\mathrm{i}} < 0 \tag{1.135}$$

上式中的求和表示对整个循环过程中每一个热力学过程求和。该式称为克劳修斯不等式[①]。

考察任一不可逆过程 I。过程结束之后，系统从初始状态 i 转变到末状态 f。作为对比，假设系统经过可逆过程 R 也从初始状态 i 演化到末状态 f。可以将过程 I 和过程 R 的逆过程联合看作一个不可逆循环过程，根据方程(1.135)，有

$$\sum_{\mathrm{irr}} \frac{đQ_\mathrm{i}}{T_\mathrm{i}} + \int_\mathrm{f}^\mathrm{i} \frac{đQ}{T} \leqslant 0 \tag{1.137}$$

上式中求和表示对不可逆过程求和，而对可逆过程，求和已用积分代替。因此

$$\sum_{\mathrm{irr}} \frac{đQ_\mathrm{i}}{T_\mathrm{i}} \leqslant \int_\mathrm{i}^\mathrm{f} \frac{đQ}{T} = S_\mathrm{f} - S_\mathrm{i} \tag{1.138}$$

① 很多教材用围道积分来表示克劳修斯不等式，即

$$\oint \frac{đQ}{T} < 0 \tag{1.136}$$

这种表示方法值得商榷。因为大多数不可逆循环过程，在 pV 图或其他状态参数空间并不能用围道表示，如图 1.20 所示。

即

$$S_f - S_i > \sum_{irr} \frac{đQ_i}{T_i}, \quad dS \geqslant \frac{đQ}{T} \tag{1.139}$$

利用热力学第一定律，上式可以改写为

$$TdS \geqslant đQ = dU - đW \tag{1.140}$$

上式等号仅适用于可逆过程。上述三个方程都是热力学第二定律的数学表述，即它们是根据热力学第二定律给出的，对热力学过程进行方向的限制。违反上述不等式的过程是不可能实现的。

对于孤立的绝热系统，由于系统与外界没有热量交换，根据上式得到

$$S_f - S_i \geqslant 0, \quad dS \geqslant 0 \tag{1.141}$$

上式表明：在绝热过程中，系统的熵永不减少。即绝热系统状态的变化朝着熵增加的方向进行。这就是**熵增原理**。对于与热源保持接触的非绝热系统，也可以将该系统和热源看成一个更大的孤立系统。那么，对该孤立系统，系统状态的变化将朝着熵增加的方向进行。

引入熵的定义之后，热力学第二定律也就有了更准确的数学表述。对于孤立系统，当它达到热平衡态时，具有

$$dS = 0, \quad S = S_{max} \tag{1.142}$$

经过一个不可逆过程，系统的熵增加，即 $dS>0$。经过该不可逆过程之后，系统达到新的平衡态。因此，热力学平衡态也有了更准确的定义：平衡态就是熵为极大值的态。

下面利用熵增原理，来分别理解热力学第二定律的克劳修斯表述和开尔文表述以及判断其他一些热力学过程进行的方向。假设可以从热源（温度为 T_1）经过系统 3 传递热量 Q 到高温热源（温度为 T_2）而不引起系统 3 的变化，那么，三者的熵变分别为

$$\Delta S_3 = 0, \quad \Delta S_1 = -\frac{Q}{T_1}, \quad \Delta S_2 = \frac{Q}{T_2} \tag{1.143}$$

系统的总熵变为

$$\Delta S_{tot} = \Delta S_1 + \Delta S_2 + \Delta S_3 = Q\left(\frac{1}{T_2} - \frac{1}{T_1}\right) = Q\frac{T_1 - T_2}{T_1 T_2} \tag{1.144}$$

熵增原理要求 $\Delta S_{tot} \geqslant 0$，因此，$T_1 \geqslant T_2$。

继续用熵增原理来理解热力学定律的开尔文说法。假设热力学第二定律的开尔文说法不成立，如图 1.16 所示，热机从单一热源（温度为 T）吸收热量 Q 将之完全用来对外做功，则热源和热机的熵变分别为

$$\Delta S_1 = -\frac{Q}{T}, \quad \Delta S_2 = 0 \tag{1.145}$$

则系统的总熵变为

$$\Delta S_{\text{tot}} = \Delta S_1 + \Delta S_2 = -\frac{Q}{T} < 0 \tag{1.146}$$

从而违反熵增原理。

理想气体在真空中的膨胀过程。该过程的初态为体积为 V，温度为 T 的气体和体积为 V 的真空容器。过程结束之后，气体体积为 $2V$，温度为 T。过程前后的熵变为

$$\Delta S = S_{\mathrm{f}} - S_{\mathrm{i}} = n_{\mathrm{m}} R \ln \frac{V_{\mathrm{f}}}{V_{\mathrm{i}}} = n_{\mathrm{m}} R \ln 2 > 0 \tag{1.147}$$

该过程的逆过程的熵变则为

$$\Delta S = n_{\mathrm{m}} R \ln \frac{1}{2} = -n_{\mathrm{m}} R \ln 2 < 0 \tag{1.148}$$

因为违反熵增原理，该过程是不可能发生的。

上面的讨论说明熵增原理是热力学第二定律的普遍说法。从后面统计物理部分可以看出，熵是系统中微观粒子无规运动的混乱度的度量，熵越大，系统越混乱。熵增原理的微观统计意义是说，孤立系统中发生的过程，总是朝着混乱度增加的方向进行的。熵一词来自希腊文（εντροπή），它的本意是变化和演化，但也有混乱的意思，因此，在热力学中用熵这一词是非常准确的。

熵的概念比较重要，为了有助于大家理解，我们再在热力学理论框架内，从宏观的角度来讨论熵的概念。从熵的定义可以看出，它与能量密切相关的。系统在演化过程中，熵的增加等于系统从外界吸收的热量除以温度，即单位温度吸收的热量。与机械能相比，热量是一种无序的能量，没有方向性。所以，系统从外界吸收热量，导致自身系统无序度增加。另外一方面，温度是系统中微观粒子无规运动的宏观度量，温度越高，系统中无规运动的程度就越剧烈，即系统自身的无序能量也就越高，系统自身的无序度也就越高。因此，系统吸收的热量除以它的温度，就是系统混乱度的相对增加，这就是熵的热力学解释。总之，熵是系统无序度的一种度量。[①]

① Entropy 的中译字“熵”出自物理学家胡刚复教授，他认为 Entropy 为热量与温度之商，并且此概念与火有关（象征着热），于是在商字上加火字旁，创造了一个新字“熵”。

1.5 热力学势

1.5.1 自由能、焓和吉布斯自由能

在前面的介绍中，我们引入了系统的内能 U、焓 H 以及熵 S 这三个系统状态的函数，即态函数。如果选(p,V)为状态参量，温度 $T=T(p,V)$也可以看作态函数，但更多的时候，我们习惯选 T 为状态参量。下面以气体为例，引入其他的态函数：自由能 F 和吉布斯自由能 G。它们与系统的内能一样，具有能量量纲。它们是各种条件下的热力学势，决定了在某些特定条件，例如等温和等压条件下，热力学过程朝着自发进行的方向。这类似于力学中的势能，检验粒子总是自发地从势能高的位置移动到势能低的位置，这也是称之为“势”的原因。

对于可逆过程，根据热力学第一定律和第二定律，有

$$\mathrm{d}U = T\mathrm{d}S - p\mathrm{d}V \tag{1.149}$$

该表达式表明，$U=U(S,V)$。可以通过勒让德变换引入新的态函数。首先，上式改写为

$$\mathrm{d}F \equiv \mathrm{d}(U - TS) = -S\mathrm{d}T - p\mathrm{d}V \tag{1.150}$$

因为 U,S 都是态函数，而温度 T 是系统的状态参量，因此，$F=F(T,V)\equiv U-TS$ 必然也为系统的态函数，将之命名为定容自由能，或亥姆霍兹自由能，大多数时候也简称为自由能。这里自由能的含义是：在某一个热力学过程中，系统减少的自由能就是系统“有效”转化为对外做功的部分。对于可逆等温过程，系统自由能的减少等于系统对外界所做的功，这是自由能 $F(T,V)$的第一层含义。对于不可逆过程，由于 $T\mathrm{d}S>\text{đ}Q$，则对于等温等容过程，有

$$\mathrm{d}F = \mathrm{d}U - T\mathrm{d}S < \mathrm{d}U - \text{đ}Q = -p\mathrm{d}V = 0 \tag{1.151}$$

即对于等温和等容过程，系统自发的过程是自由能 $\mathrm{d}F\leqslant 0$ 的方向，其中可逆过程取等号，这是自由能 $F(T,V)$的第二层含义，即自由能是等温等容条件下的热力学势，在平衡态，系统的自由能取最小值。如果所研究的系统除了压强和体积，还有其他的广义力(Y)和广义位移(y)，例如，磁性气体，则自由能的定义式(1.150)改写为

$$\mathrm{d}F(T,V,y) \equiv \mathrm{d}(U - TS) = -S\mathrm{d}T - p\mathrm{d}V + Y\mathrm{d}y \tag{1.152}$$

从上式可以看出，对于可逆的等温和等容过程，系统自由能的减少等于系统对外界所做的非体积功，即扣除了由于系统体积改变所做的功，这是自由能 $F(T,V,y)$ 的第三层含义。

类似地，通过勒让德变换，引入态函数焓 $H(S,p)$：

$$dH \equiv d(U + pV) = TdS + Vdp \tag{1.153}$$

很显然，$H = H(S,p) \equiv U + pV$ 也是态函数，称为焓。对可逆等压过程，从上式可以看出，系统焓的改变就等于系统从外界吸收的热量，这是焓的第一层含义；对于绝热和等压过程，系统自发的过程是 $dH \geqslant 0$ 的方向，其中可逆过程取等号，这是焓的第二层含义，即焓是绝热等压条件下的热力学势，在平衡态，系统的焓取最大值；同理，对于可逆的绝热和等压过程，系统焓的增加等于外界对系统所做的非体积功，这是焓 $H(S,p,y)$ 的第三层含义。

最后，通过勒让德变换引入态函数吉布斯自由能，也称吉布斯函数 G：

$$dG = d(U - TS + pV) \equiv - SdT + Vdp \tag{1.154}$$

其中，$G = G(T,p) \equiv U - TS + pV$。在等温等压状况下，一个热力学过程具有自发性的必需条件为，吉布斯函数随着过程的演化而减小：$dG \leqslant 0$，即吉布斯自由能是等温、等压条件下的热力学势。这意味着，平衡系统的吉布斯自由能取最小值，在平衡态，吉布斯自由能对于其他自变量的导数为零；在等温等压过程中，系统的吉布斯自由能减少量必定大于或等于其所做的非体积功，假如过程是可逆过程，则其吉布斯自由能减少量等于其所做的非体积功。所以，热力学系统所能做的最大非体积功是其吉布斯自由能减少量，这是吉布斯自由能的第二层物理含义。由于化学反应都是在等温等压的条件下进行的，因此，将热力学应用于化学领域时，吉布斯自由能是较常用到与较有用的物理量之一。

1.5.2 热力学势与参量变换

热力学理论的基本观念总结在马休于 1869 年提出的马休定律：如果选取适当的状态参量，只要知道一个热力学系统的某个热力学函数（称之为热力学势），就可以通过求偏导数得到该热力学系统的全部热力学特性，即可以得到全部的反映系统热力学宏观性质的态函数，或热力学量。热物理主要研究对象是热力学平衡态及其动力学演化。热力学势完全刻画了热力学平衡态的所有物理性质。

在热力学理论中，并不能从第一性的原理得到热力学势，一般是通过测量系统的状态方程、定压热容量和定容热容量通过热力学理论得到系统的热力学势。只有在统计物理中，可以通过建立微观物理模型的方法，根据统计物理的基本假设，得到系统的热力学势。

对于一个闭系，一般采用 T,S,p,V 中的两个作为系统的状态参量，相应

的热力学函数有 U,F,H,G，它们的全微分表达式如下：

$$dU(S,V) = TdS - pdV \tag{1.155}$$

$$dH(S,p) = TdS + Vdp \tag{1.156}$$

$$dF(T,V) = -SdT - pdV \tag{1.157}$$

$$dG(T,p) = -SdT + Vdp \tag{1.158}$$

其中 U,F,H,G 之间的关系为

$$H = U + pV \tag{1.159}$$

$$F = U - TS \tag{1.160}$$

$$G = U - TS + pV \tag{1.161}$$

利用以上热力学势的全微分，可以通过对热力学势求偏导数的方式得到其他的热力学量或热力学函数：

$$\left(\frac{\partial U}{\partial S}\right)_V = T,\quad \left(\frac{\partial U}{\partial V}\right)_S = -p \tag{1.162}$$

$$\left(\frac{\partial H}{\partial S}\right)_p = T,\quad \left(\frac{\partial H}{\partial p}\right)_S = V \tag{1.163}$$

$$\left(\frac{\partial F}{\partial T}\right)_V = -S,\quad \left(\frac{\partial F}{\partial V}\right)_T = -p \tag{1.164}$$

$$\left(\frac{\partial G}{\partial T}\right)_p = -S,\quad \left(\frac{\partial G}{\partial p}\right)_T = V \tag{1.165}$$

利用热力学函数对状态参量求偏导数的次序可交换性，例如：$\frac{\partial^2 U}{\partial V\partial S} = \frac{\partial^2 U}{\partial S\partial V}$，得到如下的麦克斯韦(James Clerk Maxwell，1831—1879)关系①：

$$\left(\frac{\partial T}{\partial V}\right)_S = -\left(\frac{\partial p}{\partial S}\right)_V \tag{1.166}$$

$$\left(\frac{\partial S}{\partial V}\right)_T = \left(\frac{\partial p}{\partial T}\right)_V \tag{1.167}$$

$$\left(\frac{\partial T}{\partial p}\right)_S = \left(\frac{\partial V}{\partial S}\right)_p \tag{1.168}$$

$$\left(\frac{\partial S}{\partial p}\right)_T = -\left(\frac{\partial V}{\partial T}\right)_p \tag{1.169}$$

麦克斯韦关系给出了(S,T,p,V)这四个变量之间的偏导数的关系。利用麦克斯韦关系，可以将一些不能从实验中直接测量的物理量用与状态方程相关的可以直接测量的物理量$(\alpha_p,\beta_V,\kappa_T)$和定容热容量、定压热容量等物理量表达

① 对热力学势中的任一个取外微分，容易得到：$dS\wedge dT = dp\wedge dV$。麦克斯韦关系可以统一由它导出。

出来。因此,在通过实验测量系统的热力学势的过程中,特别有用。

以内能 U 为例,原则上它可以表示为任何两个独立的状态参量的函数。如果选(S,V)为其状态参量的话,那么 U 对(S,V)的偏导数就分别是$(T,-p)$,即(T,S,p,V)之中的两个量,结果非常简洁,因此将(S,V)称作 U 的**自然参量**。同理,F,H,G 的自然参量分别为(T,V),(S,p)和(T,p)。虽然原则上四个热力学势是完全等价的,但是由于系统的温度、压强和体积是比较好控制和测量的热力学量,因此不难理解,自由能 $F(T,V)$和吉布斯自由能 $G(T,p)$在热力学和统计物理中使用最为广泛。

U,F,H,G 是相互等价的,也就是说,如果知道 U,F,H,G 任何一个作为自然参量的函数表达式,就可以根据标准化的程式得到其他的热力学量和热力学函数。具体见下面的讨论。

1. 选取内能 $U(S,V)$作热力学势

如果已知 $U=U(S,V)$,利用 $\mathrm{d}U=T\mathrm{d}S-p\mathrm{d}V$,则有

$$T=\left(\frac{\partial U}{\partial S}\right)_V,\quad p=-\left(\frac{\partial U}{\partial V}\right)_S \tag{1.170}$$

由上式可以得到系统的状态方程:

$$\begin{cases} T=T(S,V) \\ p=p(S,V) \end{cases} \tag{1.171}$$

以及麦克斯韦关系:

$$\left(\frac{\partial T}{\partial V}\right)_S=-\left(\frac{\partial p}{\partial S}\right)_V \tag{1.172}$$

其他的热力学势分别为

$$H=U+pV=U-V\left(\frac{\partial U}{\partial V}\right)_S \tag{1.173}$$

$$F=U-TS=U-S\left(\frac{\partial U}{\partial S}\right)_V \tag{1.174}$$

$$G=U-TS+pV=U-S\left(\frac{\partial U}{\partial S}\right)_V-V\left(\frac{\partial U}{\partial V}\right)_S \tag{1.175}$$

2. 选取焓 $H(S,p)$作热力学势

如果已知 $H=H(S,p)$,利用 $\mathrm{d}H=T\mathrm{d}S+V\mathrm{d}p$,则有

$$T=\left(\frac{\partial H}{\partial S}\right)_p,\quad V=\left(\frac{\partial H}{\partial p}\right)_S \tag{1.176}$$

由上式可以得到系统的状态方程:

$$\begin{cases} T = T(S, p) \\ V = V(S, p) \end{cases} \tag{1.177}$$

以及麦克斯韦关系：

$$\left(\frac{\partial T}{\partial p}\right)_S = \left(\frac{\partial V}{\partial S}\right)_p \tag{1.178}$$

其他的热力学势分别为

$$U = H - pV = H - p\left(\frac{\partial H}{\partial p}\right)_S \tag{1.179}$$

$$F = H - pV - TS = H - p\left(\frac{\partial H}{\partial p}\right)_S - S\left(\frac{\partial H}{\partial S}\right)_p \tag{1.180}$$

$$G = H - TS = H - S\left(\frac{\partial H}{\partial S}\right)_p \tag{1.181}$$

3. 选取自由能 $F(T, V)$ 作为热力学势

如果已知 $F = F(T, V)$，利用 $\mathrm{d}F = -S\mathrm{d}T - p\mathrm{d}V$，则有

$$S = -\left(\frac{\partial F}{\partial T}\right)_V, \quad p = -\left(\frac{\partial F}{\partial V}\right)_T = p(T, V) \tag{1.182}$$

由上式可以得到麦克斯韦关系：

$$\left(\frac{\partial S}{\partial V}\right)_T = \left(\frac{\partial p}{\partial T}\right)_V \tag{1.183}$$

其他的热力学势为

$$U = F + TS = F - T\left(\frac{\partial F}{\partial T}\right)_V \tag{1.184}$$

$$H = F + TS + pV = F - T\left(\frac{\partial F}{\partial T}\right)_V - V\left(\frac{\partial F}{\partial V}\right)_T \tag{1.185}$$

$$G = F + pV = F - V\left(\frac{\partial F}{\partial V}\right)_T \tag{1.186}$$

其中，式(1.184)称为亥姆霍兹(Hermann von Helmholtz，1821—1894)方程。

4. 选取吉布斯自由能 $G(T, p)$ 作热力学势

如果已知 $G = G(T, p)$，利用 $\mathrm{d}G = -S\mathrm{d}T + V\mathrm{d}p$，则有

$$S = -\left(\frac{\partial G}{\partial T}\right)_p, \quad V = \left(\frac{\partial G}{\partial p}\right)_T = V(T, p) \tag{1.187}$$

由上式可以得到麦克斯韦关系：

$$\left(\frac{\partial S}{\partial p}\right)_T = -\left(\frac{\partial V}{\partial T}\right)_p \tag{1.188}$$

其他的热力学势分别为

$$U = G + TS - pV = G - T\left(\frac{\partial G}{\partial T}\right)_p - p\left(\frac{\partial G}{\partial p}\right)_T \tag{1.189}$$

$$H = G + TS = G - T\left(\frac{\partial G}{\partial T}\right)_p \tag{1.190}$$

$$F = G - pV = G - p\left(\frac{\partial G}{\partial p}\right)_T \tag{1.191}$$

对于某热力学势，选取其**自然参量**显然有其形式上的简洁性，但是实际问题经常要求选取其他的状态参量，比如，选取(T, V, p)中的任意两个。下面一般性地讨论函数的参量变换导致的函数偏导数之间的变换关系。热力学势对新参量的偏导数一般利用麦克斯韦关系式将它们最终表示为一些易测的物理量$(\alpha_p, \beta_V, \kappa_T, C_V, C_p)$的函数。

假设有一个函数 $f(x_1, x_2)$，通过参量变换

$$\begin{cases} y_1 = y_1(x_1, x_2) \\ y_2 = y_2(x_1, x_2) \end{cases} \tag{1.192}$$

将 $f(x_1, x_2)$变为 $f(y_1, y_2)$，则

$$\left(\frac{\partial f}{\partial y_1}\right)_{y_2} = \left(\frac{\partial f}{\partial x_1}\right)_{x_2}\left(\frac{\partial x_1}{\partial y_1}\right)_{y_2} + \left(\frac{\partial f}{\partial x_2}\right)_{x_1}\left(\frac{\partial x_2}{\partial y_1}\right)_{y_2} \tag{1.193}$$

$$\left(\frac{\partial f}{\partial y_2}\right)_{y_1} = \left(\frac{\partial f}{\partial x_1}\right)_{x_2}\left(\frac{\partial x_1}{\partial y_2}\right)_{y_1} + \left(\frac{\partial f}{\partial x_2}\right)_{x_1}\left(\frac{\partial x_2}{\partial y_2}\right)_{y_1} \tag{1.194}$$

可以将上式改写为矩阵的形式：

$$\begin{aligned} \begin{bmatrix} \left(\frac{\partial f}{\partial y_1}\right)_{y_2} \\ \left(\frac{\partial f}{\partial y_2}\right)_{y_1} \end{bmatrix} &= \begin{bmatrix} \left(\frac{\partial x_1}{\partial y_1}\right)_{y_2} & \left(\frac{\partial x_2}{\partial y_1}\right)_{y_2} \\ \left(\frac{\partial x_1}{\partial y_2}\right)_{y_1} & \left(\frac{\partial x_2}{\partial y_2}\right)_{y_1} \end{bmatrix} \begin{bmatrix} \left(\frac{\partial f}{\partial x_1}\right)_{x_2} \\ \left(\frac{\partial f}{\partial x_2}\right)_{x_1} \end{bmatrix} \\ &= \frac{\partial(x_1, x_2)}{\partial(y_1, y_2)} \begin{bmatrix} \left(\frac{\partial f}{\partial x_1}\right)_{x_2} \\ \left(\frac{\partial f}{\partial x_2}\right)_{x_1} \end{bmatrix} \end{aligned} \tag{1.195}$$

下面以热力学势内能 $U(S, V)$为例，讨论它在新变量下的表达式。

首先讨论如何通过参量变换：$(S, V)\to(T, V)$得到内能作为(T, V)的表达式。根据式(1.195)有

$$\begin{bmatrix} \left(\frac{\partial U}{\partial T}\right)_V \\ \left(\frac{\partial U}{\partial V}\right)_T \end{bmatrix} = \frac{\partial(S, V)}{\partial(T, V)} \begin{bmatrix} \left(\frac{\partial U}{\partial S}\right)_V \\ \left(\frac{\partial U}{\partial V}\right)_S \end{bmatrix}$$

$$
= \begin{bmatrix} \left(\frac{\partial S}{\partial T}\right)_V & \left(\frac{\partial V}{\partial T}\right)_V \\ \left(\frac{\partial S}{\partial V}\right)_T & \left(\frac{\partial V}{\partial V}\right)_T \end{bmatrix} \begin{bmatrix} \left(\frac{\partial U}{\partial S}\right)_V \\ \left(\frac{\partial U}{\partial V}\right)_S \end{bmatrix}
$$

$$
= \begin{bmatrix} \frac{C_V}{T} & 0 \\ \left(\frac{\partial p}{\partial T}\right)_V & 1 \end{bmatrix} \begin{bmatrix} T \\ -p \end{bmatrix}
$$

$$
= \begin{bmatrix} C_V \\ T\left(\frac{\partial p}{\partial T}\right)_V - p \end{bmatrix} \tag{1.196}
$$

最后得到

$$
\mathrm{d}U(T,V) = \left(\frac{\partial U}{\partial T}\right)_V \mathrm{d}T + \left(\frac{\partial U}{\partial V}\right)_T \mathrm{d}V = C_V \mathrm{d}T + \left[T\left(\frac{\partial p}{\partial T}\right)_V - p\right]\mathrm{d}V \tag{1.197}
$$

也可以直接采用复合函数求偏导数的链式法则(参见式(1.193)和式(1.194))得到式(1.196)的结果。由

$$
U = U(S,V) = U(S(T,V),V) \tag{1.198}
$$

有

$$
\left(\frac{\partial U}{\partial T}\right)_V = \left(\frac{\partial U}{\partial S}\right)_V \left(\frac{\partial S}{\partial T}\right)_V = T\left(\frac{\partial S}{\partial T}\right)_V = C_V \tag{1.199}
$$

$$
\left(\frac{\partial U}{\partial V}\right)_T = \left(\frac{\partial U}{\partial S}\right)_V \left(\frac{\partial S}{\partial V}\right)_T + \left(\frac{\partial U}{\partial V}\right)_S = T\left(\frac{\partial p}{\partial T}\right)_V - p \tag{1.200}
$$

继续讨论如何通过参量变换:$(S,V)\to(T,p)$得到内能作为(T,p)的表达式。根据式(1.195)有

$$
\begin{bmatrix} \left(\frac{\partial U}{\partial T}\right)_p \\ \left(\frac{\partial U}{\partial p}\right)_T \end{bmatrix} = \frac{\partial(S,V)}{\partial(T,p)} \begin{bmatrix} \left(\frac{\partial U}{\partial S}\right)_V \\ \left(\frac{\partial U}{\partial V}\right)_S \end{bmatrix}
$$

$$
= \begin{bmatrix} \left(\frac{\partial S}{\partial T}\right)_p & \left(\frac{\partial V}{\partial T}\right)_p \\ \left(\frac{\partial S}{\partial p}\right)_T & \left(\frac{\partial V}{\partial p}\right)_T \end{bmatrix} \begin{bmatrix} \left(\frac{\partial U}{\partial S}\right)_V \\ \left(\frac{\partial U}{\partial V}\right)_S \end{bmatrix}
$$

$$
= \begin{bmatrix} \frac{C_p}{T} & \left(\frac{\partial V}{\partial T}\right)_p \\ -\left(\frac{\partial V}{\partial T}\right)_p & \left(\frac{\partial V}{\partial p}\right)_T \end{bmatrix} \begin{bmatrix} T \\ -p \end{bmatrix}
$$

$$= \begin{bmatrix} C_p - p\left(\frac{\partial V}{\partial T}\right)_p \\ - T\left(\frac{\partial V}{\partial T}\right)_p - p\left(\frac{\partial V}{\partial p}\right)_T \end{bmatrix} \tag{1.201}$$

最后得到

$$\begin{aligned} \mathrm{d}U(T,p) &= \left(\frac{\partial U}{\partial T}\right)_p \mathrm{d}T + \left(\frac{\partial U}{\partial p}\right)_T \mathrm{d}p \\ &= \left[C_p - p\left(\frac{\partial V}{\partial T}\right)_p\right]\mathrm{d}T - \left[T\left(\frac{\partial V}{\partial T}\right)_p + p\left(\frac{\partial V}{\partial p}\right)_T\right]\mathrm{d}p \end{aligned} \tag{1.202}$$

也可以直接采用复合函数求偏导数的链式法则(参见式(1.193)和式(1.194))得到式(1.201)的结果。由

$$U = U(S,V) = U(S(T,p),V(T,p)) \tag{1.203}$$

有

$$\begin{aligned} \left(\frac{\partial U}{\partial T}\right)_p &= \left(\frac{\partial U}{\partial S}\right)_V\left(\frac{\partial S}{\partial T}\right)_p + \left(\frac{\partial U}{\partial V}\right)_S\left(\frac{\partial V}{\partial T}\right)_p = T\left(\frac{\partial S}{\partial T}\right)_p - p\left(\frac{\partial V}{\partial T}\right)_p \\ &= C_p - p\left(\frac{\partial V}{\partial T}\right)_p \end{aligned} \tag{1.204}$$

$$\begin{aligned} \left(\frac{\partial U}{\partial p}\right)_T &= \left(\frac{\partial U}{\partial S}\right)_V\left(\frac{\partial S}{\partial p}\right)_T + \left(\frac{\partial U}{\partial V}\right)_S\left(\frac{\partial V}{\partial p}\right)_T \\ &= - T\left(\frac{\partial V}{\partial T}\right)_p - p\left(\frac{\partial V}{\partial p}\right)_T \end{aligned} \tag{1.205}$$

最后讨论如何通过参量变换:$(S,V)\to(p,V)$得到内能作为(p,V)的表达式。根据式(1.195)有

$$\begin{aligned} \begin{bmatrix} \left(\frac{\partial U}{\partial p}\right)_V \\ \left(\frac{\partial U}{\partial V}\right)_p \end{bmatrix} &= \frac{\partial(S,V)}{\partial(p,V)}\begin{bmatrix} \left(\frac{\partial U}{\partial S}\right)_V \\ \left(\frac{\partial U}{\partial V}\right)_S \end{bmatrix} \\ &= \begin{bmatrix} \left(\frac{\partial S}{\partial p}\right)_V & \left(\frac{\partial V}{\partial p}\right)_V \\ \left(\frac{\partial S}{\partial V}\right)_p & \left(\frac{\partial V}{\partial V}\right)_p \end{bmatrix}\begin{bmatrix} \left(\frac{\partial U}{\partial S}\right)_V \\ \left(\frac{\partial U}{\partial V}\right)_S \end{bmatrix} \\ &= \begin{bmatrix} \frac{C_V}{T}\left(\frac{\partial T}{\partial p}\right)_V & 0 \\ \frac{C_p}{T}\left(\frac{\partial T}{\partial V}\right)_p & 1 \end{bmatrix}\begin{bmatrix} T \\ - p \end{bmatrix} \\ &= \begin{bmatrix} C_V\left(\frac{\partial T}{\partial p}\right)_V \\ C_p\left(\frac{\partial T}{\partial V}\right)_p - p \end{bmatrix} \end{aligned} \tag{1.206}$$

最后得到

$$
\begin{aligned}
\mathrm{d}U(p,V) &= \left(\frac{\partial U}{\partial p}\right)_V \mathrm{d}p + \left(\frac{\partial U}{\partial V}\right)_p \mathrm{d}V \\
&= C_V\left(\frac{\partial T}{\partial p}\right)_V \mathrm{d}p + \left[C_p\left(\frac{\partial T}{\partial V}\right)_p - p\right]\mathrm{d}V
\end{aligned}
\tag{1.207}
$$

也可以直接采用复合函数求偏导数的链式法则(参见式(1.193)和式(1.194))得到式(1.206)的结果。由

$$
U = U(S,V) = U(S(p,V),V) \tag{1.208}
$$

易得

$$
\begin{aligned}
\left(\frac{\partial U}{\partial p}\right)_V &= \left(\frac{\partial U}{\partial S}\right)_V \left(\frac{\partial S}{\partial p}\right)_V = T\left(\frac{\partial S}{\partial p}\right)_V = T\left(\frac{\partial S}{\partial T}\right)_V \left(\frac{\partial T}{\partial p}\right)_V \\
&= C_V\left(\frac{\partial T}{\partial p}\right)_V
\end{aligned}
\tag{1.209}
$$

$$
\begin{aligned}
\left(\frac{\partial U}{\partial V}\right)_p &= \left(\frac{\partial U}{\partial S}\right)_V \left(\frac{\partial S}{\partial V}\right)_p + \left(\frac{\partial U}{\partial V}\right)_S = T\left(\frac{\partial S}{\partial V}\right)_p - p \\
&= T\left(\frac{\partial S}{\partial T}\right)_p \left(\frac{\partial T}{\partial V}\right)_p - p = C_p\left(\frac{\partial T}{\partial V}\right)_p - p
\end{aligned}
\tag{1.210}
$$

1.5.3 开放系统:化学势与巨热力学势

为了简单起见,前面的讨论是以只有两个自由度的封闭系统,即 pVT 系统为例,引入了系统的热力学势 $U(S,V)$,$H(S,p)$,$F(T,V)$,$G(T,p)$。下面讨论与外界既有能量交换,又有物质交换的开放系统的热力学势。

先只考虑由单一一种化学物质组成的热力学系统,即单元系。仍然以 pVT 系统为例,这时候系统的自由度为3,新增的与组元多少有关的状态参量可以选为系统中组元的总粒子数 N。系统的热力学势分别推广为 $U(S,V,N)$,$H(S,p,N)$,$F(T,V,N)$,$G(T,p,N)$。先考虑内能,它的全微分如下:

$$
\begin{aligned}
\mathrm{d}U(S,V,N) &= \left(\frac{\partial U}{\partial S}\right)_{V,N} \mathrm{d}S + \left(\frac{\partial U}{\partial V}\right)_{S,N} \mathrm{d}V + \left(\frac{\partial U}{\partial N}\right)_{S,V} \mathrm{d}N \\
&= T\mathrm{d}S - p\mathrm{d}V + \mu\mathrm{d}N
\end{aligned}
\tag{1.211}
$$

其中,$T=\left(\frac{\partial U}{\partial S}\right)_{V,N}$和 $p=-\left(\frac{\partial U}{\partial V}\right)_{S,N}$是强度量,与 N 无关。而$\mu\equiv\left(\frac{\partial U}{\partial N}\right)_{S,V}=\mu(S,V,N)$是我们引入的新的态函数,暂且命名为“化学势”,它的物理含义后面将讨论。完全类似于封闭系统,经过勒让德变换,可以分别得到开系的焓 H、自由能 F 和吉布斯自由能 G,以及它们的全微分分别如下:

$$
\mathrm{d}H(S,p,N) = T\mathrm{d}S + V\mathrm{d}p + \mu\mathrm{d}N \tag{1.212}
$$

$$dF(T,V,N) = -SdT - pdV + \mu dN \tag{1.213}$$

$$dG(T,p,N) = -SdT + Vdp + \mu dN \tag{1.214}$$

其中，$H(S,p,N) = U + pV$，$F = U - TS$，$G = U - TS + pV$。因此

$$\left(\frac{\partial U}{\partial N}\right)_{S,V} = \left(\frac{\partial H}{\partial N}\right)_{S,p} = \left(\frac{\partial F}{\partial N}\right)_{T,V} = \left(\frac{\partial G}{\partial N}\right)_{T,p} = \mu \tag{1.215}$$

从上式可以看出，化学势 μ 有不同的等价的定义，但是，通过吉布斯自由能 G 的定义其物理意义最清晰。这是由于 G 为广延量，正比于 N，而 T,p 是强度量，与 N 无关。因此

$$\mu \equiv \left(\frac{\partial G}{\partial N}\right)_{T,p} = \mu(T,p) \tag{1.216}$$

即化学势 $\mu = G/N$ 是强度量，它的物理意义是单个粒子的吉布斯自由能。对自由能 F 进行勒让德变换可以引入一个新的热力学势——**巨热力学势 J**：

$$dJ = -SdT - pdV - Nd\mu \tag{1.217}$$

其中，$J = J(T,V,\mu) = F - N\mu$。由于 $G = N\mu = F + pV$，因此

$$J(T,V,\mu) = -p(T,\mu)V \tag{1.218}$$

对于开放系统，选取巨热力学势 $J(T,V,\mu)$作为系统的特性函数是很自然的。这时开放系统与粒子源存在粒子交换，系统的粒子数是不固定的，而系统的化学势却是确定的，等于粒子源的化学势。这非常类似于封闭系统与热源之间存在能量交换，系统的能量不断变化，但系统的温度是确定的，等于热源的温度。

巨热力学势在统计物理中地位特殊，对于费米和玻色气体系统以及巨正则系综，它是根据统计物理理论最先得到的系统或系综的热力学特性函数。

1.6 热力学第三定律与绝对熵

热力学第三定律说，当系统温度趋于绝对零度时，它的熵趋于常数，独立于任何外部参数。热力学第二定律虽然定义了熵这个态函数，但是还差一个任意常数无法确定，而根据热力学第三定律，可以取绝对零度时系统的熵为零，据此定义的熵就是**绝对熵**。

1.6.1 热力学第三定律的不同表述

热力学第三定律与热力学第一定律、第二定律一同构建了热力学的理论基础。热力学第三定律是化学家和物理学家在研究低温条件下化学反应过程中热能释放问题时发现的。因此,低温物理学的发展为热力学第三定律的发现奠定了实验和理论基础。根据理想气体温标和热力学温标,存在绝对零度,也就是存在温度的最低值。但是理想气体温标有其适用范围,根据理想气体温标外推得到绝对零度存在的结论是不一定可靠的。绝对零度是否存在,由低温下的物理和化学实验说了算。

低温在低温物理学中通常是指在 −153 ℃以下的温度。1877 年,由法国工程师凯利代特(L. P. Cailleted)与瑞士的皮克代特(R. Pictet)几乎同时液化氧气而达到 90.2 K 的低温,这是人类第一次大步迈进低温领域。1883 年,波兰科学家卡洛尔·奥尔塞夫斯基(Karol Olszewski)和齐格蒙特·沃洛夫斯基(Zygmunt Wróblewski)首次液化了氮气,达到了 77.3 K。至此,整个气体只剩下氢和氦这两种"永久气体"了。1908 年,荷兰的昂内斯首次成功液化氦气,达到 4.2 K 的低温。温度虽然越来越低,但绝对零度能否达到,能斯特(Walther Hermann Nernst, 1864—1941)1906 年在他研究低温下的化学反应以及电化学电池的实验过程中得到了答案。

1902 年美国科学家理查德(T. W. Richard)在研究低温电池时发现,电池反应前后吉布斯自由能的改变量 ΔG 和焓的改变量 ΔH 随着温度的下降而逐渐趋于相等,而且两者对温度的斜率随温度下降同趋于零。由热力学函数的定义式 $G = H - TS$ 可知,当温度趋于绝对零度时,ΔG 和 ΔH 两者必会趋于相等:

$$\lim_{T\to 0}\Delta G = \lim_{T\to 0}\Delta H - \lim_{T\to 0}T\Delta S = \lim_{T\to 0}\Delta H \tag{1.219}$$

虽然两者的数值趋于相同,但趋于相同的方式可以有所不同。理查德的实验证明,对于所有的低温电池反应,ΔG 均只会以一种方式趋于 ΔH,即

$$\lim_{T\to 0}\left(\frac{\partial \Delta G}{\partial T}\right)_p = \lim_{T\to 0}\left(\frac{\partial \Delta H}{\partial T}\right)_p = 0 \tag{1.220}$$

正如图 1.21 所示,任何凝聚态系统在等温过程中,ΔG 与 ΔH 随着温度的下降,以渐近的方式趋于相等,且在 $T = 0$ 时,两者相切于同一水平线。

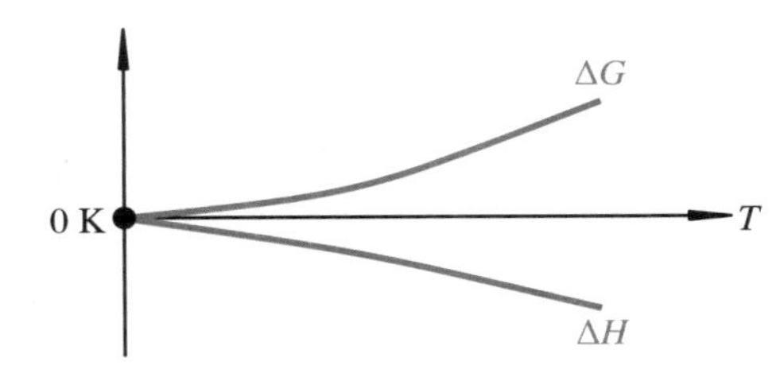

图 1.21 温度趋于绝对零度时,ΔG 与 ΔH 随温度 T 的变化

当 $T \to 0$ 时,有 $\Delta G \to \Delta H$,以及 $\frac{\partial \Delta G}{\partial T} \to \frac{\partial \Delta H}{\partial T}$。

根据式(1.219)和式(1.220),有

$$(\Delta S)_{T\to 0} = \frac{\Delta H - \Delta G}{T} = \left(\frac{\partial \Delta H}{\partial T}\right)_{T\to 0} - \left(\frac{\partial \Delta G}{\partial T}\right)_{T\to 0} \to 0 \quad (1.221)$$

上式右边第二步利用了洛必达法则。基于式(1.221),能斯特大胆假设:凝聚系在等温过程的熵变,随温度趋于绝对零度而趋于零,即$\lim_{T\to 0}(\Delta S)_T = 0$。这就是能斯特的热定理,也称为热力学第三定律的能斯特表述。

1911年,普朗克(Max Planck, 1858—1947)提出了热力学第三定律的另一种表述:处于内部平衡的所有系统的熵在绝对零度时都相同,可以取为零。普朗克最早只针对完美晶体,实际上对所有处于内部平衡的系统都成立。

热力学第三定律的这两种表述其实是等价的。根据能斯特的热定理,在绝对零温时($T=0$),任何一个有限大小系统的熵S都独立于任何外部参数。为不失一般性,不妨取该参数为y,即当$T\to 0$时,$S(T, y_1) - S(T, y_2)\to 0$。热力学第二定律虽然定义了熵这个态函数,但是还差一个任意常数无法确定,这非常类似于势能零点的选择,是任意的,但这并不影响在一个热力学过程中,初末态的熵变。而根据能斯特的热定理,可以取绝对零度时的熵为零,据此定义的熵就是绝对熵。

在趋近于绝对零度时,对固体而言,低能相是完美晶体,但对玻璃相,在低温时,内部冻结了很多无序相,能量更高,是不稳定的,但弛豫时间又非常长,甚至达到百年量级!为了排除这种情况,1937年,弗朗西斯·西蒙(Francis Simon)提出了热力学第三定律的另一种表述:对于热力学系统中每一个达到内部平衡的区域(或相)来说,它对系统熵的贡献一定会随着热力学温度趋近于绝对零度同趋近于零。

热力学第三定律的另一种比较著名的等价表述是:无论通过多么理想化的过程,都不可能通过有限次数的操作以及在有限的时间之内将任意一个热力学系统的温度降到绝对零度。通俗地说,**绝对零度不可达到**。如图1.22所示,根据能斯特的热定理,不可能经过有限次操作将一个热力学系统的温度降到绝对零度。绝对零度不可达到更应该看作为热力学第三定律的一个推论。

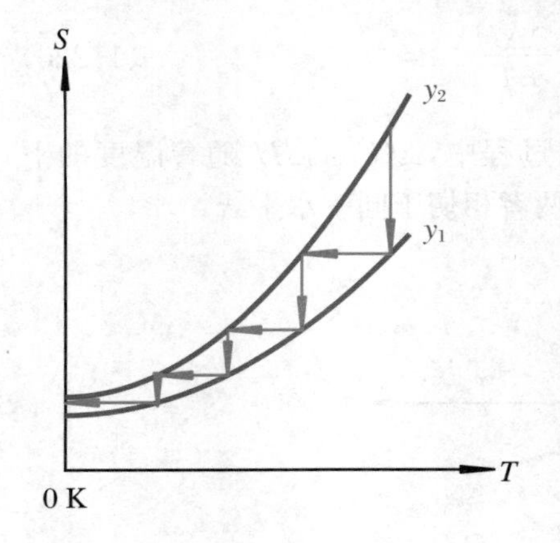

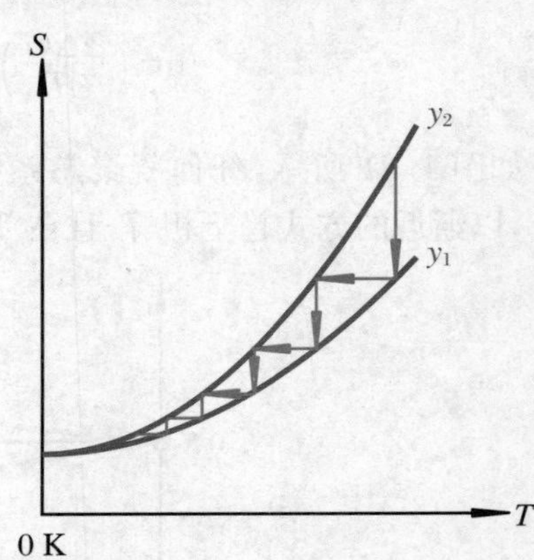

图1.22 绝对零度不可达的证明
如果违反了热定理,则可以通过有限的步骤实现完全的冷却。如右图所示,当满足热定理时,$S(0, y_1) = S(0, y_2)$,需要经过无穷多个等温和绝热可逆过程之后,才能达到绝对零度。相反,如左图所示,当违反热定理时,$S(0, y_1) > S(0, y_2)$,只需要有限个等温和绝热可逆过程就可以到达绝对零度。

1.6.2 热力学第三定律推论

根据能斯特的热定理，很容易得到如下的推论：

1. 温度趋于绝对零度 $T\to 0$ 时，比热趋近于零：$C\to 0$

因为任何热容量 C 为

$$C = T\left(\frac{\partial S}{\partial T}\right)_{T\to 0} \approx \left(T\,\frac{\Delta S}{T}\right)_{T\to 0} \approx (\Delta S)_{T\to 0} \to 0 \tag{1.222}$$

对于经典理想气体来说，根据能均分定理，理想气体的比热为常数，这与热力学第三定律相矛盾，这说明在低温时，能均分定理已不再成立。

2. 在绝对零度附近，体膨胀系数 α_p 趋于零。

这是因为

$$\lim_{T\to 0}\alpha_p = \frac{1}{V}\lim_{T\to 0}\left(\frac{\partial V}{\partial T}\right)_p = -\frac{1}{V}\lim_{T\to 0}\left(\frac{\partial S}{\partial p}\right)_T = 0 \tag{1.223}$$

3. 当 $T\to 0$ 时，不再存在理想气体

对于每摩尔的理想气体，$C_p - C_V = R$，但是，物质的定压热容量和定容热容量在绝对温度附近同趋于零：$\lim\limits_{T\to 0}C_p = \lim\limits_{T\to 0}C_V = 0$。前面还讨论，理想气体的比热为常数，这都与热力学第三定律相违背。另外，理想气体的熵为：$S = C_V\ln T + R\ln V +$ 常数。但当 $T\to 0$ 时，理想气体的熵趋向于负无穷：$S\to -\infty$！因此，在 $T\to 0$ 时，必须放弃理想气体模型。这在物理上是可以理解的：系统要想达到热平衡，粒子之间必须存在相互作用，在高温时，粒子的无规热运动能量远大于粒子间相互作用能量，理想气体模型是很好的近似。但在 $T\to 0$ 时，粒子间相互作用就无法忽略，甚至占主导，导致理想气体模型彻底失效。

4. 磁介质的居里定律不再成立

在高温时，对顺磁介质，磁化率 $\chi \propto 1/T$，随着温度下降，磁化率增加。如果居里定律一直成立，当 $T\to 0$ 时，$\chi\to\infty$。但是，根据热力学第三定律，有

$$\left(\frac{\partial S}{\partial B}\right)_{T\to 0} = \left(\frac{\partial M}{\partial T}\right)_B = \frac{VB}{\mu_0}\left(\frac{\partial \chi}{\partial T}\right)_B \to 0 \tag{1.224}$$

因此，当 $T\to 0$ 时，$\partial\chi/\partial T\to 0$，与居里定律不符。与理想气体情形类似，在低温时，磁矩之间的相互作用不能再被忽略，在低温时甚至占主导，导致顺磁介质模型失效。

最后讨论一下热力学第三定律的独立性问题。有一种看法认为，热力学第三定律是热力学第二定律的推论。例如，设计一个可逆的卡诺热机，工作在高温 T_1 和低温 $T_2 = 0$ 之间，因此根据卡诺定理，该卡诺热机的效率 $\eta = 1 - T_2/T_1 = 100\%$，即从高温热源吸收的热量 100% 用来对外做功，这违背了热力学第二定律的开尔文表述。该思想实验的问题在于，在绝对零度，不存在等温过程而

改变系统的状态，例如改变状态参量 y，并不改变系统的状态，除非增加系统的温度。因此，低温热源选为 $T_2 \to 0$ 的卡诺热机是不存在的，上述的论证不成立。

1.6.3 气体的绝对熵

对于完美晶体，很容易定义、计算或测量它的绝对熵。在恒定的压力下，将1 mol处在平衡态的纯物质从 0 K 升高到 T 的熵变称为该物质在 T,p 下的摩尔绝对熵。例如，在恒定的压强 p 下，纯物质晶体的摩尔熵变是

$$dS = \frac{C_{p,m}^{cr} dT}{T} \tag{1.225}$$

其中，$C_{p,m}^{cr}$ 为晶体的定压摩尔热容量。如果晶体在 0 K～T 之间无相变，则晶体在 T 时的绝对熵为

$$S_m(T,p) = \int_0^T \frac{C_{p,m}^{cr} dT}{T} \tag{1.226}$$

对气体来说，情况要复杂很多，要从 $T=0$ 开始，追溯气体形成的所有过程，才能得到气体物质的摩尔熵。1 mol 纯物质在恒定的压强下，从 0 K 的晶体转变到 T 时的气体，一般经过如下的物理过程：晶体从 0 K 升温到晶体的熔点 T_f，晶体熔化变为温度为 T_f 的液体，吸收 $\Delta Q=(\Delta H)_f$ 的热量，液体继续升温达到液体的沸点温度 T_b，液体继续汽化变成温度为 T_b 的气体，吸收 $\Delta Q=(\Delta H)_b$ 的热量；气体继续升温到达温度 T。根据上述过程，可以计算气体的绝对熵：

$$S(T,p) = \int_0^{T_f} \frac{C_{p,m}^{cr} dT}{T} + \frac{(\Delta H)_f}{T_f} + \int_{T_f}^{T_b} \frac{C_{p,m}^{l} dT}{T} + \frac{(\Delta H)_b}{T_b} + \int_{T_b}^{T} \frac{C_{p,m}^{g} dT}{T} \tag{1.227}$$

其中，$C_{p,m}^{l}$ 和 $C_{p,m}^{g}$ 分别为液体和气体的定压摩尔热容量。

有些物质在 0 K 附近并不是完美的晶体，该无序状态的熵称为残余熵[①]，用量热法测不出来，常用玻尔兹曼关系式 $S=k_B \ln \Omega$ 对此估算，这里 k_B 为玻尔兹曼常数，详见式(4.46)。

① 这并不违背热力学第三定律，因为热力学第三定理成立的前提是系统内部处于平衡态。

第2章　典型热力学系统

2018年PLANCK卫星拍摄的宇宙微波背景辐射

来自ESA/Planck Collaboration，不同颜色代表黑体辐射温度在不同方位角的微小涨落($\Delta T \approx 200\ \mu\mathrm{K}$)。

在第 1 章中，我们建立了以热力学第零定律和热力学三定律为基础的描述热力学系统平衡态和准静态热力学过程的理论框架。对于一个热力学系统，我们首选要确定它的自由度，即该系统独立的状态参量数。其次是通过实验方法得到系统的状态方程和定容或定压热容量，并最终得到系统的**热力学特性函数**（也称为各种**热力学势**），以 pVT 系统为例，一般我们选择自由能 $F(T,V)$ 或吉布斯自由能 $G(T,p)$ 作为系统的热力学特性函数。一旦我们得到系统的热力学特性函数，就完全确定了热力学系统平衡态的性质。

在本章中，我们重点研究一些常见的热力学系统和重要的**热力学过程**。

2.1 理想单原子分子气体

理想气体最早是作为描述稀薄、低压气体的一个理想化的物理模型引入的。从微观上看，理想气体的分子可以近似为有质量但无体积的质点，并且分子之间无相互作用，或者严格来说就是分子之间的相互作用势能远小于分子热运动的能量 $k_B T$。分子在碰到容器器壁之前做匀速直线运动；理想气体分子只与器壁发生弹性碰撞，碰撞过程中气体分子在单位时间里施加于器壁单位面积冲量的统计平均值，宏观上表现为气体的压强。从宏观上看，理想气体是一种无限稀薄的气体，它遵从理想气体状态方程 $pV = n_m RT$ 和焦耳内能定律 $U = U(T)$，即理想气体的内能与其体积无关。

需要指出的是，完全的理想气体是不存在的，在物理上也是不现实的。如果原子和分子间不存在相互作用，不能彼此交换能量和动量，气体就不能达到平衡态。理想气体模型类似质点模型，是一种模型化的假设。如果原子和分子间的相互作用势能远小于它们热运动的动能，理想气体模型就是一个很好的工作假设。

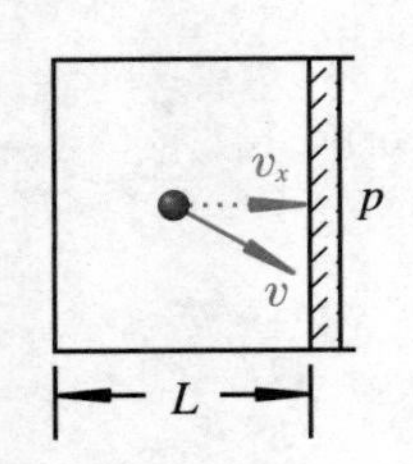

图 2.1 理想气体状态方程的推导
图中的实心圆点代表一个被容器壁反弹的分子以速度 v 匀速运动，它沿水平方向（x 方向）运动的速度为 v_x。图中右边是一个活塞，连着压力计。

2.1.1 理想气体状态方程

在第 1 章中，我们通过实验测量，得到了理想气体的状态方程。现在我们通过分子运动论的观点推导理想气体的状态方程。

假设系统是体积 $V = AL$ 的立方体，其中，L 为 x 方向的长度，A 为垂直于 x 方向的横截面面积（图 2.1）。系统中共有 N 个质量为 m 独立的分子。考察图中某个不断在 x 方向往返并与活塞发生弹性碰撞的分子。该分子与活塞每发生一次弹性碰撞所产生的对活塞的冲量为 $-m\Delta v_x = 2mv_x$。另外，单位时间内碰撞的频次为 $1/\Delta t = v_x/(2L)$。因此，一个分子对活塞单位面积上所产生的平均冲量为

$$\langle p \rangle = \frac{v_x}{2L} \frac{2mv_x}{A} = \frac{mv_x^2}{V} \tag{2.1}$$

系统中 N 个分子对活塞单位面积上所产生的总的冲量为

$$p = \frac{1}{V}m\sum_{i=1}^{N}(v_x^2)_i = \frac{1}{V}Nm\langle v_x^2 \rangle \tag{2.2}$$

其中，$m\langle v_x^2 \rangle/2$ 为分子在 x 方向的平均动能。系统的温度 T 反映了分子无规运动剧烈程度，因此分子在 x 方向的平均动能与温度线性相关，即 $m\langle v_x^2 \rangle \propto T$，将上式取等号，需要引进一个新的常数 k_B：

$$\frac{1}{2}m\langle v_x^2 \rangle = \frac{1}{2}k_B T \tag{2.3}$$

我们称 k_B 为玻尔兹曼常数。根据上式，我们也可以将 T 看作为理想气体的动力学温度。因此，将式(2.3)代入式(2.2)，我们得到理想气体的状态方程：

$$pV = Nk_B T \tag{2.4}$$

将上式与实验上测得的理想气体的状态方程 $pV = n_m RT$ 对比，给出了 k_B 与 R 的关系，或者说给出了测量 k_B 的一种方法：

$$k_B = \frac{R}{N_A} \tag{2.5}$$

以室温中的氧气分子为例，分子的均方根速度约为 484 m/s，而室温和标准大气压时的声速值为 343 m/s。足见分子由于热运动与活塞撞击的频次是非常高的。

2.1.2 理想气体的热力学特性函数

通过实验测量，我们得到了理想气体的状态方程为 $pV = Nk_B T$，以及对于单原子分子理想气体，系统的定容热容量为 $C_V = 3Nk_B/2$，定压热容量 $C_p = 5Nk_B/2$，它们都与温度无关。系统的内能 U 和焓 H 都仅是温度的函数，即

$$\begin{cases} U(T) = C_V T + U_0 = 3Nk_B T/2 \\ H(T) = C_p T + H_0 = 5Nk_B T/2 \end{cases} \tag{2.6}$$

这里已取 $U_0 = H_0 = 0$，即在温度趋近于零的时候，系统的内能为零。原则上这样的外推是危险的，因为在温度趋近于零时，理想气体近似不再成立。这里可以理解为只是选了一个内能的零点而已。

不考虑系统粒子数的变化($\mathrm{d}N = 0$)，由热力学第一定律给出：

$$\mathrm{d}U = T\mathrm{d}S - p\mathrm{d}V \tag{2.7}$$

积分上式,可以给出理想气体熵 S 的表达式:

$$\begin{aligned} S(T,V) &= \int_{(T_0,V_0)}^{(T,V)} \frac{\mathrm{d}U + p\mathrm{d}V}{T} = \int_{T_0}^{T} C_V \frac{\mathrm{d}T}{T} + Nk_{\mathrm{B}}\int_{V_0}^{V} \frac{\mathrm{d}V}{V} \\ &= Nk_{\mathrm{B}}\left[\frac{3}{2}\ln\left(\frac{T}{T_0}\right) + \ln\left(\frac{V}{V_0}\right)\right] + S_0(T_0,V_0) \\ &= Nk_{\mathrm{B}}\left(\frac{3}{2}\ln T + \ln V\right) + S_0(T_0,V_0) - \frac{3}{2}\ln T_0 - \ln V_0 \end{aligned} \tag{2.8}$$

其中,$S_0(T_0, V_0)$为熵函数在参考点(T_0, V_0)点处的熵值。从上式可以看出,$S\propto\ln T$,即当 $T\to 0$ 时,$S\to -\infty$! 这是因为根据热力学第三定律,在绝对零度附近,不存在理想气体(参见 1.6 节的讨论)。因此,将式(2.8)外推到绝对零度是不合理的。另外,我们注意到上式并不符合熵的广延性要求,这可能是因为式(2.8)虽然含有粒子数 N,但是它并没有给出正确的将粒子数 N 作为状态参量的熵的表达式$S(T,V,N)$。为达此目的,我们需要考虑 $\mathrm{d}N\neq 0$ 的情况:

$$\mathrm{d}U = T\mathrm{d}S - p\mathrm{d}V + \mu\mathrm{d}N \tag{2.9}$$

在知道了化学势 $\mu(T, V, N)$的具体表达式之后,积分上式可以给出正确的熵函数 $S(T,V,N)$。我们也可以根据熵函数广延性的要求,直接将式(2.8)修改为

$$S(T,V,N) = Nk_{\mathrm{B}}\left(\frac{3}{2}\ln T + \ln V - \ln N + s_0\right) \tag{2.10}$$

其中,s_0 为某个常数。为什么要做这样的修改(猜测)? 这在经典理论中无法给出解释,只有在量子力学中才能正确理解,这与粒子的全同性有关。

我们选自由能 $F(T,V,N)$作为理想气体的特性函数,根据勒让德变换,有

$$F(T,V,N) = U - TS = -Nk_{\mathrm{B}}T\left[\frac{3}{2}\ln T + \ln\left(\frac{V}{N}\right) + \left(s_0 - \frac{3}{2}\right)\right] \tag{2.11}$$

根据 F 的全微分关系:$\mathrm{d}F = -S\mathrm{d}T - p\mathrm{d}V + \mu\mathrm{d}N$,我们可以导出系统的其他热力学量和热力学函数。显然有

$$S = -\left(\frac{\partial F}{\partial T}\right)_{V,N} = Nk_{\mathrm{B}}\left[\frac{3}{2}\ln T + \ln\left(\frac{V}{N}\right) + s_0\right] \tag{2.12}$$

$$p = -\left(\frac{\partial F}{\partial V}\right)_{T,N} = \frac{Nk_{\mathrm{B}}T}{V} \tag{2.13}$$

$$\mu = \left(\frac{\partial F}{\partial N}\right)_{T,V} = -k_{\mathrm{B}}T\left[\frac{3}{2}\ln T + \ln\left(\frac{V}{N}\right) + \left(s_0 - \frac{5}{2}\right)\right] \tag{2.14}$$

我们也可以很学究地选 $U(S,V,N)$ 作为理想气体的热力学特性函数。反解方程(2.10),得到温度作为熵的函数:

$$T(S,V,N)=\left(\frac{N}{V}\right)^{2/3}\exp\left[\frac{2}{3}\left(\frac{S}{Nk_B}-s_0\right)\right] \tag{2.15}$$

将上式代入内能的表达式 $U(T)=3Nk_BT/2$,得到

$$U(S,V,N)=\frac{3}{2}k_B\frac{N^{5/3}}{V^{2/3}}\exp\left[\frac{2}{3}\left(\frac{S}{Nk_B}-s_0\right)\right] \tag{2.16}$$

同理可得

$$H(S,p,N)=\frac{5}{2}Nk_B^{3/5}p^{2/5}\exp\left[\frac{2}{5}\left(\frac{S}{Nk_B}-s_0\right)\right] \tag{2.17}$$

$$G(T,p,N)=-Nk_BT\left[\frac{3}{2}\ln T+\ln\left(\frac{k_BT}{p}\right)+\left(s_0-\frac{5}{2}\right)\right] \tag{2.18}$$

$$J(T,V,\mu)=-p(T,\mu)V=-Vk_BT^{5/2}\exp\left[\frac{\mu}{k_BT}+\left(s_0-\frac{5}{2}\right)\right] \tag{2.19}$$

从上面的讨论可以看出,虽然热力学特性函数相互等价,但是即使对理想气体这么简单的系统,$U(S,V,N)$,$H(S,p,N)$的表达式也特别复杂,而且 S 作为自然参量,在实验室中不容易控制。相反,$F(T,V,N)$,$G(T,p,N)$的自然参量为 p,V,T 中的两个加上粒子数 N,它们都是在实验室中比较容易测量和控制的热力学量。因此,如果不特别说明,一般我们采用自由能 $F(T,V,N)$ 或吉布斯自由能 $G(T,p,N)$作为系统的特性函数。对于开放系统,系统与外界既存在能量交换,又存在粒子数交换,系统的能量和粒子数都是不断变化的。例如,与大热源和大的粒子源接触的巨正则系统。假设大的热源和大的粒子源的温度和化学势分别为 T,μ,则根据热力学第零定律以及化学平衡条件可知,系统的温度和化学势必须为 T 和 μ,因此,选用巨热力学势 $J(T,V,\mu)$作为巨正则系统的热力学特性函数是最自然的选择。

在上面推导理想气体热力学特性函数的过程中,我们利用了实验结果,即理想气体的状态方程,以及理想气体的比热。而且我们还有猜测的成分,比如对热力学势加上广延性的要求。即便如此,还有一个常数 s_0 无法确定。在统计物理中,根据第一性原理,可以直接推导出理想气体的热力学特性函数,并自动给出

$$s_0=\frac{5}{2}+\frac{3}{2}\ln\left(\frac{2\pi mk_B}{h^2}\right) \tag{2.20}$$

比如,在微正则系综理论中,我们可以从理论上得到 $U(S,V,N)$,即式(2.16);在正则系综理论中,我们可以从理论上得到 $F(T,V,N)$,即式(2.11);而在巨正则系综理论中,我们可以从理论上得到巨热力学势 $J(T,V,\mu)$,即式(2.19)。

2.2 范德瓦尔斯气体

理想气体是反映各种实际气体在压强趋于零时所共有的极限性质的气体，是一种理想模型。在一般的压强和温度下，可以将实际气体近似地当作理想气体，但是在压强太大或温度太低（接近于其液化温度）时，实际气体与理想气体有显著的偏离。为了更精确地描述实际气体的行为，人们提出很多实际气体的状态方程，其中最重要、最有代表性的是范德瓦尔斯(Johannes Diderik van der Waals，1837—1923)方程。

当然，范德瓦耳斯方程不仅仅是对理想气体状态方程的修正，它的历史重要性体现在：① 基于分子运动论，得到了人类历史上第一个统一描述气相和液相性质的状态方程，并比较成功地用于研究气液相变，大大推动了分子运动论的发展。② 范德瓦尔斯采用平均场近似方法，很好处理了分子之间的相互作用。这一方法对铁磁、超导、超流等众多物理系统相变和临界现象的研究，对热力学和统计物理理论的发展产生了重大影响。平均场的思想不断在物理中以各种面目反复出现，例如朗道的汽液相变理论，甚至原子核的壳层模型等。

下面我们以范德瓦尔斯气体为例，讨论实际气体，即粒子（原子和分子）之间存在相互作用的非理想气体的物理性质。

2.2.1 范德瓦尔斯气体的状态方程

范德瓦尔斯方程是在理想气体状态方程的基础上修改而得到的半经验方程。理想气体是完全忽略除分子碰撞瞬间外一切分子间的相互作用力的气体，而实际气体就不能忽略分子间的作用力，原因是实际气体因压强大，分子数密度也大，分子间平均距离比理想气体小得多。这一点从压强公式 $p = nk_B T$ 可以清楚地看出来，这里 $n = N/V$ 为分子的数密度。而组成宏观物体的分子间作用力包含引力和斥力两部分，不管分子间的引力还是斥力都是当分子接近到一定距离后才发生的，也就是说不管是分子间的引力还是斥力都是有力程的，而分子间的引力力程远大于斥力力程。分子间短程而强大的斥力作用，使得分子间不能无限靠近，这相当于每个分子具有一定其他分子不能侵入的体积，因而在气体中，单个分子能够活动的空间不是气体所占据的体积 V，而是 $V - Nb$，这里 b 为一个气体分子具有的体积，严格来说，是气体分子之间能够靠得最近的距离对应的体积。因此考虑到气体分子间的斥力存在，理想气体的状态方程应修改为 $p(V - Nb) = Nk_B T$。考虑到分子间的吸引力的存在，气体的压强比仅考虑分子间的斥力影响得出的量还要小一个修正量，即

$$p = \frac{Nk_B T}{V - Nb} - \frac{N^2 a}{V^2} \tag{2.21}$$

其中，$N^2 a/V^2$ 称为气体的内压强，它是气体分子在与器壁碰撞前受一个指向气体内的吸引力所引起的（见图 2.2）。该吸引力是气体内（在分子吸引力力程之内）所有其他分子对该分子所产生的合力。由于内压强依赖于粒子间的平均距离和容器壁附近的粒子数的多少，因此不难理解它正比于气体密度的平方。内压强的实质是使用一个平均了的力场（即内场）来代替其他分子对靠近器壁的那些分子的作用，从而把复杂的多体问题近似地化为单体问题，这就是著名的平均场方法（理论）。平均场理论在物理学中有着广泛应用，范德瓦尔斯是平均场理论的创始人。

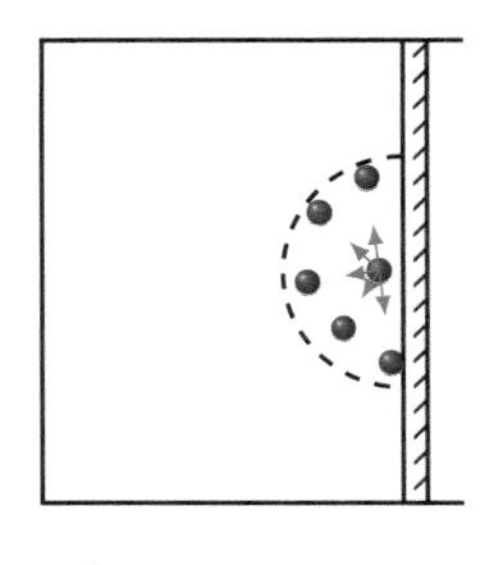

图 2.2　内压强

实际气体某分子在碰壁之前，受到了它周围的其他分子的吸引力。虚线的半球表示气体分子之间的力程。

2.2.2　范德瓦尔斯气体的特性函数

我们选自由能 $F(T,V)$ 作为范德瓦尔斯气体的特性函数。先计算内能 $U(T,V)$。根据式(1.197)，需要先计算：

$$T\left(\frac{\partial p}{\partial T}\right)_V - p = \frac{N^2 a}{V^2} \tag{2.22}$$

再根据式(1.197)容易判断气体定容热容量 C_V 仅是温度的函数：

$$\left(\frac{\partial C_V}{\partial V}\right)_T = \left[\frac{\partial}{\partial T}\left(\frac{N^2 a}{V^2}\right)\right]_V = 0 \tag{2.23}$$

因此，由积分式(1.197)，得到范德瓦尔斯气体的内能表达式如下：

$$U(T,V) = \int_{T_0}^{T} C_V(T)\mathrm{d}T - N^2 a\left(\frac{1}{V} - \frac{1}{V_0}\right) + U_0(T_0,V_0) \tag{2.24}$$

在温度范围不大的范围内，$C_V(T)$可以近似看作常数，因此有

$$U(T,V) = C_V(T - T_0) - N^2 a\left(\frac{1}{V} - \frac{1}{V_0}\right) + U_0(T_0,V_0) \tag{2.25}$$

从上式可以看出，当 $V\to\infty$ 时，上式回到理想气体的结果。

再计算熵 $S(T,V)$。利用

$$\begin{aligned}\mathrm{d}S &= \left(\frac{\partial S}{\partial T}\right)_V \mathrm{d}T + \left(\frac{\partial S}{\partial V}\right)_T \mathrm{d}V \\ &= \frac{C_V(T)}{T}\mathrm{d}T + \left(\frac{\partial p}{\partial T}\right)_V \mathrm{d}V \\ &= \frac{C_V(T)}{T}\mathrm{d}T + \frac{Nk_B}{V - Nb}\mathrm{d}V\end{aligned} \tag{2.26}$$

积分上式,得到

$$S(T,V)=\int_{T_0}^{T}\frac{C_V(T)}{T}\mathrm{d}T+Nk_{\mathrm{B}}\ln\left(\frac{V-Nb}{V_0-Nb}\right)+S_0(T_0,V_0)$$
$$\approx C_V\ln\left(\frac{T}{T_0}\right)+Nk_{\mathrm{B}}\ln\left(\frac{V-Nb}{V_0-Nb}\right)+S_0(T_0,V_0) \tag{2.27}$$

最终得到的自由能为

$$F(T,V)=\int_{T_0}^{T}C_V(T)\mathrm{d}T-T\int_{T_0}^{T}\frac{C_V(T)}{T}\mathrm{d}T-N^2a\left(\frac{1}{V}-\frac{1}{V_0}\right)$$
$$-Nk_{\mathrm{B}}T\ln\left(\frac{V-Nb}{V_0-Nb}\right)+U_0(T_0,V_0)-TS_0(T_0,V_0)$$
$$\approx C_V(T-T_0)-C_VT\ln\left(\frac{T}{T_0}\right)-N^2a\left(\frac{1}{V}-\frac{1}{V_0}\right)$$
$$-Nk_{\mathrm{B}}T\ln\left(\frac{V-Nb}{V_0-Nb}\right)+U_0(T_0,V_0)-TS_0(T_0,V_0) \tag{2.28}$$

2.2.3 绝热节流过程

节流过程是指实际流体(液体、气体)在流道中流经阀门、孔板或多孔堵塞等设备时压力降低的一种特殊流动过程。过程中,若流体与外界没有热量交换,则称绝热节流。节流过程在热力设备中常用于压力调节、流量调节或测量以及获得低温等方面。节流过程是典型的不可逆过程。流体经过绝热节流后,熵增加。我们研究节流过程是研究从节流前到节流后流体分别处于平衡态时各种参数通过过程引起的变化。绝热节流前后的流体温度变化称为绝热节流的温度效应,也称为焦耳-汤姆孙效应,是焦耳和汤姆孙(William Thomson)在1852年发现的。在室温下,除氢、氦和氖外的所有气体通过节流孔节流时都会冷却;氢、氦和氖只有在较低的初始温度下才有这种效果。大多数液体,如液压油,经过节流过程温度升高。

为了便于分析,气体的节流过程可以简化为如图2.3所示。图中的管壁包括活塞都是绝热壁,过程开始之前,气体在多孔塞或节流阀的左边,体积为 V_1,

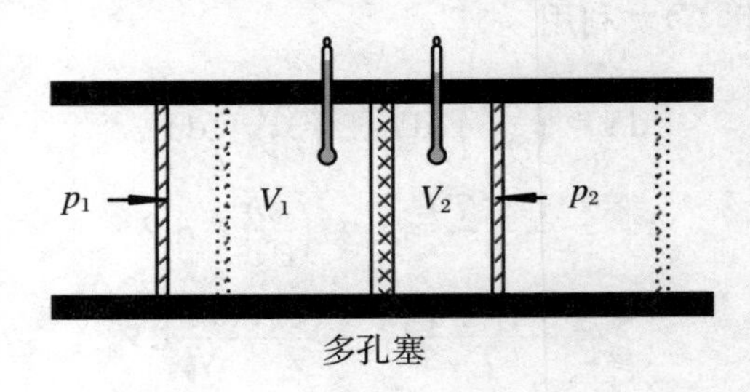

图2.3 节流过程
气体从左边用高压压缩,经过中间的多孔塞进入右边的低压室。

压强为 p_1，过程进行中，左边的活塞向右推进，并一直维持较高的压强 p_1，右边的活塞向右退行，并维持较低的压强 p_2，过程结束之后，气体的体积变为 V_2。

现分析节流过后气体的温度变化。整个过程绝热，因此，过程前后系统从外界吸热 $\Delta Q=0$，系统的内能改变 $\Delta U=U_2-U_1$，左边的活塞对气体做正功，大小为 p_1V_1。右边的活塞对气体做负功，即系统对右边的活塞做正功，大小为：p_2V_2。外界对系统所做的净功为 $\Delta W=p_1V_1-p_2V_2$。由热力学第一定律：$\Delta U=\Delta Q+\Delta W$，易知

$$H_2 = U_2 + p_2V_2 = U_1 + p_1V_1 = H_1 \tag{2.29}$$

即节流过程是一个等焓的过程。引入焦耳-汤姆孙系数 μ_{JT}来刻画节流过程前后气体温度的变化率：

$$\mu_{JT} = \left(\frac{\partial T}{\partial p}\right)_H \tag{2.30}$$

进一步计算，用实验上易测的物理量表示：

$$\begin{aligned}\mu_{JT} &= \left(\frac{\partial T}{\partial p}\right)_H = -\frac{\left(\frac{\partial H}{\partial p}\right)_T}{\left(\frac{\partial H}{\partial T}\right)_p} = -\frac{1}{C_p}\left(\frac{\partial H}{\partial p}\right)_T \\ &= -\frac{1}{C_p}\left[T\left(\frac{\partial S}{\partial p}\right)_T + V\right] = \frac{1}{C_p}\left[T\left(\frac{\partial V}{\partial T}\right)_p - V\right] \\ &= \frac{V}{C_p}(T\alpha_p - 1)\end{aligned} \tag{2.31}$$

在上面的计算过程中，第一步利用了$\left(\frac{\partial H}{\partial T}\right)_p\left(\frac{\partial p}{\partial H}\right)_T\left(\frac{\partial T}{\partial p}\right)_H=-1$，第二步利用了 $H=H(S,p)=H(S(T,p),p)$，第三步利用了麦克斯韦关系。公式(2.31)表明，节流过程气体(流体)是否降温，取决于该气体(流体)的体膨胀系数 α_p。对于理想气体，$\alpha_p=1/T$，因此，$\mu_{JT}=0$。也就是说，节流过后理想气体的温度不变。

下面通过采用范德瓦尔斯气体状态方程，讨论实际气体的焦-汤效应。范德瓦尔斯气体状态方程为

$$p = \frac{RT}{\boldsymbol{v}-b} - \frac{a}{\boldsymbol{v}^2} \tag{2.32}$$

其中，b 为1摩尔分子本身包含的体积之和，a 为表征分子间内压力的系数。注意，上式与式(1.50)本质是一样的，只需要将式(1.50)中的 a，b 分别替换为 N_A^2a 和 N_Ab，以及 $\boldsymbol{v}$ 为单位摩尔的体积。

根据以上状态方程，易得

$$\left(\frac{\partial v}{\partial T}\right)_p = \frac{-\dfrac{R}{v-b}}{\dfrac{2a}{v^3}-\dfrac{RT}{(v-b)^2}} \tag{2.33}$$

由于讨论的是温度和压强的变换关系，所以选用 T,p 作为状态参量最合适。在 Tp 平面内，$\mu_{JT}=0$ 对应的曲线是节流过后气体温度是否下降的特征曲线，称为反转曲线。在公式(2.33)中，令 $\mu_{JT}=0$，则

$$\begin{aligned} RT &= \frac{2a}{v^2}\frac{(v-b)^2}{b} = \frac{2a}{b}\left(1-\frac{b}{v}\right)^2 \\ \frac{1}{v} &= \frac{1-C(T)}{b} \end{aligned} \tag{2.34}$$

其中，$C(T)=\sqrt{RTb/(2a)}$。将式(2.34)代入到式(2.32)中，得到反转曲线方程为

$$p = \frac{a}{b^2}[1-C(T)][3C(T)-1] \tag{2.35}$$

在上式中，令 $p=0$，设方程的两个解分别为 T_1,T_2，它们分别满足 $C(T_1)=1$ 以及 $C(T_2)=1/3$。根据前面的讨论，显然：$T_1=9T_2$。如图2.4所示，$T_2\leqslant T\leqslant T_1$ 是实际气体通过节流过程降温的工作温度范围，如果希望通过节流过程将气体降温，必须事先将气体预降温到转换温度 T_1 以下。我们以氮气 N_2 为例，它的状态参数分别为

$$a = 1.39\times10^{-6}\ \text{atm}\cdot\text{m}^6\cdot\text{mol}^{-2},\quad b = 3.9\times10^{-5}\ \text{m}^3\cdot\text{mol}^{-1} \tag{2.36}$$

简单计算得到

$$T_1 = \frac{2a}{Rb} = 869\ \text{K},\quad T_2 = \frac{2a}{9Rb} = 96.5\ \text{K} \tag{2.37}$$

如图2.4所示，实际测量的反转曲线和理论的反转曲线基本吻合。

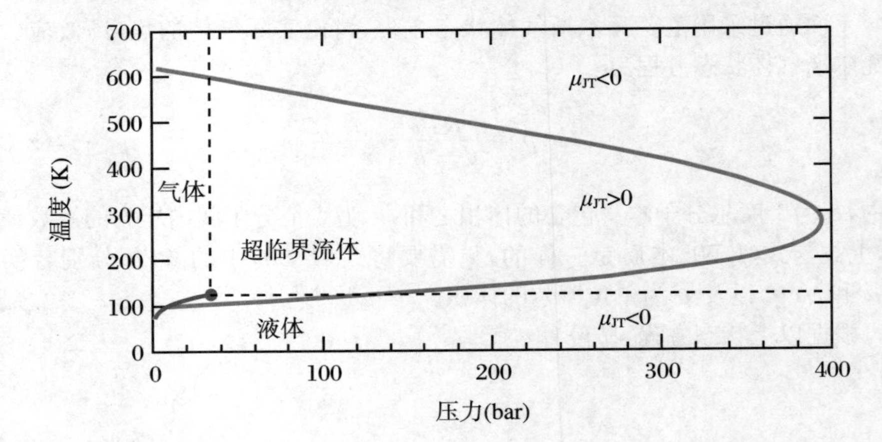

图2.4　氮气的焦耳-汤姆孙系数
红线为反转曲线。在红线所限定的区域内，焦耳-汤姆孙系数大于零，气体经过节流过程温度下降。在该区域外，焦耳-汤姆孙系数小于零，气体经过节流过程温度上升。气-液共存曲线由蓝线表示，终止于临界点(实心蓝点)。虚线划定了氮气为超临界流体(其性质在类液体和类气体之间平稳过渡)的区域，详见3.3节讨论。图片来自网络。

我们再根据昂内斯方程对焦-汤效应进行分析。μ_{JT}改写为

$$\mu_{\mathrm{JT}}=\frac{1}{c_p}\left[T\left(\frac{\partial \boldsymbol{v}}{\partial T}\right)_p-\boldsymbol{v}\right]=\frac{T^2}{c_p p}\left[\frac{\partial}{\partial T}\left(\frac{p\boldsymbol{v}}{T}\right)\right]_p \tag{2.38}$$

其中,c_p 为单位摩尔气体的定压比热容量。利用

$$\frac{p\boldsymbol{v}}{T}=R+\frac{B(T)}{T}p+\frac{C(T)}{T}p^2+\cdots \tag{2.39}$$

得到

$$\mu_{\mathrm{JT}}\approx\frac{T^2}{c_p}\frac{\mathrm{d}}{\mathrm{d}T}\left(\frac{B(T)}{T}\right) \tag{2.40}$$

我们注意到,在 $p\to 0$ 的时候,μ_{JT}不一定为零,而取决于 $B(T)$的值及其与 T 的函数关系。

在焦耳的气体自由膨胀的实验中,对实际气体,焦耳系数为

$$\left(\frac{\partial T}{\partial V}\right)_U=-\frac{1}{C_V}\left(\frac{\partial U}{\partial V}\right)_T=-\frac{1}{C_V}\left[T\left(\frac{\partial p}{\partial T}\right)_V-p\right]=-\frac{T^2}{C_V\boldsymbol{v}}\left[\frac{\partial}{\partial T}\left(\frac{p\boldsymbol{v}}{T}\right)\right]_v \tag{2.41}$$

利用

$$\frac{p\boldsymbol{v}}{T}=R+\frac{B'(T)}{T\boldsymbol{v}}+\frac{C'(T)}{T\boldsymbol{v}^2}+\cdots \tag{2.42}$$

得到

$$\left(\frac{\partial T}{\partial V}\right)_U\approx-\frac{T^2}{C_V\boldsymbol{v}^2}\frac{\mathrm{d}}{\mathrm{d}T}\left(\frac{B'}{T}\right)_v \tag{2.43}$$

注意到,在 $V\to\infty$ 或者说 $p\to 0$ 时,无论 $B'(T)$的值及其与 T 的函数关系如何,$\left(\frac{\partial T}{\partial V}\right)_U\to 0$。从上两式可以看出,焦-汤实验比焦耳实验更容易检测出实际气体与理想气体的差别。

2.2.4 绝热膨胀

从上节讨论已知,必须使得气体预先冷却到转换温度 T_1 之下,才能通过绝热节流过程使气体降温。由于绝热膨胀使气体降温的方法可以在任何初始温度下进行,所以通常是通过绝热膨胀的方法,先让气体绝热冷却到转换温度之下,再通过节流过程使气体进一步冷却。对于绝热膨胀过程,过程中熵不变,因此,随着体积的增加或压强的减小,气体的温度变化率由如下两个系数描述 $\left(\frac{\partial T}{\partial V}\right)_S$ 和 $\left(\frac{\partial T}{\partial p}\right)_S$:

$$\left(\frac{\partial T}{\partial V}\right)_S = -\left(\frac{\partial S}{\partial V}\right)_T\left(\frac{\partial T}{\partial S}\right)_V = -\frac{T}{C_V}\left(\frac{\partial p}{\partial T}\right)_V < 0 \tag{2.44}$$

即随着 V 的增加，T 必定减小。

$$\left(\frac{\partial T}{\partial p}\right)_S = \frac{T}{C_p}\left(\frac{\partial V}{\partial T}\right)_p = \frac{VT\alpha}{C_p} > 0 \tag{2.45}$$

即随着压强的减小，气体的温度下降。注意到，$\left(\frac{\partial T}{\partial p}\right)_S > \left(\frac{\partial T}{\partial p}\right)_H$，即绝热膨胀比绝热节流降温相对效率高。

2.3 磁介质系统

磁介质系统是一种典型的热力学系统。对磁性材料的研究是热力学与统计物理中的一个重要应用领域。本节将讨论顺磁介质中力与热、力与磁、磁与热等多种交叉效应以及它们之间的关系。

考虑处在磁场强度$\mathcal{H}$的外磁场中的各向均匀的磁介质系统。由于外场的作用，在磁介质系统的磁化强度由 M 准静态地变至 $M+\mathrm{d}M$ 的过程中，外磁场对系统所作的功为

$$đW = \mu_0\mathcal{H}\mathrm{d}M \tag{2.46}$$

这里，μ_0 为真空磁导率。如果在变化过程中，系统的体积也发生了变化，或者说外界对系统也做了机械功，则外界(包括磁场)对系统做的总功为

$$đW = \mu_0\mathcal{H}\mathrm{d}M - p\mathrm{d}V \tag{2.47}$$

由此可以看出，$\mu_0\mathcal{H}$与 $-p$ 是作用在系统上的广义力，V 和 M 是系统的广义位移。因此，系统内能 $U(S,V,M)$的全微分表达式为

$$\mathrm{d}U = T\mathrm{d}S - p\mathrm{d}V + \mu_0\mathcal{H}\mathrm{d}M \tag{2.48}$$

系统的吉布斯自由能 $G(T,p,\mathcal{H}) = U - TS + pV - \mu_0\mathcal{H}M$ 的全微分为

$$\mathrm{d}G = -S\mathrm{d}T + V\mathrm{d}p - \mu_0 M\mathrm{d}\mathcal{H} \tag{2.49}$$

上式给出了三个如下的麦克斯韦关系：

$$\left(\frac{\partial S}{\partial \mathcal{H}}\right)_{T,p} = \mu_0\left(\frac{\partial M}{\partial T}\right)_{p,\mathcal{H}} \tag{2.50}$$

$$\left(\frac{\partial V}{\partial \mathcal{H}}\right)_{T,p} = -\mu_0\left(\frac{\partial M}{\partial p}\right)_{T,\mathcal{H}} \tag{2.51}$$

$$\left(\frac{\partial S}{\partial p}\right)_{T,\mathcal{H}} = -\left(\frac{\partial V}{\partial T}\right)_{p,\mathcal{H}} \tag{2.52}$$

这三个关系式分别描述了磁热效应、力磁效应以及力热效应。

先研究磁介质的磁热效应。考虑绝热以及压强也基本保持不变的过程中磁介质的温度随着外磁场的变化关系：

$$\left(\frac{\partial T}{\partial \mathcal{H}}\right)_{S,p} = -\left(\frac{\partial S}{\partial \mathcal{H}}\right)_{T,p}\left(\frac{\partial T}{\partial S}\right)_{\mathcal{H},p} = -\frac{\mu_0 T}{C_{\mathcal{H}}}\left(\frac{\partial M}{\partial T}\right)_{\mathcal{H},p} \tag{2.53}$$

其中，$C_{\mathcal{H}} = T\left(\frac{\partial S}{\partial T}\right)_{\mathcal{H},p}$为系统的定磁（定压）热容量。对于顺磁介质，它的状态方程为：$M = \frac{C\mu_0}{T}\mathcal{H}$，代入上式，得到

$$\left(\frac{\partial T}{\partial \mathcal{H}}\right)_{S,p} = \frac{C\mu_0}{C_{\mathcal{H}}T}\mathcal{H} > 0 \tag{2.54}$$

也就是说，随着外磁场强度的下降，磁介质的温度不断下降。这就是去磁致冷效应。利用该效应，我们可以将磁介质冷却到 10^{-8} K！

磁介质的力磁效应体现在方程(2.51)中。方程(2.51)左边项刻画的是保持温度和压强不变的条件下，磁介质的体积随着外磁场的变化率，即磁致伸缩效应。而右边项刻画的是温度和外磁场保持不变的条件下，磁介质的磁矩随着压强的变化率，即压磁效应。总之，方程(2.51)给出了磁致伸缩效应和压磁效应之间的联系。

2.4 光子气体

我们现在研究等温的光子气体，即等温的电磁辐射系统。根据量子理论我们知道，电磁波本质上是由大量光子组成的，是光子的宏观表现。如图 2.5 所示，假设温度为 T，体积为 V，对光不透明的容器里装了很多光子。我们要问的第一个问题是：光子气体能达到温度为 T 的热力学平衡态吗？我们知道光子不带电，但它参与电磁相互作用，只会与带电粒子发生相互作用。因此光子和光子之间是没有相互作用的[①]。因此光子之间不会通过频繁的碰撞交换能量而达

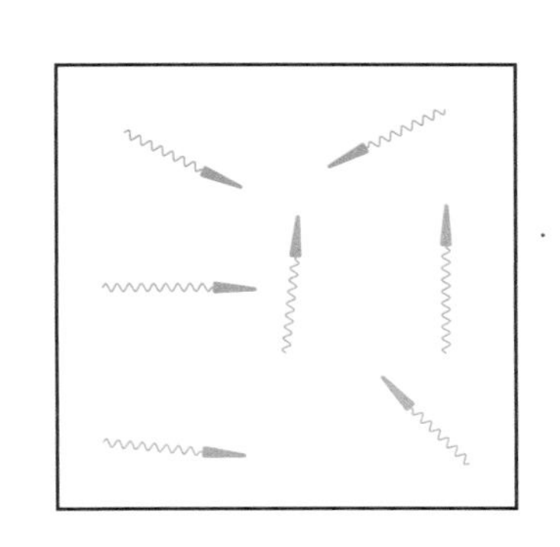

图 2.5 等温光子气体(即热辐射场)

① 严格来说，这种说法不严谨。实际上，在某些极端条件下，光子和光子碰撞会生成正负电子对：$\gamma + \gamma \to e^+ + e^-$。

到热力学平衡态。实际上,光子之间是通过与容器中的原子和分子相互作用作为桥梁,间接发生相互作用并最终达到热平衡的。这种相互作用是通过光子吸收和发射,即通过改变系统中光子数量而发生的。与其他气体不一样的是,容器中的光子数目是不固定的,容器壁可以不断吸收和发射新的光子。在给定温度和体积时,容器中的光子不断调整,最终达到热平衡,使得系统的亥姆霍兹自由能达到极小值 μ:

$$\mu \equiv \left(\frac{\partial F(T,V,n)}{\partial n}\right)_{T,V} = 0 \tag{2.55}$$

即光子气体的化学势为零。容器内与容器达到热平衡的光子气体称为热辐射场,或者平衡辐射,它与容器具有共同的温度 T。

我们下面来研究平衡辐射的热力学,即得到热辐射的亥姆霍兹自由能 $F=F(T,V)$。首先,我们需要知道热辐射场的状态方程。1901 年列别捷夫(Lebedev)通过实验发现,热辐射场的辐射压与其内能密度的关系为

$$p = \frac{1}{3}u \tag{2.56}$$

在统计物理中,我们可以证明,对任何由极端相对性粒子组成的热力学系统,上式都成立。对光子来说,它的速度为光速,是完全的相对论性粒子。

由于容器内的热辐射是均匀的,其内能密度只能是温度的函数:$u(T)$,因此平衡辐射的总内能 $U(T,V)=u(T)V$。利用热力学公式:

$$\left(\frac{\partial U}{\partial V}\right)_T = T\left(\frac{\partial p}{\partial T}\right)_V - p \tag{2.57}$$

可得

$$u(T) = \frac{T}{3}\frac{\mathrm{d}u}{\mathrm{d}T} - \frac{u}{3} \tag{2.58}$$

积分上式得到

$$u(T) = aT^4 \tag{2.59}$$

其中,a 是积分常数。

下面进一步计算熵的表达式:$S(T,V)$。根据热力学基本方程:

$$\mathrm{d}S = \frac{\mathrm{d}U + p\mathrm{d}V}{T} \tag{2.60}$$

得到

$$\mathrm{d}S = \frac{1}{T}\mathrm{d}(aT^4V) + \frac{1}{3}aT^3\mathrm{d}V$$

$$= 4aT^2 V\mathrm{d}T + \frac{4}{3}aT^3\mathrm{d}V$$

$$= \frac{4}{3}a\mathrm{d}(T^3 V). \tag{2.61}$$

积分上式,可以得到辐射场的总熵 $S(T,V)$:

$$S = \frac{4}{3}aT^3 V \tag{2.62}$$

即辐射场的熵密度 $s(T)=\frac{4}{3}aT^3$。

根据勒让德变换,最终我们得到光子气体的亥姆霍兹自由能:

$$F(T,V) = U - TS = -\frac{1}{3}aT^4 V \tag{2.63}$$

在得到系统热力学特性函数 $F(T,V)$之后,原则上,我们的任务就彻底完成了。其他任何热力学量和热力学函数都可以据此得到。例如,系统的压强,也称为辐射压:

$$p = -\left(\frac{\partial F}{\partial V}\right)_T = \frac{U}{3V} = \frac{1}{3}u = \frac{1}{3}aT^4 \tag{2.64}$$

我们也可以据此得到系统的熵:

$$S = -\left(\frac{\partial F}{\partial T}\right)_V = \frac{4}{3}aT^3 V \tag{2.65}$$

另一常用的物理量是系统的定容热容量:

$$C_V = \left(\frac{\partial U}{\partial T}\right)_V = 4aT^3 V \tag{2.66}$$

另外,系统的吉布斯自由能 G 为

$$G = U - TS + pV = aT^4 V - T\frac{4}{3}aT^3 V + \frac{1}{3}aT^4 V = 0 \tag{2.67}$$

该结论与式(2.55)是一致的。在统计物理中我们将再次看到,$\mu=0$ 与光子数不恒定相联系。

下面将讨论把装平衡辐射的容器(空窖)可以看作黑体的理论模型。容器中的平衡辐射称为黑体辐射。所谓黑体就是百分百吸收照射到它身上的光子,即反射率为零的物体。注意,黑体本身是可以发光的。进一步我们将证明,黑体本身发光的能量分布,即单位频率能量密度,与容器中平衡辐射光子的能量分布是完全一致的。

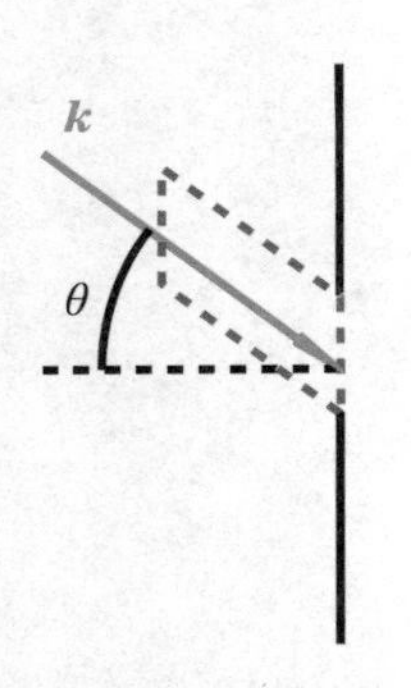

图 2.6　辐射场经过小孔辐射出去
不考虑该过程对热辐射场的影响。

问题是,我们无法确定上面的结果是否正确,因为盒子是全封闭的。为了观察盒子的热辐射特性,我们在盒子上开了一个小洞。假设这个洞口的面积是 A,由于它足够小,不会影响盒子里发生的事情(图 2.6)。那么,会从洞里漏出来多少能量的电磁辐射呢?即单位时间从单位面积的小孔里辐射出来的热辐射的能量是多少呢?假设出射的电磁波的波矢量为 $\boldsymbol{k}$,相应的坡印廷矢量为 $\boldsymbol{S}$,就是单位时间沿着波矢 $\boldsymbol{k}$,在单位立体角范围入射到单位面积上的能量,考虑到辐射场的各向同性,有

$$|\boldsymbol{S}| = \frac{cu}{4\pi} \tag{2.68}$$

因此,在 $t-t+\mathrm{d}t$ 时间之内,穿过面积 A 的光子能量为

$$\mathrm{d}E = S(A\cos\theta)\mathrm{d}\Omega\mathrm{d}t \tag{2.69}$$

最终,单位时间穿过 A 上单位面积的出射电磁波的能量,即光子的辐射流量 F 为

$$F = \frac{1}{A}\frac{\mathrm{d}E}{\mathrm{d}t} = \int S\cos\theta\mathrm{d}\Omega = \frac{1}{4}cu = \frac{1}{4}caT^4 \equiv \sigma T^4 \tag{2.70}$$

上式就是著名的斯特藩-玻耳兹曼定律。它最先于 1879 年由斯特藩在观测中发现,后于 1884 年由玻尔兹曼用热力学理论导出。σ 被称为斯特藩-玻耳兹曼常数,它的值为

$$\sigma = 5.669\times 10^{-8}\ \mathrm{W\cdot m^{-2}\cdot K^{-4}} \tag{2.71}$$

在统计物理中,可以从理论上推导出 σ 的表达式,它由一些基本物理常数组成:

$$\sigma = \frac{\pi^2 k_{\mathrm{B}}^4}{60\,\hbar^3 c^2} \tag{2.72}$$

进一步讨论斯特藩-玻耳兹曼定律的物理意义。假设有一个黑体,将它放在空窖中。对空窖来说,黑体的表面就像我们在空窖里钻的洞,因此黑体单位时间每单位面积吸收 σT^4 的能量。但系统处于平衡状态,所以黑体必须释放出完全相同的辐射量。因此,斯特藩-玻耳兹曼定律给出了黑体单位面积的辐射流量。

斯特藩-玻耳兹曼定律的一个重要应用就是辐射高温计,它是测量高温的一种温度计。通过测量高温物体所辐射的能量,再应用斯特藩-玻耳兹曼定律来推算高温物体的温度。斯特藩-玻耳兹曼定律也可以用来估算天体(例如太阳、恒星)的表面温度。

我们所知道的黑体最好的例子是宇宙微波背景辐射。这是一个高精度的黑体辐射,目前测量到它的温度 $T=2.725\ \mathrm{K}$。宇宙背景辐射指的是它弥漫在宇宙任何地方,无处不在的热辐射场。微波指的是它的峰值频率很低(对应于 56.72 GHz),也就是非常低温的黑体谱。

2.5 固体比热

原子论作为一种猜想,在古希腊的时候已经提出,将原子论第一次从猜想转变为科学概念的,应归功于英国化学家约翰·道尔顿(John Dalton,1766—1844)。在 20 世纪初,虽然人们知道固体是由原子组成的,但对很多元素的原子量的测量还很不准确,更不清楚固体的内部结构,而固体比热是研究组成固体中原子性质及其固体内部结构的一种手段。1819 年,原是化学家的杜隆(P. L. Dulong,1785—1838)和物理学家珀蒂(A. T. Petit,1790—1820)进行了一系列固体比热实验,发现大部分单位质量固态单质的比热与原子量的乘积几乎都相等,也就是单位摩尔固态单质的比热是常数:

$$C_\nu \propto \frac{1}{M_{\mathrm{r}}} = \mathrm{const} \tag{2.73}$$

这就是著名的杜隆-珀蒂定律。在室温下,这个定律对大多数金属和一些非金属是正确的,对有些物质如硼、铍、金刚石等则在高温下才比较正确。杜隆-珀蒂定律首次揭示了宏观物理量比热与微观粒子数之间的直接联系,是原子论的实验证据。根据杜隆-珀蒂定律我们也可以精确测量原子的原子量。

在室温下,单质固体是一种简单的热力学系统。不考虑固体体积的改变,系统只有一个自由度:温度。因此,热力学势仅是温度的函数。假设固体的比热为 C,则固体的内能 $U(T)$为

$$U(T) = CT \tag{2.74}$$

根据热力学第一定律,$\mathrm{d}S = \mathrm{d}U/T$,固体的熵 $S(T)$为

$$S = S_0 + \int_{T_0}^{T} \frac{\mathrm{d}U}{T} = S_0 + \int_{T_0}^{T} C\mathrm{d}T/T = C\ln T + (S_0 - C\ln T_0) \tag{2.75}$$

需要指出的是,在温度趋向于绝对零度的时候,根据上式,固体的熵趋向于负无穷:$S(0) \to -\infty$,与热力学第三定律不符。问题出在我们假设杜隆-珀蒂定律在低温下也适用。实际上,随着温度的下降,在绝对零度附近,固体比热趋向于零。

2.6 等离子体

等离子体由带电粒子组成,带电粒子与其近邻的粒子之间的相互作用势能远小于其自身的动能。等离子体的概念最早被提出来用于描述电离气体。可观测宇宙的99%都处于等离子体态。关于等离子体的基本概念请参见7.3.1小节或更专业的教科书。

假设系统的体积为 V。等离子体由 N 个带正电荷 $+e$ 的离子和等量的带负电荷 $-e$ 的电子组成。等离子体很重要的一个参数就是德拜半径 λ_D(参见式(7.41)),它是等离子体的一个特征长度,在大于 λ_D 尺度的区域,该区域整体电中性,在小于 λ_D 尺度的区域,出现了电荷的不均匀性。λ_D 的表达式为

$$\lambda_D = \sqrt{\frac{k_B TV}{8\pi Ne^2}} \tag{2.76}$$

在不存在外加电磁场的情况下,处于平衡态的等离子体的内能包含两部分,一部分是粒子的内能 $U = C_V T$,另外一部分就是带电粒子之间相互作用的库仑势。假设系统总的库仑势为

$$V_e = -\frac{Ne^2}{\lambda_D} \tag{2.77}$$

因此等离子体的内能为

$$U = C_V T - Ne^2 \sqrt{\frac{8\pi Ne^2}{k_B TV}} \tag{2.78}$$

将 U 的表达式代入亥姆霍兹方程式(1.184)

$$U = F - T\left(\frac{\partial F}{\partial T}\right)_V = -T^2\left[\frac{\partial}{\partial T}\left(\frac{E}{T}\right)\right]_V \tag{2.79}$$

积分上式,可得

$$F = -C_V T\ln T - \frac{2}{3}Ne^2\sqrt{\frac{8\pi Ne^2}{k_B TV}} + Tf(V) \tag{2.80}$$

其中,$f(V)$为对 T 积分时出现的积分常数,可由边界条件确定。在 $V\to\infty$ 的时候,上式要回到理想气体的结果,因此,我们可以将上式简写为

$$F = F_{ig} - \frac{2}{3}Ne^2\sqrt{\frac{8\pi Ne^2}{k_B TV}} \tag{2.81}$$

式中，F_{ig}为理想气体的自由能，第二项为带电粒子之间库仑相互作用带来的修正项。

根据 $F(N,T,V)$的全微分关系，易得

$$p = -\left(\frac{\partial F}{\partial V}\right)_{T,N} = \frac{2n_e RT}{V} - \frac{Ne^2}{3V}\sqrt{\frac{8\pi Ne^2}{k_B TV}} \tag{2.82}$$

$$S = -\left(\frac{\partial F}{\partial T}\right)_{V,N} = S_{ig} - \frac{1}{3}Ne^2\sqrt{\frac{8\pi Ne^2}{k_B T^3 V}} \tag{2.83}$$

$$\mu = +\left(\frac{\partial F}{\partial N}\right)_{T,V} = \mu_{ig} - e^2\sqrt{\frac{8\pi Ne^2}{k_B TV}} \tag{2.84}$$

其中，n_e 为电子的摩尔数，系数 2 来自电子和离子的贡献。S_{ig}，μ_{ig}分别为理想气体的熵和化学势，它们由电子和离子贡献。我们这里关心的是，在等离子体中，考虑了带电粒子之间的库仑势后，对系统的热力学量带来哪些改变。从式(2.82)可以看出，由于异性电荷相吸，等离子体的压强比理想气体的压强要小一些，另外，从式(2.83)可以看出，与理想气体相比，等离子体的熵也减少了，电荷相互吸引，导致带电粒子具有成团性，减少了系统的混乱度。式(2.84)表明等离子体的化学势也减少了，这是因为库仑势是一种吸引势。

第3章　相变和临界现象

雪花晶体的照片

摘自https://www.lifeinthefingerlakes.com/beauty-snow-crystals/，为该杂志的一篇文章的配图。

均匀的热力学系统(或它的一部分)如果具有完全相同的化学、物理性质,与其他部分具有明显分界面,称为处于某相。比如水可以处于固相、液相和气相。相变,顾名思义就是热力学系统的物态(相)发生了转变,例如水从液态汽化为水蒸气。相变发生时,系统的热力学性质发生了跳变,其特征是描述系统的某些热力学量不连续。从宏观上看,这些变化往往与一些相当剧烈的变化相对应,如水结成冰和水的沸腾。

任何气体或气体混合物只有一个相,即气相。液体通常只有一个相即液相,但正常液氦与超流动性液氦分属两种液相。对于固体,不同点阵结构的物理性质不同,分属不同的相,故同一固体可以有多种不同的相。例如,固态硫有单斜晶硫和正交晶硫两相;碳有金刚石和石墨两相。

相变是由于微观粒子间相互作用和热运动相互竞争,导致系统在有序相和无序相之间相互转化。相互作用是有序的起因,热运动是无序的来源。例如,在缓慢降温的过程中,当温度降到某个临界值,热运动不再能破坏某种特定相互作用造成的有序时,就可能出现新相。

3.1 单元系的平衡条件

单元系是指由化学纯的物质组成的热力学系统,我们先讨论单元系的平衡条件以及平衡稳定的条件。

3.1.1 热平衡与动力学平衡

本小节主要研究处于平衡状态的热力学系统的宏观性质。熵增加原理指出,孤立系统的熵永不减少。孤立系统在趋向平衡态的过程,是朝着系统的熵增加的方向进行的。因此,如果一个孤立系统达到了熵为极大的状态,系统就达到了平衡状态。我们可以利用熵函数是否已达极大值来判定孤立系统是否处于稳定的平衡状态,即熵判据。

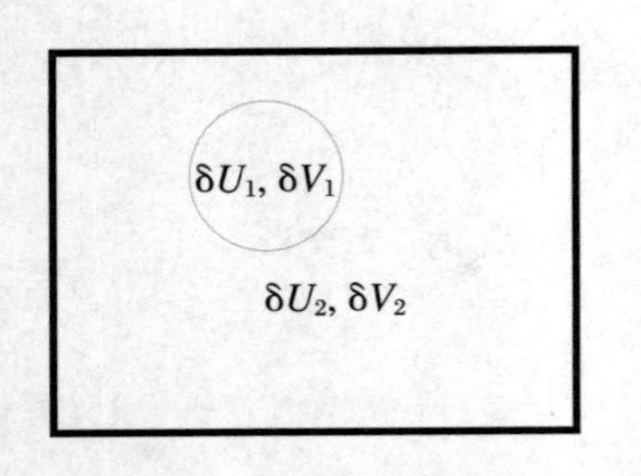

图 3.1 假设已达平衡态某孤立系统内部很小一部分子系统的宏观热力学性质发生了虚变动(用图中的红色区域表示)

δU_1,δV_1 导致系统其余的部分也发生了相应的虚变动:δU_2,δV_2。

要判断熵函数是否极大,可以设想系统发生各种可能的虚变动,而比较由此引起的系统的熵的改变。虚变动的定义为:在满足系统外加的宏观约束条件下,各种可能的假想的变动,数学语言就是变分,用符号 δ 表示。

假想在某孤立系统内部有很小一部分子系统的宏观热力学性质发生了虚变动,我们用下标 1 表示该部分的热力学量,下标 2 表示其余部分的热力学量,如图 3.1 所示。对于孤立系统,由于它与外界是完全隔绝的,既没有热量的交换,也没有功的交换,则孤立系统的总体积 V 和总内能 U 不变,这就是虚变动必须满足的宏观约束条件,即

$$\delta U = \delta U_1 + \delta U_2 = 0 \tag{3.1}$$

$$\delta V = \delta V_1 + \delta V_2 = 0 \tag{3.2}$$

由熵判据可知，系统稳定平衡的条件是 S 取极值且是极大值：

$$\delta S = 0, \quad \delta^2 S < 0 \tag{3.3}$$

根据上式找到的 S 极值是局域极大值。如果 S 存在几个局域极大值，则其中最大的极大值相应于稳定平衡，其他较小的极大值相应于亚稳平衡。亚稳平衡是一种局部平衡，对于无穷小的变动是稳定的，对于有限大的变动是不稳定的。如果对于某些变动，熵函数的数值不变，这相当于中性平衡（复相平衡就是中性平衡的例子）。

下面计算孤立系统由于虚变动 δU_1 和 δV_1 而引起的系统总熵的变分 δS：

$$\begin{aligned}\delta S &= \delta S_1 + \delta S_2 \\ &= \frac{\delta U_1}{T_1} + \frac{p_1}{T_1}\delta V_1 + \frac{\delta U_2}{T_2} + \frac{p_2}{T_2}\delta V_2 \\ &= \left(\frac{1}{T_1} - \frac{1}{T_2}\right)\delta U_1 + \left(\frac{p_1}{T_1} - \frac{p_2}{T_2}\right)\delta V_1\end{aligned} \tag{3.4}$$

由于变分 δU_1 和 δV_1 相互独立，由 $\delta S = 0$，得到系统平衡的条件为

$$T_1 = T_2, \quad p_1 = p_2 \tag{3.5}$$

下面通过计算 $\delta^2 S$ 给出平衡是否稳定的判据。首先注意到，由于子系统很小：$\delta^2 S_1 \gg \delta^2 S_2$，这是因为对熵的所有二次导数都反比于物质的量，例如

$$\left(\frac{\partial^2 S}{\partial U^2}\right)_V = \left(\frac{\partial}{\partial U}\frac{1}{T}\right)_V = -\frac{1}{T^2 C_V} \propto \frac{1}{C_V} \tag{3.6}$$

因此

$$\begin{aligned}\delta^2 S \approx \delta^2 S_1 &= \frac{1}{2}\left[\frac{\partial^2 S}{\partial U^2}(\delta U_1)^2 + 2\frac{\partial^2 S}{\partial U \partial V}(\delta U_1 \delta V_1) + \frac{\partial^2 S}{\partial V^2}(\delta V_1)^2\right] \\ &= \frac{1}{2}(\delta U_1, \delta V_1)\begin{pmatrix}\dfrac{\partial^2 S}{\partial U^2} & \dfrac{\partial^2 S}{\partial V \partial U} \\ \dfrac{\partial^2 S}{\partial V \partial U} & \dfrac{\partial^2 S}{\partial V^2}\end{pmatrix}\begin{pmatrix}\delta U_1 \\ \delta V_1\end{pmatrix} \\ &= \frac{1}{2}(\delta U_1, \delta V_1)\begin{pmatrix}\dfrac{\partial(1/T)}{\partial U} & \dfrac{\partial(p/T)}{\partial U} \\ \dfrac{\partial(1/T)}{\partial V} & \dfrac{\partial(p/T)}{\partial V}\end{pmatrix}\begin{pmatrix}\delta U_1 \\ \delta V_1\end{pmatrix}\end{aligned} \tag{3.7}$$

稳定性条件 $\delta^2 S < 0$ 要求如下矩阵为正定矩阵：

$$\begin{pmatrix} -\dfrac{\partial(1/T)}{\partial U} & -\dfrac{\partial(1/T)}{\partial V} \\ -\dfrac{\partial(p/T)}{\partial V} & -\dfrac{\partial(p/T)}{\partial V} \end{pmatrix} \tag{3.8}$$

因此,根据正定矩阵的判据,如下条件都必须满足:

① $-\dfrac{\partial(1/T)}{\partial U}=\dfrac{1}{T^2C_V}>0$

②

$$\begin{vmatrix} -\dfrac{\partial(1/T)}{\partial U} & -\dfrac{\partial(1/T)}{\partial V} \\ -\dfrac{\partial(p/T)}{\partial U} & -\dfrac{\partial(p/T)}{\partial V} \end{vmatrix} = -\frac{1}{T^3}\begin{vmatrix} \dfrac{\partial T}{\partial U} & \dfrac{\partial T}{\partial U} \\ \dfrac{\partial p}{\partial U} & \dfrac{\partial p}{\partial V} \end{vmatrix} = -\frac{1}{T^3}\frac{\partial(T,p)}{\partial(U,V)}$$

$$= -\frac{1}{T^3}\frac{\partial(T,p)}{\partial(T,V)}\frac{\partial(T,V)}{\partial(U,V)} = -\frac{1}{T^3}\frac{\left(\dfrac{\partial p}{\partial V}\right)_T}{C_V}$$

$$= \frac{1}{T^3VC_V\kappa_T}>0 \tag{3.9}$$

也就是说,稳定性条件 $\delta^2S<0$ 要求

$$C_V>0,\quad \kappa_T>0 \tag{3.10}$$

稳定性的定性分析如下:假设子系统的温度上升 $T_1>T_2$,由于 $C_V>0$,得到 $\delta U_1>0$,根据热力学第二定律 $\delta S=(1/T_1-1/T_2)\delta U_1>0$,则要求 $T_1<T_2$,也就是说系统热平衡是稳定的。同理,假设一开始 $p_1>p_2$,由于 $\kappa_T>0$,则 $\delta V_1<0$,由于 $\delta S=(p_1-p_2)/T\delta V_1>0$,则要求 $p_1<p_2$,因此系统力学平衡是稳定的。

对于等温等容系统,系统达到稳定平衡态的条件为

$$\delta F=0,\quad \delta^2F>0 \tag{3.11}$$

对于等温等压系统,系统达到稳定平衡态的条件为

$$\delta G=0,\quad \delta^2G>0 \tag{3.12}$$

3.1.2 化学(相)平衡条件

这小节讨论单元复相系统的化学平衡条件。如图 3.2 所示,假设单元复相系中 α 相和 β 相已经达到了热动平衡条件,因此 $T_\alpha=T_\beta$,且 $p_\alpha=p_\beta$。考虑化学变化的虚变动,需要满足的宏观约束条件是

$$\delta n_\alpha + \delta n_\beta = 0 \tag{3.13}$$

由内能的微分关系：

$$\mathrm{d}U = T\mathrm{d}S - p\mathrm{d}V + \mu\mathrm{d}n \tag{3.14}$$

分别得到（$\delta U = \delta V = 0$）

$$\delta S_\alpha = -\frac{\mu_\alpha}{T}\delta n_\alpha \tag{3.15}$$

$$\delta S_\beta = -\frac{\mu_\beta}{T}\delta n_\beta \tag{3.16}$$

因此，根据熵判据，有

$$\delta S = -\frac{1}{T}(\mu_\alpha - \mu_\beta)\delta n_\alpha = 0 \tag{3.17}$$

系统的化学平衡条件为

$$\mu_\alpha(T,p) = \mu_\beta(T,p) \tag{3.18}$$

假设系统还没有达到化学平衡，且 $\mu_\alpha > \mu_\beta$，在达到化学平衡的过程中，$\Delta S > 0$，因此，$\Delta n_\alpha < 0$。化学变化的方向是从化学势高的相转化为化学势低的相，这也是 μ 被称为化学势的原因。

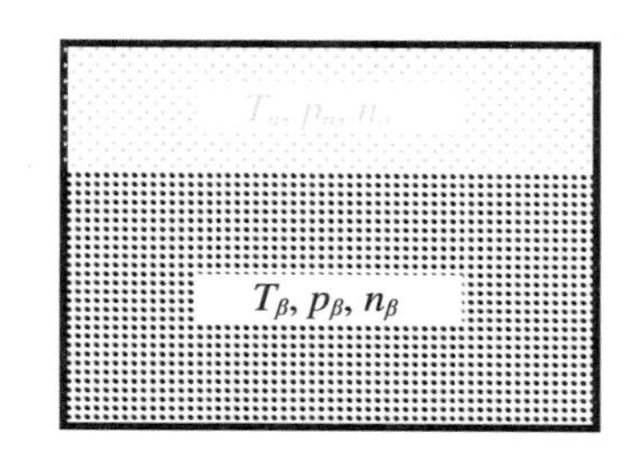

图 3.2　两相（α 相和 β 相）平衡

两相首先达到热动平衡，满足：$p_\alpha = p_\beta$，$T_\alpha = T_\beta$，然后达到化学平衡：$\mu_\alpha = \mu_\beta$。

3.2　多元系的平衡条件

3.2.1　多元系的复相平衡条件

多元系是含有两种或两种以上化学组分的系统。在多元系中既可以发生相变，也可以发生化学变化。例如

$$2H_2 + O_2 \longleftrightarrow 2H_2O \tag{3.19}$$

就同时存在复相平衡和化学平衡。

下面先讨论已处于热动平衡的多元单相系的热力学函数和热力学方程。化学反应一般在等温和等压下进行，选取吉布斯自由能作为热力学特性函数是最自然的。假设系统中有 k 个组元，它们的摩尔数分别为 n_1，n_2，…，n_k。一般来说，组元之间会发生化学变化或相变，但先将它们当作独立参量处理，相平衡条件和化学平衡条件作为外加的约束条件，因此，系统的自由度为 $2+k$。

$$G = G(T,p,n_1,n_2,\cdots,n_k) \tag{3.20}$$

类似地,其他的热力学函数分别为

$$V = V(T, p, n_1, n_2, \cdots, n_k) \tag{3.21}$$

$$U = U(T, p, n_1, n_2, \cdots, n_k) \tag{3.22}$$

$$S = S(T, p, n_1, n_2, \cdots, n_k) \tag{3.23}$$

由于体积、内能和熵都是广延量,如果保持系统的温度和压强不变而令系统中各组元的摩尔数同时增加到 λ 倍,则系统的体积、内能和熵也将增到原来的 λ 倍:

$$V(T, p, \lambda n_1, \lambda n_2, \cdots, \lambda n_k) = \lambda V(T, p, n_1, n_2, \cdots, n_k) \tag{3.24}$$

$$U(T, p, \lambda n_1, \lambda n_2, \cdots, \lambda n_k) = \lambda U(T, p, n_1, n_2, \cdots, n_k) \tag{3.25}$$

$$S(T, p, \lambda n_1, \lambda n_2, \cdots, \lambda n_k) = \lambda S(T, p, n_1, n_2, \cdots, n_k) \tag{3.26}$$

也就是说,体积、内能和熵都是各组元摩尔数的一次齐次函数。根据齐次函数的欧拉定理,有

$$V = \sum_i n_i \left(\frac{\partial V}{\partial n_i}\right)_{T, p, n_j} \equiv \sum_i n_i v_i \tag{3.27}$$

$$U = \sum_i n_i \left(\frac{\partial U}{\partial n_i}\right)_{T, p, n_j} \equiv \sum_i n_i u_i \tag{3.28}$$

$$S = \sum_i n_i \left(\frac{\partial S}{\partial n_i}\right)_{T, p, n_j} \equiv \sum_i n_i s_i \tag{3.29}$$

$$G = \sum_i n_i \left(\frac{\partial G}{\partial n_i}\right)_{T, p, n_j} \equiv \sum_i n_i \mu_i \tag{3.30}$$

其中,$n_j(\neq n_i)$为不包括 i 组元的所有其他组元的摩尔数。v_i, u_i, s_i 以及 μ_i 定义为 i 组元的单位摩尔体积、内能、熵以及化学势。

多元系的基本热力学方程为

$$\begin{aligned} dG &= \left(\frac{\partial G}{\partial T}\right)_{p, n_i} dT + \left(\frac{\partial G}{\partial p}\right)_{T, n_i} dp + \sum_i \left(\frac{\partial G}{\partial n_i}\right)_{T, p, n_j} dn_i \\ &= -S dT + V dp + \sum_i \mu_i dn_i \end{aligned} \tag{3.31}$$

通过勒让德变换,可以得到内能、自由能以及焓。它们的全微分分别如下:

$$dU = T dS - p dV + \sum_i \mu_i dn_i \tag{3.32}$$

$$dF = -S dT - p dV + \sum_i \mu_i dn_i \tag{3.33}$$

$$dH = T dS + V dp + \sum_i \mu_i dn_i \tag{3.34}$$

从上式可以看出,单位摩尔化学势 μ_i 有如下等价的定义:

$$\mu_i = \left(\frac{\partial U}{\partial n_i}\right)_{S,V,n_j} = \left(\frac{\partial H}{\partial n_i}\right)_{S,p,n_j} = \left(\frac{\partial F}{\partial n_i}\right)_{T,V,n_j} \tag{3.35}$$

由于 $G = \sum n_i\mu_i$（有时候我们也令 $G = \sum N_i\mu_i$，这里 μ_i 为单粒子化学势），因此

$$\mathrm{d}G = \sum_i n_i \mathrm{d}\mu_i + \sum_i \mu_i \mathrm{d}n_i \tag{3.36}$$

从而得到

$$-S\mathrm{d}T + V\mathrm{d}p = \sum_i n_i \mathrm{d}\mu_i \tag{3.37}$$

上式被称为吉布斯关系，也称吉布斯-杜安(Gibbs-Duhem)方程。从中可以看出，$k+2$ 个强度量($T,p,\mu_1,\mu_2,\cdots,\mu_k$)中，只有 $k+1$ 个是独立的。

下面考虑多元复相系，例如对 α 相，内能为

$$\mathrm{d}U^\alpha = T^\alpha \mathrm{d}S^\alpha - p^\alpha \mathrm{d}V^\alpha + \sum_i \mu_i^\alpha \mathrm{d}n_i^\alpha \tag{3.38}$$

通过勒让德变换，可以得到 α 亮相的焓、自由能以及吉布斯自由能：

$$H^\alpha = U^\alpha + p^\alpha V^\alpha \tag{3.39}$$

$$F^\alpha = U^\alpha - T^\alpha S^\alpha \tag{3.40}$$

$$G^\alpha = U^\alpha - T^\alpha S^\alpha + p^\alpha V^\alpha \tag{3.41}$$

由于体积、内能、熵以及摩尔数等都是广延量，可以定义系统的总体积、总内能、总熵以及 i 组元的总摩尔数：

$$V = \sum_\alpha V^\alpha, \quad U = \sum_\alpha U^\alpha, \quad S = \sum_\alpha S^\alpha, \quad n_i = \sum_\alpha n_i^\alpha \tag{3.42}$$

系统的总焓、总自由能以及总吉布斯自由能并不总是有定义，例如，只有在所有相都等压(达到动力学平衡)的条件下，才能定义总焓；在所有相等温(达到热平衡)的条件下，才能定义自由能；在所有相都达到热平衡以及动力学平衡时，才可以定义总吉布斯自由能。

3.2.2 吉布斯相律

设多元复相系有ϕ个相，每相有 k 个组元，它们之间不发生化学反应。假设系统已经达到热动平衡：$T^\alpha = T^\beta = \cdots = T$，且 $p^\alpha = p^\beta = \cdots = p$。考虑由任意两个相，例如 α 和 β 相组成的子系统中的相平衡。虚变动满足的约束条件为

$$\delta n_i^\alpha + \delta n_i^\beta = 0 \quad (i = 1,2,\cdots,k) \tag{3.43}$$

吉布斯自由能的变分：

$$\delta G = \delta G^{\alpha} + \delta G^{\beta} = \sum_i (\mu_i^{\alpha} - \mu_i^{\beta}) \delta n_i^{\alpha} = 0 \tag{3.44}$$

因为 $\delta n_i^{\alpha}(i=1,2,\cdots,k)$相互独立，所以相平衡条件为

$$\mu_i^{\alpha} = \mu_i^{\beta} \quad (i = 1,2,\cdots,k) \tag{3.45}$$

下面考虑多元复相系达到平衡态时的独立状态参量数。由热平衡条件、力学平衡条件和相变平衡条件可知，系统是否达到热力学平衡态是由系统的强度量决定的。因此，为了确定 α 相的强度量性质，除温度 T 和压强 p 外，应该用强度量 x_i^{α} 代替广延量 n_i^{α} 作为状态参量。x_i^{α} 的定义为

$$x_i^{\alpha} = \frac{n_i^{\alpha}}{n^{\alpha}} \tag{3.46}$$

其中，$n^{\alpha} = \sum_{i=1}^{k} n_i^{\alpha}$ 是 α 相中组元的总摩尔数。x_i^{α} 称为 α 相中 i 组元的摩尔分数，满足以下关系：

$$\sum_{i=1}^{k} x_i^{\alpha} = 1 \tag{3.47}$$

由上式可知，k 个 x_i^{α} 中只有 $k-1$ 个是独立的，加上温度 T 和压强 p，描述 α 相共需 $k+1$ 个强度量。这一点跟吉布斯自由能关系是一致的。当然，如果要确定 α 相的广延量的数值，仅确定 $k+1$ 个强度量是不够的，还要增加一个变量，例如该相的总摩尔数 n，共 $k+2$ 个变量。假定每一个相都有 k 个组元，即每一个相都有 $k+1$ 个强度量。整个系统有ϕ个相，共有$(k+1)\phi$个强度量。这些变量必须满足热平衡条件，力学平衡条件和相变平衡条件。热平衡条件是各相的温度相等：

$$T^1 = T^2 = \cdots = T^{\phi} = T \tag{3.48}$$

力学平衡条件是各相的压强相等：

$$p^1 = p^2 = \cdots = p^{\phi} = p \tag{3.49}$$

相变平衡条件是每一组元在各相的化学势都相等：

$$\mu_i^1 = \mu_i^2 = \cdots = \mu_i^{\phi} = \mu_i \quad (i = 1,2,\cdots,k) \tag{3.50}$$

这三个平衡条件共有$(k+2)(\phi-1)$个方程。因此总数为$(k+1)\phi$个强度量中可以独立改变的只有 f 个：

$$f = (k+1)\phi - (k+2)(\phi-1) = k+2-\phi \tag{3.51}$$

上式称为吉布斯相律。f 称为多元复相系的自由度数，是多元复相系可以独立改变的强度量的数目。若某个相中少了一个组元，系统少一个强度量，但同时少一个化学平衡条件，因此上式仍成立，这里 k 为系统中的总的组元数。

以盐的水溶液举例说明。系统中有两种组元：$k=2$，因此 $f=4-\phi$。对于盐水，只有液相一个相 $\phi=1$，因此 $f=3$。独立的强度量可以选为：T,p,x，其中 x 为盐的浓度。对于盐水和水蒸气系统，$\phi=2$，因此 $f=2$，独立的强度量可以选为 T,x。显然，系统的压强 $p=p(T,x)$。对于盐水、水蒸气和冰的系统，$\phi=3$，因此 $f=1$，独立的强度量可以选为 x，而 $T=T(x)$，$p=p(x)$。随着盐的浓度增加，盐开始从盐水中析出，这时系统由盐水、水蒸气、冰和固体盐组成，$\phi=4$，因此 $f=0$。这时，$x=x_0$，$T=T_0$，$p=p_0$。其中 x_0，T_0，p_0 是系统四相点的参数。

3.3 气液相变

我们开始研究化学纯气体和液体的相互转变：沸腾和冷凝。下面的讨论基于如下的基本假设：气体和液体的状态方程都可以统一采用范德瓦尔斯方程来描述。原则上范德瓦尔斯方程只对低密度气体有效，但是，范德瓦尔斯方程考虑了气体分子的固有体积和分子之间的相互作用效应，而且两者随着气体密度的升高效应越来越显著，这抓住了气液相变过程的主要矛盾，有助于我们理解气液相变的本质。

范德瓦尔斯气体的状态方程为

$$p=\frac{RT}{v-b}-\frac{a}{v^2} \tag{3.52}$$

其中，v 为单位摩尔体积，$v=V/n_m$。我们先来看看 pv 图(图 3.3)中系统的等温线有哪些特征。首先我们注意到，系统存在一个最小摩尔体积 v，即 $v_{min}=b$。其次，不同的等温线看起来很不一样：存在一个临界温度 T_c，当 $T>T_c$ 时，等温线是单调的，随着 v 的减小而增加。而当 $T<T_c$ 时，等温线则有两个极值点，一个是局域极大值，另一个是局域极小值。当 $T=T_c$ 时，两个极值点重合，对应等温线的拐点。临界温度很容易确定。根据拐点处的一阶导数和二阶导数都为零，即

$$\left(\frac{\partial p}{\partial v}\right)_{T_c}=\left(\frac{\partial^2 p}{\partial v^2}\right)_{T_c}=0 \tag{3.53}$$

再利用状态方程，得到临界温度为

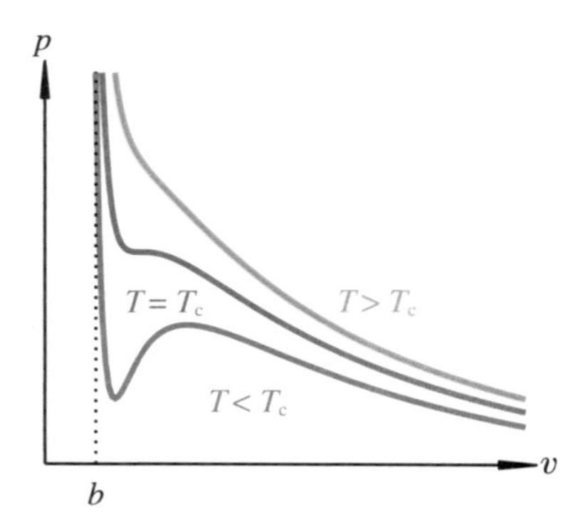

图 3.3 pv 图中范德瓦尔斯气体在不同温度下的等温线

T_c 为临界温度。

$$RT_c = \frac{8a}{27b} \tag{3.54}$$

以及临界比容 $v_c = 3b$，临界压强 $p_c = a/(27b^2)$。

后面我们知道，相变在 $T < T_c$ 时发生。因此，我们先来仔细研究 $T < T_c$ 时的等温线。从图 3.4 中可以看到，在一系列适当的压强下，系统具有三个相应的状态，它们具有相同的 p, T，但三个不同的 v。在 U 点(不稳定点)处，有

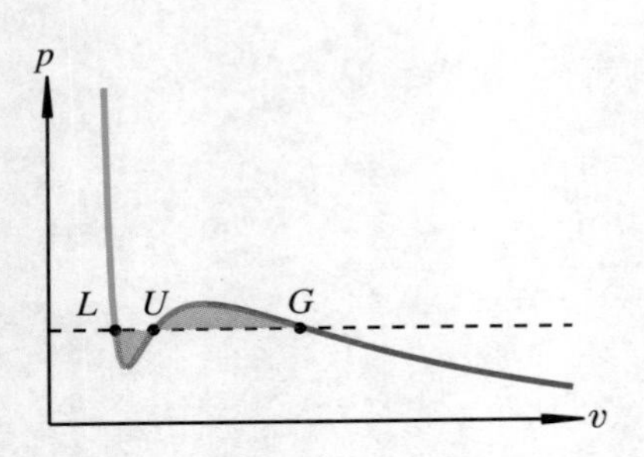

图 3.4　$T < T_c$ 时的等温线

L, U, G 点处具有相同的 T, p，但不同的比容 v，它们分别对应液态、不稳定态以及气态。

$$\left(\frac{\partial p}{\partial v}\right)_T > 0 \tag{3.55}$$

因此，当系统的体积增加，系统的压力就会上升，使它进一步膨胀。类似地，如果我们稍微压缩系统，那么 p 就会减少，它会进一步压缩。因此系统的状态是不稳定的。在 L 点处，有 $v \sim b$，系统的体积与微观粒子的固有体积相当，因此原子之间紧密排列。另外，在 L 点处等温线很陡，即量 $\left|\frac{\partial p}{\partial v}\right|$ 很大。所以系统很难压缩，对应液态。不难理解 G 点处对应气体。这是由于 $v \gg b$，而 $\left|\frac{\partial p}{\partial v}\right|$ 很小，系统很容易压缩。当系统的温度高于临界温度时，随着压强的增加，系统的性质没有发生本质的变化，也就是说，当 $T > T_c$ 时，液体和气体之间的差别消失！

3.3.1　气液共存：相平衡

根据前面的分析，我们知道，当 $T < T_c$ 时，在某些相同的压强和温度下，系统存在液态和气态，即图 3.4 中的 G 点和 L 点。两者之间的态，例如 U 点，是不稳定的。但实际上，还存在第三种可能性：两相共存态，即系统包括一部分气态和一部分液态。

当两相共存时，根据我们在第 1 章的关于系统各种特征时标的讨论，我们知道系统首先很快达到力学和热学平衡，具有相同的压强和温度。然后系统达到化学平衡，具有相同的化学势，即

$$\mu_L(T, p) = \mu_G(T, p) \tag{3.56}$$

并且气态和液态可以以任意比例组合，该比例由系统的摩尔体积 v 决定。

如果 $\mu_L > \mu_G$，根据等温和等压下孤立系统自发演化的吉布斯判据以及化学势的定义，我们知道，化学势高的物质会向化学势低的物质转变，即液体不断气化，直到完全消失。同理，如果 $\mu_G > \mu_L$，气体不断液化，最终系统转变为纯液态。

下面我们开始研究气液相变是什么时候开始发生，以及怎样从一种态完全

转变到另一种态的。化学势 $\mu(T,p)$ 的全微分为

$$d\mu(T,p) = -s dT + v dp \tag{3.57}$$

其中，s 为比熵，即单位摩尔气体的熵。根据上式，沿着等温线，假设系统从任意一点 O 开始，变化到另一点 Q 时，系统的化学势为

$$\mu_Q = \mu_O + \int_O^Q dp\, v(T,p) \tag{3.58}$$

在 pv 图上，上式积分的几何意义就是两个端点之间的等温线与 p 轴围成的面积。

我们不妨研究系统沿着等温线从对应气体状态的 O 点不断演化到液体状态的 M 点。如图 3.5 所示，从 O 转变到 N 时，压力单调增加，因此系统的化学势不断增加。一旦到达 N 点，压力就开始下降，一直到 J 点，因此系统的化学势从 N 到 J 不断下降。然后从 J 到 M 系统的压强又重新开始单调增加，化学势不断增加。我们现在可以画出 μ 随着压强的变化(见图 3.5)。从图 3.5 可以看出，在 X 点，有 $\mu_L = \mu_G$，在该点处，气液两相平衡，我们不妨定义该点的压强 $p(T)$ 为蒸气压。蒸气压就是相变开始发生时的压强。那如何决定 $p(T)$ 呢？

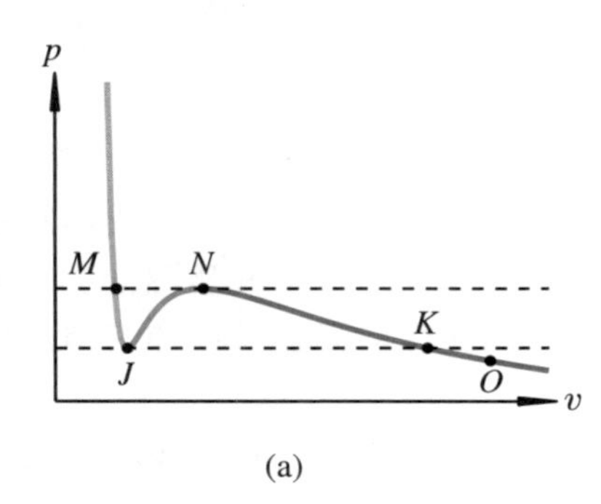

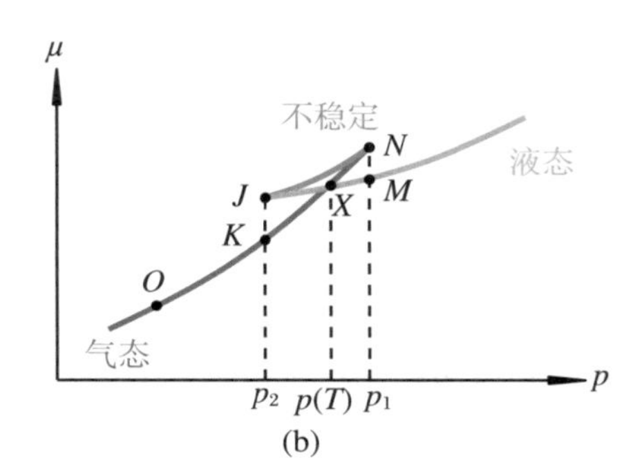

图 3.5　沿着 $T<T_c$ 时的等温线(a)及化学势随着压强的变化曲线(b)

根据式(3.58)，平衡条件 $\mu_L = \mu_G$ 意味着

$$\int_G^L dp v = 0 \tag{3.59}$$

该式的几何意义是，可以选择合适的等压线：$p = p(T)$，它与等温线的上部分围成的面积与下部分围成的面积相等。这就是众所周知的麦克斯韦等面积法，见图 3.4。图中的虚线为待求的蒸气压曲线 $p = p(T)$，$p(T)$ 与等温线的上部分围成的面积为正；与等温线的下部分围成的面积为负。

考虑图 3.5 中 $p<p(T)$ 的部分。当 $p \leqslant p_2$ 时，系统处在纯气态；当 $p_2<p<p(T)$ 时，由于 $\mu_G<\mu_L$，系统趋处于纯气态，即图中 KX 段。但是，假设系统处于纯液态，即图中的 JX 段，由于液体满足稳定条件：

$$\left(\frac{\partial p}{\partial v}\right)_T < 0 \tag{3.60}$$

系统是可能存在的，只不过它的化学势比气相的化学势高。因此，液体是局部稳定的，但不是全局稳定的，即它是亚稳定。事实上，我们的确可以在实验室制备这种状态。它们可以长时间存在，但很容易受到干扰而蒸发掉。我们称之为“过热液体”。

继续考虑图 3.5 中 $p > p(T)$ 的部分。当 $p \geqslant p_1$ 时，系统处于纯液态。当 $p(T) < p < p_1$ 时，由于 $\mu_G > \mu_L$，系统趋处于纯液态，即图中的 XM 段。同样的道理，在 XN 段，系统处于亚稳态的气态，我们称之为“过冷蒸气”。气液相变发生在 $p = p(T)$ 时。相变过程中，两相共存，温度和压强保持不变，由于 $\mu_G = \mu_L$，可以存在任何比例的液体和气体的混合物。

为了更好地理解相变过程，我们在 pv 图中再添加两条曲线：共存线和旋节线。其中共存线是由不同等温线的 G 点和 L 点构成的线，即共存线反映了气液两相共存态。而旋节线由不同等温线的极值点（局域极大值和极小值）组成。不难理解，旋节线里面的区域为不稳定态，旋节线和共存线之间为亚稳态。

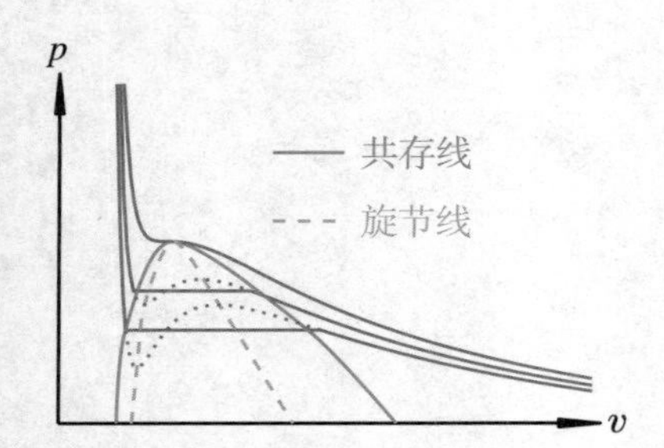

图 3.6　不同温度下的气液相变曲线
图中的直线部分为两相共存态。开口朝下的两条曲线分别为共存线和旋节线。

实际上，我们可以通过研究在不同温度和压强下实际气体的状态方程，测量它们的 a 和 b，然后用来预测 T_c 的值，以及液化气体所需的温度。

3.3.2　克劳修斯-克拉佩龙方程

气液两相共存时，满足相平衡条件：$\mu_G(T,p) = \mu_L(T,p)$，如果我们知道气相和液相的化学势函数，原则上我们可得到两相共存时温度和压强的关系 $p = p(T)$，或者 $T = T(p)$，实际上很难得到系统的化学势函数。但却很容易通过实验测得两相共存时压强随着温度的变化率。

先看在 pT 平面上的蒸气压曲线：$p = p(T)$。穿过 $p = p(T)$ 线将导致相变。体积 $v_L(T)$ 连续变化到 $v_G(T)$，反之亦然。沿着蒸气压曲线 $p = p(T)$，有 $\mu_L = \mu_G$，于是

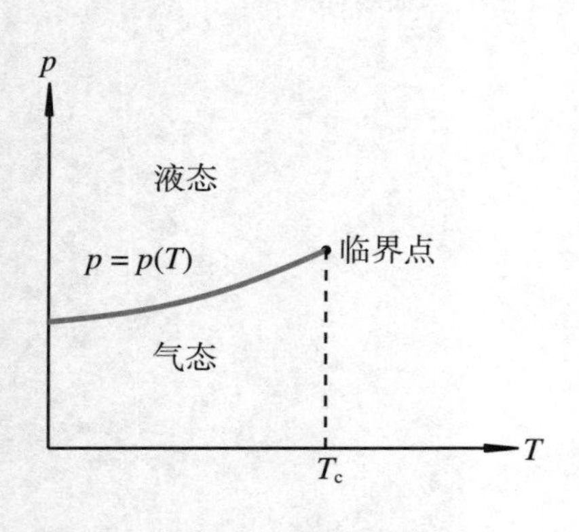

图 3.7　pT 图中的蒸气压曲线

$$\mathrm{d}\mu_L = \mathrm{d}\mu_G \tag{3.61}$$

代入化学势的微分形式 $\mathrm{d}\mu$，得到

$$-s_L\mathrm{d}T + v_L\mathrm{d}p = -s_G\mathrm{d}T + v_G\mathrm{d}p \tag{3.62}$$

式中，s_G 和 s_L 是曲线 $p = p(T)$ 正下方和正上方单位摩尔的熵。重新整理得

$$\frac{\mathrm{d}p}{\mathrm{d}T} = \frac{s_G - s_L}{v_G - v_L} \tag{3.63}$$

这就是克劳修斯-克拉佩龙（Benoît Paul Émile Clapeyron，1799—1864）方程。也可以用蒸发潜热来代替熵变，即

$$L = T(S_G - S_L) \tag{3.64}$$

代入克拉佩龙方程，有

$$\frac{\mathrm{d}p}{\mathrm{d}T} = \frac{L}{T(V_G - V_L)} \tag{3.65}$$

这也叫作克拉佩龙方程。

假设 L 不依赖于温度，而且 $V_G \gg V_L$。进一步假设气体是理想的，那么有

$$\frac{\mathrm{d}p}{\mathrm{d}T} \approx \frac{L}{TV_G} = \frac{Lp}{n_{\mathrm{m}}RT^2} \tag{3.66}$$

于是有

$$p = p_0 \exp\left(-\frac{L}{n_{\mathrm{m}}RT}\right) \tag{3.67}$$

其中，p_0 为某些常数。

3.4 临界点和临界指数

在本节中我们将讨论临界点 $T = T_c$ 附近的相变行为。由于在相变过程中满足相平衡条件，因此，相变前后不同相的吉布斯自由能是连续的，很容易理解，其他的热力学特性函数也应该是连续的。但是，相变前后的其他热力学量可能发生跳变。据此我们将相变分为不同的级。例如一级相变和二级相变。一阶相变是指 G（或 F）一阶导数不连续的相变。例如，如果 $s = \left(\frac{\partial \mu}{\partial T}\right)_p$ 不连续将导致潜热。如果远离临界点（$T < T_c$），液气相变是一级的。二阶相变是具有连续一阶导数的相变，但某些二阶（或更高阶）导数 G（或 F）表现出某种奇异性。例如，我们可以考察等温压缩系数 κ_T：

$$\kappa_T = -\frac{1}{v}\left(\frac{\partial v}{\partial p}\right)_T = -\frac{1}{v}\left(\frac{\partial^2 \mu}{\partial p^2}\right)_T \tag{3.68}$$

它是关于热力学势 μ 的二阶导数。下面检查它在临界点的行为。在临界点，有

$$\left(\frac{\partial p}{\partial v}\right)_{T_c} = 0 \tag{3.69}$$

因为，κ_T 是它的倒数，在临界点，κ_T 发散。因此，在临界点，气液相变是二阶相变。

实验上，观察到液体和气体不是唯一可能的相。对于大多数材料来说，固相也是很常见的。通常情况下，普通材料的相图如图 3.8 所示。图上显然还有另一个特殊点，即三相点。它是所有三个相的交汇点，由于在三相点具有确定的温度和压强，可以用水的三相点来对温度进行标定。

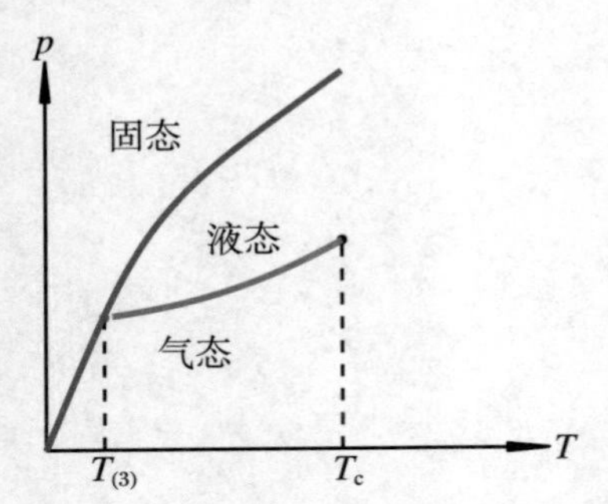

图 3.8　三相点具有确定的温度和压强

3.4.1　临界点

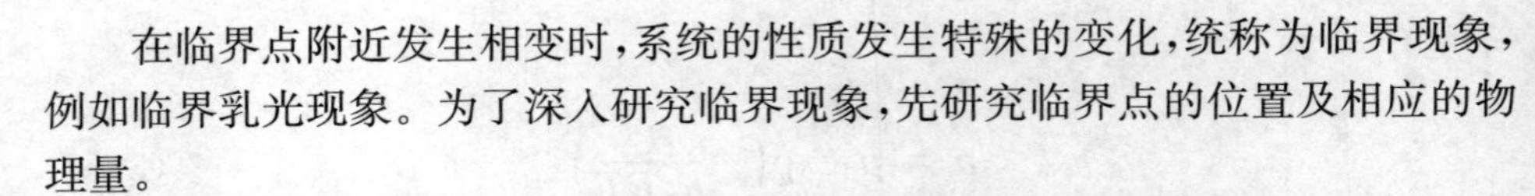

在临界点附近发生相变时，系统的性质发生特殊的变化，统称为临界现象，例如临界乳光现象。为了深入研究临界现象，先研究临界点的位置及相应的物理量。

重新整理范德瓦尔斯状态方程，将它写作为 v 的三次代数方程：

$$pv^3 - (pb + RT)v^2 + av - ab = 0 \tag{3.70}$$

当 $T < T_c$ 时，它有三个实根：L, U, G。当 $T > T_c$ 时，有一个实根和两个复共轭根。因此，在 $T = T_c$ 时必须有三个相等的实根，即

$$p_c(v - v_c)^3 = 0 \tag{3.71}$$

令上两式中关于 v 的三次方程中的系数相等，得到

$$RT_c = \frac{8a}{27b}, \quad v_c = 3b, \quad p_c = \frac{a}{27b^2} \tag{3.72}$$

用临界点的物理量将相应的物理量无量纲化，即

$$\tilde{T} = \frac{T}{T_c}, \quad \tilde{p} = \frac{p}{p_c}, \quad \tilde{v} = \frac{v}{v_c} \tag{3.73}$$

然后范德瓦尔斯方程变成

$$\tilde{p} = \frac{8\tilde{T}}{3\tilde{v} - 1} - \frac{3}{\tilde{v}^2} \tag{3.74}$$

该方程不显含任何自由参数！这叫对应状态定律。利用对应状态定律，得到一个不依赖于外部参数的值：

$$\frac{p_c v_c}{RT_c} = \frac{3}{8} = 0.375 \tag{3.75}$$

对不同的实际气体，实验发现它们基本上与范德瓦尔斯方程预言的结果吻合，

见表3.1。注意到不同的实际气体的临界温度差别很大,这是很了不起的成就!当然了,理论和实验还存在明显的差别。这也很容易理解,在密度不小的临界点,没有理由期望范德瓦尔斯方程给出与实验完全一致的结果。范德瓦尔斯方程也有它不成功的地方,正如下面将要讨论的,它不能预言正确的临界指数。

表3.1 不同实际气体临界点的 $p_c v_c/(RT_c)$ 值

气体	$p_c v_c/(RT_c)$
H_2O	0.23
He, H_2	0.3
Ne, N_2, Ar	0.29

3.4.2 临界指数

不同热力学系统在临界点附近还有更多相似之处,比如,它们的临界行为和临界指数基本相同。当趋向于临界点时,量 $v_G - v_L$, $T_c - T$ 和 $p - p_c$ 都趋向于0。另一方面,等温压缩率随着 $T \to T_c^+$ 甚至趋向于无穷大!如何来描述这些临界行为呢?一种办法就是检查它们是如何趋向于0或发散的。通常它们是以某些幂方式趋近于零或无穷大,这些指数被称为临界指数。令人惊讶的是,几乎所有系统的临界指数似乎都是相同的。例如,在临界点附近沿着共存曲线逼近,总是有

$$v_G - v_L \sim (T_c - T)^{\beta} \tag{3.76}$$

其中,$\beta \approx 0.32$。另一方面,如果沿着临界等温线 $T = T_c$ 接近临界点,那么得到

$$p - p_c \sim (v - v_c)^{\delta} \tag{3.77}$$

其中,$\delta \approx 4.8$。最后,沿着 $v = v_c$ 并让 $T \to T_c^+$,那么我们发现等温压缩率的临界行为是

$$\kappa \sim (T - T_c)^{-\gamma} \tag{3.78}$$

这里,$\gamma \approx 1.2$。这些指数 β, γ, δ 叫**临界指数**,并且对于所有物质而言似乎都是相同的。这对我们理论上如何理解临界现象和临界行为提出了挑战。

下面尝试用范德瓦尔斯方程来研究气液相变的临界行为,希望能从理论上得到临界指数。根据范德瓦尔斯方程,在临界点 T_c,根据式(3.70),在 $T = T_c$ 附近有(三个重根)

$$p - p_c \sim (v - v_c)^3 \tag{3.79}$$

因此我们预测 $\delta = 3$,这与实验室值 $\delta = 4.8$ 偏差很大。

继续研究等温压缩系数的临界行为。在 $T=T_c$ 附近有

$$\left(\frac{\partial p}{\partial v}\right)_T(T, v_c) \approx -\frac{R}{4b^2}(T-T_c) \sim (T-T_c) \tag{3.80}$$

即在临界点有

$$\kappa_T \sim (T-T_c)^{-1} \tag{3.81}$$

如果 $v=v_c$ 和 $T \to T_c^+$，则 $\gamma=1$。这又与观测值 $\gamma=1.2$ 不符。

继续研究气液的比容差的临界行为。沿着气液两相共存曲线，它们都满足范德瓦尔斯状态方程，因此有

$$\tilde{p} = \frac{8\tilde{T}}{3\tilde{v}_L-1} - \frac{3}{\tilde{v}_L^2} = \frac{8\tilde{T}}{3\tilde{v}_G-1} - \frac{3}{\tilde{v}_G^2}$$

重新整理发现

$$\tilde{T} = \frac{(3\tilde{v}_L-1)(3\tilde{v}_G-1)(\tilde{v}_L+\tilde{v}_G)}{8\tilde{v}_G^2\tilde{v}_L^2} \tag{3.82}$$

两相共存时，在临界点附近，假设两相的比容分别为

$$\tilde{v}_L = 1+\delta\tilde{v}_L, \quad \tilde{v}_G = 1+\delta\tilde{v}_G$$

使用麦克斯韦等面积法，可以证明

$$\delta\tilde{v}_L = -\delta\tilde{v}_G \tag{3.83}$$

证明如下。令：$\tilde{T}=1-\delta T$，$\tilde{v}=1+\delta v$，其中 δT 和 δv 为小量，即：$\delta T \ll 1$，$\delta v \ll 1$。将式（3.74）在临界点附近泰勒展开，得到

$$\tilde{p} = 1-4\delta T - \frac{3}{2}\delta v(\delta^2 v - 4\delta T) \tag{3.84}$$

容易发现，上式中的第二项是 δv 的奇函数，因此，如果 $\tilde{p}=1-4\delta T$，则满足麦克斯韦等面积定律。最终我们得到 $\delta\tilde{v}_G = -\delta\tilde{v}_L = 2\sqrt{\delta T}$。将该条件代入式(3.82)，并展开到 δv 的平方项，则有

$$\tilde{T} \approx 1 - \frac{1}{16}(\tilde{v}_G - \tilde{v}_L)^2$$

最终有

$$v_G - v_L \sim (T_c - T)^{1/2} \tag{3.85}$$

即理论给出 $\beta=0.5$，再次与实验值 $\beta=0.32$ 不符。上式也可以直接根据 $v_G - v_L = 4\sqrt{\delta T}$ 得到。

为什么范德瓦尔斯方程不能预言正确的临界指数？原因是在临界点附近，

系统的涨落很大。因此,使用平均值$\langle v\rangle$,$\langle p\rangle$进行处理是不够的。在统计物理中可以证明

$$\frac{\Delta N^2}{N^2} = \frac{\kappa_T RT}{V} \tag{3.86}$$

对于一般的气体,在非临界点,κ_T 是有限的,因此,$\Delta N/N \sim 1/\sqrt{N}$。但是在临界点,$\kappa_T$ 变得发散,这意味着在临界点附近,系统中液态和气态的分子数涨落非常大,在观测上表现为临界乳光现象。

3.5 铁磁-顺磁相变

自然界很多金属具有磁性,例如铁、钴、镍等。具有铁磁性的物质被称为铁磁体。铁磁现象虽然发现很早,然而一直到20世纪初才开始认识到这些现象的本质原因和规律。法国物理学家皮埃尔·魏斯(Pierre Weiss)于1907年提出了铁磁现象的唯象理论。他假定铁磁体内部存在强大的"分子场",即使无外磁场,也能使内部自发地磁化;自发磁化的小区域称为磁畴,每个磁畴的磁化均达到磁饱和。实验证明,铁磁质自发磁化的根源是原子(正离子)磁矩,而且在原子磁矩中起主要作用的是电子自旋磁矩。1928年维尔纳·卡尔·海森伯(Werner Karl Heisenberg)首先用量子力学方法计算了铁磁体的自发磁化强度,给予魏斯的"分子场"以量子力学解释。海森伯认为铁磁性来源于不配对的电子自旋的直接交换相互作用,使得这些电子的自旋趋于与相邻未配对电子的自旋取向相同。

当温度很高时,由于无规热运动增强,磁性会消失,这个临界温度叫居里温度(T_C)。在 T_C 以下,电子自旋-自旋相互作用占主导,物质处于铁磁状态,在 T_C 以上,热运动占主导,原子磁矩随机分布,物质的自发磁化强度为零。如果外加磁场,由于原子磁矩与外磁场的相互作用,原子磁矩倾向于沿着磁场分布,物质会发生磁化。不难理解,外磁场越强,物质的磁化强度越大。当物质处于顺磁状态时,称之为顺磁体。

下面我们以单轴各向异性铁磁体为例说明铁磁-顺磁相变的物理本质。如图3.9所示,铁磁体具有点阵结构,每个格点有一个原子,原子的磁矩沿着某个特殊的方向排列,为简单起见,不妨假设原子磁矩要么朝上,要么朝下。也就是说,在每个格点,原子具有"自旋"自由度:

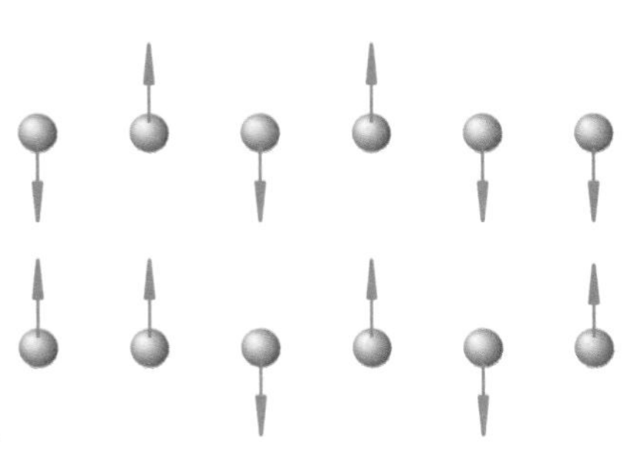

图3.9 单轴各向异性铁磁体
原子磁矩有两个独立的取向:平行晶轴或反平行晶轴。

$$\sigma_i = \begin{cases} +1 & (\text{自旋朝上}) \\ -1 & (\text{自旋朝下}) \end{cases} \tag{3.87}$$

该系统中存在的相互作用有两个,一个是原子磁矩与原子磁矩之间,另一个就是原子磁矩与外磁场之间的相互作用。因此,系统的哈密顿量为

$$H = -J\sum_{\langle ij\rangle}\sigma_i\sigma_j - B\sum_i\sigma_i \tag{3.88}$$

上式的第一项描述的自旋相互作用,其中$\sum_{\langle ij\rangle}$表示只对临近的原子求和。这里 J 为原子磁矩之间的相互作用系数。如果 $J>0$,相邻磁矩倾向于同向排列,称之为顺磁体;如果 $J<0$,相邻磁矩则倾向于反向排列,称之为反磁体。为了明确起见,假设 $J>0$。上式中的第二项描述的是每个磁矩与外磁场的相互作用,该相互作用使得原子磁矩倾向于沿着磁场方向排列,这里 B 为外加磁场强度。

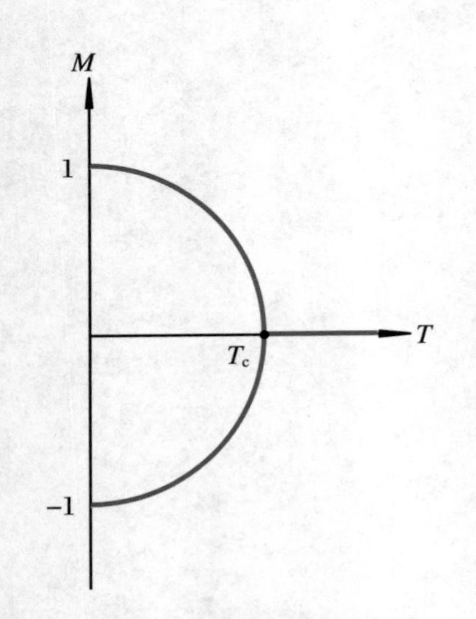

图 3.10 一维铁磁-顺磁相变
在无外磁场的情况下,$T>T_c$ 时,$M=0$,为顺磁体。当 $T<T_c$ 时,$M\neq0$,为铁磁体。

考虑外磁场 $B=0$ 的情况。在绝对零度下系统处在能量最低的状态,所有原子的磁矩取向都相同,是完全有序的状态,自发磁矩达到最大值。随着温度的升高,热运动有减弱有序取向的趋势。不过只要温度不太高,仍有为数较多的原子磁矩沿某一取向。这就是铁磁物质存在自发磁化强度 M,且 M 随温度升高而减小的原因。当温度升高到临界温度之后,热运动能量超过原子磁矩之间的相互作用,原子磁矩随机分布,自发磁矩为零:$M=0$,铁磁体转变为顺磁体。值得注意的是,在 $T=T_c$ 从顺磁体转变为铁磁体的过程中,自发磁矩朝上和朝下的概率是相等,是对称的,从系统的哈密顿量也可以看出来。但实际上,自发磁矩只可能随机取某个特定的方向,打破了原先的对称性,这叫作对称性自发破缺。

人们发现铁磁系统在临界点的邻域存在以下的实验规律(临界行为):

① 当 $T\to T_c^-$ 时,自发磁化强度 M 随温度的变化遵从以下规律:

$$M(T)\propto(T_c-T)^{\beta} \tag{3.89}$$

临界指数 β 的实验值在 0.30～0.36 之间。如前所述,在临界温度以上,$M=0$。

② 各种铁磁物质的零场磁化率 $\chi=\left(\frac{\partial M}{\partial B}\right)_T$ 在 $T\to T_c$ 时是发散的,χ_T 随温度的变化规律为

$$\begin{cases}\chi_T\propto(T-T_c)^{-\gamma} & (T\to T_c^+)\\ \chi_T\propto(T_c-T)^{-\gamma'} & (T\to T_c^-)\end{cases} \tag{3.90}$$

临界指数 γ 的实验值在 1.2～1.4 之间,γ'的实验值在 1.0～1.2 之间。

③ 在 $T=T_c$ 和弱磁场情况下,磁化强度 M 与外加磁场B 的关系为

$$M\propto B^{1/\delta} \tag{3.91}$$

临界指数 δ 的实验值在 4.2～4.8 之间。

④ 在 $T\to T_c$ 时,铁磁物质的零场比热容 $C_H(B=0)$遵从以下规律:

$$\begin{cases}C_H\propto(T-T_c)^{-\alpha} & (T\to T_c^+)\\ C_H\propto(T_c-T)^{-\alpha'} & (T\to T_c^-)\end{cases} \tag{3.92}$$

临界指数 α 和 α' 的实验值分别为：$\alpha \approx 0.0 \sim 0.2$，以及 $\alpha' \approx 0.0 \sim 0.2$。

可以看出，如果将液气密度差 $\rho_L - \rho_G$ 比作磁化强度 M，压强 p 比作磁感应强度 B，等温压缩系数 κ_T 比作磁化率 χ_T，上述两个系统的物理特性虽然很不相同，但在临界点邻域的行为却有极大的相似性，不仅变化规律相同，临界指数也大致相等。这一事实显示临界现象具有某种普适性，应该遵循相同的物理规律。

3.6 朗道理论

临界点的相变是二级相变。1937 年朗道(Lev Davidovich Landau，1908—1968)提出了二级相变的唯象理论，试图对连续相变提供统一的描述，该理论本质上是一种平均场近似理论。朗道理论的关键创新点是提出了序参量的概念。朗道认为二级相变的特征是物质有序程度的改变及与之相伴随的物质对称性的变化。通常在临界温度以下的相，对称性较低，有序度较高，序参量非零；临界温度以上的相，对称性较高，有序度较低，序参量为零。随着温度的降低，序参量在临界点连续地从零变到非零。

对于气液流体系统，在临界点以上分不出液体和气体，也就是说液气是对称的，临界点以下可以分出气体和液体，破坏了这种对称性。因此可以将液气的密度差 $\rho_L - \rho_G$ 看作序参量。对于铁磁-顺磁系统，在临界点之上，原子磁矩随机取向，没有特别的取向，总的宏观磁矩为零，系统是对称的。在临界点以下，原子磁矩趋向于同向，表现为沿某个方向的宏观磁矩。因此铁磁体的宏观磁矩 M 就是一个很好的序参量。

下面我们以单轴各向异性铁磁体为例介绍朗道的二级相变理论。在热力学理论中，系统的热力学性质完全由热力学特性函数(通常取自由能)刻画。例如，在等温过程中，系统平衡态就由自由能的极值点决定。特性函数是热力学状态的函数。在二级相变过程中，序参数 M 很好地刻画了系统的状态，因此自由能 F 应该是温度 T 和自发磁矩 M 的函数。接下来的任务是需要猜测一个合适的自由能 $F(T, M)$ 函数来描述相变过程。理论是否成功取决于 $F(T, M)$ 猜得对不对，好不好。由于系统的对称性，要求：$F(T, M) = F(T, -M)$，另外，在临界点，M 足够小，可以将 F 在临界点泰勒展开。由于 F 是偶函数，因此有

$$F(T,M) = F_0(T) + a(T)M^2 + b(T)M^4 + \cdots \tag{3.93}$$

当然了，$F_0(T)$ 的值并不重要。我们进一步假设 $b(T) > 0$，否则的话还需要保留 M^6 的项。

下面分两种情况考虑。一种情况是：$a(T) > 0$，于是各种等温情况下的自

由能如图3.11所示。另一种情况是：$a(T)<0$，于是 $M=0$ 是局域极大值，外加两个局域极小值 $M=\pm M_0(T)$，对称分布在 $M=0$ 的两边。从上面的分析可知，当系统从 $a(T)>0$ 转变到 $a(T)<0$ 时，系统某些性质必定发生跳变。可以定义 $a(T_c)=0$ 时的温度为临界温度。因此，为了得到二级相变，一个很自然的假设就是

$$a(T)\begin{cases}>0 & (T>T_c)\\ =0 & (T=T_c)\\ <0 & (T<T_c)\end{cases} \tag{3.94}$$

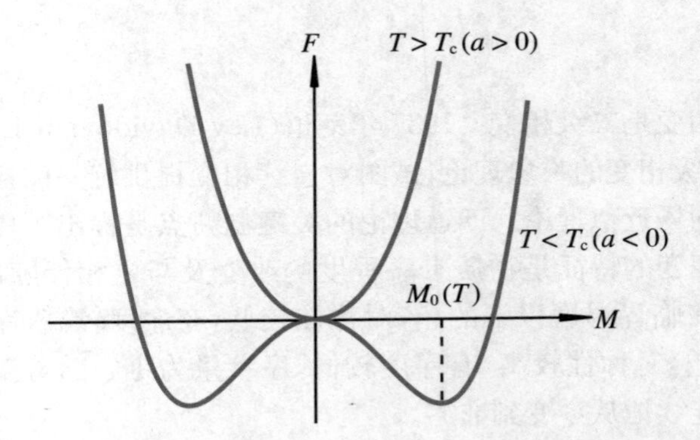

图 3.11　朗道二级相变理论
当 $T>T_c$ 时，$a(T)>0$，系统自由能的整体极小值在 $M=0$。当 $T<T_c$ 时，$a(T)<0$，系统自由能的整体极小值在 $M=\pm M_0$。

在此基础之上，我们来计算 $M_0(T)$的值。易得

$$M_0(T)=\sqrt{\frac{-a}{2b}} \tag{3.95}$$

将此进一步代回 F，得到自由能 $F(T)$：

$$F(T)=\begin{cases}F_0(T) & (T>T_c)\\ F_0(T)-\dfrac{a^2}{4b} & (T<T_c)\end{cases} \tag{3.96}$$

注意到 $a\propto(T-T_c)$，因此 $F(T)$是连续的。

下面检查相变的级数。由于 F 是解析的，进一步假设在临界点：

$$a(T)=a_0(T-T_c),\quad b(T)=b_0(T_c)>0 \tag{3.97}$$

其中，$a_0>0$。于是得到

$$F(T)=\begin{cases}F_0(T) & (T>T_c)\\ F_0(T)-\dfrac{a_0^2}{4b_0}(T-T_c)^2 & (T<T_c)\end{cases} \tag{3.98}$$

于是，很容易看到：$S=-\dfrac{\mathrm{d}F}{\mathrm{d}T}$是连续的，因此这不是一级相变。继续检查二级导

数,例如比热 $C=T\dfrac{\mathrm{d}S}{\mathrm{d}T}=-T\dfrac{\mathrm{d}^2F}{\mathrm{d}T^2}$ 是不连续的:$C(T_c^-)-C(T_c^+)=\dfrac{a_0^2}{2b_0}$,因此这是二级相变,且 $\alpha=\alpha'=0$。下面的任务是继续计算临界点的临界指数。根据式(3.95)有

$$M_0\approx\sqrt{\frac{a_0}{2b_0}}(T_c-T)^{1/2} \tag{3.99}$$

因此得到:$\beta=0.5$。在 $T=T_c$时,$a=0$,因此有

$$B=\frac{\partial F}{\partial M}=4b_0(T_c)M^3$$

即临界指数 $\delta=3$。在 $T\neq T_c$时,有

$$B=\frac{\partial F}{\partial M}=2a(T)M+4b(T)M^3$$

因此磁介质的磁化率 χ 为

$$\chi=\frac{\partial M}{\partial B}=\frac{1}{2(a+6bM^2)}=\begin{cases}(2a)^{-1}\propto(T-T_c)^{-1} & (T>T_c)\\(-4a)^{-1}\propto(T_c-T)^{-1} & (T<T_c)\end{cases}$$

即临界指数 $\gamma=\gamma'=1$。这些结果与我们通过范德瓦尔斯方程得到的结果一致,因此是错误的。但是它给出了二级相变的定性描述,特别是指出了不连续的起源:对称性自发破缺。对称性自发破缺指的是,自由能函数 F 对 M 具有反射对称性。然而,在临界温度以下,基态不具有这种对称性。它要么是 $+M_0$,要么是 $-M_0$,原有的反射对称性被打破。

3.7 对称性自发破缺

对称性自发破缺理论成功地解释了超导性和铁磁性等物理现象。20 世纪 60 年代,对称性自发破缺的思想被引入基本粒子理论,解决了规范玻色子无质量的问题,即希格斯(Peter Ware Higgs, 1929—)机制,并革新了人们对真空的认识。为了体现学科交叉,在本节中我们将简要介绍对称性自发破缺在基本粒子理论和早期宇宙中的应用。

3.7.1 希格斯机制

在量子场论中,真空并不是空无一物的空间,相反,真空中充满着各种虚粒子对,它们不断地产生和湮灭,并导致各种奇妙的、可以观测的量子效应。量子场的最低能态——基态就是“真空态”。物理粒子就是能量高于真空态的量子场对应的粒子。

考虑只含有复标量场(ϕ)的时空。该标量场的质量为 m，它的拉格朗日量为

$$\begin{aligned}\mathcal{L} &= (\partial_\mu \phi)(\partial^\mu \phi^*) - m^2 \phi^* \phi - \lambda(\phi\phi^*)^2 \\ &= (\partial_\mu \phi)(\partial^\mu \phi^*) - V(\phi,\phi^*)\end{aligned} \tag{3.100}$$

其中，λ 项是标量场自相互作用项($\lambda>0$)。在通常的标量场理论中，量子化该标量场将产生质量为 m 的粒子，但是在这里，m^2 仅仅是被当作势能中的一个参数，并不一定代表粒子质量，下面的讨论中它可以小于零。容易看出，$\mathcal{L}$在如下的整体规范变换下保持不变：

$$\phi \rightarrow e^{i\Lambda}\phi \tag{3.101}$$

其中，Λ 是常数，与时空位置无关。此时，基态就是势能函数取极值的态：

$$\left(\frac{\partial V}{\partial \phi}\right) = m^2\phi^* + 2\lambda\phi^*(\phi\phi^*) \tag{3.102}$$

因此，当 $m^2>0$ 时，基态位于$\phi^*=\phi=0$。场量ϕ就是相对真空态激发的物理场，场量平方项就代表质量项，即两个标量场的质量都为 m。如果 $m^2<0$，则$\phi=0$的态是一个局域极大态，此时基态发生在

$$|\phi|^2 = -\frac{m^2}{2\lambda} \equiv a^2 \tag{3.103}$$

即：$|\phi|=a$。在量子理论中，ϕ变为一个场算符，上式的条件是指ϕ的真空期望值为 a：

$$|\langle 0\ |\phi|\ 0\rangle|^2 = a^2 \tag{3.104}$$

图 3.12 显示了 $m^2<0$ 时的势能 V 作为ϕ_1 和ϕ_2 曲面，其中，$\phi=\phi_1+\mathrm{i}\phi_2$。该曲面的形状为墨西哥帽，势能 V 的最小值为图中$|\phi|=a$ 的圆(帽子的谷底)，这表

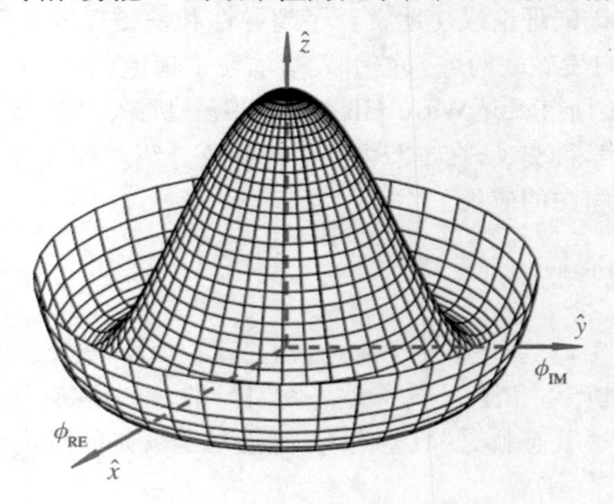

图 3.12 希格斯场的势能曲面

x，y 轴可以理解为描述了复标量场的实部$\phi_1\equiv\phi_{RE}$和虚部$\phi_2\equiv\phi_{IM}$两个自由度。该势能曲面非常类似图 3.11。

明真空态是简并的,并具有旋转对称性。对称性自发破缺时,真实的真空只能随机地从无穷多不同的简并真空态中随机挑选了一个,不再具有原先 $\mathcal{L}$ 所具有的整体规范不变性,即发生了对称性自发破缺。

下面讨论对称性自发破缺对标量场质量的影响。物理场是相对于真空态的激发态,在对称性自发破缺的情况下,物理场是相对于 $|\phi| = a$ 的激发,而不是相对于 $\phi = 0$ 的激发。假设相对真空态激发的物理场分别为 ϕ_1 和 ϕ_2,则可以令

$$\phi(x) = a + \frac{\phi_1 + \mathrm{i}\phi_2}{\sqrt{2}} \tag{3.105}$$

不失一般性,取如下的真空态:

$$\langle 0 |\phi| 0\rangle = a \tag{3.106}$$

于是

$$\langle 0 |\phi_1| 0\rangle = 0, \quad \langle 0 |\phi_2| 0\rangle = 0 \tag{3.107}$$

将式(3.105)代入式(3.100),忽略掉常数项,得到

$$\mathcal{L} = \frac{1}{2}(\partial_\mu \phi_1)^2 + \frac{1}{2}(\partial_\mu \phi_2)^2 - 2\lambda a^2 \phi_1^2 - \sqrt{2}\lambda a \phi_1(\phi_1^2 + \phi_2^2) - \frac{\lambda}{4}(\phi_1^2 + \phi_2^2)^2 \tag{3.108}$$

注意场量的平方项代表质量项,高阶项为场量的自相互作用项。上面的拉格朗日量中并不含 ϕ_2^2 项,即 ϕ_2 的质量为零,而含有 ϕ_1^2 项,且 $m^2 = 4\lambda a^2$。总结一下,具有整体规范不变性的复标量场,如方程(3.101)所示,在对称性破缺之前,代表两个质量为 m 的标量场,对称性自发破缺后,一个标量场没有质量,另一个标量场有质量,这就是戈德斯通(Jeffrey Goldstone, 1933—)机制。

如果假定方程(3.101)中的 Λ 不是常数,是时空点的函数,即 $\Lambda = \Lambda(x^\mu)$,即局域规范变换。为了让复标量场的拉格朗日量 $\mathcal{L}$ 满足局域规范变换不变性,需额外引入规范场,在规范场理论中,规范场的量子化粒子不能有质量,否则就不能保持局域规范不变性。假如引入的规范场就是电磁场,相应的量子化粒子就是光子。在规范对称性破缺之前,有两个有质量的标量场和一个无质量的光子场。对称破缺之后,我们发现只留下了一个有质量的标量场和一个有质量的规范场,即光子场。通俗地说,光子场"吃掉"了一个标量场,使得自己获得了质量,这就是希格斯机制。由于与本课程主旨关联不大,这里不再详述。

为了让规范场粒子获得质量,希格斯(1964,1966)、温伯格(Steven Weinberg, 1967)、阿卜杜勒·萨拉姆(Abdus Salam, 1968)等将对称性自发破缺的思想引入了粒子物理中,成功地创立了弱电统一理论,其中的标量场被特称为希格斯场。2012 年 7 月 2 日,美国能源部下属的费米国家加速器实验室宣布,

该实验室最新数据接近证明被称为“上帝粒子”的希格斯粒子的存在。2013 年 3 月 14 日，欧洲核子中心发布新闻稿表示，先前探测到的新粒子是希格斯粒子。2013 年 10 月 8 日，诺贝尔物理学奖在瑞典揭晓，比利时理论物理学家弗朗索瓦・恩格勒（Francois Englert）和英国理论物理学家彼得・威尔・希格斯因希格斯玻色子的理论预言获奖。

3.7.2 宇宙暴胀

宇宙热大爆炸理论预言了宇宙微波背景辐射、宇宙早期轻元素的丰度：质量约占 75% 的氢，25% 的氦以及其他少量锂等质量数小于 8 的元素，这些理论预言成功地得到观测证认。但是，标准的宇宙热大爆炸理论中存在三个疑难问题。第一个是均匀性问题（或视界问题）。根据大爆炸理论，从宇宙的原初火球算起，在大约 38 万年的时候，自由电子与质子复合成中性氢原子，光子与电子不再发生相互作用，那时候的热光子场就被冻结下来，成为宇宙背景辐射，参见 5.5 节的讨论。理论计算表明，那时候宇宙有因果联系的区域（视界）的大小远远小于宇宙当时的物理尺度，这与观测到的大角尺度上微波背景近乎理想的各向同性的观测相矛盾。第二个是平直性问题。现在的宇宙看起来几乎是“平直”的——在最大的距离尺度上时空仅具有很小或者没有曲率。但是在宇宙学标准模型中，任何开始时具有微小曲率（或正或负）的宇宙随着自身的膨胀都会和平直时空差得越来越大。第三个是磁单极子问题。宇宙热大爆炸预言现在的宇宙中应该存在与核子数相当数目的磁单极子，而我们到现在都没有观测到磁单极子。

阿兰・古斯（Alan Guth）在 1981 年提出了在宇宙大爆炸 10^{-35}～10^{-33} s 期间，宇宙经历了一次大统一破缺所引起的相变，此时宇宙的能量密度由一个慢变的真空能所主导，宇宙的尺度大致作指数膨胀，即暴胀，从而解决了标准宇宙热大爆炸理论中的疑难问题。

下面定性说明一下宇宙暴胀的物理原因。在宇宙极早期，由于宇宙的温度要高于基本粒子相互作用的能量，高温的量子场就是一个热力学系统，系统在温度为 T 时的平衡态由其自由能密度 $F(\phi,T)$ 决定。零温时的自由能密度就是势函数：$F(\phi,\ 0)=V(\phi)$。在给定温度的情况下，自由能 $F(\phi,\ T)$ 取极值的态就是温度为 T 时的真空态。

图 3.13 定性地显示了标量场的自由能曲线随温度的变化。在宇宙早期，由于温度非常高，所有的粒子都是相对论性的，都可以看作为辐射场，辐射场贡献了能量和压强，驱动着宇宙的膨胀，并导致宇宙的温度不断下降。当宇宙温度远远高于临界温度 T_c 时，系统的真空态为 $\phi=0$。当温度接近 T_c 时，自由能开始在 $\phi\neq0$ 处出现新的极小，相对于 $\phi=0$ 的真空，它们的自由能较高，是亚稳态的假真空。当 $T=T_c$ 时，真假真空都具有相同的最小的自由能，即它们是简并的真空态，但是由于这两类真空态之间隔着很宽的势垒，跃迁基本不可能发

生。随着宇宙的继续膨胀，宇宙的温度继续降低，当温度低于 T_c 时，真空的能量密度仍然保持 $\rho_{vac}=T_c^4$ 而不随着宇宙的膨胀而下降，同时辐射场的能量密度确按 $\rho_r \propto T^4$ 而下降。当温度 $T \ll T_c$ 时，相对于真空能的贡献，辐射场的贡献基本可以忽略。在宇宙从假真空态相变到真真空态之前，真空能量密度基本保持常数，根据相对论性的宇宙动力学理论，密度为常数的能量密度将驱动宇宙尺度因子按指数律而剧烈膨胀。相变发生后，相变潜热重现加热了辐射场，使得辐射场的温度升高，而此时宇宙处于真的真空态，真空能基本可以忽略，宇宙又恢复到以辐射为主的时期，继续膨胀，即回归到正常的宇宙热大爆炸时期。

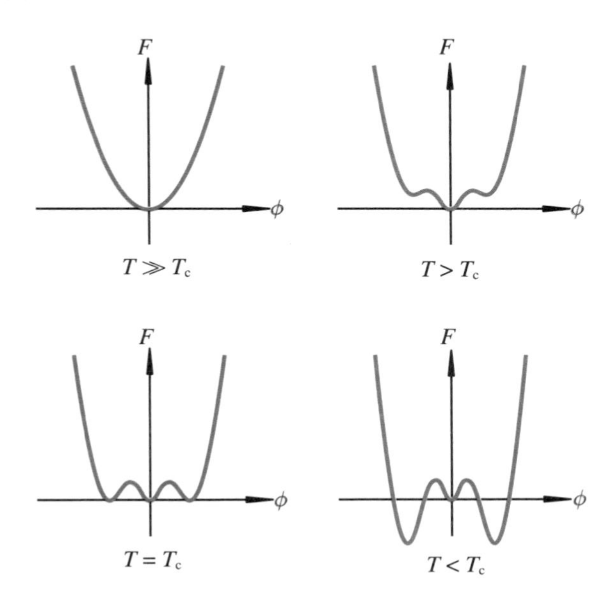

图 3.13 宇宙暴胀

当宇宙的温度下降到某个临界温度时，宇宙从原先的真空态向更低自由能的真空态相变，释放大量的能量，在该相变过程，真空能量密度基本保持常数，驱动宇宙尺度因子按指数律而剧烈膨胀。

3.7.3 金兹堡-朗道理论

金兹堡-朗道理论是是由维塔利·金兹堡（Vitaly Lazarevich Ginzburg，1916—2009）和列夫·朗道在1950年提出的一个描述超导现象的唯象理论，从宏观的角度描述了第一类超导体。后来证明金兹堡-朗道理论是超导微观理论（BCS 理论）（Bardeen，Copper and Schrieffer，1957）的一种极限情况。为了表彰金兹堡和阿布里科索夫对超导理论的贡献，他们与研究超流理论的安东尼·莱格特共同获得了2003年的诺贝尔物理学奖。

金兹堡-朗道理论的创新点是提出用一个复函数 $\psi(\boldsymbol{r})=|\psi(\boldsymbol{r})|e^{i\varphi(\boldsymbol{r})}$ 作为超导电子的有效波函数，它与超导电子数密度 $n_s(\boldsymbol{r})$ 的关系为 $n_s(\boldsymbol{r})=|\psi(\boldsymbol{r})|^2$。对于正常态，$n_s(\boldsymbol{r})=0$，即 $\psi(\boldsymbol{r})=0$，因此 $\psi(\boldsymbol{r})$ 可以看作为序参量，在 BCS 理论中对应描述库伯对质量中心位置的单粒子波函数。我们直接写出在临界相变点附近，超导体的自由能密度 f_s 的表达式如下（高斯单位制）：

$$f_s = f_n + \alpha(T)\,|\psi|^2 + \frac{1}{2}\beta(T)\,|\psi|^4 + \frac{1}{2m^*}\left|\left(-\mathrm{i}\hbar\nabla - \frac{e^*}{c}\boldsymbol{A}\right)\psi\right|^2 + \frac{B^2}{8\pi} \tag{3.109}$$

式中,f_n为正常态的自由能密度,$\alpha(T)$和$\beta(T)$为类似朗道二级相变理论中的模型参数,即同样假设$\alpha(T)=\alpha_0(T-T_c)$,以及$\beta(T)>0$。$m^*$和$e^*$分别为电子的有效质量和有效电荷。$\boldsymbol{A}(r)$为磁场的矢势,即$\boldsymbol{B}=\nabla\times\boldsymbol{A}$。需要强调的是,超导体自由能密度的表达式具有$U(1)$规范对称性。

系统的总自由能F为$\psi(r)$和$\boldsymbol{A}(r)$的泛函:

$$\boldsymbol{F}[\psi(r),\boldsymbol{A}(r)] = \iiint f_s\,\mathrm{d}^3 r \tag{3.110}$$

分别对泛函F变分并令其等于零:$\delta F/\delta\psi^*(r)=0$,得到$\psi(\boldsymbol{r})$满足的动力学方程为

$$\alpha\psi + \beta\,|\psi|^2\psi + \frac{1}{2m^*}\left(-\mathrm{i}\hbar\nabla - \frac{e^*}{c}\boldsymbol{A}\right)^2\psi = 0 \tag{3.111}$$

以及由$\delta\boldsymbol{F}/\delta\boldsymbol{A}(r)=0$,得到磁场$B(r)$满足的动力学方程为

$$\nabla\times B = \frac{4\pi}{c}j \tag{3.112}$$

其中超导电流密度j的表达式为

$$j = \frac{e^*}{m^*}\mathrm{Re}\left[\psi^*\left(-\mathrm{i}\hbar\nabla - \frac{e^*}{c}\boldsymbol{A}\right)\psi\right] \tag{3.113}$$

如果$j=0$,则由式(3.111)得到

$$\psi(\alpha + \beta\,|\psi|^2) = 0 \tag{3.114}$$

当$T>T_c$时,由于$\alpha+\beta|\psi|^2>0$,因此有

$$\psi = 0 \tag{3.115}$$

即系统处于正常态。当$T<T_c$时,对称性自发破缺得到

$$|\psi|^2 = -\frac{\alpha}{\beta} > 0 \tag{3.116}$$

即系统处于超导态。

第4章　理想经典气体的统计理论

玻尔兹曼（Ludwig Eduard Boltzmann, 1844—1906）墓碑，上面刻有他定义的玻尔兹曼熵的公式：$S=k\log W$
图片来自网络。

在统计物理中，将回答两个很自然的问题：**能否通过第一性原理从理论上得到热力学四大定律？能否基于组成系统的微观粒子模型，得到系统的热力学势？**答案是肯定的，这就是本章将要讨论的主要问题。这里第一性的原理指的是一些最基本的假设。在统计物理中，最基本的假设就是等概率假设：在给定的宏观物理条件下，例如等温和等容，系统的微观状态有很多很多种，比如，各个微观粒子可以处于不同的位置，各个粒子之间可以交换能量，虽然从宏观的角度看，系统处于同一个物理态，但系统的微观状态是不一样的。一个很自然、很质朴的假设就是，系统处于所有可能的微观状态的概率是相等的。根据等概率假设可以推导出在给定宏观条件下，系统最概然的分布。这里分布具体是指能量分布(对经典粒子连续)或者能级分布(对量子粒子)，即处于不同能量范围或处于不同能级的粒子数。显然，同一种分布对应着大量的可能的系统的微观状态。根据等概率原理，最概然的分布就是对应系统的微观状态数最多的一种分布，也就是最概然分布的权重大。因为系统中的粒子数非常大，是阿伏伽德罗常数的量级，玻尔兹曼证明，除了最概然分布，其他所有可能的分布对应的系统的微观状态数几乎忽略不计，**最概然的分布几乎就是最真实的分布**。根据最概然分布，可以得到热力学四大定律。进一步，在给定系统微观粒子的力学模型之后，可以得到系统的热力学势。在得到系统的热力学势之后，其他任务就交给热力学了。

在统计物理中，不仅可以从理论上得到热力学势的具体表达式，在其基础之上可以讨论系统平衡态的性质，另一方面，既然有分布，就有涨落。一个直接的物理后果就是在测量宏观量的时候，会发现测量存在很小的涨落。在统计物理中可以讨论系统的涨落，但在热力学理论中，我们完全无能为力。

4.1 统计物理的基本思想

4.1.1 等概率原理：从抛硬币谈起

为了了解统计物理的基本思想，暂且不讨论物理，转而讨论抛硬币的概率问题。假设硬币有两面，定义抛硬币正面朝上为一次事件，反面朝上为另一次事件。所有的事件构成了一个抽象的事件空间，事件空间中的每一点代表一个事件。经验告诉我们，对均匀硬币，抛硬币出现正面和反面的概率都是一样的，这就是等概率原理：事件空间的总点数为 Ω，则每个事件出现的概率 $p_i = 1/\Omega$，并且有 $\sum_i p_i = 1$，其中，$i = 1,2,3,\cdots$表示不同事件的编号。对抛硬币来说，$\Omega = 2$，对抛骰子来说，$\Omega = 6$。

假设有四个硬币,每次分别抛这四个硬币,每个可能的组合结果(事件)分列在表 4.1 中,其中,F 表示正面朝上,B 表示反面朝上,从表中可知,总的事件数为 $\Omega = 2^4 = 16$。将每次抛四个硬币的组合结果,即表中的所有可能事件称为微观状态,基于等概率原理,每个微观状态出现的概率都为 1/16。如果我们并不关心正面朝上或反面朝上出现的顺序,而只关心一个微观状态中出现正面朝上和反面朝上的硬币数,并用(N,n)表示,其中,$N=4$ 为系统中的硬币数,n 为反面朝上的硬币数。从表 4.1 中可以看出,四个硬币正面都朝上(4,0)与四个硬币反面都朝上(4,4)的微观状态数都只有一个,而四个硬币分别有两个正面朝上和两个反面朝上(4,2)的微观状态有六个。显然,(4,2)出现的概率要大于(4,4)和(4,0)的概率。

表 4.1 抛四次硬币所有可能的结果

组合	FFFF	BFFF	FBFF	FFBF	FFFB	BBFF	FBBF	FFBB
(N,n)	(4,0)	(4,1)	(4,1)	(4,1)	(4,1)	(4,2)	(4,2)	(4,2)
组合	BFFB	FBFB	BFBF	FBBB	BFBB	BBFB	BBBF	BBBB
(N,n)	(4, 2)	(4,2)	(4,2)	(4,3)	(4,3)	(4,3)	(4,3)	(4,4)

我们将具有某些共同特征的微观状态称为宏观状态,例如,在上面的例子中,可以将正面朝上和反面朝上的次数都一样的所有微观状态定义为宏观状态,并用(N, n)表示。根据等概率原理,每个宏观状态出现的概率取决于该宏观状态对应的微观状态数。显然,对应微观状态数最多的那个宏观状态出现的概率最大,称为最概然的宏观状态。

进一步考虑抛 $N(N\gg1)$个硬币的问题。显然,每一个事件(微观状态)出现的概率为

$$P_1 = \left(\frac{1}{2}\right)^N$$

现在考察反面朝上和正面朝上出现的次数分别为 n 和 $N-n$ 的宏观状态出现的概率$P(N,n)$。根据排列组合,该宏观状态对应的微观状态数为

$$\Omega(N,n) = \frac{N!}{n!(N-n)!} \equiv \mathrm{C}_N^n \tag{4.1}$$

其实,$\Omega(N,n)$就是二项式系数。因此,根据等概率原理,如果 $\Omega(N,n)$最大,该宏观状态(N,n)出现的概率最大,即该宏观状态为最概然的宏观状态。下面来分析当 N 非常大时,来寻找最概然的宏观状态。当 N 非常大时,$\Omega(N,n)$也非常大,为了便于分析,对其取自然对数:

$$\begin{aligned}\ln\Omega(N,n) &= \ln N! - \ln n! - \ln(N-n)! \\ &\approx N(\ln N - 1) - n(\ln n - 1) - (N-n)[\ln(N-n) - 1] \\ &\approx N\ln N - n\ln n - (N-n)\ln(N-n)\end{aligned} \tag{4.2}$$

其中第二步用到了斯特林公式:$\ln N! \approx N(\ln N-1)$,参见附录 A.1。将 $\ln\Omega(N,n)$ 对 n 求导,并令其为零:

$$\frac{\partial \ln\Omega}{\partial n}=-\ln n+\ln(N-n)=\ln\frac{N-n}{n}=0 \tag{4.3}$$

得到 $n=\bar{n}\equiv N/2$,即最概然的宏观状态为$(N,N/2)$。

下面讨论宏观状态(N,n)的概率分布 $P(N,n)$。$P(N,n)$表达式为

$$P(N,n)=\mathrm{C}_N^n\left(\frac{1}{2}\right)^N \tag{4.4}$$

对上式两边取对数,并令 $n=\bar{n}$,得到

$$\ln P\left(N,\frac{N}{2}\right)\approx\ln\sqrt{\frac{2}{\pi N}} \tag{4.5}$$

在上式的计算过程中,已利用了更高阶的斯特林公式(附录 A1.7)。继续计算 $\ln P$ 在 $n=\bar{n}$ 处的二阶导数:

$$\left.\frac{\partial^2 \ln P}{\partial n^2}\right|_{\bar{n}=N/2}=-\frac{1}{\bar{n}}-\frac{1}{N-\bar{n}}=-\frac{4}{N} \tag{4.6}$$

由于 $\ln P$ 在$(N,\bar{n})$处的一阶导数为零,因此,将 $\ln P(N,n)$在点$(N,\bar{n})$附近进行泰勒展开到二阶:

$$\ln P(N,n)\approx\ln\sqrt{\frac{2}{\pi N}}-\frac{2}{N}(n-\bar{n})^2 \tag{4.7}$$

即

$$\begin{aligned}P(N,n)&\approx\sqrt{\frac{2}{\pi N}}\mathrm{e}^{-\frac{2}{N}(n-\bar{n})^2}\\&=\frac{1}{\sqrt{2\pi\sigma_N^2}}\mathrm{e}^{-\frac{1}{2\sigma_N^2}(n-\bar{n})^2}\end{aligned} \tag{4.8}$$

其中,$\sigma_N^2\equiv N/4$。上式表明 $P(N,n)$的平均值为 $N/2$,方差为 $\sqrt{N}/2$ 的高斯分布。

这一结果说明,随着 N 的增加,$\sigma_N/N\to 0$,即最概然的宏观状态基本上是最真实的宏观状态,换句话说,实际观测到的宏观状态基本上就是该最概然宏观状态,称为系统的状态。其他非可几的状态最多会导致系统在宏观状态附近小小的涨落。随着系统粒子数越来越多,系统的最概然分布就可以很好地代表最真实的分布,这很好地体现了物理学家 P. W. 安德森的名言:多即不同(more is different)!

4.1.2 热力学的统计解释

根据气体分子运动论,宏观气体是由大量的原子、分子组成的,系统的宏观物理量是与其对应的原子、分子的微观物理量的统计平均。例如,系统的内能就是原子或分子的总能量的平均值,压强就是无规运动的原子和分子不断撞击容器壁(或者气体内部某个假想的平面)导致的单位面积的冲量的平均值。当然,熵是一个与单个微观粒子物理量没有对应的纯热力学量,我们后面单独讨论。问题是,在给定宏观物理条件下,系统的微观状态取哪种分布?根据玻尔兹曼的建议,系统微观状态的分布就取其最概然分布。在平衡态时的宏观物理量,就是按最概然的分布取平均值。非可几的微观状态数非常少,它们会导致系统宏观物理量在平衡态时宏观量值附近小小的涨落。下面就取玻尔兹曼当年举过的一个例子来讨论。

考虑封闭在容器中的气体。假设系统与外界没有能量和粒子交换(孤立系统),则系统的总粒子数 N 和总能量 E 保持不变。为了避免物理量连续性带来的困难,将物理量离散化,便于讨论统计物理的基本思想。假设微观粒子的能量只能取如下的一系列离散值:

$$\varepsilon_i = i\varepsilon \quad (i = 0,1,2,3,\cdots) \tag{4.9}$$

其中,ε 为某一个正值。暂且称这一系列离散的能量值为能级,这里的讨论与量子力学无关,只是为了讨论方便而作的一个假定。假定处于不同能级上的粒子数分别为 $a_0, a_1, a_2, \cdots, a_p$。给定了一组数$(a_0, a_1, a_2, \cdots)$,就是给了粒子在不同能级的分布情况,玻尔兹曼称之为一个态分布。根据总粒子数和总能量守恒,有

$$a_0 + a_1 + a_2 + \cdots + a_p = N \tag{4.10}$$

$$a_1\varepsilon_1 + a_2\varepsilon_2 + \cdots + a_p\varepsilon_p = E \tag{4.11}$$

玻尔兹曼将某每个分子具有确定的能量的分配方式叫作配容(微观状态数)。与一确定分布相对应的配容数 P 由下式给出:

$$P = \frac{N!}{a_0!\, a_1!\, a_2! \cdots a_p!} \tag{4.12}$$

为了讨论在给定总粒子数和总能量,即给定宏观条件下的最概然分布,玻尔兹曼详尽考察了一个由 7 个分子组成,总能量为 7ε 的系统。显然,根据总粒子数和总能量守恒,有

$$a_0 + a_1 + a_2 + a_3 + a_4 + a_5 + a_6 + a_7 = 7 \tag{4.13}$$

$$a_1 + 2a_2 + 3a_3 + 4a_4 + 5a_5 + 6a_6 + 7a_7 = 7\varepsilon \tag{4.14}$$

由于粒子数和总能量的值都比较小,可以详尽地列出所有可能的态分布(表 4.2)。

表 4.2　总粒子数为 7 和总能量为 7ε 系统的所有可能的态分布和对应的配容数

s_1, P_1:(60000001),7	s_2, P_2:(51000010),42	s_3, P_3:(50100100),42
s_4, P_4:(50011000),42	s_5, P_5:(42000100),105	s_6, P_6:(41101000),210
s_7, P_7:(41020000),105	s_8, P_8:(40210000),105	s_9, P_9:(33001000),140
s_{10}, P_{10}:(32110000),420	s_{11}, P_{11}:(31300000),140	s_{12}, P_{12}:(24010000),105
s_{13}, P_{13}:(23200000),210	s_{14}, P_{14}:(15100000),42	s_{15}, P_{15}:(07000000),1

显然,系统只可能有 15 种分布,总的配容数 $P_{\text{tot}} = P_1 + P_2 + \cdots + P_{15} = 1716$。配容数最高的态是 s_{10}:(32110000)态,它的配容数是 420,是总能量都集中于一个分子的 s_1:(60000001)态的配容数的 60 倍;是总能量平均分配给 7 个分子的 s_{15}:(07000000)态的配容数的 420 倍。

玻尔兹曼先验地假定,在给定宏观条件下,这里是给定总的粒子数和总能量,配容是等概率的。因此,系统的变化最终将趋于最概然的分布——对应配容数最大的态分布。在上面的例子中,最概然的态分布是 s_{10} 态,它出现的概率是 $P_{10}/P_{\text{tot}} = 24.5\%$。当然,随着系统粒子的增加,可以预测,最概然分布的概率趋近于 100%,即最概然的分布就是最真实的分布。

下面讨论系统总粒子数非常大的情况($N \gg 1$)。显然,系统最概然分布对应的配容数 P 也远大于 1。为了便于处理,根据经验,对式(4.12)取自然对数,并取负号:

$$-\ln P = \sum_l \ln a_l! - \ln N! \approx \sum_l a_l \ln a_l - N\ln N \tag{4.15}$$

在给定宏观条件下寻找最概然分布,数学上等价于寻找满足约束条件下(见公式(4.10)、(4.11))求 $\ln P$ 的极值。在下一小节中将详细讨论,这里直接给出结果,即最概然的分布是

$$a_l = \mathrm{e}^{-\alpha-\beta\varepsilon_l} \quad (l = 0,1,2,\cdots,p) \tag{4.16}$$

其中,待定常数 α, β 由约束条件,即公式(4.10)和公式(4.11)给出。

下面验证按公式(4.16)给出的分布的确是最概然分布。在验证过程中,需要用到如下的不等式:

$$x\ln x + 1 - x \geqslant 0 \quad (x > 0) \tag{4.17}$$

上式只有在 $x=1$ 时取等号。为了与其他分布区分开,用$\bar{a}_l$($l=0,1,\cdots,p$)表示最概然分布,a_l($l=0,1,\cdots,p$)表示任一分布。然后将 $a_l/\bar{a}_l$ 代入公式(4.17),并用$\bar{a}_l$ 乘以方程的两边,这样就得到了 $p+1$ 个不等式。将这 $p+1$ 个不等式相加,得到

$$\sum_l a_l \ln(a_l/\bar{a}_l) \geqslant 0 \tag{4.18}$$

在推导过程中，利用了条件 $\sum_l a_l = \sum_l \bar{a}_l = N$。整理上式为如下形式：

$$\sum_l a_l \ln a_l \geqslant \sum_l a_l \ln \bar{a}_l \tag{4.19}$$

利用最概然分布的表达式和约束条件，易证

$$\sum_l a_l \ln \bar{a}_l = -\alpha \sum_l a_l - \beta \sum_l a_l \varepsilon_l = -\alpha \sum_l \bar{a}_l - \beta \sum_l \bar{a}_l \varepsilon_l = \sum_l \bar{a}_l \ln \bar{a}_l \tag{4.20}$$

因此

$$\sum_l a_l \ln a_l \geqslant \sum_l \bar{a}_l \ln \bar{a}_l \tag{4.21}$$

由公式(4.15)可知，最概然分布对应的 $\ln P$ 的确为最大值。

4.1.3 玻尔兹曼分布

在上一小节中，完全循着玻尔兹曼的讨论，以可数粒子系统为例，说明了最概然分布的概念。当系统粒子数很大时，系统最概然分布就是玻尔兹曼分布。本小节将更详细地讨论经典粒子的最概然分布，也称之为麦克斯韦-玻尔兹曼分布，或简称为玻尔兹曼分布。

经典粒子的状态参量是连续的，不便于讨论，采用玻尔兹曼当年采用的方法，将状态参量离散化，形象地说就是将相空间网格化。离散化必然人为地引入一个常数：网格的大小 $\Delta q_i \Delta p_i = h_0$。很显然，只要 h_0 足够小，就越逼近于连续的情况。相空间离散化之后，处于每个网格点内粒子的能量就用网格点上的值取代，因此，粒子能量也是离散化的，也可以称之为能级。在4.2小节中，将详细讨论。

下面讨论的前提就是，假设已知微观粒子的力学模型，即知道微观粒子有哪些能级 $\varepsilon_l(l=1,2,3,\cdots)$，以及每个能级的简并度 ω_l。一般情况下，粒子的能量是与粒子之间的距离相关的，即粒子的能量与系统的体积有关。

假设系统中 N 个微观粒子散布在不同的能级中，对应的态分布为 $a_l = a_1, a_2, a_3, \cdots$。下面求系统的最概然分布。先求给定分布之后的配容数。对于玻尔兹曼系统，由于粒子可分辨，且量子态容纳的粒子数不限，所以，当 a_l 个粒子占据 ε_l 上的 ω_l 个量子态时，每个粒子都可以占据 ω_l 个量子态中的任何一个态，故每一粒子有 ω_l 种可能的占据方式。由此，a_l 个粒子占据 ω_l 个量子态共有 $\omega_l^{a_l}$ 种可能的占据方式。

现在考虑将 N 个粒子相互交换，不管是否在同一能级上，交换数是 $N!$。在这个交换中应除去在同一能级上 a_l 个粒子的交换数 $a_l!$，最后与分布 $\{a_l\}$ 对应的系统的微观状态数为

$$\Omega_{\mathrm{MB}} = \frac{N!}{\prod_l a_l!}\prod_l \omega_l^{a_l} \tag{4.22}$$

对于能量连续的经典气体，若 $\Delta\omega_l$ 为相空间体积微元，h_0^s 为相格大小（其中 s 为系统自由度），将简并度 $\omega_l = \Delta\omega_l / h_0^s$ 代入上式（见图 4.2），最终得到

$$\Omega_{\mathrm{MB}} = \frac{N!}{\prod_l a_l!}\prod_l \left(\frac{\Delta\omega_l}{h_0^s}\right)^{a_l} \tag{4.23}$$

可以用另一种方法推导上式。先从 N 个粒子中取 a_1 个粒子放入第一个能级中 ω_l 个量子态，可能的方式是

$$\mathrm{C}_N^{a_1}\omega_1^{a_1} \tag{4.24}$$

再从 $N-a_1$ 个粒子中取 a_2 个粒子放入第二个能级中 ω_2 个量子态，可能的方式是

$$\mathrm{C}_{N-a_1}^{a_2}\,\omega_2^{a_2} \tag{4.25}$$

以此类推，最后与分布 $\{a_l\}$ 对应的系统的微观状态数为

$$\Omega_{\mathrm{MB}} = \mathrm{C}_N^{a_1}\,\mathrm{C}_{N-a_1}^{a_2}\cdots\prod_l \omega_l^{a_l} = \frac{N!}{\prod_l a_l!}\prod_l \omega_l^{a_l} \tag{4.26}$$

为简单起见，下面根据等概率原理推导给定系统体积（V）、能量（E）和粒子数（N）的孤立系统中粒子的最概然分布。考虑到给定具体能级分布 $\{a_l\}$ 所对应的系统的微观状态数 Ω 是个非常大的数，根据经验，对 Ω 取自然对数，由于 $\ln\Omega$ 是小数，处理起来要方便些。另外，$\ln\Omega$ 随 Ω 的变化是单调的，所以可以等价地讨论使 $\ln\Omega$ 为极大的分布。

$$\begin{aligned}\ln\Omega &= \ln N! - \sum_l \ln a_l! + \sum_l a_l \ln\omega_l \\ &= N(\ln N - 1) - \sum_l a_l(\ln a_l - 1) + \sum_l a_l\ln\omega_l \\ &= N\ln N - \sum_l a_l \ln a_l + \sum_l a_l \ln\omega_l\end{aligned} \tag{4.27}$$

对分布取变分 δa_l：

$$\delta\ln\Omega = -\sum_l \ln\left(\frac{a_l}{\omega_l}\right)\delta a_l = 0 \tag{4.28}$$

但是 δa_l 要满足以下的约束条件：

$$\delta N = \sum_l \delta a_l = 0,\quad \delta E = \sum_l \varepsilon_l \delta a_l = 0 \tag{4.29}$$

利用拉格朗日未定乘子法：

$$\delta\ln\Omega - \alpha\delta N - \beta\delta E = -\sum_l \left(\ln\frac{a_l}{\omega_l} + \alpha + \beta\varepsilon\right)\delta a_l = 0 \qquad (4.30)$$

根据拉格朗日未定乘子法原理(参见附录 A.2),每个 δa_l 的系数都等于零,所以

$$\ln\frac{a_l}{\omega_l} + \alpha + \beta\varepsilon_l = 0 \qquad (4.31)$$

即达到最概然的分布为

$$a_l = \omega_l e^{-\alpha-\beta\varepsilon_l} \quad (l = 1,2,3,\cdots) \qquad (4.32)$$

上式给出了玻耳兹曼系统中粒子的最概然分布,称为麦克斯韦-玻耳兹曼分布。其中未定乘子 α,β 由如下宏观条件给出:

$$N = \sum \omega_l e^{-\alpha-\beta\varepsilon_l} \qquad (4.33)$$

$$E = \sum \varepsilon_l\omega_l e^{-\alpha-\beta\varepsilon_l} \qquad (4.34)$$

由公式(4.30)也可以看出 α,β 的物理意义:

$$\alpha = \left.\frac{\delta\ln\Omega}{\delta N}\right|_{\delta E=0,\delta V=0}, \quad \beta = \left.\frac{\delta\ln\Omega}{\delta E}\right|_{\delta N=0,\delta V=0} \qquad (4.35)$$

α 的含义是:在保持系统的体积和能量不变的前提下,如果系统已达到热力学平衡态,则如果给系统增加一个粒子 $\delta N=1$,则系统增加的微观状态数就是 α 倍的 Ω,即 $\delta\ln\Omega=\alpha$;同理,β 的含义是:在保持系统的体积和粒子数不变的前提下,如果给系统增加单位能量 $\delta E=1$,则系统增加的微观状态数就是 β 倍的 Ω,即 $\delta\ln\Omega=\beta$。

4.1.4 热力学第零定律的统计意义

下面从统计物理的角度来分析和理解热力学第零定律。假设给定系统 1 的体积和粒子数分别为 V_1,N_1,系统 2 的体积和粒子数分别为 V_2,N_2。将两个系统进行热接触,当它们通过热量交换分别达到新的热平衡之后,显然,系统 1 和系统 2 的能量 E_1 和 E_2 保持不变。

假设系统 1 和系统 2 之间存在一个虚的、假象的能量交换,即变分 $\delta E_1+\delta E_2=0$,则系统 1 和系统 2 的微观状态数 $\ln\Omega_1$ 和 $\ln\Omega_2$ 分别改变了:

$$\delta\ln\Omega_1 = \beta_1\delta E_1, \quad \delta\ln\Omega_2 = \beta_2\delta E_2 \qquad (4.36)$$

将系统 1 和系统 2 看作一个新的孤立系统,显然新的系统总的微观状态数为系统 1 和系统 2 微观状态数的乘积:$\Omega=\Omega_1\Omega_2$,即联合概率。因此,新的孤立系统

的微观状态数的改变为

$$\delta\ln\Omega = \delta\ln\Omega_1 + \delta\ln\Omega_2 = \beta_1\delta E_1 + \beta_2\delta E_2 = (\beta_1 - \beta_2)\delta E_1 \tag{4.37}$$

因此，由 $\delta\ln\Omega = 0$，得到 $\beta_1 = \beta_2$。即如果新的孤立系统处于热力学平衡态，有 $\beta_1 = \beta_2$。同理，如果两个系统的 β 参数相等，即 $\beta_1 = \beta_2$，则得到 $\delta\ln\Omega = 0$，即总的孤立系统自动达到平衡态。这就是热力学第零定律的统计意义。

从上面的讨论知道，根据热力学第零定律，可以定义温度 T，即 $T \propto 1/\beta$。另一方面，β 具有能量倒数量纲。为了方便起见，引入比例因子为 k，则

$$kT \equiv \frac{1}{\beta} \tag{4.38}$$

如果 T 取绝对温度，则 k 就是玻尔兹曼常数，$k = k_B$。

进一步需要说明的是，上面的讨论并不涉及具体的微观粒子的力学模型，因此是普适的、绝对的。根据上式定义温度也是绝对的，它就是绝对温度的定义之一。

4.1.5 热力学第一定律的统计意义

根据热力学第一定律，系统的内能是个态函数，它的改变不依赖于具体过程，只与初末态有关。下面讨论热力学第一定律的统计意义。

给定系统的宏观条件，例如给定系统的粒子数、温度和体积之后，系统中微观粒子的能量最概然分布就完全确定了。这样，系统所有粒子的总能量即内能 U 也完全确定下来了：

$$U = E = \sum_l a_l\varepsilon_l = \sum_l \varepsilon_l\omega_l e^{-\alpha-\beta\varepsilon_l} \tag{4.39}$$

其中，ε_l 和 ω_l 由粒子的微观模型决定，一般还依赖于系统的体积等广义位移。而 α 和 β 参数由系统的宏观条件决定，例如，$\alpha = \alpha(N, T, V)$，$\beta = \beta(N, T, V)$。

引入单粒子配分函数 Z_1：

$$Z_1(\beta, V) \equiv \sum_l \omega_l e^{-\beta\varepsilon_l} \tag{4.40}$$

则根据方程(4.33)和(4.34)，系统的内能用配分函数表示为

$$E(N, \beta, V) = -N\frac{\partial}{\partial\beta}\ln Z_1 \tag{4.41}$$

从上式知道，系统的内能是系统宏观条件的函数，这就是热力学第一定律的统计意义。从统计物理的角度，内能就是系统中所有微观粒子的能量的统计平均。

从微观的角度，改变系统的内能有两种方式：一种是通过从外界吸收（或释放）能量，改变不同能级上的粒子数，即改变粒子的能量分布，这非常类似于系

统中的原子吸收光子或辐射光子而发生能级跃迁;另一种是通过改变系统的广义坐标,例如系统的体积,调整微观粒子的能级。这两种方式都是系统与外界交换能量的方式。第一种对应系统与外界的热量交换,第二种对应外界对系统做功,即

$$\mathrm{d}U = \sum_l \varepsilon_l \mathrm{d}a_l + \sum_l a_l \mathrm{d}\varepsilon_l = đQ + Y\mathrm{d}y \tag{4.42}$$

顺便给出了广义力的统计意义:

$$Y \equiv \sum_l a_l \frac{\mathrm{d}\varepsilon_l}{\mathrm{d}y} \tag{4.43}$$

4.1.6 热力学第二、三定律的统计意义

下面继续讨论熵的统计意义。根据内能的全微分 $\mathrm{d}U = T\mathrm{d}S - p\mathrm{d}V + \mu\mathrm{d}N$,易知

$$\frac{1}{T} = \frac{\delta S}{\delta U}\bigg|_{\delta N=0,\delta V=0} \tag{4.44}$$

将之与式(4.35)进行比较,得

$$\beta = \frac{1}{k_\mathrm{B} T} = \frac{\delta \ln \Omega}{\delta U}\bigg|_{\delta N=0,\delta V=0} \tag{4.45}$$

容易得到

$$S = k_\mathrm{B} \ln \Omega \tag{4.46}$$

一般来说,式(4.46)还可以差一个常数,这里已令该常数为零。后面会给出解释。公式(4.46)被称为玻尔兹曼原理,也叫玻尔兹曼关系,根据上式定义的熵也叫**玻尔兹曼熵**。这是雕刻在玻尔兹曼墓碑上的公式。它给出熵函数的统计意义:熵是系统混乱度的度量。某个宏观状态对应的微观状态数越多,它的混乱度就越大,系统的熵也越大。在系统从非平衡态向平衡态转变的过程中,系统朝着混乱度增加的方向演化,一直达到最大程度的混乱度。这就是熵增加原理的物理本质。注意:在上面的讨论过程中,并没有假设系统中微观粒子的力学模型,因此熵的定义是普适的。根据熵的宏观和微观定义,熵是态函数,例如 $S = S(N, T, V)$。但当系统的温度处于绝对零度时,系统处在某个确定的微观状态,这时候 $\Omega = 1$,因此,$S(T \to 0, N, V) \to 0$,而与 N, V 无关。这就是我们为什么令 $S_0 = 0$ 的原因。根据式(4.46)定义的熵就是绝对熵。

在热力学部分我们讨论过焦耳膨胀过程。过程的初态是容器的左半边装有气体,另一半是真空。当将两者之间的阀门打开之后,在很短的时间之内,气体就会均匀地充满整个容器。这是因为末态的混乱度要远大于初态时的混乱

度。生活经验告诉我们，我们从来没有见过一个容器初始时充满气体，经过一段时间之后，气体自动分开，容器中一半是气体，一半是真空。根据玻尔兹曼的解释，后一种现象不可能发生，不是因为它们物理上是不可能发生的，被某些物理定律所禁戒，而只不过是因为它们发生的概率极小极小！

1867 年麦克斯韦提出了一个思想实验，指出焦耳膨胀的逆过程是可以发生的，现在称之为麦克斯韦妖佯谬。该思想实验表示，如果在阀门口站着一个微观的小妖(麦克斯韦妖)，该小妖可以通过测量分子的运动方向来决定是否让分子通过阀门。比如，对从右向左通过阀门的分子放行，对从左向右试图通过阀门的分子就关上阀门，禁止通行。经过一段时间之后，右边气室中分子都跑到左边气室中去了！系统的熵就减少了 $Nk_B\ln 2$。假定麦克斯韦妖采取不同操作，可以导致不同的违反热力学第二定律的过程。比如，麦克斯韦妖只允许高速分子从右边气室跑向左边气室，低速分子从左边气室跑向右边气室，结果就导致左右气室出现了温度差，这是麦克斯韦佯谬最初的版本。也可以假设气室中混合了 A,B 两种不同的分子，麦克斯韦妖只允许 A 分子从右向左，B 分子从左向右穿过阀门，结果导致左右气室的气体变成化学纯的 A 和 B 气体。

麦克斯韦本人无法给出麦克斯韦佯谬的合理解释。一个比较早期的解释是，麦克斯韦妖需要测量所有气体分子的位置和速度，而要做到这一点，就需要用光照射分子，因此，观察分子的过程可以被认为是导致系统熵减少的物理原因。实际上，这个想法被证明是不正确的，因为人们发现，即使在原则上，也可以用任意小的功耗来探测一个分子。麦克斯韦佯谬的合理解释是引入信息熵，即香农熵。我们将在 4.1.8 小节详细讨论。大致意思是，麦克斯韦妖要进行操作，需要记录下系统中所有 N 个分子的信息，这些信息的存储等价于熵增过程，由于信息存储导致的熵增抵消了气体分子的熵减。信息和熵之间的这种联系是非常深刻的。麦克斯韦妖实际上是一种计算设备，储存关于系统的信息。设计一种完全可逆运行的计算过程是可能的，因此它具有可逆性没有与之相关的熵增加。然而，假设小妖没有一个足够大的硬盘，它需要不断擦除存储的信息才能不断对分子进行操作。删除信息的时候，总伴随着熵的增加，比如每删除一个比特的信息，就要向环境增加 $k_B\ln 2$ 的熵。因此麦克斯韦妖很好地说明了熵和信息之间的联系。

为了进一步看出玻尔兹曼熵与概率的联系，下面引入熵的吉布斯表示式。玻尔兹曼熵定义中的 Ω 为给定宏观条件下，系统可能的所有微观状态的总数。这些系统的微观状态，原则上都是可以通过易测的物理量加以区分的，暂且叫系统的宏观态。如果每个这样的系统宏观物理态又对应大量无法测量的更微观的态(例如，在室温下将单原子分子看作一个个的点粒子，而实际上，即使是处于基态的原子，由于核自旋与电子自旋的耦合，原子的基态能级也存在超精细结构)，那么系统的总熵 S_{tot} 就等于系统的玻尔兹曼熵 S 加上由更微观态贡献的微观熵，即

$$S_{\text{tot}} = S + S_{\text{micro}} \tag{4.47}$$

假设系统包含有 N 个等概率的微观态，它们分属于编号为 $i(i=1,2,\cdots,s)$ 的不同的宏观态，每个宏观态又包含 n_i 个等概率的微观态，显然有 $\sum_i n_i = N$。每个宏观态出现的概率 $P_i = n_i/N$。根据下式引入**吉布斯熵** S：

$$S = S_{\text{tot}} - S_{\text{micro}} \tag{4.48}$$

其中，微观熵为对各个宏观态的统计平均值：

$$S_{\text{micro}} = \langle S_i \rangle = \sum_{i=1}^{s} P_i S_i = k_{\text{B}} \sum_{i=1}^{s} P_i \ln n_i \tag{4.49}$$

根据上两式，得到

$$S = k_{\text{B}}\left(\ln N - \sum_{i=1}^{s} P_i \ln n_i\right) = k_{\text{B}} \sum_{i=1}^{s} P_i (\ln N - \ln n_i) = -k_{\text{B}} \sum_{i=1}^{s} P_i \ln P_i \tag{4.50}$$

上式就是吉布斯熵的定义。吉布斯熵清晰地显示了熵与概率的关系，方便应用于系综理论。吉布斯熵和玻尔兹曼熵是等价的。在给定宏观条件下，假设系统有 Ω 个等概率的宏观态，则每个宏观态的概率 $P=1/\Omega$，因此吉布斯熵为

$$S = -k_{\text{B}} \sum_i P_i \ln P_i = -k_{\text{B}} \sum_{i=1}^{\Omega} \frac{1}{\Omega} \ln \frac{1}{\Omega} = -k_{\text{B}} \ln \frac{1}{\Omega} = k_{\text{B}} \ln \Omega \tag{4.51}$$

回到了玻尔兹曼熵的定义式(4.46)。

从吉布斯熵的定义可以看出，绝对熵也是相对的。它的定义依赖于具体的物理能标。例如，在讨论室温下单原子气体分子的熵的时候，通常将原子当作一个点粒子，从而得到单原子分子理想气体的绝对熵。而在讨论原子物理(eV能标)，就可以将原子核当作一个无内部结构的点。当我们要讨论原子核物理的时候(MeV 能标)，可以将核子(质子、中子)当作一个质点，依次类推。

4.1.7 热力学势的统计表达式

先再讨论一下拉格朗日乘子 α 的物理含义。根据玻尔兹曼关系，可以看出它与化学势有关：

$$\alpha = \left.\frac{\delta \ln \Omega}{\delta N}\right|_{\delta E=0,\delta V=0} = \frac{1}{k_{\text{B}}} \left.\frac{\delta S}{\delta N}\right|_{\delta E=0,\delta V=0} = -\frac{\mu}{k_{\text{B}} T} \tag{4.52}$$

在热力学中，根据马修定律，只要得到了某热力学系统的热力学特性函数，就可以通过求偏导数，得到系统的所有热力学和其他的热力学特性函数。其实根据玻尔兹曼原理，对于每个具体的微观物理模型，利用公式(4.22)，已经得到熵函

数的表达式：

$$\begin{aligned}S &= k_{\mathrm{B}}\ln\Omega_{\mathrm{MB}} = k_{\mathrm{B}}\Big[N\ln N - \sum_l a_l\ln(a_l/\omega_l)\Big] \\ &= k_{\mathrm{B}}\Big[N\ln N + \sum_l(\alpha+\beta\varepsilon_l)\omega_l \mathrm{e}^{-\alpha-\beta\varepsilon_l}\Big] \\ &= k_{\mathrm{B}}(N\ln N + \alpha N + \beta U)\end{aligned} \tag{4.53}$$

在热力学中讨论过，虽然所有的热力学特性函数都是平等的，但是，我们偏爱自由能 $F=F(T,V,N)$，因为自由能 F 是以容易测量和控制的变量 N,T,V 为自然参量的。下面就通过勒让德变换，从熵函数得到自由能函数：

$$\begin{aligned}F &= U - TS = -Nk_{\mathrm{B}}T\ln N + \mu N \\ &= -Nk_{\mathrm{B}}T\ln\Big(\sum_l\omega_l \mathrm{e}^{-\alpha-\beta\varepsilon_l}\Big) + \mu N \\ &= -Nk_{\mathrm{B}}T\Big[-\alpha + \ln\Big(\sum_l\omega_l \mathrm{e}^{-\beta\varepsilon_l}\Big)\Big] + \mu N \\ &= -Nk_{\mathrm{B}}T\ln\Big(\sum_l\omega_l \mathrm{e}^{-\beta\varepsilon_l}\Big) \\ &\equiv -Nk_{\mathrm{B}}T\ln Z_1(T,V)\end{aligned} \tag{4.54}$$

Z_1 称为单粒子配分函数。为什么配分函数在统计物理中占据着中心的位置？因为一旦建立了微观粒子的物理模型，就可以计算相应的配分函数。得到配分函数之后，也就得到了热力学特性函数——自由能。

下面从系统的自由能出发，推导其他的热力学和特性函数。由自由能的全微分：$\mathrm{d}F=-S\mathrm{d}T-P\mathrm{d}V+\mu\mathrm{d}N$，通过对自由能求偏导数，分别得到

$$\begin{cases} S = -\left(\dfrac{\partial F}{\partial T}\right)_{V,N} = Nk_{\mathrm{B}}\left[\ln Z_1 + T\left(\dfrac{\partial \ln Z_1}{\partial T}\right)_{V,N}\right] \\ P = -\left(\dfrac{\partial F}{\partial V}\right)_{T,N} = Nk_{\mathrm{B}}T\left(\dfrac{\partial \ln Z_1}{\partial V}\right)_{T,N} \\ \mu = \left(\dfrac{\partial F}{\partial N}\right)_{T,V} = -k_{\mathrm{B}}T\ln Z_1 \end{cases} \tag{4.55}$$

其他热力学特性函数可以通过勒让德变换得到

$$\begin{cases} U = F + TS = Nk_{\mathrm{B}}T\left[T\left(\dfrac{\partial \ln Z_1}{\partial T}\right)_{V,N}\right] \\ H = F + TS + PV = Nk_{\mathrm{B}}T\left[T\left(\dfrac{\partial \ln Z_1}{\partial T}\right)_{V,N} + V\left(\dfrac{\partial \ln Z_1}{\partial V}\right)_{T,N}\right] \\ G = F + PV = -Nk_{\mathrm{B}}T\left[\ln Z_1 - V\left(\dfrac{\partial \ln Z_1}{\partial V}\right)_{T,N}\right] \end{cases} \tag{4.56}$$

4.1.8 信息论与香农熵

克劳德·艾尔伍德·香农(Claude Elwood Shannon,1916—2001)在信息论中引入了香农熵的概念[43],它与玻尔兹曼熵有着深刻的联系。根据概率论知道,在没有任何先验信息的情况下,某陈述为真的概率越大,该陈述包含的信息量就越少。例如,我们预测"明天要么下雨,要么不下雨"。该预测为真的概率是100%,但它没任何信息量。假设某陈述出现的概率为 P,引入信息量 Q 的定量定义为

$$Q = -k\log P \tag{4.57}$$

其中,k 为常数,log 可以为任意底的对数函数。例如,我们取 $k=1$,$\log=\log_2$,则 Q 的单位就是比特。如果取 $k=k_B$,$\log=\log_e\equiv\ln$,则 Q 就描述了热力学系统的状态信息。根据 Q 的定义,预测"明天下雨或不下雨"的信息量 $Q=0$。在没有任何气象资料的情况下,预测"明天下雨"的信息量 $Q=\log_2 2=1$ 比特。

对于一系列陈述,它们的概率为 P_i,每个陈述的信息量 $Q_i=-k\log P_i$,则引入**香农熵** S 的定义为信息量的平均值:

$$S = \langle Q_i\rangle = \sum_i Q_i P_i = -k\sum_i P_i\log P_i \tag{4.58}$$

例如明天下雨或不下雨的概率都为1/2,则预测下雨或不下雨一系列陈述组成的"系统"的香农熵 $S=\log_2 2=1$ 比特。如果明天下雨的概率 $P=8/9$,则香农熵为

$$S = k[-P\log P-(1-P)\log(1-P)] = \log_2 9-\frac{8}{3}\approx 0.5\text{ 比特} \tag{4.59}$$

显然,该值要小于1。

香农熵定量描述了在测量某一特定量之后,所获取的平均意义上的信息量,换句话说,香农熵定量描述了测量某个量之前,测量结果的不确定性。

从信息论的角度来说,香农熵定量可以加深对热力学熵的认识。对某个热力学系统,我们了解它的信息非常有限,并不知道它的微观状态,玻尔兹曼熵描述了系统状态的不确定度,与我们对系统获取的信息量有关。在测量了几个系统宏观热力学量之后,也就是在获取系统部分信息之后,我们只能基于熵最大来给出对系统在给定宏观条件下状态的预测。从这个角度来说,信息论可以应用于物理系统,因为信息本身就是物理量!考察计算机存储有 N 个比特的信息,每个存储单元的值为0或1。如果要擦除硬盘上存储的信息,这是一个不可逆过程,擦除之后,系统的信息量减少了 $\ln 2^N$,系统的熵减少了 $Nk_B\ln 2$,即擦除每个比特,计算机系统的熵就减少了 $k_B\ln 2$,考虑到宇宙的熵总是不会减少的,那么环境的熵就增加了至少 $k_B\ln 2$,环境从计算机系统吸收了至少 $\Delta Q=k_BT\ln 2$的热量。从熵与信息的联系有助于理解麦克斯韦妖佯谬。麦克斯韦妖

在甄别分子速度的过程中，需要存储信息，而每个比特的信息都对应熵。假设麦克斯韦妖操控了1摩尔的气体分子，导致气体的熵减少了 $N_A k_B \ln 2 = R\ln 2$，但是同时它必须存储了至少 N_A 比特的信息。这些信息量的确是太大了，麦克斯韦妖无法存储这么多信息，因此，它在甄别分子的过程中，只能不断擦除存储的，在此过程中，每擦除一个比特的信息，就使得环境增加 $k_B \ln 2$ 的热力学熵，在擦除完 N_A 比特的信息之后，气体中减少的熵又回到环境中去了，包含环境的整个系统的熵是不会减少的。

对于量子系统，系统的统计信息包含在密度矩阵 $\hat{\rho}$ 中，详见6.6小节的讨论。仿照香农熵的定义，可以引入量子系综的**冯·诺依曼熵**：

$$S(\hat{\rho}) = \langle -\log\hat{\rho}\rangle = -Tr(\hat{\rho}\log\hat{\rho}) \tag{4.60}$$

如果密度矩阵 $\hat{\rho}$ 的本征值为 λ_i，$i=1,2,\cdots$，则冯·诺依曼熵为

$$S(\hat{\rho}) = -\sum_i \lambda_i \log\lambda_i \tag{4.61}$$

显然对于处于纯态的量子系统，对角化的密度矩阵只有一个对角元等于1，其他所有矩阵元都等于零，因此，该系统的冯·诺依曼熵为零。对于纠缠态，情况要复杂一些。假设单粒子态有两个本征态分别用 $|0\rangle$ 和 $|1\rangle$ 表示，比如左旋光子和右旋光子，则由两个光子制备的偏振纠缠态为 $(|10\rangle + |01\rangle)/\sqrt{2}$。对双光子态来说，它是一个纯态，但对单光子来说，处于纠缠态中的粒子无法用单粒子态的纯态去描述它。这时候引入冯·诺依曼熵是非常有用的，它描述了量子态的纠缠度。量子信息领域发展很快，这里不再赘述。

4.2 理想经典气体的统计理论

本节将讨论理想经典气体的统计理论，主要的目标是从理论上推导出理想经典气体的热力学势的表达式，比如自由能。

4.2.1 经典粒子微观状态描述

这里的理想经典气体指的是由经典粒子组成的理想气体，即组成理想气体的微观粒子遵循经典力学。从经典力学的角度看，一个微观粒子就是一个力学系统。任何一套物理理论，需要回答如下两个问题：① 如何描述物理系统的状态？② 物理系统的状态如何随时间演化？即动力学方程是什么？在经典力学中，物理系统的运动状态要用该系统的广义坐标和广义动量（$q_1, q_2, \cdots, q_s$，

$p_1, p_2, \cdots, p_s$)来描述,其中,s 为系统的自由度。通俗地说,也就是要同时知道系统的位置和动量。经典力学的状态空间是相空间,相空间就是以描述系统运动状态的广义坐标和广义动量为坐标轴构成的一个 $2s$ 维的空间,这里的相是状态的意思。因此,力学系统的状态与 $2s$ 维的相空间(也称为 μ 空间)中的一个点一一对应,即某时刻力学系统的物理状态与 μ 空间中的一个点一一映射。

在经典力学中,系统的物理量都必须是态函数,例如,粒子的能量 ε 是粒子的态函数:$\varepsilon = \varepsilon(q_1, q_2, \cdots, q_s, p_1, p_2, \cdots, p_s; t)$。系统的哈密顿量 $H(q_1, q_2, \cdots, q_s, p_1, p_2, \cdots, p_s; t)$也是系统的态函数。力学系统的状态随着时间演化,体现为相空间中的力学系统物理态的代表点的移动,代表点的移动则在相空间中描出一条曲线,即粒子运动状态的相轨道。力学系统的物理态的改变由动力学方程,即哈密顿正则方程决定。从几何的角度看,哈密顿正则方程给出力学系统在相空间任何一点的切线方向,力学系统的相轨道其实就是切线方向的积分曲线。比如,哈密顿正则方程给出 t 时刻广义坐标和广义动量对时间的一阶导数:

$$\dot{q}_\alpha(t) = \frac{\partial H}{\partial p_\alpha}, \quad \dot{p}_\alpha(t) = -\frac{\partial H}{\partial q_\alpha} \tag{4.62}$$

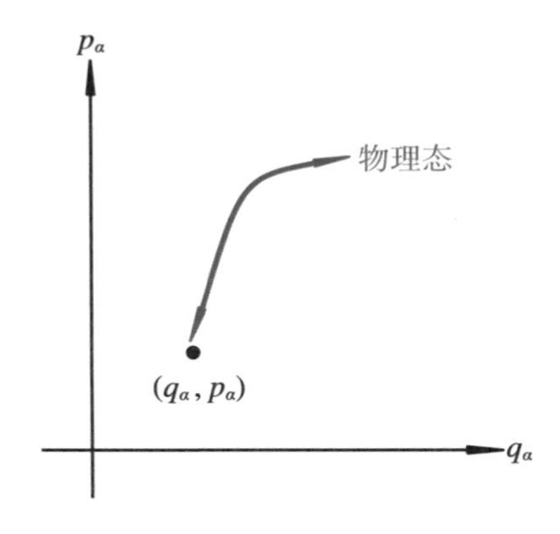

图 4.1 力学系统的状态与相空间 相空间中的一个点与一个物理态一一对应。

如图 4.1 所示,在 t 时刻,系统位于相空间的 P 点,则根据哈密顿正则方程可以预测系统在 $t+\Delta t$ 时刻位于相空间的 Q 点的具体位置为$(q_\alpha(t+\Delta t), p_\alpha(t+\Delta t)) = (q_\alpha(t) + \Delta q_\alpha, p_\alpha(t) + \Delta p_\alpha)$,其中,$\Delta q_\alpha = \dot{q}_\alpha(t)\Delta t$,$\Delta p_\alpha = \dot{p}_\alpha(t)\Delta t$。

下面举一些微观粒子力学模型的例子。

例 4.1 单原子分子。简化为在 3 维空间中运动的自由粒子。粒子的自由度为 3,广义坐标可选为(x, y, z),广义动量为(p_x, p_y, p_z)。粒子的哈密顿量为

$$H = \frac{1}{2m}(p_x^2 + p_y^2 + p_z^2) \tag{4.63}$$

例 4.2 1 维线性谐振子。自由度为 1,广义坐标可选为 x,广义动量为 p。谐振子的哈密顿量为

$$H = \frac{p^2}{2m} + \frac{1}{2}m\omega^2 x^2 \tag{4.64}$$

其中,$\omega = \sqrt{k/m}$为谐振子的固有频率,k 为谐振子的倔强系数,m 为谐振子的质量。如果 ε 为常数,谐振子的态在 μ 空间中的轨道满足如下的方程:

$$\frac{p^2}{2m\varepsilon} + \frac{x^2}{[2\varepsilon/(m\omega^2)]} = 1 \tag{4.65}$$

在相空间内半长轴分别为 $a=\sqrt{2m\varepsilon}$，$b=\sqrt{2\varepsilon/(m\omega^2)}$ 的椭圆，椭圆的面积 $S=\pi ab=\frac{2\pi\varepsilon}{\omega}$。在经典力学中，$\varepsilon$ 可取任意正值。

例 4.3 自由转子。自由度为 2，广义坐标可选为 (θ,ϕ)，相应的广义动量为 (p_θ,p_ϕ)。自由转子的哈密顿量为

$$H=\frac{1}{2I}\left(p_\theta^2+\frac{1}{\sin^2\theta}p_\phi^2\right) \tag{4.66}$$

其中，$I=mr^2$ 为转动惯量。

例 4.4 双原子分子。双原子可以简化为两个质点，自由度为 6。假设原子的质量分别为 m_1，m_2，它们之间的相对距离为 r。双原子分子的运动可以分解为质心的平动，自由度为 3，广义坐标和广义动量可以选为质心的位置和动量：(X,Y,Z,P_X,P_Y,P_Z)；分子的转动，自由度为 2，广义坐标和动量可以选为转子的方位角及共轭的角动量：$(\theta,\phi,p_\theta,p_\phi)$；以及原子之间的振动，自由度为 1，广义坐标和动量可以选为两个原子之间的相对距离和相对运动的动量：(r,p_r)。最终系统的哈密顿量可以写为

$$H=\frac{1}{2M}(P_x^2+P_y^2+P_z^2)+\frac{1}{2I}\left(p_\theta^2+\frac{1}{\sin^2\theta}p_\phi^2\right)+\frac{p_r^2}{2\mu}+\frac{1}{2}\mu\omega^2r^2 \tag{4.67}$$

其中，$M=m_1+m_2$ 为分子的总质量，μ 为双原子分子的约化质量，$I=\mu r^2$ 为转子的转动惯量，ω 为径向振动的固有频率。

4.2.2 热力学系统微观状态的描述

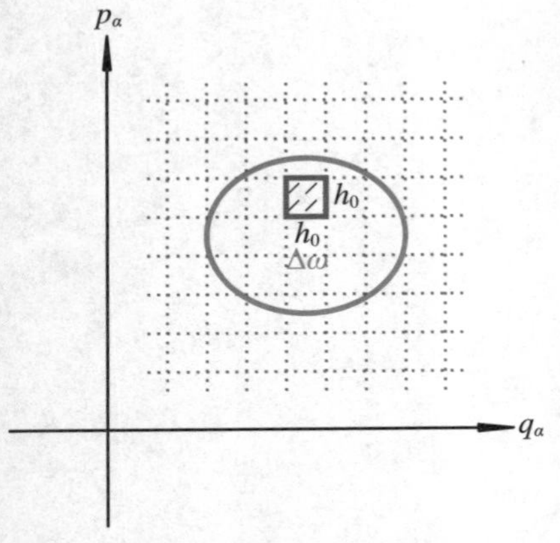

图 4.2 热力学系统微观状态的经典描述

图中为单粒子的相空间。假设热力学系统由 N 个粒子组成，为了确定系统的微观状态，需要知道每一个粒子在相空间的位置！

考虑由 N 个全同的近独立经典粒子组成的系统。全同性指的是粒子的微观属性(例如质量、电荷等)完全相同，例如自由的电子气体，全同性的一个直接后果就是粒子不可分辨。近独立指的是粒子间相互作用比较弱，和粒子的动能比，可以忽略。因此，系统的总能量就是每个粒子的动能之和。需要强调的是，粒子之间的相互作用虽然很弱，但不等于没有相互作用，否则粒子之间就不能通过相互作用交换能量而达到热平衡。因为历史原因，称该类系统为玻尔兹曼系统。

为简单起见，下面讨论孤立的玻尔兹曼系统，即该系统的总粒子数、体积和能量保持不变，即物理量 N,V,E 已给定。在经典物理中，由于粒子可以分辨，每个粒子在相空间中有确切的轨道，原则上可以被跟踪、被编号。因此，只有给定了系统中每一个被编号的粒子的微观状态，才能完全决定系统的微观状态：

某时刻热力学系统的微观状态与 μ 空间中的 N 个标了号的点一一对应。系统中任何一个粒子在相空间的位置发生了改变，也就是粒子的状态发生了改变，则热力学系统的微观状态也发生了相应的改变。

由于广义坐标和广义动量(q_α, p_α)是连续变量，粒子和系统的微观状态数都不可数。为了讨论方便，我们采用玻尔兹曼当年的处理方式，将相空间离散化，即将相空间人为划分为 $\Delta q_\alpha \Delta p_\alpha = h_0(\alpha = 1,2,3,\cdots,s)$的小格子，称为"相格"，每个小格子的体积为 h_0^s。其中 h_0 的量纲为角动量(作用量量纲)，与普朗克常数 h 量纲一致，这是因为广义坐标和广义动量的乘积的量纲为角动量：$[q][p]=[h]$，因此相空间的物理量纲为角动量的 s 次方。只要 h_0 足够小，知道了粒子在哪个相格就可以知道粒子的运动状态(存在一定的误差)。处于同一个相格中的粒子，运动状态相同。在经典力学中，h_0 可以取任意小。但量子力学要求 $h_0 \geqslant h$。

在相空间离散化的基础之上，可以讨论系统的最概然分布，并最终得到系统的热力学势和其他的热力学量。很有意思的是，理论上得到的大多数热力学特性函数与 h_0 无关。只有少数热力学量，例如熵，与 h_0 密切相关！当然，很多情况下我们只是对某个热力学过程中的熵变感兴趣，在计算熵变的时候，h_0 就不出现。然而，h_0 毕竟是人为取的一个任意常数，这说明无法在经典力学框架里严格地讨论系统的绝对熵。这个问题的彻底解决，只有在量子力学里能做到：h_0 不能任意取，应该就取普朗克常数 h。在下面的讨论中，就直接取 $h_0 = h$。

现在将相空间剖分为一系列宏观小、微观大的体积微元 $\Delta\omega_l(l=1,2,\cdots)$，其中 l 为给各个相空间中的体积微元的编号。在误差范围之内，处于这些相空间微元中粒子的能量为一系列离散值：$\varepsilon_l = \varepsilon_l(q_\alpha, p_\alpha)$，这里$(q_\alpha, p_\alpha)$不妨取为相空间微元中心的值，并将 ε_l 称为"能级"。每一个能级对应的粒子的微观状态数称为简并度：ω_l，它等于每个相空间体积微元中包含的相格数，即 $\omega_l = \Delta\omega_l / h_0^s$。假设系统中 N 个微观粒子散布在不同的"能级"中，对应的粒子的"能级"分布 $a_l = a_1, a_2, a_3, \cdots$。

4.2.3 理想气体的热力学势

将相空间离散化之后，就可以直接利用玻尔兹曼的统计理论计算单粒子的配分函数 Z_1：

$$Z_1 = \sum_l \omega_l \mathrm{e}^{-\beta\varepsilon_l} = \sum_l \frac{\Delta\omega_l}{h^3} \mathrm{e}^{-\beta\varepsilon_l} \tag{4.68}$$

因为相空间是连续的，求和变成积分：

$$Z_1 = \int\cdots\int \frac{\mathrm{d}q_1\mathrm{d}q_2\mathrm{d}q_3\cdots\mathrm{d}q_s\mathrm{d}p_1\mathrm{d}p_2\mathrm{d}p_3\cdots\mathrm{d}p_s}{h^s} \mathrm{e}^{-\beta\varepsilon\left(q_1,q_2,q_3,\cdots,q_s,p_1,p_2,p_3,\cdots,p_s\right)} \tag{4.69}$$

然后根据单粒子配分函数 Z_1 就可以得到系统的自由能 F:

$$F(N,T,V) = -Nk_B T\ln Z_1(T,V) \tag{4.70}$$

配分函数只依赖于系统的微观粒子模型,它是沟通微观模型和宏观热力学势之间的桥梁。

4.3 理想单原子分子气体的统计理论

4.3.1 单原子分子气体的热力学势

忽略掉单原子分子之间的相互作用,即建立系统微观粒子的力学模型之后,下面的计算就很程式化了:先计算单粒子的配分函数,然后得到系统的自由能的表达式。从自由能的表达式可以得到任何其他的热力学量和热力学函数。单粒子的配分函数为

$$\begin{aligned} Z_1 &= \int\cdots\int \frac{\mathrm{d}x\mathrm{d}y\mathrm{d}z\mathrm{d}p_x\mathrm{d}p_y\mathrm{d}p_z}{h^3}\mathrm{e}^{-\frac{\beta}{2m}(p_x^2+p_y^2+p_z^2)} \\ &= \frac{1}{h^3}\iiint \mathrm{d}x\mathrm{d}y\mathrm{d}z\int_{-\infty}^{+\infty}\mathrm{d}p_x\mathrm{e}^{-\frac{\beta}{2m}p_x^2}\int_{-\infty}^{+\infty}\mathrm{d}p_y\mathrm{e}^{-\frac{\beta}{2m}p_y^2}\int_{-\infty}^{+\infty}\mathrm{d}p_z\mathrm{e}^{-\frac{\beta}{2m}p_z^2} \\ &= \frac{V}{h^3}(2\pi mk_B T)^{3/2} \end{aligned} \tag{4.71}$$

为了简化上式,也是为了更清楚地看清其物理意义,进一步引入粒子的热德布罗意波长:

$$\lambda_T \equiv \frac{h}{\sqrt{2\pi mk_B T}} \tag{4.72}$$

可以将 Z_1 简化为

$$Z_1 = \frac{V}{\lambda_T^3} \tag{4.73}$$

明显可以看出,Z_1 是无量纲的,它正比于体积:$Z_1 \propto V$,以及温度的 3/2 次方:$Z_1 \propto T^{3/2}$。

系统的自由能为

$$F(N,T,V) = -Nk_B T\ln Z_1 = -Nk_B T\ln\left(\frac{V}{\lambda_T^3}\right) \tag{4.74}$$

根据自由能全微分表达式 $\mathrm{d}F = -S\mathrm{d}T - p\mathrm{d}V + \mu\mathrm{d}N$,得到系统的压强为

$$p = -\left(\frac{\partial F}{\partial V}\right)_{N,T} = \frac{Nk_B T}{V} \tag{4.75}$$

这就是理想气体的状态方程。系统的熵为

$$S = -\left(\frac{\partial F}{\partial T}\right)_{N,V} = Nk_B\left(\ln\frac{V}{\lambda_T^3} + \frac{3}{2}\right) \tag{4.76}$$

单粒子的化学势为

$$\mu = \left(\frac{\partial F}{\partial N}\right)_{T,V} = -k_B T\ln\frac{V}{\lambda_T^3} \tag{4.77}$$

下面根据勒让德变换，分别得到系统的内能、焓以及自由能的表达式。系统的内能为

$$U = F + TS = \frac{3}{2}Nk_B T \tag{4.78}$$

系统的焓为

$$H = F + TS + pV = \frac{5}{2}Nk_B T \tag{4.79}$$

系统的吉布斯自由能为

$$G = F + pV = Nk_B T\left(1 - \ln\frac{V}{\lambda_T^3}\right) = N\mu + Nk_B T \neq N\mu \tag{4.80}$$

根据上面的分析，我们可以得到正确的单原子分子理想气体的状态方程、内能、焓的表达式，但是发现熵和吉布斯自由能不满足广延性的要求。化学势 μ 应该是强度量，但理论结果不满足此要求。吉布斯最终解决了这个问题，他认为微观粒子的不可分辨性应该是一个基本原理，需要遵守。

4.3.2 粒子的不可分辨性与吉布斯佯谬

为了研究 N 个全同不可分辨粒子系统的配分函数，先考察能量分别为 0 和 ε 的两能级系统(图 4.3(a))。系统单粒子的配分函数为

$$Z_1 = 1 + e^{-\beta\varepsilon} \tag{4.81}$$

对可分辨的双粒子系统(图 4.3(b))，系统的配分函数为

$$Z_2 = 1 + e^{-\beta\varepsilon} + e^{-\beta\varepsilon} + e^{-2\beta\varepsilon} \tag{4.82}$$

显然有 $Z_2 = Z_1^2$。以此类推，对 N 个可分辨粒子系统，系统的配分函数 $Z_N = Z_1^N$，这就是我们前面用到的结论。问题是，对 N 个不可分辨粒子系统，它的配

分函数是什么呢？考察不可分辨双粒子系统(图 4.3(c))，它的配分函数为

$$Z_2 = 1 + \mathrm{e}^{-\beta\varepsilon} + \mathrm{e}^{-2\beta\varepsilon} \tag{4.83}$$

显然，$Z_2 \neq Z_1^2$，而且它与 Z_1 的关系复杂。但对经典气体来说，由于粒子间的间距 $d \sim n^{-1/3} \gg \lambda_T$，该式如果不满足的话，必须考虑粒子的量子效应，这是下一章要讨论的内容，我们称该条件 $n\lambda_T^3 \ll 1$ 为经典极限条件。粒子间的间距远大于粒子的德布罗意波长，这说明系统的状态数要远大于系统中的粒子数，系统的每个态占据的粒子数远小于 1，因此完全可以忽略每个态上有多个粒子的情况。因此，考虑粒子全同性，在计算 Z_1^N 个过程中，重复计算了 $N!$ 次，即重复计算了 N 个粒子的排列数。因此，满足经典极限条件的 N 个全同粒子组成的系统的配分函数为

$$Z_N \approx \frac{1}{N!} Z_1^N \tag{4.84}$$

最后补充说明，对全同粒子，如果它们是可定域的，即它们各自在不同的空间区域运动，或限定在某个固定的空间位置(例如固体中的原子)，原则上可以根据位置的不同将每个原子进行编号或者染色而加以区分。因此，实际上可以当作可分辨的粒子系统处理。考虑气体分子的全同性之后，正确的单原子气体分子的配分函数就是

$$Z_N = \frac{1}{N!}\left(\frac{V}{\lambda_T^3}\right)^N \tag{4.85}$$

因此，系统的自由能为

$$F(T,V,N) = -k_{\mathrm{B}}T\ln\left[\frac{1}{N!}\left(\frac{V}{\lambda_T^3}\right)^N\right] = Nk_{\mathrm{B}}T[\ln(n\lambda_T^3) - 1] \tag{4.86}$$

根据 F 的全微分关系，得到正确的系统的熵、化学势以及吉布斯自由能的表达式：

$$S = -\left(\frac{\partial F}{\partial T}\right)_{N,V} = Nk_{\mathrm{B}}\left[\frac{5}{2} - \ln(n\lambda_T^3)\right] \tag{4.87}$$

$$\mu = \left(\frac{\partial F}{\partial N}\right)_{T,V} = k_{\mathrm{B}}T\ln(n\lambda_T^3) \tag{4.88}$$

$$G = F + PV = Nk_{\mathrm{B}}T\ln(n\lambda_T^3) = N\mu \tag{4.89}$$

式(4.87)给出的系统熵的表达式满足广延性的要求。

吉布斯佯谬在揭示微观粒子的全同性这一基本属性过程中发挥了重要作用。下面介绍什么是吉布斯佯谬，以及如何解释这一佯谬。如图 4.4 所示的焦耳膨胀过程，气体从容器的左边扩散到容器的右边，根据式(4.87)，该过程的熵变是

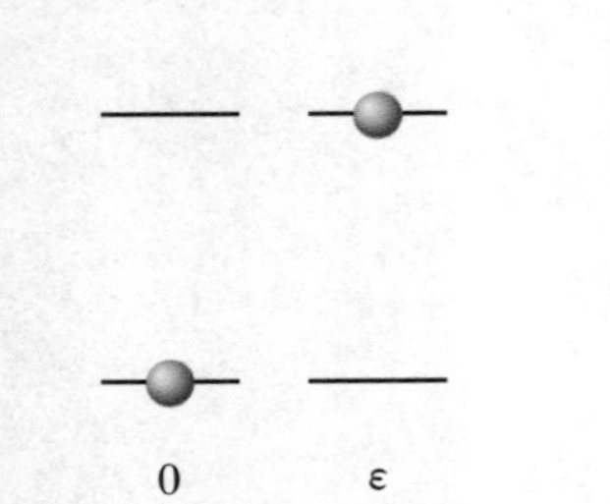

(a) 单粒子两能级系统

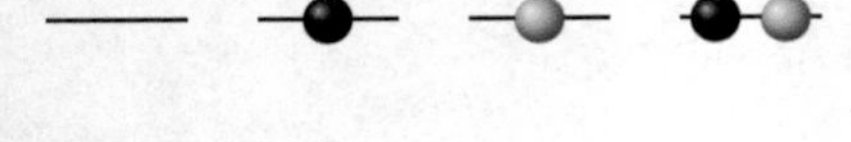

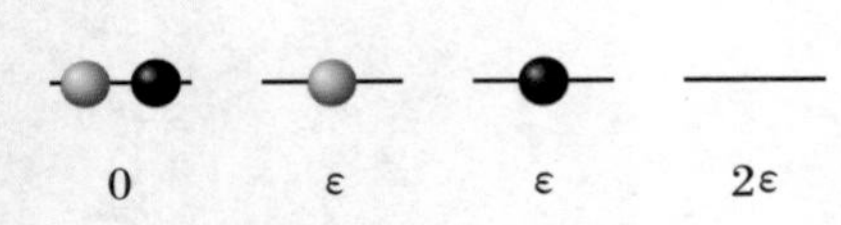

(b) 可分辨双粒子两能级系统

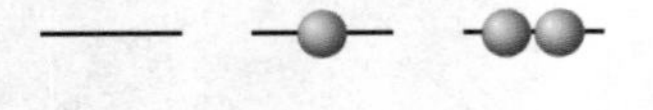

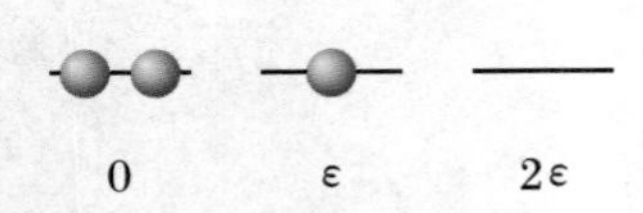

(c) 不可分辨双粒子两能级系统

图 4.3 两能级系统

(a) 两能级单粒子系统所有可能的微观态。能级能量分别为 0 或 ε。(b) 两能级可区分两粒子系统所有可能的微观态。(c) 两能级不可区分两粒子系统所有可能的微观态。

$$\Delta S = S_{\mathrm{f}} - S_{\mathrm{i}} = Nk_{\mathrm{B}}\left[\frac{5}{2} - \ln\left(\frac{n}{2}\lambda_T^3\right)\right] - Nk_{\mathrm{B}}\left[\frac{5}{2} - \ln(n\lambda_T^3)\right] = Nk_{\mathrm{B}}\ln 2 \tag{4.90}$$

这是一个不可逆过程，熵增是预料中的：粒子原来位于容器的左边，扩散之后，粒子既可能出现在左边，又可能出现在右边，不确定度增加，每个分子的不确定度是1个字节，因此总熵变就是：$Nk_{\mathrm{B}}\ln 2$。继续考虑如图4.4所示的两种气体的扩散。初始时刻容器的左边充满了A气体，右边充满了B气体，末态是A，B气体都均匀地充满了整个容器。A与B的熵增都是$Nk_{\mathrm{B}}\ln 2$，因此，该过程的总熵增就是$2Nk_{\mathrm{B}}\ln 2$。考察第三种情况，容器中充满了A气体，已达到了热平衡。从中间用一个隔板将它们分开，然后再抽开隔板，那么容器左边的分子将扩散到右边，而右边的分子也会扩散到容器的左边。类似第二种情况A，B两种气体的扩散，吉布斯佯谬说，这种情况下的熵变应该也是$2Nk_{\mathrm{B}}\ln 2$！实际上我们知道，该过程是可逆的，系统的熵变应该是零。如何理解吉布斯佯谬呢？关键还是粒子的全同性。由于粒子的全同性，我们不可能区分容器中任何地方的粒子，一半来自容器的左边，另一半来自容器右边。因此，系统初末态是一样的，系统状态没有改变，熵作为态函数，当然也没有改变。

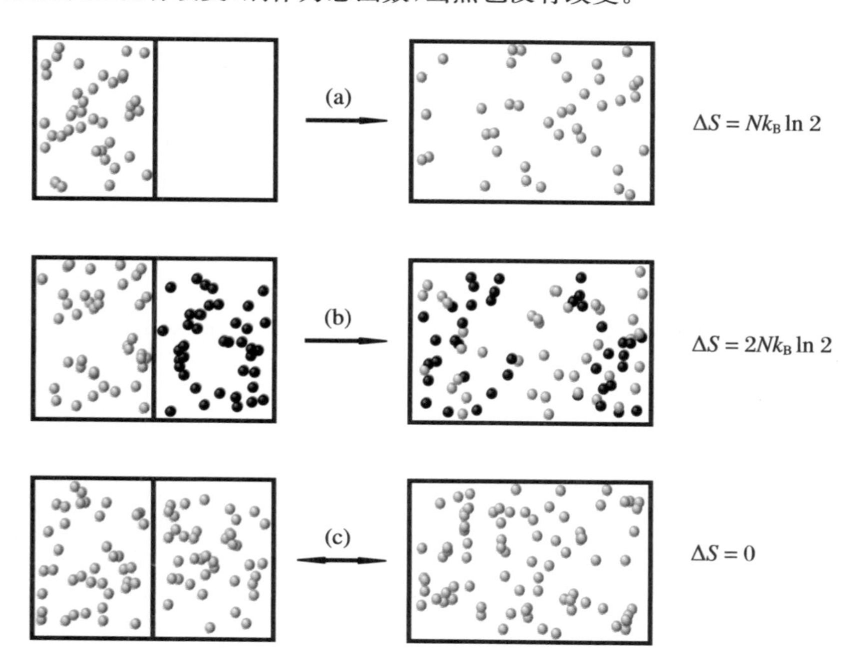

图4.4 吉布斯佯谬

情况(a)为某种理想气体的焦耳膨胀，这是一个不可逆过程；情况(b)为两种理想气体的焦耳膨胀，这是一个不可逆过程；情况(c)为同一种气体的混合，这是一个可逆过程。

4.3.3 麦克斯韦速度分布律

根据玻尔兹曼的统计理论，不仅能得到系统的热力学势，也得到了系统微观粒子的运动情况，即玻尔兹曼分布。

玻尔兹曼分布一个最直接的应用就是从理论上推导出麦克斯韦速度分布律。1859年，英国物理学家麦克斯韦根据平衡态理想气体的热运动特征，首先从理论上推导出了平衡态下的分子速度分布律。详细的讨论请参见朱晓东《热学》(第2版，2021)。其实麦克斯韦的推导过程中非常关键的地方，即速度分布的函数形式为以e为底的指数函数，是凭着麦克斯韦的物理直觉大胆猜测得到的。

下面从玻尔兹曼分布，严格地从理论上推导出麦克斯韦的速度分布律。首先建立系统微观粒子的模型。假设气体分子为理想气体，忽略它们之间的相互作用。假设单个气体分子的质量为 m，只考虑分子的平动，则单分子的总能量为

$$\varepsilon = \frac{1}{2m}(p_x^2 + p_y^2 + p_z^2) \tag{4.91}$$

相空间体积微元 $\Delta\omega_l(l=1,2,\cdots)$ 分别对应一个个“能级”。由于单分子平动的自由度为3，因此每个能级的简并度 ω_l 为

$$\omega_l = \frac{\Delta\omega_l}{h_0^3} = \frac{V}{h_0^3}\mathrm{d}p_x\mathrm{d}p_y\mathrm{d}p_z \tag{4.92}$$

根据玻尔兹曼分布，得到在相体积微元 $\Delta\omega_l$ 中的粒子数为

$$a_l = \mathrm{e}^{-\alpha-\beta\varepsilon_l}\ \frac{\Delta\omega_l}{h_0^3} \tag{4.93}$$

即在体积为 V 的容器中，动量在 $(p_x, p_y, p_z)\sim(p_x+\mathrm{d}p_x, p_y+\mathrm{d}p_y, p_z+\mathrm{d}p_z)$ 之间的分子数为

$$\mathrm{d}N(p_x,p_y,p_z) = \frac{V}{h_0^3}\mathrm{e}^{-\alpha-\frac{\beta}{2m}(p_x^2+p_y^2+p_z^2)}\mathrm{d}p_x\mathrm{d}p_y\mathrm{d}p_z \tag{4.94}$$

其中，α 由 N 根据下式给定：

$$\frac{V}{h_0^3}\iiint \mathrm{e}^{-\alpha-\frac{\beta}{2m}(p_x^2+p_y^2+p_z^2)}\mathrm{d}p_x\mathrm{d}p_y\mathrm{d}p_z = N \tag{4.95}$$

即

$$\mathrm{e}^{-\alpha} = \frac{N}{V}\left(\frac{h_0^2\beta}{2\pi m}\right)^{3/2} \tag{4.96}$$

因此

$$\frac{\mathrm{d}N}{N} = \left(\frac{\beta}{2\pi m}\right)^{3/2}\mathrm{e}^{-\frac{\beta}{2m}(p_x^2+p_y^2+p_z^2)}\mathrm{d}p_x\mathrm{d}p_y\mathrm{d}p_z$$

$$= \left(\frac{m\beta}{2\pi}\right)^{3/2} e^{-\frac{m\beta}{2}(v_x^2+v_y^2+v_z^2)} dv_x dv_y dv_z$$

$$\equiv f(v_x, v_y, v_z) dv_x dv_y dv_z \qquad (4.97)$$

在麦克斯韦的推导中，公式中的常数 β 由理想气体分子的平均平动能 $\frac{1}{2}m\bar{v}^2 = \frac{3}{2}k_B T$ 来确定（参见朱晓东《热学》(第 2 版，2021)）。计算结果表明：

$$\beta = \frac{1}{k_B T} \qquad (4.98)$$

实际上，在统计物理中上式为基本定义，参见式(4.38)。因此，

$$f(v_x, v_y, v_z) = \left(\frac{m}{2\pi k_B T}\right)^{3/2} e^{-\frac{m}{2k_B T}(v_x^2+v_y^2+v_z^2)} \qquad (4.99)$$

这里，$f(v_x, v_y, v_z)$就是著名的麦克斯韦速度分布函数。

4.3.4 能均分定理与瑞利-金斯公式

对于单原子分子，我们在上一节中很学究地、程式化地从配分函数得到了系统的自由能，然后根据勒让德变换得到了系统的内能 $U=3/2Nk_B T$。下面将讨论，在一些特殊情况下，可以根据能均分定理，直接给出系统内能 U 与温度 T 的关系，进一步给出热力学系统的热容。

对于温度为 T 的单原子气体分子理想气体，气体中分子运动速度有大有小，服从麦克斯韦分布，因此每个分子的能量 $\varepsilon=(p_x^2+p_y^2+p_z^2)/(2m)$也是不一样的，服从玻尔兹曼分布。根据玻尔兹曼分布可以证明，粒子能量中每一个广义动量或广义坐标的平方项的平均值等于 $\frac{1}{2}k_B T$。对于单原子分子，粒子由三个方向的动能相加，每个方向的动能平均分到的能量为 $\frac{1}{2}k_B T$，因此，系统的总能量，即内能 $U=\frac{3}{2}Nk_B T$，单原子分子理想气体的比热 $C_V=\frac{3}{2}Nk_B$。

下面来证明能均分定理。假设系统中微观粒子的动能和势能都为广义动量和广义坐标的平方项，即

$$\varepsilon = \varepsilon_p + \varepsilon_q = \frac{1}{2}\sum_{\alpha=1}^{s} a_\alpha p_\alpha^2 + \frac{1}{2}\sum_{\alpha=1}^{s} b_\alpha q_\alpha^2 \qquad (4.100)$$

其中，系数 a_α 都是正数，可以允许它们是广义坐标的函数，但不能是广义动量的函数，即保证每一个动能项仅是动量的平方。同理，系数 b_α 都是正数，可以允许它们是广义动量的函数，但不能是广义坐标的函数。粒子的能量服从玻尔兹曼分布，即

$$f(\varepsilon) = \mathrm{e}^{-\alpha-\beta\varepsilon} \tag{4.101}$$

不失一般性，$\frac{1}{2}a_1 p_1^2$ 的平均值为

$$\left\langle \frac{1}{2}a_1 p_1^2 \right\rangle = \frac{\int\cdots\int \frac{1}{2}a_1 p_1^2 f(\varepsilon)\frac{\mathrm{d}q_1\cdots\mathrm{d}q_s\mathrm{d}p_1\cdots\mathrm{d}p_s}{h^s}}{\int\cdots\int f(\varepsilon)\frac{\mathrm{d}q_1\cdots\mathrm{d}q_s\mathrm{d}p_1\cdots\mathrm{d}p_s}{h^s}} \tag{4.102}$$

与 p_1 有关的积分项为

$$\begin{aligned}\int_{-\infty}^{+\infty}\frac{1}{2}a_1 p_1^2 \mathrm{e}^{-\beta a_1 p_1^2/2}\mathrm{d}p_1 &= -\frac{p_1}{2\beta}\mathrm{e}^{-\beta a_1 p_1^2/2}\Big|_{-\infty}^{+\infty} + \frac{1}{2\beta}\int_{-\infty}^{+\infty}\mathrm{e}^{-\beta a_1 p_1^2/2}\mathrm{d}p_1\\ &= \frac{1}{2\beta}\int_{-\infty}^{+\infty}\mathrm{e}^{-\beta a_1 p_1^2/2}\mathrm{d}p_1\end{aligned} \tag{4.103}$$

代入上式，得到

$$\left\langle \frac{1}{2}a_1 p_1^2 \right\rangle = \frac{1}{2\beta} = \frac{1}{2}k_{\mathrm{B}}T \tag{4.104}$$

同理可证

$$\left\langle \frac{1}{2}b_1 q_1^2 \right\rangle = \frac{1}{2}k_{\mathrm{B}}T \tag{4.105}$$

因此，系统的内能 $U = Nsk_{\mathrm{B}}T$。

能均分定理最大的用处就是迅速得到一些热力学系统的内能表达式和热容。例如本节一开头我们提到的单原子分子的内能 $U=\frac{3}{2}Nk_{\mathrm{B}}T$。对于双原子分子，每个分子的能量由七个平方项组成，根据能均分定理，系统的内能 $U=\frac{7}{2}Nk_{\mathrm{B}}T$，实际测量结果是，在室温下，$U=\frac{5}{2}Nk_{\mathrm{B}}T$。这一测量结果与经典理论不相符合，需要在量子理论中才能给出合理的解释。粗略地说，在室温下，分子之间的振动被冻结。

前面提到了固体比热的杜隆-珀蒂定律。根据能均分定理很容易推导出该定律。假设固体中有 N 个原子位于晶格上，它们在晶格附近作三维简谐振动。每个原子之间的振动是相互影响的，假设它们之间的相互作用很小，可以将所有原子振动看作 $3N$ 个独立的一维谐振子。也就是说，我们所研究的热力学系统是由 $3N$ 个独立的一维谐振子组成的“理想气体”。根据能均分定理，固体的内能 $U=3Nk_{\mathrm{B}}T$，因此固体比热等于 $C_v=3Nk_{\mathrm{B}}$，为常数。这一结果在室温和高

温条件下与实验结果符合得很好。但是，当温度下降到某个特征温度以下时，实验发现固体的比热随着温度的下降几乎是e指数下降，当温度趋近于绝对零度时，比热也趋近于零。这说明固体的经典统计理论在低温的时候已不再适用。在低温时，原子振动的力学模型需要改进。我们将在4.6小节以及6.4.6小节中讨论这个问题。

下面根据能均分定律讨论黑体辐射。黑体具有确定的温度 T，黑体辐射与黑体的内部结构无关。前面讨论过，可以用温度为 T 的空窖来模拟黑体，空窖内充满了温度为 T、与空窖壁处于热平衡的辐射场，即温度为 T 的黑体辐射场。空窖内温度为 T 的黑体辐射能谱分布符合黑体辐射的普朗克公式。

假设空窖为边长为 L 的正方体，空窖中充满了频率为 ω_n 的驻波：

$$\omega_{\boldsymbol{n}} = \frac{2\pi}{L} |\boldsymbol{n}| c \tag{4.106}$$

其中，$\boldsymbol{n}$ 为三维整数矢量，c 为光速。在1900年之前，物理学家认为每个电磁振动模式的能量可以任意小，且有两个偏振态。根据经典的能均分定律，黑体辐射在所有模式都是相等的，辐射强度正比于相空间的微元体积，即微观状态数的多少。根据上式，有

$$\mathrm{d}n_x \mathrm{d}n_y \mathrm{d}n_z = 2\frac{L^3}{(2\pi c)^3}\mathrm{d}\omega_1 \mathrm{d}\omega_2 \mathrm{d}\omega_3 = \frac{V}{\pi^2 c^3}\omega^2 \mathrm{d}\omega \tag{4.107}$$

即

$$D(\omega)\mathrm{d}\omega = \frac{V}{\pi^2 c^3}\omega^2 \mathrm{d}\omega \tag{4.108}$$

根据能均分定律，有

$$u(\omega)\mathrm{d}\omega = \frac{1}{V}D(\omega)\mathrm{d}\omega k_{\mathrm{B}} T \tag{4.109}$$

即

$$u(\omega) = \frac{1}{\pi^2 c^3}\omega^2 k_{\mathrm{B}} T \tag{4.110}$$

黑体辐射谱的经典结果由瑞利(John William Strutt, 3rd Baron Rayleigh, 1842—1919)于1900年和金斯(James Hopwood Jeans, 1877—1946)于1905分别得到。该辐射谱存在紫外灾难，这说明能均分定理对黑体辐射不适用。导致普朗克提出辐射场的能量是量子化的。爱因斯坦(Albert Einstein, 1879—1955)认为量子化的能量对应实物粒子，并用于解释光电效应。化学家吉尔伯特·路易斯(Gilbert Lewis, 1875—1946)称之为光子。

上面的推导就算是在经典物理的框架内，其实也是不严谨的。为了能用到

能均分定律,我们假设每一个电磁振动模式类似简谐振动,能量有动量和位移的平方项。这样的处理,本质上是将电磁波处理成了机械波。

其实根据量纲分析,$u(\omega)$的量纲为:单位体积、单位频率的能量。用 $\omega, k_B T, c$ 构造一个同样量纲的量,很容易得到

$$u(\omega) \propto \frac{1}{c^3}\omega^2 k_B T \tag{4.111}$$

4.4 理想双原子分子气体的统计理论

双原子分子的能量由三部分构成:质心的平动动能、分子的转动动能以及原子之间的振动能。

$$\begin{aligned}\varepsilon &= \varepsilon_t + \varepsilon_r + \varepsilon_v \\ &= \frac{1}{2m}(p_x^2 + p_y^2 + p_z^2) + \frac{1}{2I}\left(p_\theta^2 + \frac{1}{\sin^2\theta}p_\phi^2\right) + \frac{p_r^2}{2\mu} + \frac{1}{2}\mu\omega^2 r^2\end{aligned} \tag{4.112}$$

显然

$$Z_1 = Z_1^t Z_1^r Z_1^v \tag{4.113}$$

其中

$$Z_1^t = \int\cdots\int \frac{\mathrm{d}x\mathrm{d}y\mathrm{d}z\mathrm{d}p_x\mathrm{d}p_y\mathrm{d}p_z}{h^3}\mathrm{e}^{-\frac{\beta}{2m}(p_x^2+p_y^2+p_z^2)} = V\left(\frac{2\pi m}{h^2\beta}\right)^{3/2} = \frac{V}{\lambda_t^3} \tag{4.114}$$

这里,$\lambda_t = h/\sqrt{2\pi m k_B T}$,为分子的热德布罗意波长。

$$\begin{aligned}Z_1^r &= \int\cdots\int \frac{\mathrm{d}\theta\mathrm{d}\phi\,\mathrm{d}p_\theta\mathrm{d}p_\phi}{h^2}\mathrm{e}^{-\frac{\beta}{2I}\left(p_\theta^2+\frac{1}{\sin^2\theta}p_\phi^2\right)} \\ &= \frac{1}{h^2}\int_0^{2\pi}\mathrm{d}\phi\int_0^{\pi}\mathrm{d}\theta\int_{-\infty}^{+\infty}\mathrm{d}p_\theta\,\mathrm{e}^{-\frac{\beta}{2I}p_\theta^2}\int_{-\infty}^{+\infty}\mathrm{d}p_\phi\,\mathrm{e}^{-\frac{\beta}{2I\sin^2\theta}p_\phi^2} \\ &= \frac{1}{h^2}\int_0^{2\pi}\mathrm{d}\phi\int_0^{\pi}\mathrm{d}\theta\left(\frac{2\pi I}{\beta}\right)^{1/2}\left(\frac{2\pi I\sin^2\theta}{\beta}\right)^{1/2} \\ &= \frac{8\pi^2 I}{h^2\beta} \equiv \frac{T}{\theta_r}\end{aligned} \tag{4.115}$$

这里引入了转动特征温度 θ_r:

$$\theta_{\mathrm{r}} \equiv \frac{h^2 k_{\mathrm{B}}}{8\pi^2 I} \tag{4.116}$$

以及振动配分函数为

$$Z_1^{\mathrm{v}} = \iint \frac{\mathrm{d}p_{\mathrm{r}}\mathrm{d}r}{h} \mathrm{e}^{-\frac{\beta}{2\mu}(p_{\mathrm{r}}^2+\mu^2\omega^2 r^2)} = \frac{2\pi}{h\omega\beta} \equiv \frac{T}{\theta_{\mathrm{v}}} \tag{4.117}$$

同理,这里引入了振动特征温度 $\theta_{\mathrm{v}} \equiv \hbar\omega / k_{\mathrm{B}}$。

双原子分子的自由能为

$$\begin{aligned} F &= - Nk_{\mathrm{B}} T(\ln Z_1^{\mathrm{t}} + \ln Z_1^{\mathrm{r}} + \ln Z_1^{\mathrm{v}}) + Nk_{\mathrm{B}} T \ln N \\ &= - Nk_{\mathrm{B}} T\left[\ln\left(\frac{V}{N\lambda_{\mathrm{t}}^3}\right) + \ln\left(\frac{T}{\theta_{\mathrm{r}}}\right) + \ln\left(\frac{T}{\theta_{\mathrm{v}}}\right)\right] \end{aligned} \tag{4.118}$$

根据 F 的全微分,得到

$$p = - \left(\frac{\partial F}{\partial V}\right)_{N,T} = \frac{Nk_{\mathrm{B}} T}{V} \tag{4.119}$$

这就是理想气体的状态方程,与单原子分子理想气体的结果一致。系统的单粒子化学势为

$$\mu = - \left(\frac{\partial F}{\partial N}\right)_{T,V} = - k_{\mathrm{B}} T\left[\ln\left(\frac{V}{N\lambda_{\mathrm{t}}^3}\right) + \ln\left(\frac{T}{\theta_{\mathrm{r}}}\right) + \ln\left(\frac{T}{\theta_{\mathrm{v}}}\right) - 1\right] \tag{4.120}$$

系统的熵为

$$\begin{aligned} S &= - \left(\frac{\partial F}{\partial T}\right)_{N,V} \\ &= Nk_{\mathrm{B}}\left[\ln\left(\frac{V}{N\lambda_{\mathrm{t}}^3}\right) + \frac{3}{2}\right] + Nk_{\mathrm{B}}\left[\ln\left(\frac{T}{\theta_{\mathrm{r}}}\right) + 1\right] + Nk_{\mathrm{B}}\left[\ln\left(\frac{T}{\theta_{\mathrm{v}}}\right) + 1\right] \end{aligned} \tag{4.121}$$

与单原子分子气体的结果相比,转动和振动对系统的化学势(μ)和熵(S)的结果是有影响的。其他热力学势可以通过勒让德变换得到

$$U = F + TS = \frac{7}{2} Nk_{\mathrm{B}} T \tag{4.122}$$

$$H = F + TS + pV = \frac{9}{2} Nk_{\mathrm{B}} T \tag{4.123}$$

$$G = F + pV = - Nk_{\mathrm{B}} T\left[\ln\left(\frac{V}{N\lambda_{\mathrm{t}}^3}\right) + \ln\left(\frac{T}{\theta_{\mathrm{r}}}\right) + \ln\left(\frac{T}{\theta_{\mathrm{v}}}\right) - 1\right] = N\mu \tag{4.124}$$

4.5 理想气体的化学反应

先讨论一般情况下的化学平衡条件。在化学反应过程中,各反应物或生成物在化学反应达到平衡之后的量由它们的化学势决定。考虑如下的化学反应:

$$\nu_A A + \nu_B B \longleftrightarrow \nu_X X + \nu_Y Y \tag{4.125}$$

其中,A,B 为反应物,X,Y 为生成物。$\nu_i(i=A,B,X,Y)$为反应过程中 i 组元的系数,一次化学反应中各组元的分子数改变正比于它的系数ν_i。为了方便起见,可以将化学反应式改写为如下更对称的形式:

$$\sum_i \nu_i A_i = \nu_1 A_1 + \nu_2 A_2 + \cdots + \nu_n A_n = 0 \tag{4.126}$$

其中 $A_i(i=1,2,\cdots,n)$为第 i 个参与反应的化学物。ν_i 的正负号是为了区分它们是反应物还是生成物。例如,规定反应物为正,生成物为负。假如初始时各组元的分子数为 N_i^0,则在 ΔN 次化学反应之后,$N_i = N_i^0 - \nu_i \Delta N$。如果 $\Delta N>0$,则说明反应为正方向;如果 $\Delta N<0$,则说明反应为反方向。化学反应一般在等温和等压的条件下进行。在此条件下,系统的吉布斯自由能 $G(T,P,N_1,N_2,\cdots,N_n)$的改变量为

$$\Delta G = -\sum_i (\nu_i \mu_i)\Delta N \tag{4.127}$$

其中,μ_i 为第 i 个组元的化学势,它的定义为

$$\mu_i = \left(\frac{\partial G}{\partial N_i}\right)_{T,P,n_j\neq n_i} \tag{4.128}$$

在等温等压下,热力学第二定律要求吉布斯自由能的改变沿着方向 $\Delta G<0$ 进行,即 $\Delta G\leqslant 0$。达到化学平衡时,$\Delta G=0$。据此得到了如下的化学平衡的条件:

$$\sum_i \nu_i \mu_i = 0 \tag{4.129}$$

在给定参与化学反应的初始粒子数(N_i^0)之后,化学反应达到平衡之后,化学反应的次数 ΔN 原则上可由化学平衡条件式(4.129)决定。问题是,我们需要事先知道各个组元 i 的化学势,在大多数情况下,可以通过实验测得各反应物或生成物的化学势。如果参与反应的化学物都为理想气体,则它们的化学势可以通过统计物理方法得到。

下面研究混合理想气体的化学反应。如果进一步假设 $F = \sum_i F_i$,则可以

导出平衡时反应物密度之间的关系。研究理想气体的化学反应有两个原因：一是因为理想气体的化学势很容易从理论得到；二是理想气体模型本身在具体研究中也是一个非常好的近似。理想气体的自由能表达式为

$$F(N,T,V) = N\varepsilon + Nk_{\mathrm{B}}T\ln\left(\frac{N\lambda_T^3}{V}\right) - Nk_{\mathrm{B}}T - Nk_{\mathrm{B}}T\ln j(T) \quad (4.130)$$

其中，ε 为分子的基态能量，λ_T 为热德布罗意波长，$j(T)$是分子内部自由度相关的配分函数，对于没有内部结构，但有自旋的粒子，$j_i = 2s_i + 1$。根据自由能 F 的全微分关系，可以得到任一 i 组元的化学势μ_i 为

$$\mu_i = \left(\frac{\partial F}{\partial N_i}\right)_{T,V} = \varepsilon_i + k_{\mathrm{B}}T\ln(n_i\lambda_i^3) - k_{\mathrm{B}}T\ln j_i(T) \quad (4.131)$$

其中，n_i 为粒子数密度。

将式(4.131)代入化学平衡条件式(4.129)，得到

$$\sum_i \nu_i\left[\varepsilon_i + k_{\mathrm{B}}T\ln(n_i\lambda_i{}^3) - k_{\mathrm{B}}T\ln j_i(T)\right] = 0 \quad (4.132)$$

引入各组元的粒子数丰度 $x_i \equiv n_i/n_0$，这里 n_0 为参考粒子数密度，也称为标准粒子数密度。整理式(4.132)，得到

$$\prod_i x_i^{\nu_i} = \mathrm{e}^{-\beta\Delta\mu^{(0)}} \equiv K(T) \quad (4.133)$$

其中，$\mu_i^{(0)}$ 表示粒子数密度为标准密度n_0 时粒子的化学势：

$$\mu_i^{(0)} \equiv \mu_i(T,n_0) = \varepsilon_i + k_{\mathrm{B}}T\ln(n_0\lambda_i^3) - k_{\mathrm{B}}T\ln j_i(T) \quad (4.134)$$

而 $\Delta\mu^{(0)}$则为一次化学反应之后混合系统吉布斯自由能的改变值：

$$\Delta\mu^{(0)} = \sum_i \nu_i\mu_i^{(0)} \quad (4.135)$$

式(4.133)被称为质量作用律。

下面讨论中性氢的电离平衡问题。氢原子的电离能 $\chi_{\mathrm{H}} = 13.6\ \mathrm{eV}$。氢电离-复合平衡过程为

$$\mathrm{p} + \mathrm{e}^- \longleftrightarrow \mathrm{H} + \gamma \quad (4.136)$$

将气体中的中性氢 HI、电离氢(质子 p)以及电子看作为三种不同的化学物质。相应的化学平衡条件为

$$\mu_{\mathrm{p}} + \mu_{\mathrm{e}} = \mu_{\mathrm{H}} \quad (4.137)$$

由于氢原子的电离温度 $T_{\mathrm{ion}} = \chi_{\mathrm{H}}/k_{\mathrm{B}} = 1.58\times10^5\ \mathrm{K}$，气体中粒子热运动的能量远低于电子的静止能量，因此质子、电子和氢原子都是非相对论的粒子，符合玻

尔兹曼统计，它们的化学势分别为

$$\mu_{\mathrm{p}} = m_{\mathrm{p}}c^2 + k_{\mathrm{B}}T\ln(n_{\mathrm{p}}\lambda_{\mathrm{p}}^3) - k_{\mathrm{B}}T\ln 2 \tag{4.138}$$

$$\mu_{\mathrm{e}} = m_{\mathrm{e}}c^2 + k_{\mathrm{B}}T\ln(n_{\mathrm{e}}\lambda_{\mathrm{e}}^3) - k_{\mathrm{B}}T\ln 2 \tag{4.139}$$

$$\mu_{\mathrm{H}} = m_{\mathrm{H}}c^2 + k_{\mathrm{B}}T\ln(n_{\mathrm{H}}\lambda_{\mathrm{H}}^3) - k_{\mathrm{B}}T\ln 4 \tag{4.140}$$

已知氢原子的结合能 $\chi_{\mathrm{H}} = 13.6\ \mathrm{eV}$，即

$$m_{\mathrm{p}}c^2 + m_{\mathrm{e}}c^2 - m_{\mathrm{H}}c^2 = \chi_{\mathrm{H}} = 13.6\ \mathrm{eV} \tag{4.141}$$

根据化学平衡条件，以及理想气体的化学势，并采用近似：$\lambda_{\mathrm{H}} \approx \lambda_{\mathrm{p}}$，易得

$$n_{\mathrm{H}} = n_{\mathrm{p}}n_{\mathrm{e}}\lambda_{\mathrm{e}}^3 \mathrm{e}^{\frac{\chi_{\mathrm{H}}}{k_{\mathrm{B}}T}} \tag{4.142}$$

上式就是著名的萨哈方程，由萨哈(Meghnad Saha)于1920年从理论推导得到。萨哈方程在天体物理中有着广泛的应用，比如用来计算恒星大气中各种离子的比例，用来研究宇宙早期氢原子的复合，参见5.5.5小节的讨论。

4.6 固体比热的爱因斯坦理论

前面提到了固体比热的杜隆-珀蒂定律，即在常温下，固体的比热是常数。而且已经根据能均分定理推导出该定律。

下面再按照微观模型—配分函数—热力学势的标准程序讨论固体比热。固体中原子的振动等效于 $3N$ 个一维谐振子。

$$Z_1 = \frac{k_{\mathrm{B}}T}{\hbar\omega} \equiv \frac{T}{\theta_{\mathrm{v}}} \tag{4.143}$$

这里特征振动温度 $\theta_{\mathrm{v}} \equiv \hbar\omega / k_{\mathrm{B}}$。

自由能为

$$F = -3Nk_{\mathrm{B}}T\ln\left(\frac{T}{\theta_{\mathrm{v}}}\right) \tag{4.144}$$

单振动化学势为

$$\mu = -\left(\frac{\partial F}{\partial N}\right)_T = -3k_{\mathrm{B}}T\ln\left(\frac{T}{\theta_{\mathrm{v}}}\right) \tag{4.145}$$

熵为

$$S = -\left(\frac{\partial F}{\partial T}\right)_N = 3Nk_B\left[\ln\left(\frac{T}{\theta_v}\right) + 1\right] \tag{4.146}$$

内能为

$$U = F + TS = 3Nk_B T \tag{4.147}$$

注意：当温度趋近于绝对零度时，根据公式(4.146)，系统的熵趋向于负无穷。这说明在低温条件下，固体的振动用经典理论是无法处理的。

在室温和高温条件下，固体的比热是常数。固体中原子的热振动可以看成$3N$个1维的谐振子，根据经典统计理论，特别是根据能均分定律，给予了很好的理论解释。但是，随着低温技术的发展，实验发现固体比热在温度趋向于绝对零度的时候趋向于零，也就是说经典统计理论已不能解释低温时固体比热问题。

爱因斯坦敏锐地意识到，这可能是一种量子效应，即固体振动的能量是分立的，分立能级之间的能量间隔为$\hbar\omega$，在室温条件下，$k_B T \gg \hbar\omega$，即振动的特征能量$k_B T$远大于振动能隙，虽然谐振子能量是分立的，但是是准连续的，能级分立效应几乎可以完全忽略。但当下降到$k_B T \leqslant \hbar\omega$时，振动能量的量子化效应就开始显著，导致固体比热随着温度的下降迅速趋向于零。

下面半定量地讨论一下低温下固体的比热。当温度低于$\hbar\omega$时，按道理所有的谐振子都冻结在基态，导致固体比热应该等于零。实际上，虽然系统的温度小于谐振子能隙，但给定温度T之后，系统中谐振子的能量是热分布的，遵循麦克斯韦分布，总有一些谐振子的能量是大于谐振子能隙$\hbar\omega$的，但是$\varepsilon > \hbar\omega$的振子数$\Delta N$的比例随着e指数下降：

$$\frac{\Delta N}{3N} \sim e^{-\frac{\hbar\omega}{k_B T}} \tag{4.148}$$

我们再严格一点讨论。在温度很低的时候，谐振子基本都冻结在基态，少量谐振子被激发到第一激发态，处于更高激发态的谐振子的数目基本为零。因此，我们用两能级的模型来近似。根据玻尔兹曼统计，处于第一激发态的谐振子的数目近似为

$$\frac{\Delta N}{3N} \approx e^{-\frac{\varepsilon_1 - \varepsilon_0}{k_B T}} = e^{-\frac{\hbar\omega}{k_B T}} \tag{4.149}$$

每个$\varepsilon > \hbar\omega$的振子成功将振子从基态激发到第一激发态，对内能贡献了一个$\hbar\omega$。从基态激发到更高激发态的概率几乎完全可以忽略。因此，系统的内能约为

$$U \approx \Delta N\hbar\omega = 3Ne^{-\frac{\hbar\omega}{k_B T}}\hbar\omega \tag{4.150}$$

从上式可以看出,随着温度的下降,哪怕是 $k_B T<\hbar\omega$,系统的内能也不为零,但随着温度的下降按 e 指数迅速下降。以后我们还会经常遇到,如果某个物理量随着温度的下降呈指数下降,很可能内部存在分立能级或者能隙。

根据式(4.150),在低温时固体的比热为

$$C_V = 3Nk_B\left(\frac{\hbar\omega}{k_B T}\right)^2 e^{-\frac{\hbar\omega}{k_B T}} \tag{4.151}$$

显然,随着温度的下降,固体的比热以 e 指数的形式快速趋近于零。

下面继续介绍爱因斯坦的固体比热理论。首先是建立微观谐振子的模型,为了简单起见,爱因斯坦假设 $3N$ 个谐振子的固有频率都相同,都为 ω,另外,谐振子的能级是量子化的:

$$\varepsilon_n = \left(n+\frac{1}{2}\right)\hbar\omega \tag{4.152}$$

由于每个谐振子都在晶格附近振动,振子是可分辨的,遵从玻尔兹曼分布。微观模型建立之后,根据统计理论,得到系统的单粒子配分函数:

$$Z_1 = \sum_{n=0}^{\infty} e^{-(n+1/2)\beta\hbar\omega} = \frac{e^{-\beta\hbar\omega/2}}{1-e^{-\beta\hbar\omega}} \tag{4.153}$$

进一步得到系统的自由能为

$$F(N,T,V) = -3Nk_B T\ln Z_1 = \frac{3}{2}N\hbar\omega + 3Nk_B T\ln(1-e^{-\frac{\hbar\omega}{k_B T}}) \tag{4.154}$$

根据自由能的全微分关系 $dF=-SdT-PdV+\mu dN$,得到系统的熵为

$$S = -\left(\frac{\partial F}{\partial N}\right)_{N,V} = 3Nk_B\left[-\ln(1-e^{-\frac{\hbar\omega}{k_B T}})+\frac{\hbar\omega}{k_B T}\frac{e^{-\hbar\omega/(k_B T)}}{1-e^{-\hbar\omega/(k_B T)}}\right] \tag{4.155}$$

系统的内能为

$$U = F+TS = \frac{3}{2}N\hbar\omega + \frac{3N\hbar\omega}{e^{\hbar\omega/(k_B T)}-1} \tag{4.156}$$

从上式可以看出,当温度 $T\to 0$ K 时,$U\to\frac{3}{2}N\hbar\omega$,即上式的第一项为 $3N$ 个振子的零点能,这是一种纯量子力学效应。显然,上式的第二项为温度不等于零时谐振子总的激发态的能量。

固体的定容热容量为

$$\begin{aligned} C_V &= \left(\frac{\partial U}{\partial T}\right)_{V,N} = 3Nk_B\left(\frac{\hbar\omega}{k_B T}\right)^2\frac{e^{\hbar\omega/(k_B T)}}{[e^{\hbar\omega/(k_B T)}-1]^2} \\ &= 3Nk_B\left(\frac{\theta_v}{T}\right)^2\frac{e^{\theta_v/T}}{(e^{\theta_v/T}-1)^2} \end{aligned} \tag{4.157}$$

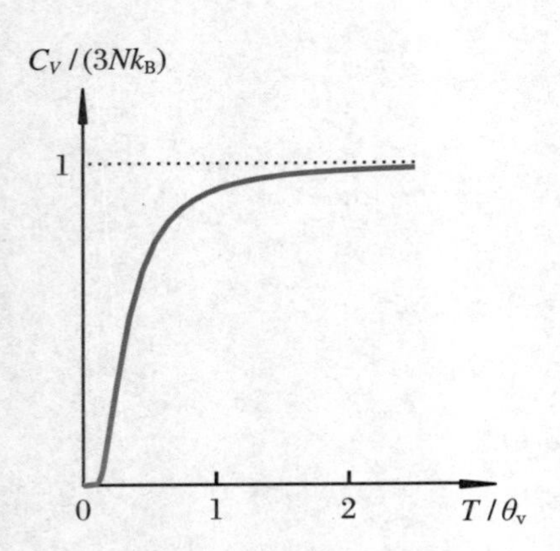

图 4.5 固体比热的爱因斯坦理论

在上式中，引入了特征振动温度 θ_v：

$$\theta_\mathrm{v} \equiv \frac{\hbar\omega}{k_\mathrm{B}} \tag{4.158}$$

当外界的温度远高于系统的特征温度，即 $T \gg \theta_\mathrm{v}$ 时，

$$C_V \approx 3Nk_\mathrm{B} \tag{4.159}$$

这一结果与经典谐振子的结果一致。在高温时，系统的温度对应的特征能量 $k_\mathrm{B}T$ 远大于谐振子的能级差 $\hbar\omega$，原则上离散的能级几乎是连续的，能级的量子化效应几乎可以忽略。

当外界的温度远低于系统的特征温度，即 $T \ll \theta_\mathrm{v}$ 时，

$$C_V \approx 3Nk_\mathrm{B}\left(\frac{\theta_\mathrm{v}}{T}\right)^2 \mathrm{e}^{-\theta_\mathrm{v}/T} \tag{4.160}$$

随着温度的下降，固体比热以 e 指数的形式快速下降，最终趋向于零。

4.7 顺磁性固体

顺磁固体的磁性一般由原子的磁矩贡献。这里假设每个原子具有一个固定的磁矩 $\boldsymbol{\mu}$。将顺磁固体放入磁感应强度为 $\boldsymbol{B}$ 的外磁场中，原子磁矩倾向于沿着外磁场方向排列，使得其在外磁场中的势能 $-\boldsymbol{\mu}\cdot\boldsymbol{B}$ 取尽可能小的值。所有原子磁矩的矢量叠加导致可观测的宏观磁化率 $\boldsymbol{M}$。随着温度的升高，原子热运动能量增加，使得原子磁矩排列越来越混乱，在非常高的温度时，总磁矩 $\boldsymbol{M}$ 消失。因此，对顺磁体来说，原子磁矩在外磁场中的势能与原子热运动的动能相互竞争。

下面先讨论顺磁固体的经典理论。假设系统中有 N 个原子磁矩，不考虑它们之间的相互作用，顺磁体可以看做近独立的玻尔兹曼系统。单个磁矩在外场中的能量为

$$\varepsilon = -\boldsymbol{\mu}\cdot\boldsymbol{B} = -\mu B\cos\theta \tag{4.161}$$

其中，θ 为原子磁矩与外磁场的夹角。显然单粒子（原子磁矩）的配分函数为

$$Z_1(T,B) = \int \mathrm{d}\phi\,\mathrm{d}\cos\theta\,\mathrm{e}^{\beta\mu B\cos\theta} = 4\pi\frac{\sinh(\beta\mu B)}{\beta\mu B} \tag{4.162}$$

进一步得到系统的自由能为

$$F(T,B,N) = -Nk_B T\ln\left[4\pi\frac{\sinh(\beta\mu B)}{\beta\mu B}\right] \tag{4.163}$$

从对称性考虑，顺磁介质总的磁矩只可能沿着外磁场方向。根据自由能的全微分关系：$dF = -SdT - MdB$，系统的总磁矩为

$$M = -\left(\frac{\partial F}{\partial B}\right)_T = N\mu\left[\coth(\beta\mu B) - \frac{1}{\beta\mu B}\right] \equiv N\mu L(x) \tag{4.164}$$

其中，$L(x) \equiv \coth(x) - 1/x$ 称为郎之万函数（见图 4.6），$x = \mu B/(k_B T) \equiv 1/\theta$，这里 θ 为引入的无量纲化温度。

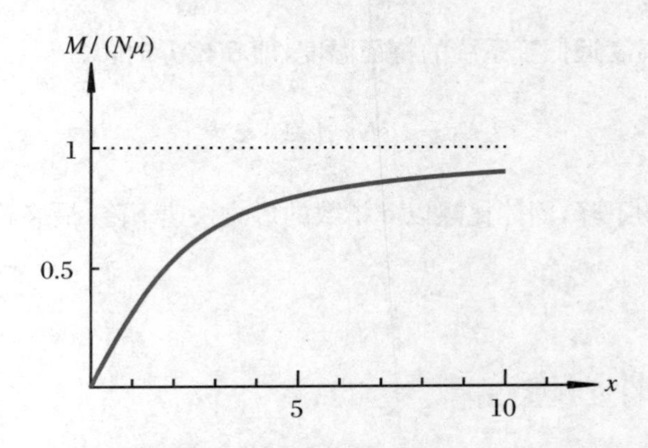

图 4.6　经典顺磁体中总磁矩 M 随着 $x = \mu B/(k_B T)$ 的变化

在低温或者强磁场情况下，$x \gg 1(\theta \ll 1)$，$L(x) \approx 1$，几乎所有原子磁矩都沿着外磁场方向排列，系统达到磁化饱和。在高温或者弱磁场情况下，$x \ll 1(\theta \gg 1)$，$L(x) \approx x/3 - x^3/45 + \cdots$，系统的总磁矩为

$$M \approx \frac{N\mu^2}{3k_B T}B \equiv C\frac{B}{T} \tag{4.165}$$

其中，$C = N\mu^2/(3k_B T)$ 为顺磁体的居里系数。

根据式(4.163)，系统的熵为

$$S = -\left(\frac{\partial F}{\partial T}\right)_B = Nk_B\left\{\ln\left[4\pi\frac{\sinh(x)}{x}\right] - xL(x)\right\} \tag{4.166}$$

当 $x \ll 1$ 时，$S \to Nk_B \ln 4\pi$；当 $x \gg 1$ 时，$S \propto -\ln x \to -\infty$，该结果是非物理的，这是因为在低温时，理想气体假设已不成立，即在低温时，粒子之间的相对作用不能再忽略。

进一步得到系统的内能为

$$U = F + TS = -MB \tag{4.167}$$

即内能为平均磁矩在磁场中的能量。

下面讨论原子磁矩在外磁场中取向分立的情形。最简单的模型就是原子

磁矩只有两个取向：与外磁场同向和反向，即两能级系统。在这种情况下，单粒子配分函数 Z_1 为

$$Z_1(T,B) = e^{-\beta\mu B} + e^{\beta\mu B} = 2\cosh\left(\frac{\mu B}{k_B T}\right) \tag{4.168}$$

其中，外磁场 B 可以看做广义位移。根据统计理论，系统的自由能为

$$\begin{aligned} F(N,T,B) &= -Nk_B T\ln Z_1 \\ &= -Nk_B T\left[\ln 2 + \ln\cosh\left(\frac{\mu B}{k_B T}\right)\right] \end{aligned} \tag{4.169}$$

与外磁场对应的广义力为磁化强度 M。根据自由能的全微分 $dF = -SdT - MdB$，分别可以得到系统的熵和磁化强度的表达式：

$$S = -\left(\frac{\partial F}{\partial T}\right)_{N,B} = Nk_B\left[\ln 2 + \ln\cosh\left(\frac{\mu B}{k_B T}\right) - \left(\frac{\mu B}{k_B T}\right)\tanh\left(\frac{\mu B}{k_B T}\right)\right] \tag{4.170}$$

$$M = -\left(\frac{\partial F}{\partial B}\right)_{N,T} = N\mu\tanh\left(\frac{\mu B}{k_B T}\right) \tag{4.171}$$

以及根据勒让德变换：$U = F + TS$，得到

$$U = -N\mu B\tanh\left(\frac{\mu B}{k_B T}\right) = -MB \tag{4.172}$$

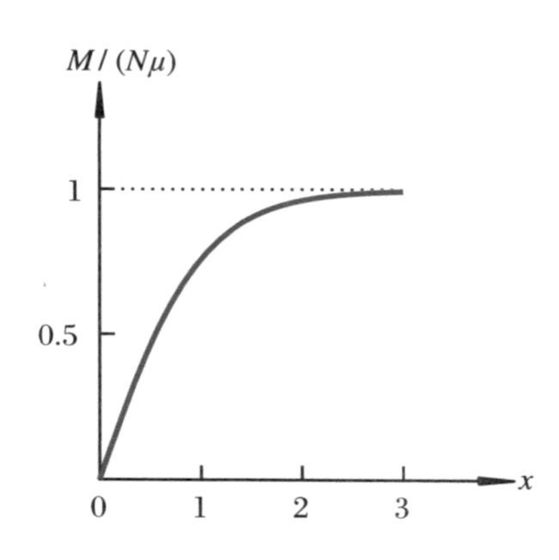

图 4.7 两能级顺磁体中总磁矩 M 随着 $x = \mu B/(k_B T)$ 的变化

下面讨论得到结果的物理含义。这是一个两能级的系统，基态是磁矩沿着外磁场排列，激发态是磁矩沿着磁场的反方向排列。在低温的情况下，磁矩倾向于沿着外磁场方向排列，即粒子基本位于基态。随着温度的升高，越来越多的粒子被激发到激发态。

在弱场或高温极限下，$\mu B \ll k_B T$，$\tanh[\mu B/(k_B T)] \approx \mu B/(k_B T)$，$\ln\{\cosh[\mu B/(k_B T)]\} \sim [\mu B/(k_B T)]^2/2$，因此

$$F \approx -Nk_B T\left[\ln 2 + \frac{1}{2}\left(\frac{\mu B}{k_B T}\right)^2\right] \tag{4.173}$$

$$M \approx N\mu\frac{\mu B}{k_B T} \equiv \chi B \tag{4.174}$$

$$S \approx Nk_B\ln 2 \tag{4.175}$$

其中，式(4.174)就是著名的居里定律，式中的 χ 为磁化率，它的定义为：$\chi = N\mu^2/(k_B T)$。式(4.175)为系统的最大熵。也就是说，在弱场或高温极限下，磁矩可以随机地沿着磁场方向和逆着磁场方向排列，每一个磁矩有两个可能的微观状态，因此系统的总的微观状态数就是 2^N。

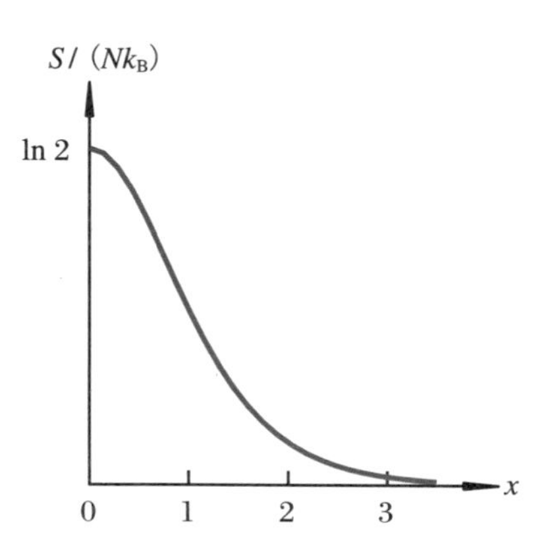

图 4.8 两能级顺磁体中熵 S 随着 $x = \mu B/(k_B T)$ 的变化

在强场或低温极限下，$\mu B \gg k_B T$，$e^{\mu B/(k_B T)} \gg e^{-\mu B/(k_B T)}$，$\cosh[\mu B/(k_B T)] \approx e^{\mu B/(k_B T)}/2$。因此

$$F \approx -N\mu B \tag{4.176}$$

$$M \approx N\mu \tag{4.177}$$

$$S \approx 0 \tag{4.178}$$

从上式可以看出，在强场或低温极限下，磁矩基本沿着磁场方向排列，每一个磁矩的微观状态都是确定的，系统的总的微观状态数就是1，因此系统的熵就是零。

对于能级有上限的系统，比如上面讨论的两能级的顺磁固体，存在一个有趣的**负绝对温度**的概念。从物理图像上来说，在低温时，原子磁矩几乎都沿着磁场方向排列，系统的熵几乎为零。随着温度的升高，越来越多的原子磁矩与外磁场反平行，系统的内能增加，同时系统的熵也不断增加，当温度 $T\to\infty$ 时，有一半的磁矩与磁场平行，另一半磁矩与磁场反平行，系统的内能为零（$U\to 0$），而系统的熵达到极大值：$S\to Nk_B\ln 2$。这里的关键是，在 $0\leqslant T\leqslant\infty$ 的范围内，基态 $\varepsilon=-\mu B$ 的粒子数总是比激发态 $\varepsilon=\mu B$ 的粒子数多，在 $T\to\infty$ 时，这两个能级上的粒子数近似相等。如果通过实验人为地让激发态和基态上的粒子数反转，例如，在低温的时候，突然让外磁场的方向反向，即激发态上的粒子数比基态上的粒子数还要多，并且保持系统与外界隔绝，系统通过原子之间的相互作用达到热平衡，这时候系统的温度就可以定义为负绝对温度。这是因为根据玻尔兹曼统计，激发态上的粒子数 N_+ 与基态的粒子数 N_- 之比为

$$\frac{N_+}{N_-} = e^{\frac{-2\mu B}{k_B T}} > 1 \tag{4.179}$$

根据上式，系统的温度必须为负。也可以根据如下温度的定义，判断系统的温度的确为负：

$$\frac{1}{T} = \left(\frac{\partial S}{\partial U}\right)_N < 0 \tag{4.180}$$

这是因为，当粒子数已经反转之后，如果再增加系统的内能，将有更多的粒子跃迁到激发态，系统更有序，系统的熵不断减少。因此，根据上式温度的定义，系统的温度为负。

下面给出具体的计算过程。假设系统中分别有 N_- 和 N_+ 个原子处于基态 $\varepsilon_-=-\mu B$ 和激发态 $\varepsilon_+=\mu B$。则系统的总粒子数和内能分别为

$$\begin{cases} N = N_- + N_+ \\ U = N_-\varepsilon_- + N_+\varepsilon_+ = \mu B(N_+ - N_-) \end{cases} \tag{4.181}$$

根据上两式，易得

$$\begin{cases} N_+ = \dfrac{1}{2}\left(N + \dfrac{U}{\mu B}\right) \\ N_- = \dfrac{1}{2}\left(N - \dfrac{U}{\mu B}\right) \end{cases} \tag{4.182}$$

系统的熵为

$$S = k_B \ln \Omega = k_B \ln \frac{N!}{N_+!N_-!} \approx N\ln N - N_+ \ln N_+ - N_- \ln N_- \tag{4.183}$$

在上式的推导过程中，已利用了 $N_+ \gg 1$ 和 $N_- \gg 1$ 的近似条件。用 N、$N\mu B$ 和 Nk_B分别作为粒子数、内能和熵的量纲，并将式(4.182)代入式(4.183)，易得

$$s = \ln 2 - \frac{1}{2}(1+u)\ln(1+u) - \frac{1}{2}(1-u)\ln(1-u) \tag{4.184}$$

其中，$s \equiv S/(Nk_B)$，$u \equiv U/(N\mu B)$。比熵 s 作为单位粒子内能 u 的函数形式如图 4.9 所示。该曲线的斜率就是系统的无量纲化的温度的倒数($1/\theta$)。

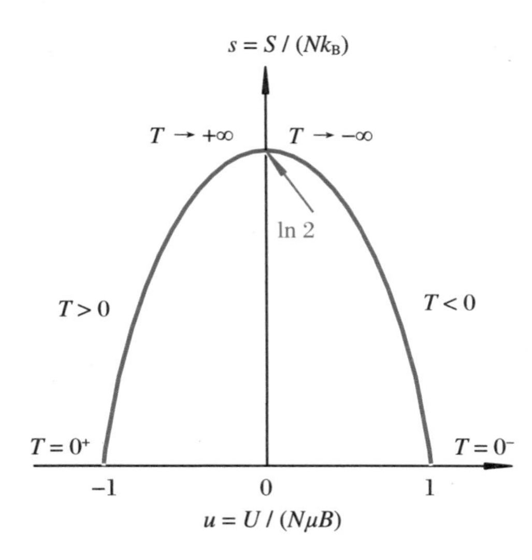

图 4.9　两能级顺磁体中熵 S 随着内能 U 的变化

直接对式(4.184)求导，给出系统无量纲化的温度为

$$\theta = \frac{1}{\left(\frac{\partial s}{\partial u}\right)_N} = \frac{2}{\ln\left(\frac{1-u}{1+u}\right)} = \begin{cases} 0^+ & (u=-1) \\ +\infty & (u=0^-) \\ -\infty & (u=0^+) \\ 0^- & (u=1) \end{cases} \tag{4.185}$$

从上面的讨论可以看出，负温度出现的条件有三个：系统必须存在能量上限、粒子数反转以及系统与外界绝热(否则处于激发态的粒子会跃迁到基态)。

第5章　理想量子气体的统计理论

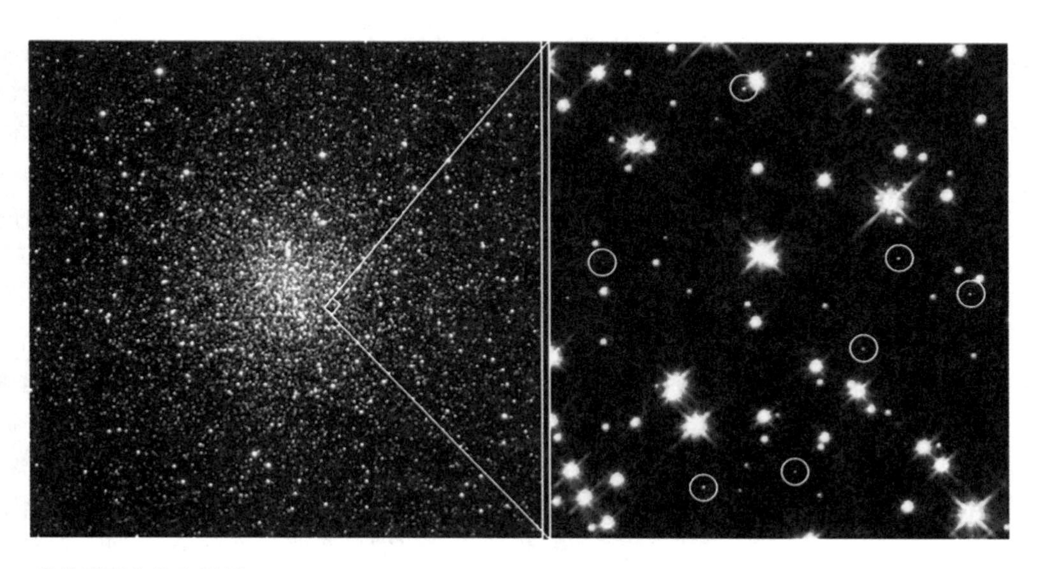

球状星团中的白矮星

左图为地面望远镜拍摄的球状星团M4，右图为哈勃空间望远镜拍摄的矩形视场中的大量白矮星（用圆圈标注）。图片来自NASA。

经典统计物理和量子统计物理既有相同之处,也有不同之处。相同之处在于它们使用的统计原理是一样的。不同之处在于它们对粒子和系统的微观状态的描述是不一样的。显然,在一定的极限条件下,量子统计的结果可以回到经典统计的结果。

从统计物理的角度,微观粒子与经典粒子最大的区别有:(1)**微观粒子的能量可能是分立的、量子化的、不连续的。**当然,分立能级之间的能量间隔 $\Delta\varepsilon$ 是非常小的,当系统的温度对应的能量 $k_B T$ 远大于量子化的能量间隔,即 $k_B T \gg \Delta\varepsilon$ 时,能级的分立效应不明显。只有在低温的时候,即 $k_B T \leqslant \Delta\varepsilon$ 时,能级的量子化效应才非常明显。(2)**全同粒子具有完全不可分辨性。**从量子论角度,粒子的微观属性例如质量、电荷、自旋等完全相同,则它们就是全同的,完全不可区分。这完全不同于经典粒子,经典粒子就算是微观属性完全相同,可以给每个粒子贴一个标签,并时刻跟踪每个粒子而不至于混淆。在量子力学中,首先,粒子已没有轨道的概念了!另外,粒子具有波粒二象性,粒子性只是其一个属性而已。(3)**自旋和统计特性的关系。**微观粒子具有确定的自旋,其中自旋为半整数的量子为费米子,例如电子。费米子遵循泡利(Wolfgang Pauli,1900—1958)不相容原理,即每个物理态只允许有一个粒子,不存在两个粒子具有完全相同的物理态。自旋为整数的粒子为玻色(Satyendra Nath Bose,1894—1974)子,例如光子。玻色子不遵循泡利不相容原理,允许任何数量的粒子处于同一个物理态。自旋和统计的关系本质量子力学也回答不了,这是量子论和狭义相对论相结合产生的一个自然的结果,与因果律有关。简单来说,根据狭义相对论,洛伦兹群有矢量(或张量)表示和旋量表示,对应的物理场有旋量场和矢量场。电子的狄拉克方程中的波函数就是旋量场。电子旋量场的螺旋度为 1/2,是半整数:将电子的旋量场转 2π 的角度,旋量场才与原来的场量差一个负号,只有将电子的旋量场转 4π 的角度,旋量场才保持不变。在将旋量场量子化的时候,产生和湮灭算符只有满足反对易关系才不违背因果律。否则在两个类空时空间隔,仍然有一定的概率探测了粒子。同理,对玻色子,产生和湮灭算符只有满足对易关系才不违背因果律。感兴趣的话,可以参看量子场论方面的教科书[29,33],这里不再详述。

5.1 量子系统微观状态描述

本节将先介绍如何描述近独立的微观粒子的量子态,以及如何描述由微观的近独立粒子组成的宏观系统的微观态。简单来说,微观粒子的物理态,简称量子态,与粒子的波函数一一对应。对于束缚态粒子来说,一般其量子态是量

子化的，每个量子态与一组量子数相对应。由于微观粒子的全同性，对于宏观系统，在确定了每个量子态粒子数之后，系统的微观状态就确定了。对于非束缚态粒子，例如自由的粒子，虽然其粒子动量或能量是连续的，但由于海森伯不确定原理，在一定的动量或能量间隔之内，粒子的微观状态依然是有限的。

5.1.1 粒子微观物理态的量子描述

5.1.1.1 波粒二象性

实验表明，一切微观粒子都具有二象性，即粒子性和波动性。例如，对于光来说，在干涉、衍射和偏振中表现出波动性，而在光电效应、康普顿效应等过程中又表现出粒子性。对电子来说，我们先认识到了它的粒子性，例如阴极射线可以在磁场中旋转，可以使照相底片感光。另一方面，电子的晶格散射实验，以及电子的杨氏双缝干涉实验又明确无误地表明电子具有波动性！粒子性体现在粒子有能量和动量，用粒子的四动量表示为 $p^{\mu}=(\varepsilon,\boldsymbol{p})$，其中 $\mu=0,1,2,3$，而波动性则体现在粒子有圆频率和波矢，同样用四维波矢表示为 $k^{\mu}=(\omega,\boldsymbol{k})$。根据德布罗意(De Broglie)的波粒二象性理论，四动量与四维波矢之间的关系为

$$p^{\mu}=\hbar k^{\mu}=\begin{cases}\varepsilon=\hbar\omega\\ \boldsymbol{p}=\hbar\boldsymbol{k}\end{cases}\tag{5.1}$$

上式称为德布罗意关系，适用于一切微观粒子。其中，h 称为普朗克常数，$\hbar=h/(2\pi)$为约化的普朗克常数，它们的数值分别为：$h=6.626\times10^{-34}\,\mathrm{J\cdot s}$，$\hbar=1.055\times10^{-34}\,\mathrm{J\cdot s}$。普朗克常数是量子物理的基本常数，它的量纲与角动量或者是经典力学中的作用量 $S=\int L\mathrm{d}t$ 量纲相同，所以也称为基本作用量子(quanta)。

5.1.1.2 不确定关系

波粒二象性的一个重要结果是，微观粒子不可能同时具有确定的动量和坐标。如果以 Δq 表示粒子坐标 q 的不确定值，Δp 表示相应动量 p 的不确定值，则二者之间存在下列不确定关系为

$$\Delta q\Delta p\geqslant h\tag{5.2}$$

不确定关系也称为海森伯不确定关系。上述关系表明，如果粒子的坐标具有完全确定的数值，即 $\Delta q\to0$，则粒子的动量将完全不确定，即 $\Delta p\to\infty$；反之，若粒子的动量具有完全确定的数值，即 $\Delta p\to0$，则粒子的坐标将完全不确定，即 $\Delta q\to\infty$，这说明在量子力学中粒子的运动状态已无法用相空间中的一个点来表示，微观粒子的运动不是轨道运动。

5.1.1.3 量子态

在量子力学中微观粒子的物理态特称为量子态，对于束缚态粒子，粒子的量子态一般由一组量子数表征，这组量子数的数目等于粒子的自由度数。通常粒子的微观状态（量子态）用希尔伯特空间中的一个函数（波函数）描述，即量子态与波函数一一对应，通常选定一组量子数（$a_1,\cdots,a_r$）之后，该波函数就基本确定下来了（可能还允许差一个位相因子）。也可以用狄拉克符号将波函数 ψ 表示为 $|\psi\rangle=|a_1,\cdots,a_r\rangle$。

对非相对论性粒子来说，量子态随着时间的演化由动力学方程，即薛定谔方程决定。薛定谔方程是量子态对时间一次导数的方程：

$$\mathrm{i}\hbar\frac{\partial}{\partial t}|\psi\rangle = \hat{H}|\psi\rangle \tag{5.3}$$

其中，$\hat{H}$ 为量子系统的哈密顿算符，算符作用到量子态上之后，会得到一个新的量子态。

下面举例说明。

例 5.1 在三维空间中运动的自由粒子。考虑三维粒子在边长为 L 的立方容器中自由运动。粒子的自由度为 3。通过求解量子力学中的薛定谔方程，得到粒子的波函数为 $|\psi\rangle=|n_x,n_y,n_z\rangle$，其中，$n_x,n_y,n_z$ 都是整数，称为量子数，其取值为 $0,\pm1,\pm2,\cdots$。这里暂时并不关心波函数的细节。相应量子态的能量本征值，即粒子的能量为

$$\varepsilon_n = \frac{1}{2m}(p_x^2+p_y^2+p_z^2) = \frac{h^2}{2mL^2}(n_x^2+n_y^2+n_z^2) \tag{5.4}$$

其中，$n\equiv n_x^2+n_y^2+n_z^2$。从上式可以看出，当 n_x,n_y,n_z 的数值不同，但是 $n=n_x^2+n_y^2+n_z^2$ 的数值却保持相同时，粒子的能量值相同。这时，几个不同的量子态具有相同的能量，这样的量子态称为简并态，也就是量子态是简并的。例如，如果 n_x,n_y,n_z 依次分别取 $0,0,\pm1$，则共有 6 组量子数，即 6 个量子态：$|0,0,\pm1\rangle$；$|\pm1,0,0\rangle$ 和 $|0,\pm1,0\rangle$。这 6 组量子数都使得 $n=n_x^2+n_y^2+n_z^2=1$，即该能级是简并的，简并度是 6，对应 6 个不同的量子态。

例 5.2 一维谐振子。一维谐振子的自由度为 1，由量子力学可知，它的波函数为 $|\psi\rangle=|n\rangle$，同样的道理，暂时并不关心波函数的具体表达式，只需要知道不同的 n 对应的波函数不一样就可以了。相应的能量为

$$\varepsilon_n = \hbar\omega\left(n+\frac{1}{2}\right) \tag{5.5}$$

其中，量子数 n 只能取 $0,1,2,\cdots$；ω 为谐振子的固有频率。由于 n 取不同的值对应于不同的能量值，所以线性谐振子是非简并的。特别需要指出的是，经典谐振子的最低能量为零，而量子谐振子的最低能量是 $\hbar\omega/2$，称为零点振动能。

例 5.3 二维转子。系统的自由度为 2，量子数一般选为角动量量子数和磁量子数 (l,m)，即波函数可以表示为 $|l,m\rangle$，其中，$l=0,1,2,\cdots$，在确定了 l 之后，$m=-l,-(l-1),\cdots,l-1,l$。转子的能量为

$$\varepsilon_l = l(l+1)\frac{\hbar^2}{2I} \tag{5.6}$$

其中，I 为转子的转动惯量。可以看出，转子的能量只与角动量 l 有关，而与磁量子数 m 无关，因此，能级 ε_l 的简并度为 $2l+1$。

5.1.2 量子系统微观状态的描述

在量子力学中，全同粒子完全不可以被分辨。每个粒子在相空间没有轨道的概念，原则上不可以被跟踪、被编号。因此，在给定了处于每个量子态上的粒子数后，系统的微观状态就完全被确定了。

对微观量子粒子来说，粒子的统计特性还依赖于粒子的自旋。自然界中的微观基本粒子可分为玻色子和费米子两大类。自旋量子数为半整数的粒子称为费米子。例如，电子、质子、中子、中微子、夸克等自旋量子数都是 1/2，因而是费米子。自旋量子数为整数的粒子称为玻色子。例如，光子和 π 介子的自旋量子数分别是 1 和 0，它们是玻色子。一般来说，参与基本相互作用的粒子是费米子，而传递相互作用的中间媒介子都是玻色子。

在原子核、原子和分子等复合粒子中，凡是由玻色子构成的复合粒子是玻色子；由偶数个费米子构成的复合粒子也是玻色子；由奇数个费米子构成的复合粒子是费米子。例如，^{1}H 原子、^{2}H 核、^{4}He 核、^{4}He 原子等是玻色子，^{2}H 原子、^{3}H 核等是费米子。

我们把由费米子组成的系统称为费米系统，由玻色子组成的系统称为玻色系统。费米子和玻色子虽然都是不可分辨的全同粒子，但二者的性质大不相同。对于费米系统，由于泡利不相容原理，一个量子态最多只能容纳一个费米子。而对于玻色系统，处在同一量子态上的玻色子数量不受限制。将粒子可分辨、处在同一量子态上的玻色子数量不受限制的系统称为玻尔兹曼系统。另外，自然界中有些系统可以看作由定域的粒子组成。例如，晶体中的原子或离子定域在其平衡位置附近做微振动。这些粒子虽然就其量子本性来说是不可分辨的，但可以根据其位置而加以区分。在这个意义上可以将这些定域粒子看

作可分辨粒子。

在量子描述中，系统的一个微观状态是系统中的粒子在各个量子态上的一种布居方式。对于可分辨全同粒子系统，确定系统的微观运动状态归结为确定系统中每一个粒子的量子态。对于不可分辨的全同粒子系统，确定系统的微观运动状态则归结为确定每一个量子态上的粒子数。下面举一简单例子来说明上述玻色系统和费米系统在相同粒子数和量子态数的情况下，各有哪些可能的微观状态。为简单起见，设系统只含有两个粒子，粒子的量子态有三个。

玻色系统：粒子不可分辨，每一量子态能够容纳的粒子数不受限制。由于粒子不可分辨，所以两个粒子都用○表示，它们占据 3 个量子态可以有如图 5.1 所示的方式。可以看出，对于玻色系统，可以有 6 种不同的状态。

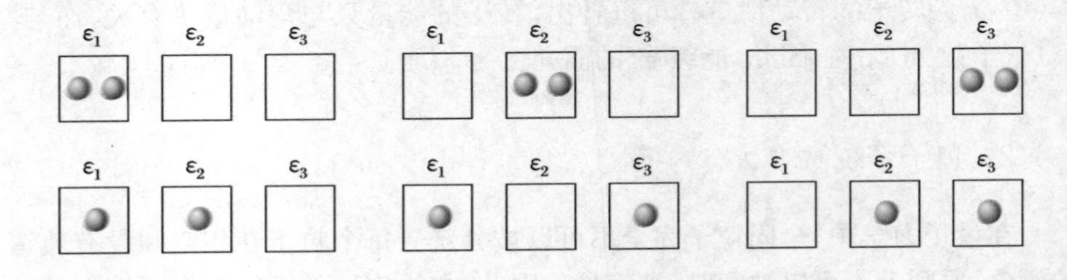

图 5.1　玻色统计

任意多粒子可以处于同一量子态。

费米系统：粒子不可分辨，每一量子态最多能容纳一个粒子。两个粒子占据 3 个个体量子态有如图 5.2 所示的方式。可见，对于费米系统，只有 3 种不同的状态。

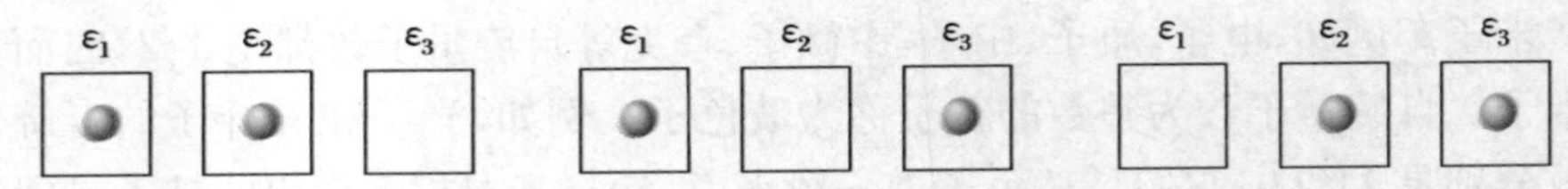

图 5.2　费米统计

两个粒子不能处于同一量子态。

经典统计物理和量子统计物理既有相同之处，也有不同之处。相同之处在于它们使用的统计原理是一样的。不同之处在于它们对粒子和系统的微观状态的描述是不一样的。显然，在一定的极限条件下，量子统计的结果可以回到经典统计的结果。

5.1.3　能级分布与系统的微观状态数

为了得到最概然能级分布，需要计算给定某个能级分布之后，系统相应的微观状态数有多少。假设粒子的微观模型给出量子化的能级为 ε_l（$l=1,2,3,\cdots$），每个能级占据的粒子数分别为 a_l（$l=1,2,3,\cdots$）。

下面先讨论玻色系统。玻色子不可分辨，每个量子态能容纳的粒子数不受限制。先计算第 l 能级粒子的占据情况，即 a_l 个粒子占据 ε_l 上的 ω_l 个量子态有多少可能的方式。该问题等效于计算 a_l 个不可分辨粒子放入 ω_l 个格子中有

多少种放置法。可以用盒子形象地表示量子态,用小球表示粒子。将 ω_l 个盒子和 a_l 个小球排成一行,使得左端的第一个为盒子,在每个盒子的右边紧邻的小球的个数即为该量子态上的粒子数。由于第一个盒子的位置已固定,剩下的 $a_l+\omega_l-1$ 个盒子加小球共有 $(a_l+\omega_l-1)!$ 种方式。因为粒子不可分辨,应除去粒子间和量子态间的相互交换数 $a_l!$ 和 $(\omega_l-1)!$。这样得到了 a_l 个粒子占据 ε_l 上的 ω_l 个量子态的可能方式为 $\dfrac{(a_l+\omega_l-1)!}{a_l!\ (\omega_l-1)!}$,将各能级的结果相乘,就得到玻色系统与分布 $\{a_l\}$ 相对应的微观状态数(如图 5.3 所示):

$$\Omega_{\mathrm{BE}}=\prod_l\frac{(\omega_l+a_l-1)!}{a_l!(\omega_l-1)!}=\prod_l \mathrm{C}_{\omega_l+a_l-1}^{a_l}\tag{5.7}$$

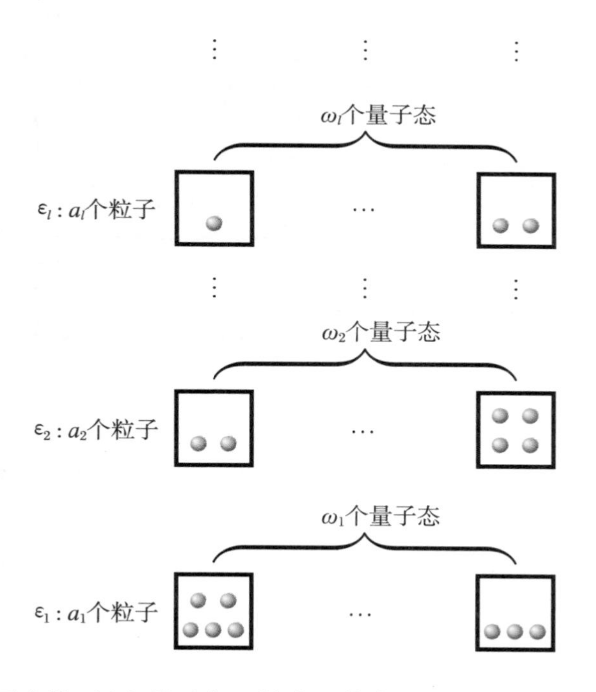

图 5.3 玻色系统的能级分布和系统的微观状态

费米子不可分辨,每个量子态上最多只能容纳一个粒子。a_l 个粒子占据 ε_l 上的 ω_l 个量子态,相当于从 ω_l 个量子态中挑出 a_l 个量子态来为粒子所占据,可能的方式数为

$$\mathrm{C}_{\omega_l}^{a_l}=\frac{\omega_l!}{a_l!(\omega_l-a_l)!}\tag{5.8}$$

将各能级的结果相乘,就得到费米系统与分布 $\{a_l\}$ 相对应的微观状态数(如图 5.4所示):

$$\Omega_{FD} = \prod_l \frac{\omega_l !}{a_l !(\omega_l - a_l)!} = \prod_l C_{\omega_l}^{a_l} \tag{5.9}$$

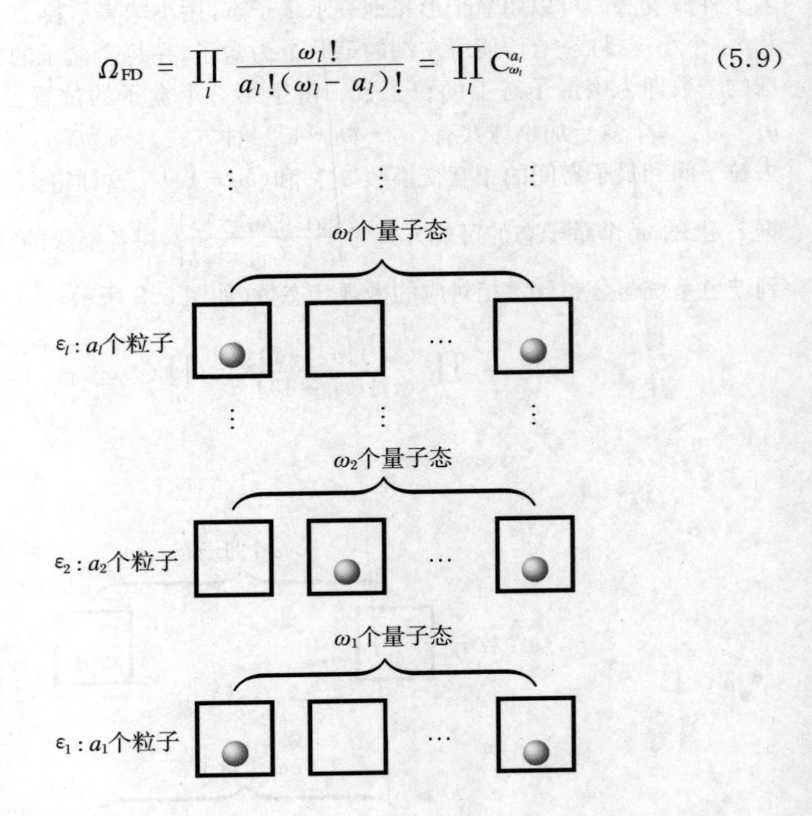

图 5.4 费米系统的能级分布和系统的微观状态

5.1.4 经典极限

如果在玻色或费米系统中，对所有的能级 ε_l 有(经典极限/非简并性条件)：

$$\frac{a_l}{\omega_l} \ll 1 \tag{5.10}$$

则

$$\Omega_{BE} \approx \Omega_{FD} \approx \prod_l \frac{\omega_l^{a_l}}{a_l !} = \frac{\Omega_{MB}}{N!} \tag{5.11}$$

上式中，$N!$ 起源于全同粒子的不可分辨性，可解释吉布斯佯谬。

当满足非简并性条件时，式(5.11)说明，无论是玻色还是费米系统，其与分布$\{a_l\}$相对应的微观状态数都近似等于玻耳兹曼系统的微观状态数除以 $N!$。在此情形下，定域子系统和满足经典极限条件的玻色及费米系统都可视为玻耳兹曼系统。

5.2 玻色气体理论

类似于玻尔兹曼系统的讨论,对玻色系统:

$$\begin{aligned}\ln\Omega_{\mathrm{BE}} &= \sum_l [\ln(\omega_l + a_l - 1)! - \ln a_l! - \ln(\omega_l - 1)!] \\ &= \sum_l [(\omega_l + a_l)\ln(\omega_l + a_l) - a_l \ln a_l - \omega_l \ln \omega_l]\end{aligned} \tag{5.12}$$

对分布取变分 δa_l:

$$\delta\ln\Omega_{\mathrm{BE}} = \sum_l [\ln(\omega_l + a_l) - \ln a_l]\delta a_l = 0 \tag{5.13}$$

但是 δa_l 要满足以下的约束条件:

$$\delta N = \sum_l \delta a_l = 0 \tag{5.14}$$

$$\delta E = \sum_l \varepsilon_l \delta a_l = 0 \tag{5.15}$$

利用拉格朗日未定乘子法:

$$\delta\ln\Omega_{\mathrm{BE}} - \alpha\delta N - \beta\delta E = [\ln(\omega_l + a_l) - \ln a_l - \alpha - \beta\varepsilon_l]\delta a_l = 0 \tag{5.16}$$

根据拉格朗日未定乘子法原理,每个 δa_l 的系数都等于零,所以

$$\ln\frac{a_l}{\omega_l + a_l} + \alpha + \beta\varepsilon_l = 0 \tag{5.17}$$

即达到最概然的分布为

$$a_l = \frac{\omega_l}{\mathrm{e}^{\alpha+\beta\varepsilon_l} - 1} \quad (l = 1,2,3,\cdots) \tag{5.18}$$

上式给出了玻色系统中粒子的最概然分布,称为玻色-爱因斯坦分布。其中未定乘子 α,β 有如下条件给出:

$$\begin{cases} N = \sum_l \dfrac{\omega_l}{\mathrm{e}^{\alpha+\beta\varepsilon_l} - 1} \\ E = \sum_l \dfrac{\varepsilon_l\omega_l}{\mathrm{e}^{\alpha+\beta\varepsilon_l} - 1} \end{cases} \tag{5.19}$$

根据式(5.16),结合热力学第一定律和热力学第二定律,易知

$$S = k_B \ln\Omega \tag{5.20}$$

这一重要结论在 4.1.6 小节也得到过,参见公式(4.46),这也进一步说明玻尔兹曼公式是普适的,适用于所有热力学系统。同样的讨论,α,β 的物理含义也类似前面的讨论,它们与化学势和温度有关:

$$\alpha = \left(\frac{\partial \ln\Omega}{\partial N}\right)_E = \frac{1}{k_B}\left(\frac{\partial S}{\partial N}\right)_E = -\frac{\mu}{k_B T},\quad \beta = \left(\frac{\partial \ln\Omega}{\partial E}\right)_N = \frac{1}{k_B}\left(\frac{\partial S}{\partial E}\right)_N = \frac{1}{k_B T} \tag{5.21}$$

下面的任务就是要得到热力学势的解析表达式。根据式(5.18)可知,有了最概然能级分布,可以很方便地得到所有宏观统计量。问题是式(5.18)中含有 α,β,即含有化学势(μ)和温度(T),以 μ,T,V 为自然参量的热力学势是巨热力学势 $J = J(\mu, T, V)$。

在讨论经典理想气体的统计理论的时候,我们首选自由能 $F(N, T, V)$ 作为热力学势,这是因为对玻尔兹曼统计,化学势(μ)和粒子数(N)之间存在非常简单的代数关系:

$$N e^{\alpha} = Z_1(T, V) \tag{5.22}$$

这使得可以很方便地选择自由能而不是巨热力学势作为首选的热力学势。

对于玻色统计以及后面要讨论的费米统计,化学势(μ)和粒子数(N)之间不再存在非常简单的代数关系,只能选择巨热力学势 $J(\mu, T, V)$ 作为首选的热力学势。先给出一个快速的、启发式的推导。根据巨热力学势的全微分 $dJ = -SdT - pdV - Nd\mu$,如果令 $dT = dV = 0$,则

$$\begin{aligned} J &= -\int^{\mu} N d\mu = k_B T \sum_l \int^{\alpha} \frac{\omega_l}{e^{\alpha+\beta\varepsilon_l} - 1} d\alpha \\ &= k_B T \sum_l \omega_l \ln[1 - e^{-\alpha-\beta\varepsilon_l}] \equiv -k_B T \ln \Xi \end{aligned} \tag{5.23}$$

在上面的"推导"过程中,已令积分常数为零。一般来说,积分常数应该是温度和体积的任何函数,后面可以证明,该积分常数恰好为零。

下面更严格地推导出上面巨热力学势的统计表示式。首选引入巨配分函数:

$$\Xi = \prod_l \Xi_l = \prod_l [1 - e^{-\alpha-\beta\varepsilon_l}]^{-\omega_l} \tag{5.24}$$

对巨热力学势取对数:

$$\ln \Xi = -\sum_l \omega_l \ln(1 - e^{-\alpha-\beta\varepsilon_l}) \tag{5.25}$$

根据最概然能级分布和玻尔兹曼关系，即公式(5.18)和(5.20)，首先得到熵的统计表达式：

$$S = k_B \ln \Omega = k_B\left(\ln \Xi - \alpha \frac{\partial}{\partial \alpha}\ln \Xi - \beta \frac{\partial}{\partial \beta}\ln \Xi\right) \tag{5.26}$$

其次，易得总粒子数和总能量的统计表达式：

$$N = \sum_l a_l = -\frac{\partial}{\partial \alpha}\ln \Xi \tag{5.27}$$

$$U = \sum_l \varepsilon_l a_l = -\frac{\partial}{\partial \beta}\ln \Xi \tag{5.28}$$

因此，根据 $J = U - TS - N\mu$，最终得到巨热力学势的统计表达式：

$$\begin{aligned} J(T,V,\mu) &= -k_B T \ln \Xi(T,V,\mu) \\ &= k_B T \sum_l \omega_l \ln\left[1 - e^{(\mu-\varepsilon_l)/(k_B T)}\right] \end{aligned} \tag{5.29}$$

总结如下：以 T,V,μ 为自然参量的特性函数为巨热力学势 J，可以从巨配分函数直接得到巨热力学势，然后由如下的微分关系：

$$dJ = -S dT - p dV - N d\mu \tag{5.30}$$

分别得到 S,p,N 的统计表达式：

$$S = -\left(\frac{\partial J}{\partial T}\right)_{V,\mu} = k_B\left(\ln \Xi + T\frac{\partial}{\partial T}\ln \Xi\right) \tag{5.31}$$

$$p = -\left(\frac{\partial J}{\partial V}\right)_{T,\mu} = k_B T\frac{\partial}{\partial V}\ln \Xi \tag{5.32}$$

$$N = -\left(\frac{\partial J}{\partial \mu}\right)_{T,V} = k_B T\frac{\partial}{\partial \mu}\ln \Xi \tag{5.33}$$

其他的热力学特性函数可由勒让德变换求得，例如

$$F = J + N\mu = k_B T\left(-\ln \Xi + \mu\frac{\partial}{\partial \mu}\ln \Xi\right) \tag{5.34}$$

$$U = J + TS + N\mu = k_B T\left(\mu\frac{\partial}{\partial \mu}\ln \Xi + T\frac{\partial}{\partial T}\ln \Xi\right) \tag{5.35}$$

$$H = J + TS + pV + N\mu = k_B T\left(\mu\frac{\partial}{\partial \mu}\ln \Xi + T\frac{\partial}{\partial T}\ln \Xi + V\frac{\partial}{\partial V}\ln \Xi\right) \tag{5.36}$$

$$G = J + pV + N\mu = k_B T\left(-\ln \Xi + \mu\frac{\partial}{\partial \mu}\ln \Xi + V\frac{\partial}{\partial V}\ln \Xi\right) \tag{5.37}$$

理想的三维自由玻色气体在物理学中非常常见，下面给出理想的自由玻色气体的巨热力学势 $J(T,V,\mu)$ 的表达式。自由的玻色子的能级是连续的，可以

将公式(5.29)中的求和改为积分：

$$\begin{aligned}J(T,V,\mu) &= -k_B T\ln\Xi(T,V,\mu)\\ &= k_B T\int g\frac{V\mathrm{d}^3p}{h^3}\ln[1-\mathrm{e}^{(\mu-\varepsilon)/(k_BT)}]\\ &= -p(T,\mu)V\end{aligned} \tag{5.38}$$

注意：在用求和替换为积分的过程中，忽略掉了基态的贡献。在温度非常低，低于玻色-爱因斯坦凝聚发生的临界温度时，基态布居数就不可忽略，详见5.4.2小节的讨论。这里假设系统的温度远高于临界温度，用求和替换为积分是合理的。有了巨热力学势解析表达式，就可以推导任何其他的热力学量和热力学势。根据 $J(T,V,\mu)$ 的全微分，分别得到系统的熵、压强和粒子数的表达式：

$$S = -k_B\int g\frac{V\mathrm{d}^3p}{h^3}\ln[1-\mathrm{e}^{(\mu-\varepsilon)/(k_BT)}]+k_B\int g\frac{V\mathrm{d}^3p}{h^3}f(\varepsilon,\mu)\left(\frac{\varepsilon-\mu}{k_BT}\right) \tag{5.39}$$

$$p = -k_BT\int g\frac{\mathrm{d}^3p}{h^3}\ln[1-\mathrm{e}^{(\mu-\varepsilon)/(k_BT)}] \tag{5.40}$$

$$N = \int g\frac{V\mathrm{d}^3p}{h^3}f(\varepsilon,\mu) \tag{5.41}$$

其中，$f(\varepsilon,\mu)=1/[\mathrm{e}^{(\varepsilon-\mu)/(k_BT)}-1]$为玻色子的分布函数。为了更清晰地看上系统的热力学量和热力学函数的物理意义，最好将所有的量都用对分布函数 $f(\varepsilon,\mu)$的积分来表示。例如，可以将压强的表达式改写为

$$\begin{aligned}p &= -k_BT\int g\frac{\mathrm{d}^3p}{h^3}\ln[1-\mathrm{e}^{(\mu-\varepsilon)/(k_BT)}]\\ &= -k_BTg\frac{1}{h^3}\int\mathrm{d}\Omega\int\frac{1}{3}\mathrm{d}p^3\ln[1-\mathrm{e}^{(\mu-\varepsilon)/(k_BT)}]\\ &= g\frac{1}{h^3}\int\mathrm{d}\Omega\int\left(\frac{p^2c^2}{3\varepsilon}\right)p^2\mathrm{d}p\frac{1}{\mathrm{e}^{(\varepsilon-\mu)/(k_BT)}-1}\\ &= \int g\frac{\mathrm{d}^3p}{h^3}\left(\frac{p^2c^2}{3\varepsilon}\right)\frac{1}{\mathrm{e}^{(\varepsilon-\mu)/(k_BT)}-1}\\ &= \int g\frac{\mathrm{d}^3p}{h^3}f(\varepsilon,\mu)\left(\frac{p^2c^2}{3\varepsilon}\right)\end{aligned} \tag{5.42}$$

在上式推导过程的第三步，利用了分部积分，并采用了爱因斯坦的质能关系：$\varepsilon^2=(pc)^2+(mc^2)^2$，因此，上面的公式既适用于非相对论性玻色气体，也适用于完全相对论性的玻色气体。上式的物理含义非常明确，**压强的微观统计量**为粒子的 $p^2c^2/(3\varepsilon)$，即每个粒子对总压强的贡献为 $p^2c^2/(3\varepsilon)$，后面我们也将通过分子运动的观点推导压强的统计表达式，与上式结果是完全一致的。

进一步通过勒让德变换得到其他热力学量或热力学势，例如重要的系统的内能 U 的积分表达式：

$$U = \int g \frac{V\mathrm{d}^3 p}{h^3} f(\varepsilon, \mu)\varepsilon \tag{5.43}$$

上式的物理含义是显而易见的，即对理想气体来说，系统内能微观统计量为粒子的能量 ε，即每个粒子对内能的贡献为 ε。

对于非相对论气体，即系统中粒子的热运动速度远小于光速，则粒子的能量与动量的关系近似为 $\varepsilon \approx mc^2 + p^2/(2m)$。将它代入式(5.43)，得到

$$u \equiv \frac{U}{V} - nmc^2 \approx \int g \frac{\mathrm{d}^3 p}{h^3} f(\varepsilon, \mu) \frac{p^2}{2m} \tag{5.44}$$

其中，u 为非相对论气体单位体积的内能（不含静止能量）。进一步将非相对论性的质能关系代入式(5.42)，近似到 $p/(mc)$ 的一次项，得到

$$p \approx \int g \frac{\mathrm{d}^3 p}{h^3} f(\varepsilon, \mu) \frac{p^2}{3m} \tag{5.45}$$

从式(5.44)和式(5.45)可以看出，对于非相对论性理想气体，下式恒成立：

$$p = \frac{2}{3} u \tag{5.46}$$

对于相对论气体，系统中粒子的热运动速度接近光速，则粒子的能量与动量的关系近似为 $\varepsilon \approx pc$。将它代入式(5.43)，得到

$$u \equiv \frac{U}{V} \approx \int g \frac{\mathrm{d}^3 p}{h^3} f(\varepsilon, \mu) pc \tag{5.47}$$

其中，u 为相对论气体单位体积的内能。进一步将相对论性的质能关系代入式(5.42)，得到

$$p = \int g \frac{\mathrm{d}^3 p}{h^3} f(\varepsilon, \mu) \frac{pc}{3} \tag{5.48}$$

从式(5.47)和式(5.48)可以看出，对于相对论性理想气体，例如光子气体，即黑体辐射场，下式恒成立：

$$p = \frac{1}{3} u \tag{5.49}$$

作为一个补充，下面我们也将通过分子运动的观点推导压强的统计表达式(5.42)。如图5.5所示，考虑气体分子在 $\mathrm{d}t$ 时间之内与容器壁上面积为 $\mathrm{d}A$ 的微元发生碰撞。假设碰撞是弹性碰撞，碰撞过程符合反射定律。则在 $\mathrm{d}t$ 时间之内、分子的动量范围为 $p \sim p + \mathrm{d}p$，以立体角 $\Omega \sim \Omega + \mathrm{d}\Omega$ 入射到 $\mathrm{d}A$ 上的分子数为

$$dN = \frac{g}{h^3}fd^3\boldsymbol{x}d^3\boldsymbol{p} = \frac{g}{h^3}f(v\,dt\,dA\cos\theta)p^2dpd\Omega \quad (5.50)$$

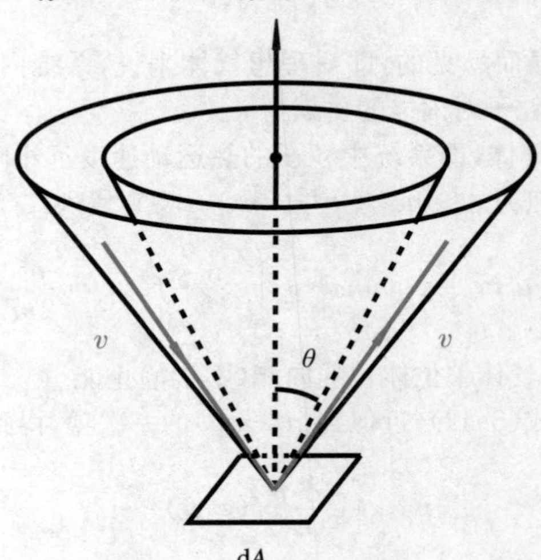

图 5.5 从分子运动论推导气体压强的统计表达式

其中，v 为粒子的速度。对非相对性粒子，$v = p/m$；对相对论性粒子，根据爱因斯坦的质能关系 $\varepsilon = \sqrt{m^2c^4 + p^2c^2}$，很容易得到速度与动量关系为 $v = pc^2/\varepsilon$。在碰撞过程中，每个分子给容器壁施加的冲量为 $2p\cos\theta$，因此，分子在 dt 时间之内与施加在面积为 dA 的容器壁上的总的冲量(Δp)为

$$d\Delta p = 2p\cos\theta dN = 2\frac{g}{h^3}f(dtdA\cos^2\theta)\cdot\left(\frac{p^2c^2}{\varepsilon}\right)\cdot p^2dpd\Omega \quad (5.51)$$

压强为单位时间、单位面积上受到的冲量。因此，容器壁上的压强为

$$p = \int\frac{d\Delta p}{dtdA} = 2\frac{g}{h^3}\int f\left(\frac{p^2c^2}{\varepsilon}\right)p^2dp\int\cos^2\theta d\Omega \quad (5.52)$$

假设气体分子的运动是各向同性的，因此，上式中的 $\cos^2\theta$ 项可以用其平均值 $\langle\cos^2\theta\rangle$ 代替：

$$\langle\cos^2\theta\rangle = \frac{\int_0^{\pi/2}\cos^2\theta\sin\theta d\theta}{\int_0^{\pi}\sin\theta d\theta} = \frac{1}{6} \quad (5.53)$$

因此

$$p = \frac{g}{h^3}\int f\left(\frac{p^2c^2}{3\varepsilon}\right)p^2dp\int d\Omega = \frac{g}{h^3}\int d^3\boldsymbol{p}f(\varepsilon,\mu)\left(\frac{p^2c^2}{3\varepsilon}\right) \quad (5.54)$$

显然，这一结果与式(5.42)一致。从证明过程可以看出，这一结果对任何分布 $f(\varepsilon,\mu)$ 都成立，只要气体分子的运动是各向同性的。

5.3 费米气体理论

1926年3月费米(Enrico Fermi,1901—1954)在德国发表了一篇文章,文中得出了后来被称为费米-狄拉克统计的关于费米子分布公式。1926年10月,狄拉克(Paul Adrien Maurice Dirac,1902—1984)发表了一篇名为《关于量子力学理论》的文章。狄拉克在他的文章中,以不同的方法得到了与费米此前已经得到的表达费米子系统分布规律的公式。现在将费米子服从的统计规律统称为费米-狄拉克分布。

非常类似玻色气体理论,对费米系统,最概然的能级分布如下:

$$a_l = \frac{\omega_l}{e^{\alpha+\beta\varepsilon_l}+1} \quad (l = 1,2,3,\cdots) \tag{5.55}$$

上式称为费米-狄拉克分布。其中,α,β 为拉格朗日未定乘子,它们由宏观约束条件公式(5.56)和(5.57)决定:

$$N = \sum_l \frac{\omega_l}{e^{\alpha+\beta\varepsilon_l}+1} \tag{5.56}$$

$$E = \sum_l \frac{\varepsilon_l\omega_l}{e^{\alpha+\beta\varepsilon_l}+1} \tag{5.57}$$

引入巨配分函数:

$$\Xi = \prod_l \Xi_l = \prod_l [1 + e^{-\alpha-\beta\varepsilon_l}]^{\omega_l} \tag{5.58}$$

对巨热力学势取对数:

$$\ln\Xi = \sum_l \omega_l \ln(1 + e^{-\alpha-\beta\varepsilon_l}) \tag{5.59}$$

易证,系统的巨热力学势为

$$J(\mu,T,V) = -k_B T \ln\Xi(\mu,T,V) \tag{5.60}$$

自由的费米气体在物理学中非常常见,类似上一节讨论,下面给出三维的自由费米气体的巨热力学势 $J(T,V,\mu)$ 的积分表达式:

$$\begin{aligned} J(\mu,T,V) &= -p(T,\mu)V \\ &= -k_B TV\int g\frac{d^3p}{h^3}\ln[1 + e^{(\mu-\varepsilon)/(k_B T)}] \end{aligned}$$

$$= -k_B TV\int\frac{g}{h^3}\mathrm{d}\Omega\int p^2\mathrm{d}p\ln[1+\mathrm{e}^{(\mu-\varepsilon)/(k_B T)}]$$

$$= -k_B TV\int\frac{g}{3h^3}\mathrm{d}\Omega\int \mathrm{d}p^3\ln[1+\mathrm{e}^{(\mu-\varepsilon)/(k_B T)}] \tag{5.61}$$

对上式进行分部积分：

$$J(\mu,T,V) = -k_B TV\int\frac{g}{3h^3}\mathrm{d}\Omega\left\{p^3\ln[1+\mathrm{e}^{\frac{\mu-\varepsilon}{k_B T}}]\Big|_0^{+\infty}+\frac{1}{\mathrm{e}^{\frac{\varepsilon-\mu}{k_B T}}+1}\frac{p^3}{k_B T}\mathrm{d}\varepsilon\right\}$$

$$= -V\int\frac{g}{h^3}\mathrm{d}\Omega\int\frac{p^3}{3}\mathrm{d}\varepsilon f(\varepsilon,\mu)$$

$$= -V\int\frac{g}{h^3}\mathrm{d}\Omega\int\frac{p^2c^2}{3\varepsilon}p^2\mathrm{d}pf(\varepsilon,\mu)$$

$$= -V\int\frac{g\mathrm{d}^3p}{h^3}f(\varepsilon,\mu)\left(\frac{p^2c^2}{3\varepsilon}\right) \tag{5.62}$$

其中，$f(\varepsilon,\mu)=1/[\mathrm{e}^{(\varepsilon-\mu)/(k_B T)}+1]$，为费米子的分布函数。在推导过程中，利用了质能关系：$\varepsilon\mathrm{d}\varepsilon=c^2p\mathrm{d}p$。我们再一次得到了粒子的压强的微观统计量为$p^2c^2/(3\varepsilon)$。

根据巨热力学的全微分，可以导出常用的热力学量，即费米气体的数密度n、单位体积的内能u以及压强p的表达式如下：

$$n=\frac{N}{V}=\int g\frac{\mathrm{d}^3p}{h^3}f(\varepsilon,\mu) \tag{5.63}$$

$$u=\frac{U}{V}=\int g\frac{\mathrm{d}^3p}{h^3}f(\varepsilon,\mu)\varepsilon \tag{5.64}$$

$$p=\int g\frac{\mathrm{d}^3p}{h^3}f(\varepsilon,\mu)\left(\frac{p^2c^2}{3\varepsilon}\right) \tag{5.65}$$

以上表达式物理意义清晰，并适用于相对论性粒子。

常见的费米子有电子e^-、正电子e^+、质子、中子、正反中微子($\nu_i,\bar{\nu}_i,i=e,\mu,\tau$)以及夸克等。因此，式(5.63)至式(5.65)在物理学中有着广泛的应用。可惜的是有限温度下的费米-狄拉克积分没有解析表达式，很多情况下，只能通过数值计算得到想要的结果。下面将式(5.63)至式(5.65)整理为文献中常见的形式。

首先用$k_B T$作为能量单位，将费米子的能量ε和化学势无量纲化，即引入

$$x\equiv\frac{\varepsilon-mc^2}{k_B T},\quad \eta\equiv\frac{\mu-mc^2}{k_B T} \tag{5.66}$$

注意：粒子的能量减去了其静止质量对应的能量mc^2。另外，系统的温度用粒子的静止能量度量，即引入无量纲的温度θ：

$$\theta \equiv \frac{k_B T}{mc^2} \tag{5.67}$$

先改写式(5.63)。费米子的数密度为

$$\begin{aligned} n &= g\,\frac{4\pi}{h^3 c^3}(k_B T)^3 \int_0^\infty \frac{[pc/(k_B T)]^2 \mathrm{d}[pc/(k_B T)]}{\mathrm{e}^{\frac{\varepsilon-\mu}{k_B T}}+1} \\ &= \frac{4\pi g}{h^3 c^3}(k_B T)^3 \int_0^\infty \frac{\widetilde{p}^2 \mathrm{d}\,\widetilde{p}}{\mathrm{e}^{x-\eta}+1} \end{aligned} \tag{5.68}$$

上式中无量纲的动量$\widetilde{p} = pc/(k_B T)$，为方便起见，引入无量纲的能量（含粒子静止能量）$\widetilde{\varepsilon} = \varepsilon/(k_B T)$，则有

$$x = \widetilde{\varepsilon} - \theta^{-1} \tag{5.69}$$

根据爱因斯坦质能关系，易知

$$\widetilde{p} = \sqrt{\widetilde{\varepsilon}^2 - \theta^{-2}} = \sqrt{2}\theta^{-1/2} x^{1/2}\left(1 + \frac{1}{2}\theta x\right)^{1/2} \tag{5.70}$$

$$\widetilde{p}\mathrm{d}\,\widetilde{p} = \widetilde{\varepsilon}\mathrm{d}\,\widetilde{\varepsilon} = \theta^{-1}(1+\theta x)\mathrm{d}x \tag{5.71}$$

将以上两式代入式(5.68)，得到

$$\begin{aligned} n &= g\,\frac{4\sqrt{2}\pi}{h^3 c^3}(k_B T)^3 \theta^{-3/2} \int_0^\infty \frac{\sqrt{1+\frac{\theta}{2}x}\,(x^{1/2}+\theta x^{3/2})\mathrm{d}x}{\mathrm{e}^{x-\eta}+1} \\ &= g\,\frac{4\sqrt{2}\pi}{h^3} m^3 c^3 \theta^{3/2}[F_{1/2}(\eta,\theta) + \theta F_{3/2}(\eta,\theta)] \end{aligned} \tag{5.72}$$

在上式中，引入了在文献中常用的费米-狄拉克积分：

$$F_k(\eta,\theta) \equiv \int_0^\infty \frac{x^k \sqrt{1+\frac{\theta}{2}x}\,\mathrm{d}x}{\mathrm{e}^{x-\eta}+1} \tag{5.73}$$

同理，分别得到用费米-狄拉克积分 $F_k(\eta,\theta)$表示的有限温度时费米气体的压强和内能：

$$p = g\,\frac{8\sqrt{2}\pi}{3h^3} m^4 c^5 \theta^{5/2}\left[F_{3/2}(\eta,\theta) + \frac{1}{2}\theta F_{5/2}(\eta,\theta)\right] \tag{5.74}$$

$$u = g\,\frac{4\sqrt{2}\pi}{h^3} m^4 c^5 \theta^{5/2}[F_{3/2}(\eta,\theta) + \theta F_{5/2}(\eta,\theta)] + nmc^2 \tag{5.75}$$

其中，内能 u 的表达式(5.75)中的第三项表示费米子的静止能量贡献，前两项为文献中常用的不含静止能量的内能表达式。对于有限温度的费米气体，其热力学势可以表示为如式(5.73)所示的费米-狄拉克积分形式。因为该积分的重要性,大量文献都研究了费米-狄拉克积分的各种级数展开形式,以及如何快速、准确地数值计算该积分及其偏导数[46]。

5.4 典型理想量子气体

5.4.1 光子气体

1900 年普朗克得到黑体辐射的公式之后,一直有很多个似是而非(半经典半量子)的理论推导。下面介绍两个比较现代的推导方法。第一个是德拜(Peter Joseph William Debye,1884—1966)的推导方法[33]。普朗克为了解释黑体辐射的普朗克谱,他假设在边长为 L 的空腔中的电磁辐射的振动模式是量子化的,即

$$E_n = \hbar\omega_n = \frac{2\pi c}{L}\hbar|\boldsymbol{n}| = |\boldsymbol{p}|c \tag{5.76}$$

基于普朗克的能量量子化假说,那么对于每个频率为 ω_n 的模式,可以被激发整数倍次,得到 $jE_n = j\hbar\omega_n$ 的能量。那么根据统计物理,该模式能量的平均值就是

$$\langle E_n\rangle = \frac{\sum_{j=0}^{\infty} jE_n \mathrm{e}^{-\beta jE_n}}{\sum_{j=0}^{\infty}\mathrm{e}^{-\beta jE_n}} = -\frac{\partial}{\partial\beta}\ln Z \tag{5.77}$$

其中,配分函数 Z 为

$$Z = \sum_{j=0}^{\infty}\mathrm{e}^{-\beta jE_n} = \frac{1}{1-\mathrm{e}^{-\beta\hbar\omega_n}} \tag{5.78}$$

因此,每个电磁振动模式的平均能量为

$$\langle E_n\rangle = \frac{\hbar\omega_n}{\mathrm{e}^{\beta\hbar\omega_n}-1} \tag{5.79}$$

假设 $L\to\infty$,对模式求和变成积分,则频率低于 ω 的辐射能量为

$$E(\omega) = \int_0^{\omega}\mathrm{d}^3\boldsymbol{n}\,\frac{\hbar\omega_n}{\mathrm{e}^{\beta\hbar\omega_n}-1} = 4\pi\hbar\frac{L^3}{8\pi^3c^3}\int_0^{\omega}\frac{\omega'^3\mathrm{d}\omega'}{\mathrm{e}^{\beta\hbar\omega'}-1} \tag{5.80}$$

因此,单位体积、单位频率间隔的能量密度为

$$u(\omega,T)=\frac{1}{V}\frac{\mathrm{d}E(\omega)}{\mathrm{d}\omega}=\frac{\hbar}{\pi^2c^3}\frac{\omega^3}{\mathrm{e}^{\beta\hbar\omega}-1} \tag{5.81}$$

上式已考虑光有两个偏振态,乘了因子 2。将上式改写为频率的函数就是

$$u(\nu,T)=\frac{8\pi h}{c^3}\frac{\nu^3}{\mathrm{e}^{\beta h\nu}-1} \tag{5.82}$$

将光子当作玻色子,并遵守玻色统计的现代推导方法,是由玻色于 1924 年得到的[35]。玻色的工作得到爱因斯坦的推荐得以发表,紧接着爱因斯坦于 1924 年和 1925 年预言了玻色-爱因斯坦凝聚[36]。下面就从玻色气体的角度推导黑体辐射公式。

前面讨论过,黑体辐射可以用空窖辐射模拟。空窖中的电磁辐射场就是与温度为 T 的空窖壁达到热平衡的电磁辐射。下面简要回顾一下有关电磁波/光子的知识。根据量子论,微观粒子具有波粒二象性。波动性体现在空窖辐射是由各种频率和波矢$(\omega,\boldsymbol{k})$的电磁波组成,粒子性体现在它是有各种能量和动量$(E,\boldsymbol{p})$的光子组成。波动性和粒子性通过德布罗意关系统一在一起:$E=\hbar\omega$, $\boldsymbol{p}=\hbar\boldsymbol{k}$。用闵可夫斯基空间的四维矢量表示为

$$p^\mu=\hbar k^\mu\quad(\mu=0,1,2,3) \tag{5.83}$$

其中,$p^\mu=(E/c,p)$为四维动量,$k^\mu=(\omega/c,k)$为四维波矢。通过求解麦克斯韦方程组,真空中的电磁波以光速传播,电磁波所满足的色散关系为 $\omega/c=k$,也就是说 k^μ 为零(null)矢量:

$$\eta_{\mu\nu}k^\mu k^\nu=0 \tag{5.84}$$

其中,$\eta_{\mu\nu}=\mathrm{diag}\{-1,1,1,1\}$为闵可夫斯基度规。从粒子性考虑,光子的静止质量为零,光子在真空中的速度恒为光速,是完全相对论性的粒子。光子的能量和动量关系为:$E/c=p$,也就是说 p^μ 也为零矢量。

通过求解麦克斯韦方程组,在真空中传播的电磁波有两个独立的偏振态,电磁波的电场和磁场与波矢,即电磁波的传播方向相互垂直,因此电磁波是横波。电磁波可以统一用四维的电磁势 $A^\mu=(\phi,\boldsymbol{A})$表示:

$$\boldsymbol{E}=-\nabla\phi-\frac{\partial\boldsymbol{A}}{c\partial t},\quad\boldsymbol{B}=\nabla\times\boldsymbol{A} \tag{5.85}$$

从经典场论的观点看,电磁场是闵可夫斯基空间的矢量场,矢量场的螺旋度为 1,即空间坐标转动 2π 之后,电磁势的位相也改变了 2π。从粒子性考察,光子的自旋 $S=1$,质量 $m=0$。1939 年,魏格纳基于对洛伦兹群的研究,发现自旋为 1,质量为零的粒子的自由度为 2,即简并因子 $g=2$,这很好地佐证了为什么光

子只有两个偏振态。

我们知道,光子数是不守恒的。举一个例子,一个加速运动的带电粒子可以产生电磁辐射即光子。空窖中的光子不断被空窖的原子吸收又重新产生,因此根据化学势的定义,空窖中处于热平衡中的光子气体的化学势 $\mu=0$。另一方面,在推导玻色子最概然能级分布的时候,如果不再要求粒子数守恒,那么参见方程(5.14),我们也不需要引进拉格朗日量未定乘子 α。因此光子气体的能级分布为

$$a_l = \frac{\omega_l}{e^{\beta\varepsilon_l}-1} \tag{5.86}$$

对照一般情况下玻色气体的能级分布公式,对光子气体 $\alpha=-\mu/(k_B T)=0$,即光子的化学势为零。

根据量子力学,在体积为 V 的空窖内,光子的动量在 $\boldsymbol{p}$ 到 $\boldsymbol{p}+\mathrm{d}\boldsymbol{p}$ 范围内的量子态数目为

$$g\frac{V}{h^3}\mathrm{d}^3\boldsymbol{p} = \frac{8\pi V}{h^3}p^2\mathrm{d}p \tag{5.87}$$

在上式中已取简并因子 $g=2$。根据上式很容易得到在体积为 V 的空窖内,光子的频率在ν到$\nu+\mathrm{d}\nu$范围内的量子态数目为

$$\frac{8\pi V}{c^3}\nu^2\mathrm{d}\nu \tag{5.88}$$

因此,根据式(5.86),在空窖内,光子的频率在ν到$\nu+\mathrm{d}\nu$范围内的平均光子数密度为

$$n(\nu,T)\mathrm{d}\nu = \frac{8\pi}{c^3}\frac{\nu^2\mathrm{d}\nu}{e^{h\nu/(k_B T)}-1} \tag{5.89}$$

空窖中光子的频率在ν到$\nu+\mathrm{d}\nu$范围内的光子的平均能量密度为

$$u(\nu,T)\mathrm{d}\nu = \frac{8\pi}{c^3}\frac{h\nu^3\mathrm{d}\nu}{e^{h\nu/(k_B T)}-1} \tag{5.90}$$

其中,$u(\nu,T)$为单位体积、单位频率间隔光子的能量,即

$$u(\nu,T) = \frac{8\pi h}{c^3}\frac{\nu^3}{e^{h\nu/(k_B T)}-1} \tag{5.91}$$

这就是著名的黑体辐射的普朗克公式。不同温度下的黑体辐射谱如图 5.6 所示。

在给定温度之后,在低频极限下,$h\nu\ll k_B T$,有

$$u(\nu,T)\approx\frac{8\pi}{c^3}\nu^2 k_B T \tag{5.92}$$

这就是瑞利-金斯公式。在高频极限下，$h\nu \gg k_B T$，有

$$u(\nu, T) = \frac{8\pi h}{c^3} \nu^3 e^{-h\nu/(k_B T)} \tag{5.93}$$

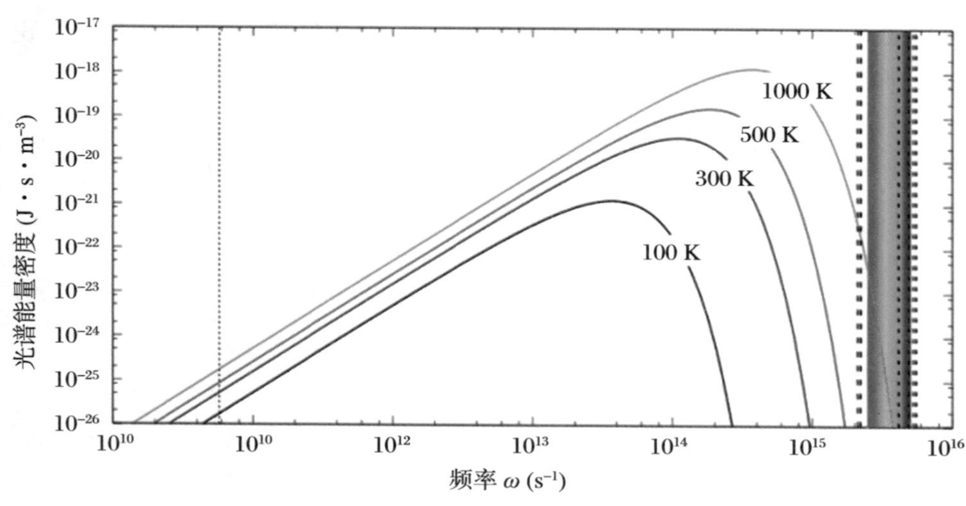

图 5.6　不同温度下黑体辐射谱
图片来自网络。

这就是维恩公式。根据上式，对温度为 T 的平衡辐射，$h\nu \gg k_B T$ 的高频光子数随着 e 指数迅速下降。这样就避免了紫外灾难。

积分式(5.89)之后，得到空窖内总的光子数密度 $n(T)$ 为

$$n(T) = \int_0^\infty n(\nu, T) d\nu = 8\pi \left(\frac{k_B T}{hc}\right)^3 \int_0^\infty \frac{x^2 dx}{e^x - 1} = 16\pi \zeta(3) \left(\frac{k_B T}{hc}\right)^3 \propto T^3 \tag{5.94}$$

其中，$\zeta(3) = 1.202$，参见附录 B.3。可以对式(5.90)对频率积分，得到空窖中平衡辐射的能量密度为

$$u(T) = \int_0^\infty u(\nu, T) d\nu = \int_0^\infty \frac{8\pi h}{c^3} \frac{\nu^3}{e^{h\nu/(k_B T)} - 1} d\nu = \frac{8\pi^5}{15} \frac{(k_B T)^4}{(hc)^3} \propto T^4 \tag{5.95}$$

根据上两式，很容易得到空窖中光子的平均能量为

$$\langle \varepsilon \rangle = \frac{u(T)}{n(T)} = \frac{\pi^4}{30\zeta(3)} k_B T \sim 2.70 k_B T \tag{5.96}$$

下面推导光子的巨热力学势 $J = J(T, V)$。光子气体的巨配分函数的对数 $\ln \Xi$：

$$\begin{aligned} \ln \Xi &= -g \int \cdots \int \frac{d^3 p d^3 x}{h^3} \ln(1 - e^{-\beta\varepsilon}) \\ &= -\frac{V}{\pi^2 \hbar^3} \int dp p^2 \ln(1 - e^{-\frac{pc}{k_B T}}) \end{aligned}$$

$$= -\frac{V}{\pi^2}\left(\frac{k_B T}{\hbar c}\right)^3 \int dx x^2 \ln(1 - e^{-x}) \tag{5.97}$$

在上式的最后一步中,引入了无量纲的动量 $x \equiv pc/(k_B T)$。下面应用分部积分法计算上面的积分:

$$\int_0^\infty dx x^2 \ln(1 - e^{-x}) = \frac{x^3}{3}\ln(1 - e^{-x})\Big|_0^\infty - \frac{1}{3}\int_0^\infty \frac{x^3 dx}{e^x - 1} = -\frac{\pi^4}{45} \tag{5.98}$$

因此,最终得到光子气体的巨热力学势 J:

$$J = -k_B T \ln \Xi = -\frac{\pi^2}{45}\frac{k_B^4 T^4}{\hbar^3 c^3} V \tag{5.99}$$

其实,计算 J 最简单的方法就是

$$J = -pV = -V\frac{g}{h^3}\int d^3\mathbf{p}\left(\frac{p^2 c^2}{3\varepsilon}\right)\frac{1}{e^{\varepsilon/(k_B T)} - 1} \tag{5.100}$$

对光子气体,化学势恒等于零,$F = J$,根据巨热力学势的全微分关系:$dJ = -SdT - pdV = dF$,得到

$$S = -\left(\frac{\partial J}{\partial T}\right)_V = \frac{4\pi^2}{45}\frac{k^4 T^3}{\hbar^3 c^3} V \tag{5.101}$$

$$p = -\left(\frac{\partial J}{\partial V}\right)_T = \frac{\pi^2}{45}\frac{k^4 T^4}{\hbar^3 c^3} \tag{5.102}$$

$$U = J + TS = \frac{\pi^2}{15}\frac{k^4 T^4}{\hbar^3 c^3} V \tag{5.103}$$

显然对光子气体,有

$$p = \frac{1}{3} u \tag{5.104}$$

对完全相对论性的粒子,该状态方程是普适的。

5.4.2 玻色-爱因斯坦凝聚:强简并玻色气体

对于由自由的、全同的玻色子组成的理想玻色气体,由于玻色子不存在泡利不相容原理,每个量子态上的粒子数不受任何限制,即粒子可以不受限制地处于相同的量子态。因此,随着温度的下降,系统中大部分的玻色子都处于基态,形象地说,玻色子都"冻结"到基态了,即出现了一个宏观量子态,这就是著名的玻色-爱因斯坦凝聚(Bose-Einstein Condensation,BEC)。

下面来推导玻色-爱因斯坦凝聚出现的条件。这里讨论的是非相对论性玻色子。对于玻色子来说,它们遵循玻色-爱因斯坦统计,能级 $\varepsilon_l (l = 0,1,2,\cdots)$

上的平均粒子数为

$$a_l = \frac{\omega_l}{e^{(\varepsilon_l - \mu)/(k_B T)} - 1} \tag{5.105}$$

不妨取基态能量 $\varepsilon_0 = 0$,或者说将 ε_0 吸收到化学势 μ 中去。由 $a_l \geqslant 0$,对化学势 μ 给出非常强的限制,即要求 $\mu < 0$。由化学势 μ 的定义可知化学势 μ 是温度和密度的函数,即 $\mu = \mu(n, T)$,也可以由数密度 n 的具体表达式看出来:

$$n = \frac{N}{V} = \frac{1}{V}\sum_l \frac{\omega_l}{e^{(\varepsilon_l - \mu)/(k_B T)} - 1} = n(\mu, T) \tag{5.106}$$

假设容器的体积不变,容器中的玻色子数目也不变,由上式可以看出,随着温度的下降,系统的化学势不断增加。注意,由于化学势 $\mu < 0$,化学势不断增加意味着化学势绝对值($|\mu < 0|$)不断下降,化学势不断逼近零。这时候基态能级上的粒子数不断增加:

$$a_0 = \frac{\omega_0}{e^{(\varepsilon_0 - \mu)/(k_B T)} - 1} \to \infty \quad (\mu \to \varepsilon_0) \tag{5.107}$$

这就是 BEC 能发生的最本质的物理原因。当 BEC 发生时,根据上式,易得

$$\varepsilon_0 - \mu = k_B T \ln\left(1 + \frac{1}{a_0}\right) \approx \frac{k_B T}{a_0} \ll k_B T \tag{5.108}$$

下面继续定量讨论。当温度下降到某温度 T_c时,系统的化学势从左边逼近零:$\mu = 0^-$,即

$$n(T_c, \mu = 0) = g_B \frac{2\pi}{h^3}(2m)^{3/2}\int_0^\infty \frac{\varepsilon^{1/2} d\varepsilon}{e^{\varepsilon/(k_B T_c)} - 1} = n \tag{5.109}$$

则称该温度为临界温度 T_c。这里 g_B 为该玻色子的统计因子。令 $x = \varepsilon/(k_B T_c)$,将上式无量纲化:

$$g_B \frac{2\pi}{h^3}(2mk_B T_c)^{3/2}\int_0^\infty \frac{x^{1/2} dx}{e^x - 1} = g_B \frac{2}{\sqrt{\pi}} \frac{1}{\lambda_{T_c}^3} B(3/2) = n \tag{5.110}$$

上式中 $\lambda_T = [h^2/(2\pi m k_B T)]^{1/2}$ 为粒子的热德布罗意波长,$B(3/2)$为玻色型积分,与黎曼 ζ 函数有关(参见附录 B.3):

$$B(3/2) \equiv \int_0^\infty \frac{x^{1/2} dx}{e^x - 1} = \Gamma(3/2)\zeta(3/2) \approx 2.315 \tag{5.111}$$

将式(5.110)整理一下,得到

$$n = g_B \frac{\zeta(3/2)}{\lambda_{T_c}^3} = \frac{2.612}{\lambda_{T_c}^3} \tag{5.112}$$

由上式可以看出，BEC 发生时，粒子的热德布罗意波长大于粒子之间的平均距离，换句话说，以粒子的热德布罗意波长为边长的立方体中的粒子数大于 1，系统满足强简并条件：$n\lambda_{T_c}^3 \geqslant 1$。临界温度 T_c 由上式决定，具体表达式为

$$T_c = \frac{g_B^{-2/3}}{2\pi\zeta(3/2)^{2/3}}\frac{h^2}{mk_B}n^{2/3} \propto n^{2/3} \tag{5.113}$$

当系统的温度进一步下降低于临界温度，即 $T < T_c$ 之后，会发生什么现象呢？在 $T < T_c$ 时，系统的化学势已达到极大值 $\mu \to 0^-$，显然有

$$n_{\varepsilon>0}(T) = g_B\frac{2\pi}{h^3}(2m)^{3/2}\int_0^\infty \frac{\varepsilon^{1/2}\mathrm{d}\varepsilon}{\mathrm{e}^{\varepsilon/(k_BT)} - 1} = g_B\frac{\zeta(3/2)}{\lambda_T^3} = n\left(\frac{T}{T_c}\right)^{3/2} < n \tag{5.114}$$

也就是说，粒子能量在 $0 < \varepsilon < \infty$ 之间的粒子数少于系统中的总粒子数。少了的粒子到哪儿去了呢？它们都冻结到 $\varepsilon = 0$ 的基态去了！即上式积分得到的粒子数并不包含基态的粒子数。因为在能量范围 $0 \sim \varepsilon$ 之间的量子态数为

$$\omega(\varepsilon) = \int_0^\varepsilon D(\varepsilon)\mathrm{d}\varepsilon \propto \int_0^\varepsilon \varepsilon^{1/2}\mathrm{d}\varepsilon \propto \varepsilon^{3/2} \to 0 \quad (\varepsilon \to 0) \tag{5.115}$$

因此，在积分的过程中，并没有计入基态的粒子数。当温度远大于临界温度（$T > T_c$）时，基态的粒子数远远小于系统中的总粒子数，因此通过积分求系统中总粒子数因此的误差完全可以忽略。当温度远小于临界温度（$T < T_c$）时，基态的粒子数与系统中的总粒子数相当，即基态冻结了宏观数目的粒子，这时候在对能级求和的过程中，需要计及基态的粒子数。假设处于基态的粒子数密度为 $n_0(T)$，则系统的总粒子数密度为

$$n_0(T) + n\left(\frac{T}{T_c}\right)^{3/2} = n \tag{5.116}$$

上式左边第二项为处在激发态的总粒子数密度 $n_{\varepsilon>0}(T)$，参见式(5.114)。因此，最终得到冻结在基态的粒子数密度为(参见图 5.7)

$$n_0(T) = n\left[1 - \left(\frac{T}{T_c}\right)^{3/2}\right] \to n \quad (T \to 0) \tag{5.117}$$

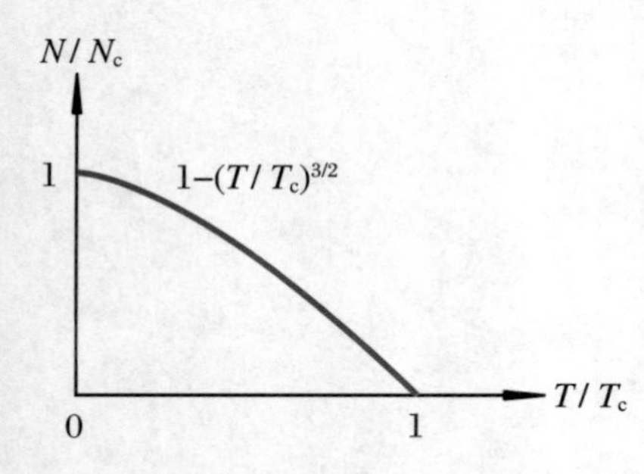

图 5.7　BEC 发生时（$T < T_c$）基态的粒子数随着温度的下降而不断增加

根据上式可以看出，对玻色子而言，一个量子态所能容纳的粒子数不受限制，因此当温度趋近于绝对零度（$T \to 0$）时，粒子将尽量占据能量最低态，所有粒子都冻结到基态，即 $n_0(T \to 0) = n$。

总之，当 $T < T_c$ 时，有宏观量级的粒子在基态（$\varepsilon = 0$）凝聚，称为玻色-爱因斯坦凝聚。当粒子都处于基态时，系统的微观状态数为 1，根据玻尔兹曼熵的定义，系统的熵为零：$S = 0$。另外，在基态时，系统的能量和动量都为常数，在很多情况下，$\varepsilon = p = 0$，导致系统的宏观压强（p）也为零：$p = 0$。

下面讨论 BEC 系统的热容量。先计算系统单位体积的总能量。由于基态

对系统的总能量贡献为零(已取 $\varepsilon=0$),因此,系统的单位体积的内能为

$$u=E=g_{\mathrm{B}}\frac{2\pi}{h^3}(2m)^{3/2}\int_0^\infty\frac{\varepsilon^{3/2}\mathrm{d}\varepsilon}{\mathrm{e}^{(\varepsilon-\mu)/(k_{\mathrm{B}}T)}-1}=g_{\mathrm{B}}\frac{3}{2}\frac{k_{\mathrm{B}}T}{\lambda_T^3}g_{5/2}(z)\tag{5.118}$$

其中,$z\equiv\mathrm{e}^{\beta\mu}$ 为逸度,以及 $g_{5/2}(z)$ 为玻色函数,定义为

$$g_p(z)\equiv\frac{1}{\Gamma(p)}\int_0^\infty\mathrm{d}x\,\frac{x^{p-1}}{z^{-1}\mathrm{e}^x-1}=\sum_{l=1}^\infty\frac{z^l}{l^p}\tag{5.119}$$

其中,$\Gamma(p)$为 Γ 函数,见附录 B.2。这样定义的好处是在 $z=1$ 时,$g_p(1)=\zeta(p)$,见附录 B.3。由内能作为温度 T 的函数,很容易得到单位体积的定容热容量 $C_V=\dfrac{\partial u}{\partial T}$。当 $T<T_{\mathrm{c}}$时,$\mu=0$,$z=1$,因此,$g_{5/2}(1)=\zeta(5/2)=1.342$(参见附录 B.3),另外,注意到 $\mu=0$ 时,$u\propto T^{5/2}$,因此有

$$\frac{C_V}{k_{\mathrm{B}}}=\frac{1}{k_{\mathrm{B}}}\frac{\partial u}{\partial T}=\frac{1}{k_{\mathrm{B}}}\frac{5u}{2T}=\frac{15}{4}g_{\mathrm{B}}\zeta(5/2)\frac{1}{\lambda_T^3}\propto T^{3/2}\tag{5.120}$$

作为对比,经典条件下单原子分子气体每个分子贡献的比热是 $1.5k_{\mathrm{B}}$,将上式中的 C_V 除以粒子数密度 n,并利用式(5.112),得到 $T\leqslant T_{\mathrm{c}}$时,单位粒子的比热为

$$\frac{C_V}{nk_{\mathrm{B}}}=\frac{15}{4}\frac{\zeta(5/2)}{\zeta(3/2)}\left(\frac{T}{T_{\mathrm{c}}}\right)^{3/2}\approx1.925\left(\frac{T}{T_{\mathrm{c}}}\right)^{3/2}\tag{5.121}$$

当 $T>T_{\mathrm{c}}$时,化学势不再逼近零($\mu\neq0$)。它的具体值由温度和粒子数密度共同决定。下面讨论 $T>T_{\mathrm{c}}$时玻色气体的热力学性质。$T>T_{\mathrm{c}}$时,处于基态的粒子数基本可以忽略,非相对论性玻色气体的粒子数密度、内能和压强的表达式分别为

$$n=g_{\mathrm{B}}\frac{4\pi}{h^3}\int\frac{p^2\mathrm{d}p}{\mathrm{e}^{\frac{\varepsilon-\mu}{k_{\mathrm{B}}T}}-1}=g_{\mathrm{B}}g_{3/2}(z)\frac{1}{\lambda_T^3}\tag{5.122}$$

$$u=g_{\mathrm{B}}\frac{4\pi}{h^3}\int\frac{\varepsilon p^2\mathrm{d}p}{\mathrm{e}^{\frac{\varepsilon-\mu}{k_{\mathrm{B}}T}}-1}=\frac{3}{2}g_{\mathrm{B}}g_{5/2}(z)\frac{k_{\mathrm{B}}T}{\lambda_T^3}\tag{5.123}$$

$$p=g_{\mathrm{B}}\frac{4\pi}{h^3}\int\left(\frac{p^2c^2}{3m}\right)\frac{p^2\mathrm{d}p}{\mathrm{e}^{\frac{\varepsilon-\mu}{k_{\mathrm{B}}T}}-1}=g_{\mathrm{B}}g_{5/2}(z)\frac{k_{\mathrm{B}}T}{\lambda_T^3}\tag{5.124}$$

系统的粒子数 N 和体积 V 不变,粒子数密度 n 为常数,根据式(5.122)可以计算化学势与温度的函数关系:$\mu=\mu(T)$。在式(5.122)两边对温度 T 求导,并注意到 $\mathrm{d}g_n(z)/\mathrm{d}z=z^{-1}g_{n-1}(z)$,易得

$$\frac{\mathrm{dln}\,z}{\mathrm{dln}\,T}=-\frac{3}{2}\frac{g_{3/2}(z)}{g_{1/2}(z)}\tag{5.125}$$

从上式可以看出，随着温度的升高，化学势不断下降，并始终保持 $\mu<0$。

下面计算单位体积的定容热容量 C_V。注意到 $\lambda_T \propto T^{3/2}$，根据式(5.123)，将 $u(\mu,T)$ 对温度求偏导，得到

$$\frac{C_V}{k_B}=g_B\frac{15}{4}g_{5/2}(z)\frac{1}{\lambda_T^3}+\frac{3}{2}\frac{T}{\lambda_T^3}g'_{5/2}(z)\frac{\mathrm{d}z}{\mathrm{d}T}$$
$$=g_B\frac{1}{\lambda_T^3}\left[\frac{15}{4}g_{5/2}(z)-\frac{9}{4}\frac{g_{3/2}^2(z)}{g_{1/2}(z)}\right] \tag{5.126}$$

将上式两边除以 n，得到每粒子的比热为

$$\frac{C_V}{nk_B}=\frac{15}{4}\frac{g_{5/2}(z)}{g_{3/2}(z)}-\frac{9}{4}\frac{g_{3/2}(z)}{g_{1/2}(z)} \tag{5.127}$$

温度很高时，$z=\exp[\mu/(k_BT)]\to 1$，$g_n(z)\to z$（参见附录 B.2）：

$$g_n(z)\approx\frac{z}{\Gamma(n)}\int_0^\infty x^{n-1}\mathrm{e}^{-x}\mathrm{d}x=z \tag{5.128}$$

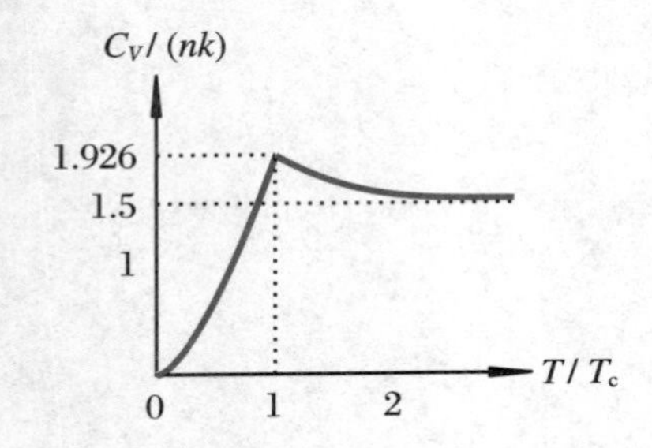

图 5.8　BEC 发生时（$T<T_c$）玻色气体的定容热容量

将上式代入式(5.127)，得到在温度很高时，玻色气体的比热与经典理想单原子分子气体的结果一致。图 5.8 给出了定容热容量 C_V 随着温度的变化。从图中可以看出，系统的热容量在 $T=T_c$ 时是不光滑的，这是因为 BEC 本质上是一种相变。

下面讨论玻色气体的状态方程。当 $T<T_c$ 时，有

$$p=g_B\frac{k_BT}{\lambda_T^3}g_{5/2}(1) \tag{5.129}$$

显然，在 $T<T_c$ 时，处于 BEC 状态的玻色气体的压强与体积无关，气体的压缩系数为无穷大。当 $T>T_c$ 时，有

$$p=g_B\frac{k_BT}{\lambda_T^3}g_{5/2}(z) \tag{5.130}$$

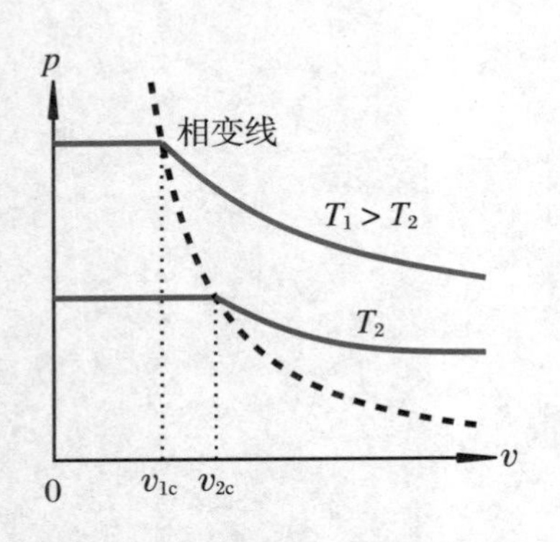

图 5.9　低温玻色气体在 BEC 发生先后（$T<T_c$ 以及 $T>T_c$）的状态方程

图中的相变线就是分界线。

考虑系统的温度 T 不变，体积 V 不断增加的过程。随着体积的增加，粒子数密度下降，化学势下降，逸度 $z=\exp(\beta\mu)$ 也跟着下降，根据式(5.130)，气体的压强也下降。图 5.9 给出了不同温度下的状态方程，即压强与比容 $v=V/N=1/n$ 的函数关系。图中的虚线为相变线，满足 $p\propto v^{-5/3}$，这是因为在 $T=T_c$ 时，$n\propto T^{3/2}$，而 $p\propto T^{5/2}$，因此有 $p\propto n^{5/3}$。具体将 T_c 的表达式(5.113)代入式(5.130)得到

$$pv^{5/3}=\frac{\zeta(5/2)}{g_B^{2/3}\zeta^{5/3}(3/2)}\frac{h^2}{2\pi m} \tag{5.131}$$

即使转变到 BEC 的临界温度远高于第一激发态能量，临界温度还是太低太低了！从爱因斯坦于 1924 年理论上预言了 BEC 到原子冷却技术可以产生

和检测 BEC 经历了 71 年的时间。1995 年 6 月来自美国实验室天体物理联合研究所(Joint Institute for Laboratory Astrophysics,JILA)的埃里克·康奈尔(Eric A. Cornell)和卡尔·威曼(Carl E. Wieman)及其助手实现了铷 87 原子的 BEC[44],四个月后,麻省理工学院的沃尔夫冈·克特勒(Wolfgang Ketterle)领导的小组实现了钠 23 原子的 BEC[45]。他们三位因此分享了 2001 年的诺贝尔物理学奖。

由式(5.113)可以看出,粒子的数密度(n)越大,玻色子的质量(m)越小,BEC 发生的临界温度就越高。因此,氢应该是最容易冷却并发生 BEC 的原子。但是在 20 世纪 90 年代中期,还没有能够在有利于冷却氢气的频率下工作的激光。康奈尔和威曼于 1995 年用稀薄的、气态的铷原子^{87}Rb 形成了 BEC。铷有一套合适的能级,适合当时可用的激光冷却原子技术。他们使用磁光阱(magneto-optical traps,MOTs)以及激光和蒸发冷却技术将大约 2000 个原子冷却到 BEC 所需的 nK 温度,发现在 170 nK 以下可以看到玻色-爱因斯坦凝聚。克特勒使用钠 23 在 2 μK 独立地获得了玻色-爱因斯坦凝聚。克特勒冷却的原子数比康奈尔和威曼冷却的原子数要多约 100 倍,可以用来做量子干涉实验。

为了看到 BEC,需要能够区分基态原子和激发态原子。由于基态原子都有更小的波数,因此其速度比处于其他激发态的原子慢。所以如果移除磁阱,原子就会开始扩散,基态原子扩散得更慢。因此,原子在某很短时间后的位置表征了它们的初始速度。科学家们利用共振激光脉冲照亮了该系统,在 $t = 100$ ms 后,发现了没有移动太远的高密度原子,这些原子应该就是之前处于 BEC 的基态的原子。

图 5.10 显示了 BEC 中原子在不同温度下的分布。原子开始凝聚的温度约为 170 nK。在这个温度以上(左),分布非常平滑,与麦克斯韦-玻尔兹曼速度分布一致。在 170 nK 以下(中),可以清楚地看到较高的密度对应于异常大的基态布居率,这与 BEC 的预期一致。BEC 在更低的温度下(右),其布居率甚至更高。对该体系的热力学性质的直接观察,如能量密度和热容,进一步证实了该体系是 BEC。自发现 BEC 以来,它继续表现出一些令人惊奇和不寻常的特性。由于所有原子处于相同的状态,原子是相干的,它们可以在比电子更大的尺度上表现量子现象,而且在许多方面比电子更可控。

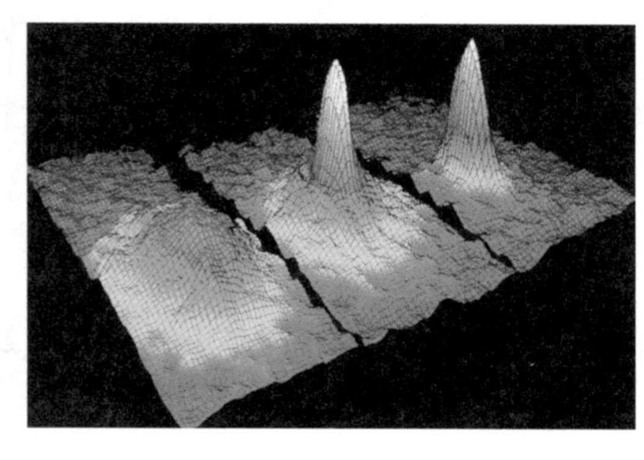

图 5.10 二维的速度分布显示了玻色-爱因斯坦凝聚的发生

图中的颜色显示多少原子处于特定速度上。红色表示只有少数原子的速度是该速度。白色表示许多原子是这个速度。最低速度显示白色或浅蓝色。左图:温度约为 100 nK,BEC 还没出现。中图:温度约为 100 nK,BEC 刚刚出现。右图:温度约为 40 nK,几乎所有剩余的原子处于 BEC 状态。图片由 JILA 提供。

玻色爱因斯坦凝聚也与超导体有关。在超导体中，如固体汞在 $T<4.2$ K 时，没有电阻率。在 BCS 理论中，超导是通过被称为库珀对的电子对的凝聚来解释的。这些电子对像具有玻色子一样作用，在低温下形成凝聚态。因为电子是带电的，所以库珀对也是带电的。带电的电子对的凝聚屏蔽了超导体中的磁场，使得电流的电阻为零。因此，超导体很像带电玻色子的超流体。

5.4.3 强简并自由电子气体

任意温度、任意简并度三维自由电子气体的粒子数密度、能量密度和压强可根据式(5.63)至式(5.65)给出：

$$n = \int g \frac{\mathrm{d}^3 p}{h^3} f(\varepsilon, \mu) \tag{5.132}$$

$$u = \int g \frac{\mathrm{d}^3 p}{h^3} f(\varepsilon, \mu) \varepsilon \tag{5.133}$$

$$p = \int g \frac{\mathrm{d}^3 p}{h^3} f(\varepsilon, \mu) \left(\frac{p^2 c^2}{3\varepsilon}\right) \tag{5.134}$$

其中，$f(\varepsilon,\mu)$为电子的分布函数，即平均每个量子态上的电子数。前面已经强调过，上述三式适用于相对论性粒子。

图 5.11 显示给定化学势(μ)之后，不同温度(T)时电子的分布函数。由于存在泡利不相容原理，分布函数的上限值为 1。随着温度的逐渐降低，电子逐渐将低能的量子态(低能态)占满，当温度达到绝对零度($T=0$)时，低能态都被占满了，分布函数变成了一个阶梯函数，即零温时的分布函数为

$$f(\varepsilon) = \begin{cases} 1 & (\varepsilon \leqslant \varepsilon_{\mathrm{F}}) \\ 0 & (\varepsilon > \varepsilon_{\mathrm{F}}) \end{cases} \tag{5.135}$$

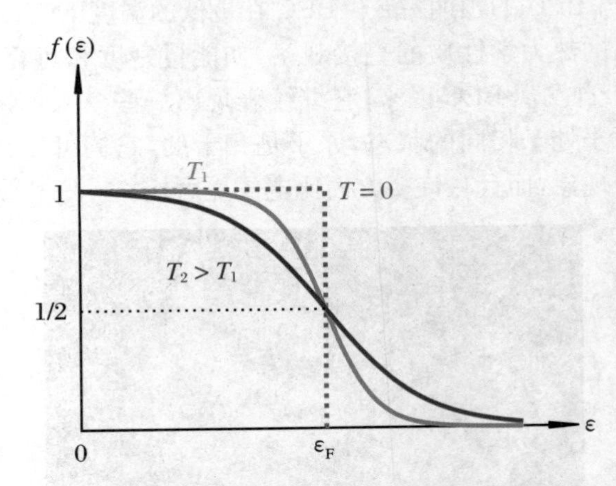

图 5.11 费米气体的分布函数

系统中电子的最高能量称为简并费米能，简称为费米能(E_{F})。对在三维空间中的自由电子，在其动量空间，电子都位于某个球面内，该球面的半径为与费

米能相对应的电子的最大动量，称为费米动量(p_F)，该球面称之为费米面，三维的球体称为费米球。与费米能对应特征温度定义为费米温度：$T_F = E_F/k$。

费米球的半径为费米动量 p_F，费米(球)面上的粒子动量等于费米动量 p_F。对于强简并费米气体，费米球内的每个量子态都被占满，即 $f=1$。如果热运动能量 $k_B T \ll \varepsilon_F$，则只有费米面附近的粒子能被热激发到费米球外。

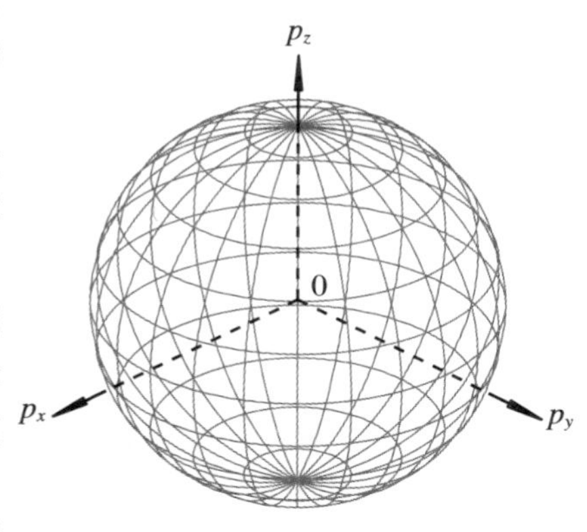

图 5.12　动量空间的费米球与费米面

容易看出，此时的费米能等于系统的化学势：$\varepsilon_F = \mu$。在这种情况下，能量低于费米能的量子态统统被占满了，系统处于完全的简并态，即强简并态。容易理解，在零温的情况下，强简并的费米气体的绝对熵为零。

在实际应用过程中，并不一定要求系统的温度达到绝对零度时，系统才完全是强简并的。从费米-狄拉克分布函数分析易知，当系统的温度远小于费米气体的费米温度时($T \ll T_F$)，基本上可以认为系统已处于“零温”强简并态。或者说，费米气体可以取零温近似。

在零温的情况下，强简并的三维自由电子气体的粒子数密度、能量密度和压强表达式如下：

$$n = \frac{8\pi}{h^3}\int_0^{p_F} p^2 \mathrm{d}p = \frac{8\pi}{3h^3} p_F^3 \tag{5.136}$$

$$u = \frac{8\pi}{h^3}\int_0^{p_F} \varepsilon(p) p^2 \mathrm{d}p \tag{5.137}$$

$$p = \frac{8\pi}{h^3}\int_0^{p_F} \frac{p^2 c^2}{3\varepsilon(p)} p^2 \mathrm{d}p \tag{5.138}$$

在上面计算过程中，已取电子的简并度 $g = 2S+1 = 2$。下面分非相对论和极端相对论两种情况进一步得到强简并电子的内能和压强的具体表达式。根据爱因斯坦的狭义相对论，粒子的能量和动量之间的关系为

$$\varepsilon(p)^2 = m^2 c^4 + p^2 c^2 \tag{5.139}$$

其中，m 为粒子的静止质量。如果电子的费米动能远小于电子的静止能量，即 $p_F c \ll \varepsilon_F$，则系统中所有的粒子都是非相对论性的，粒子的能量和动量之间的关系近似为

$$\varepsilon(p) \approx mc^2 + \frac{p^2}{2m} \tag{5.140}$$

其中，方程左边第一项为粒子的静止能量，第二项为粒子的动能项。将非相对论电子的能量和动量之间的关系代入式(5.137)和式(5.138)，得到

$$u = nmc^2 + \frac{4\pi}{5h^3}\frac{p_F^5}{m} \tag{5.141}$$

$$p = \frac{8\pi}{15h^3}\frac{p_F^5}{m} \tag{5.142}$$

式(5.141)左边第一项的物理含义是电子的静止能量的贡献,在非相对论的情况下,由于粒子数守恒,保留粒子的静止能量只是在方程中一个常数项,可以在所有的方程中不用考虑静止质量的贡献,在牛顿力学中也的确是这么做的。根据式(5.136)可以看出,费米动量与粒子数密度之间存在简单的函数关系,可以将费米动量用粒子数密度这个宏观量表示:

$$p_{\mathrm{F}} = \left(\frac{3}{8\pi}\right)^{1/3} hn^{1/3} \sim n^{1/3} \tag{5.143}$$

将上式分别代入式(5.141)和式(5.142),得到

$$u = \frac{3^{5/3}}{40\pi^{2/3}}\frac{h^2}{m}n^{5/3} \sim n^{5/3} \tag{5.144}$$

$$p = \frac{3^{2/3}}{20\pi^{2/3}}\frac{h^2}{m}n^{5/3} = \frac{2}{3}u \sim n^{5/3} \tag{5.145}$$

注意:在式(5.144)中已经忽略了粒子静止能量对内能的贡献。

随着电子密度的升高,电子的费米能远超过电子的静止能量,即 $p_{\mathrm{F}}c \gg E_{\mathrm{F}}$,则系统中所有的粒子都是极端相对论性的,粒子的能量和动量之间的关系近似为

$$\varepsilon(p) \approx pc \tag{5.146}$$

将上式分别代入式(5.137)和式(5.138),得到

$$u = \frac{2\pi c}{h^3}p_{\mathrm{F}}^4 = \frac{3^{4/3}}{8\pi^{1/3}}hcn^{4/3} \sim n^{4/3} \tag{5.147}$$

$$p = \frac{1}{3}u = \frac{3^{1/3}}{8\pi^{1/3}}hcn^{4/3} \sim n^{4/3} \tag{5.148}$$

从式(5.147)和式(5.148)可以看出,当电子的密度很高时,电子的费米能比较高,超过了电子的静止能量,这时候电子为极端相对论粒子,系统的内能和压强与电子密度的关系为 $p=\frac{1}{3}u \sim n^{4/3}$。

上面在非相对论和极端相对论极限下得到了强简并电子气体的状态方程。幸运的是,在一般相对论性条件下,强简并电子的状态方程存在解析表达式,即方程(5.137)和方程(5.138)是可积的。下面给出具体计算过程。先计算电子的内能。

$$u_{\mathrm{e}} = \frac{8\pi}{h^3}\int_0^{p_{\mathrm{F}}} \sqrt{m_{\mathrm{e}}^2c^4 + p^2c^2}\,p^2\mathrm{d}p \tag{5.149}$$

用 $m_{\mathrm{e}}c$ 将电子动量无量纲化,即令 $\tilde{p}=p/m_{\mathrm{e}}c$,上式改写为

$$u_{\mathrm{e}} = \frac{8\pi}{h^3}m_{\mathrm{e}}^4c^5\int_0^{\tilde{p}_{\mathrm{F}}} \sqrt{1 + \tilde{p}_{\mathrm{F}}^2}\,\tilde{p}_{\mathrm{F}}^2\mathrm{d}\tilde{p}_{\mathrm{F}} \tag{5.150}$$

进行如下的积分变量变换：

$$\widetilde{p} \equiv \sinh(\xi/4) \tag{5.151}$$

则电子的内能为

$$\begin{aligned}
u_e &= \frac{8\pi}{h^3} m_e^4 c^5 \int_0^{\xi_F} \sqrt{1+\sinh^2(\xi/4)} \sinh^2(\xi/4) \mathrm{d}\sinh(\xi/4) \\
&= \frac{8\pi}{h^3} m_e^4 c^5 \int_0^{\xi_F} \frac{1}{16} \sinh^2(\xi/2) \mathrm{d}\xi \\
&= \frac{8\pi}{h^3} m_e^4 c^5 \frac{1}{64} (e^{\xi} - e^{-\xi} - 2\xi) \Big|_0^{\xi_F} \\
&= \frac{8\pi}{h^3} m_e^4 c^5 \frac{1}{32} (\sinh\xi_F - \xi_F) \\
&= \frac{1}{2^5 \pi^2} \frac{m_e c^2}{\lambda_e^3} (\sinh\xi_F - \xi_F)
\end{aligned} \tag{5.152}$$

其中，$\xi_F = 4\sinh^{-1}[p_F/(m_e c)]$，$\lambda_e = \hbar/(m_e c)$为电子的康普顿波长。

同样的计算过程，得到强简并电子的压强为

$$\begin{aligned}
p_e &= \frac{8\pi}{h^3} \int_0^{p_F} \frac{p^2 c^2}{3\sqrt{m_e^2 c^4 + p^2 c^2}} p^2 \mathrm{d}p \\
&= \frac{2\pi}{3h^3} m_e^4 c^5 \int_0^{\xi_F} \sinh^4(\xi/4) \mathrm{d}\xi \\
&= \frac{\pi}{24h^3} m_e^4 c^5 (e^{\xi} - e^{-\xi} - 8e^{\xi/2} + 8e^{-\xi/2} + 6\xi) \Big|_0^{\xi_F} \\
&= \frac{\pi}{12h^3} m_e^4 c^5 [\sinh\xi_F - 8\sinh(\xi_F/2) + 3\xi_F] \\
&= \frac{1}{2^5 \cdot 3\pi^2} \frac{m_e c^2}{\lambda_e^3} [\sinh\xi_F - 8\sinh(\xi_F/2) + 3\xi_F]
\end{aligned} \tag{5.153}$$

最后，电子的数密度 n_e也可以用参数 ξ_F表示：

$$n_e = \frac{1}{3\pi^2} \frac{1}{\lambda_e^3} \sinh^3(\xi_F/4) \tag{5.154}$$

容易证明：在非相对论和极端相对论极限下，式(5.152)和式(5.153)分别退化为式(5.141)和式(5.142)以及式(5.147)和式(5.148)的结果。

当 $\xi_F \ll 1$ 时，有

$$n_e \approx \frac{1}{2^6 \cdot 3\pi^2} \frac{1}{\lambda_e^3} \xi_F^3 \tag{5.155}$$

$$u_e \approx \frac{1}{2^6 \cdot 3\pi^2} \frac{m_e c^2}{\lambda_e^3} \xi_F^3 \sim n \tag{5.156}$$

$$p_e \approx \frac{1}{2^{10} \cdot 15\pi^2} \frac{m_e c^2}{\lambda_e^3} \xi_F^5 \sim n^{5/3} \tag{5.157}$$

当 $\xi_F \gg 1$ 时，

$$n_e \approx \frac{1}{2^3 \cdot 3\pi^2} \frac{1}{\lambda_e^3} e^{\frac{3\xi_F}{4}} \tag{5.158}$$

$$u_e \approx \frac{1}{2^6 \pi^2} \frac{m_e c^2}{\lambda_e^3} e^{\xi_F} \sim n^{4/3} \tag{5.159}$$

$$p_e \approx \frac{1}{2^6 \cdot 3\pi^2} \frac{m_e c^2}{\lambda_e^3} e^{\xi_F} \sim n^{4/3} \tag{5.160}$$

5.4.4 金属中的电子

金属具有良好的电导率、热导率和延展性等性质。金属具有导电性表明金属中存在载流子，对固体金属来说，这些载流子就是金属中的价电子(valence electron)。通俗地说，价电子就是由于金属中原子间的相互作用，金属原子外层的电子不再为某个原子独有，是所有离子的共有电子。价电子可以在导体中流动。对固体金属而言，价电子在离子周期性的库仑场中运动，并不是自由的，会形成能带结构。为了简单起见，这里假设价电子可以自由运动，即将金属中电子看作理想的费米气体。

下面来说明金属中的电子是强简并的费米气体。金属中的电子是数密度估算如下：

$$n_e = N_A \frac{Z\rho}{A} \tag{5.161}$$

其中，$N_A = 6.022 \times 10^{23}$ 为阿伏伽德罗常数，Z 是每个原子贡献的价电子数目，ρ 为金属的质量密度，A 是金属原子的原子量。下面以室温下的金属铜为例，计算金属铜中电子的物理量。这里采用 $\hbar = c = k = 1$ 的自然单位制是比较方便的。为了便于计算，记住以下的一些物理常数或物理常数的组合值是非常有帮助的(参见附录 C)：

$$m_e c^2 = 0.511 \text{ MeV}, \quad \hbar c = 197.33 \text{ MeV} \cdot \text{fm}$$
$$1 \text{ eV} = 1.16 \times 10^4 \text{ K}, \quad 1 \text{ MeV} \cdot \text{fm}^{-3} = 1.602 \times 10^{32} \text{ Pa}$$

铜的质量密度 $\rho_{Cu} = 8.9 \text{ g} \cdot \text{cm}^{-3}$，原子量 $A = 63$，假设每个铜原子贡献一个自由电子，则金属中电子的数密度 $n_e = 8.5 \times 10^{22} \text{ cm}^{-3}$，代入式(5.143)，得到相应的费米动量 $p_F = 2.7$ keV。显然，$p_F \ll m$，即金属中的电子是非相对论的。电子的费米能 $E_F = 7.1 \text{ eV} = 8.2 \times 10^4$ K，即电子的费米温度 $T_F = 8.2 \times 10^4$ K，远高于室温，所以金属中的自由电子是强简并的。

不难理解，强简并的自由电子气体中的电子的平均能量约为费米量的量级，根据式(5.144)，有

$$u_e = \frac{3}{5}n\frac{p_F^2}{2m} = \frac{3}{5}n_e E_F \tag{5.162}$$

即电子的平能动能约为 $3/5E_F = 4.3\ \text{eV}$。也就是说,对于强简并的自由电子,即使在绝对零度时,由于泡利不相容原理,电子的平均动能也不为零,根据分子运动论,系统中粒子由运动,必然会产生压强。根据式(5.145),零温时强简并的自由电子气体产生的费米简并压为

$$p_e = \frac{2}{3}u_e = 3.8\times 10^{10}\ \text{Pa} \tag{5.163}$$

这个压强值约为38万倍标准大气压,是非常大的,这个巨大的费米简并压在金属中被离子的静电吸引力平衡。

下面讨论金属中自由电子对比热的贡献。当电子气体处于强简并态的时候,电子的费米能远大于系统的温度,低能态的量子态都被占满了,只有在费米面附近的少量电子能被热激发到费米球之外,使得系统的内能略微增加,因此,定性地来说,金属中自由电子对比热的贡献几乎为零。简并电子对热容量的贡献估算如下,能被热激发的电子能量范围大致为 $\varepsilon_F - k_B T < \varepsilon \leqslant \varepsilon_F$,即能被有效热激发的电子的比例为 $k_B T/\mu$,每个能被热激发的电子贡献的热容量为 $3k_B/2$,因此,强简并电子气体对比热的贡献为

$$C_V = \frac{3}{2}n_e k_B \frac{k_B T}{\mu} \tag{5.164}$$

继续定量计算简并电子的热性质。先计算有限温度电子气体的巨热力学势 $J(T,\mu,V) = -p(T,\mu)V$。考虑到金属中电子为非相对论性的粒子,则电子气体的压强为

$$\begin{aligned} p_e &= \frac{8\pi}{h^3}\int_0^\infty \left(\frac{p^2}{3m}\right)\frac{p^2\,\mathrm{d}p}{e^{\frac{\varepsilon-\mu}{k_B T}}+1} \\ &= \frac{16\sqrt{2}\pi}{3h^3}m^{3/2}\int_0^\infty \frac{\varepsilon^{3/2}\,\mathrm{d}\varepsilon}{e^{\frac{\varepsilon-\mu}{k_B T}}+1} \\ &= \frac{16\sqrt{2}\pi}{3h^3}m^{3/2}\mu^{5/2}\int_0^\infty \frac{\tilde{\varepsilon}^{3/2}\,\mathrm{d}\tilde{\varepsilon}}{e^{\frac{\tilde{\varepsilon}-1}{\tilde{T}}}+1} \end{aligned} \tag{5.165}$$

在上式的最后一步,用化学势 μ 作为特征能量,将电子能量和系统的温度分别无量纲化:$\tilde{\varepsilon} = \varepsilon/\mu$,$\tilde{T} = k_B T/\mu$。因此,上式中的积分就变成了一个无量纲的数值,将其定义为 I。下面继续在零温近似下计算该积分值。引入新的变量 $x \equiv (\tilde{\varepsilon}-1)/\tilde{T}$,则

$$I \equiv \int_0^\infty \frac{\tilde{\varepsilon}^{3/2}\,\mathrm{d}\tilde{\varepsilon}}{e^{\frac{\tilde{\varepsilon}-1}{\tilde{T}}}+1}$$

$$
\begin{aligned}
&= \widetilde{T}\left(\int_{-1/\widetilde{T}}^{0} + \int_{0}^{\infty}\right)\frac{(1+\widetilde{T}x)^{3/2}\mathrm{d}x}{\mathrm{e}^{x}+1} \\
&= \widetilde{T}\int_{0}^{1/\widetilde{T}}\frac{(1-\widetilde{T}x)^{3/2}\mathrm{d}x}{\mathrm{e}^{-x}+1} + \widetilde{T}\int_{0}^{\infty}\frac{(1+\widetilde{T}x)^{3/2}\mathrm{d}x}{\mathrm{e}^{x}+1} \\
&= \widetilde{T}\int_{0}^{1/\widetilde{T}}(1-\widetilde{T}x)^{3/2}\left(1-\frac{1}{\mathrm{e}^{x}+1}\right)\mathrm{d}x + \widetilde{T}\int_{0}^{\infty}\frac{(1+\widetilde{T}x)^{3/2}\mathrm{d}x}{\mathrm{e}^{x}+1} \\
&= \widetilde{T}\int_{0}^{1/\widetilde{T}}(1-\widetilde{T}x)^{3/2}\mathrm{d}x + \widetilde{T}\int_{0}^{\infty}\frac{(1+\widetilde{T}x)^{3/2}-(1-\widetilde{T}x)^{3/2}}{\mathrm{e}^{x}+1}\mathrm{d}x
\end{aligned} \tag{5.166}
$$

上式右边第一项积分为有限值，而在第二项中，已经取了零温近似：$1/\widetilde{T}\to\infty$。并且在第二项中，由于分母中存在 e^{x} 项导致对积分值有贡献的积分区域主要在 $x=0$ 附近。从物理上来理解，在零温近似下，热激发主要发生在费米面附近，因此与温度有关的宏观效应就来自费米面附近电子的贡献。因此，可以将第二项中分子项泰勒展开，并取到 x 的一次项：

$$
\begin{aligned}
I &= \int_{0}^{1} y^{3/2}\mathrm{d}y + 3\widetilde{T}^{2}\int_{0}^{\infty}\frac{x\mathrm{d}x}{\mathrm{e}^{x}+1} \\
&= \frac{2}{5}\left(1+\frac{5\pi^{2}}{8}\widetilde{T}^{2}\right)
\end{aligned} \tag{5.167}
$$

最终得到电子气体的压强为

$$
\begin{aligned}
p_{\mathrm{e}} &= \frac{32\sqrt{2}\pi}{15h^{3}}m_{\mathrm{e}}{}^{3/2}\mu^{5/2}\left[1+\frac{5\pi^{2}}{8}\left(\frac{k_{\mathrm{B}}T}{\mu}\right)^{2}\right] \\
&\equiv C\mu^{5/2}\left[1+\frac{5\pi^{2}}{8}\left(\frac{k_{\mathrm{B}}T}{\mu}\right)^{2}\right]
\end{aligned} \tag{5.168}
$$

为了简洁起见，已引入了常数 C。

有了系统的巨热力学势的具体表达式，可以根据其全微分的表达式得到其他所有的热力学量和热力学势，例如

$$
\begin{cases}
N_{\mathrm{e}} = -\left(\dfrac{\partial J}{\partial \mu}\right)_{T,V} = V\left(\dfrac{\partial p}{\partial \mu}\right)_{T} = \dfrac{5}{2}C\mu^{3/2}\left[1+\dfrac{\pi^{2}}{8}\left(\dfrac{k_{\mathrm{B}}T}{\mu}\right)^{2}\right]V \\
S_{\mathrm{e}} = -\left(\dfrac{\partial J}{\partial T}\right)_{\mu,V} = V\left(\dfrac{\partial p}{\partial T}\right)_{\mu} = \dfrac{5\pi^{2}}{4}Ck_{\mathrm{B}}\mu^{3/2}\left(\dfrac{k_{\mathrm{B}}T}{\mu}\right)V \\
U = -p_{\mathrm{e}}V + n_{\mathrm{e}}\mu + TS_{\mathrm{e}} = \dfrac{3}{2}C\mu^{5/2}\left[1+\dfrac{5\pi^{2}}{8}\left(\dfrac{k_{\mathrm{B}}T}{\mu}\right)^{2}\right]V
\end{cases} \tag{5.169}
$$

在以上的计算过程中，忽略了 $\widetilde{T}$ 的高阶项。

下面计算金属中自由电子的热容量。为了方便从理论角度讨论，我们选择了热力学势 $J(T,\mu,V)$ 作为热力学特性函数。而在具体讨论或实验过程中，与 μ 对偶的热力学量 N 是更容易测量或控制的变量。例如，在测量系统的电子定

容热容量的时候，系统中的电子数 $N(T,\mu)$保持不变，因此根据 $U=U(T,\mu(T,N,V),V)$：

$$\begin{aligned} C_V &= \left(\frac{\partial U_e}{\partial T}\right)_{\mu,V} + \left(\frac{\partial U_e}{\partial \mu}\right)_{T,V}\left(\frac{\partial \mu}{\partial T}\right)_{N,V} \\ &= \left(\frac{\partial U_e}{\partial T}\right)_{\mu,V} - \left(\frac{\partial U_e}{\partial \mu}\right)_{T,V}\frac{\left(\frac{\partial N}{\partial T}\right)_{\mu V}}{\left(\frac{\partial N}{\partial \mu}\right)_{T,V}} \\ &= \frac{5\pi^2}{4}C\mu^{3/2}k_B\left(\frac{k_B T}{\mu}\right)V \\ &= Nk_B\frac{\pi^2}{2}\left(\frac{k_B T}{\mu}\right) \end{aligned} \tag{5.170}$$

上式结果表明，金属中自由电子的热容量与温度成正比。

5.4.5 白矮星与中子星

天狼星 A 和天狼星 B 组成的一个双星系统，其中天狼星 A 是一颗正常的恒星，天狼星 B 是一颗白矮星。这里“白”的意思是指它的表面温度相比太阳表面温度来说比较高，$T_{WD}=2.5\times10^4$ K，“矮”的意思是指说它的光度相比太阳光度来说比较小，大概只有太阳光度的 1/38，即 $L_{WD}=0.026L_{\odot}$。根据斯特藩-玻尔兹曼定律：$L_{WD}=4\pi R_{WD}^2\sigma T_{WD}^4$，可以估算出天狼星 B 的半径与太阳的半径之比为

$$\frac{R_{WD}}{R_{\odot}} = \left(\frac{L_{WD}}{L_{\odot}}\right)^{1/2}\left(\frac{T_{\odot}}{T_{WD}}\right)^2 \approx 0.0084 \tag{5.171}$$

已知太阳半径 $R_{\odot}=7.0\times10^5$ km，据此可以估算出天狼星 B 的半径大概是 6×10^3 km。进一步将天狼星 A/B 双星的轨道参数代入开普勒第三定律，得到天狼星 A/B 双星系统的约化质量，如果再知道了天狼星 A 的质量（可以根据恒星光谱型估算），那么就可以估算天狼星 B 的质量，结果发现天狼星 B 的质量基本与太阳质量相等，即 $M_{WD}=1.0M_{\odot}$。测量出天狼星 B 的质量和半径之后，很容易估算它的密度：

$$\frac{\rho_{WD}}{\rho_{\odot}} = \left(\frac{M_{WD}}{M_{\odot}}\right)\left(\frac{R_{\odot}}{R_{WD}}\right)^3 \approx 1.7\times10^6 \tag{5.172}$$

太阳的平均密度与地球上水的密度差不多，$\rho_{\odot}\sim1.4\times10^3\,\text{kg}\cdot\text{m}^{-3}$。因此根据对白矮星的观测数据，发现白矮星的平均密度非常高，是一种致密星。根据恒星的结构和演化理论，白矮星是中小质量恒星演化晚期，恒星死亡之后，核区物质塌缩形成的。一个很自然的问题，白矮星内部是什么提供压强与引力抗衡？1926 年 12 月，福勒（Ralph Howard Fowler，1889—1994 就大胆地猜想，白

矮星内部可能是靠电子简并压与引力抗衡的。1930 年，年轻的钱德拉塞卡（Subrahmanyan Chandrasekhar，1910—1995）考虑了狭义相对论效应，发现随着白矮星质量的增加，核区的密度不断地增加，电子的费米能不断增加，最终变成极端相对论性粒子，这个时候白矮星质量就达到了一个上限，现在称之为钱德拉塞卡极限[40]。白矮星存在最大质量，这是一个非常重要的理论结果。它可能暗示黑洞的产生。

1932 年朗道将钱德拉塞卡的思想推广到了中子星，认为中子星也存在最大质量。中子星和白矮星可以统称为费米星，因为它们内部的压强来自费米气体的简并压。理论估算表明中子星的最大质量与白矮星的最大质量差不多，但是它的半径却要比白矮星的半径小了将近 $m_n/m_e \approx 1836$ 倍，只有 10 km 左右，因此中子星比白矮星更致密，其核区密度比原子核的密度还要高几十倍！中子星一直到了 1967 年才以脉冲星的形式被首次发现。

下面以氦白矮星为例（对碳氧白矮星也同样适用），讨论钱德拉塞卡极限。首要的问题是在零温近似下，得到白矮星物质的状态方程：$p = p(\rho)$，这里 ρ 为致密物质的质量密度，p 为致密物质的压强，即电子简并压。假设氦白矮星内部由氦离子与自由的电子组成，为了保持星体整体电中性，一个氦离子对应两个自由电子。白矮星的压强由电子提供，而质量则由氦核提供。可以将氦核的质量平均分配给电子，即引入电子的平均分子量：

$$\mu_e \equiv \frac{n_B}{n_e} = 2 \tag{5.173}$$

这里，n_B为重子数密度，n_e为电子数密度。$\mu_e = 2$ 的物理意义是一个电子平均分到两个核子。物质的质量密度为（忽略了电子对质量密度的贡献）

$$\rho = n_B m_B = n_e \mu_e m_B = \frac{1}{3\pi^2}\left(\frac{p_F c}{\hbar c}\right)^3 \mu_e m_B \tag{5.174}$$

或者反解出

$$p_F = (3\pi^2)^{1/3}\, \hbar \mu_e^{-1/3} m_B^{-1/3} \rho^{1/3} \tag{5.175}$$

先估算一下电子开始变得相对论性时的临界密度 ρ_c。当电子开始变得相对论性时，$p_F \sim m_e c$，此时的电子数密度为

$$n_e = \frac{8\pi}{3h^3} p_F^3 = \frac{1}{3\pi^2}\left(\frac{m_e c}{\hbar}\right)^3 = \frac{1}{3\pi^2}\lambda_e^{-3} \approx 5.87 \times 10^{35}\ \mathrm{m^{-3}} \tag{5.176}$$

式中，$\lambda_e = \hbar/(m_e c) = 3.86 \times 10^{-13}\,\mathrm{m}$ 为电子的康普顿波长。相应的临界质量密度为

$$\rho_c = n_e \mu_e m_B = \frac{1}{3\pi^2}\frac{\mu_e m_B}{\lambda_e^3} = 9.80 \times 10^8 \mu_e\ \mathrm{kg \cdot m^{-3}} \tag{5.177}$$

这里，$m_B = 1.67 \times 10^{-27}$ kg 为核子质量。将 $p_F = m_e c$ 代入式(5.183)，可以估算 $\rho = \rho_c$时，白矮星内部的临界压强为

$$p_c \approx \frac{0.77}{15\pi^2}\frac{m_e c^2}{\lambda_e^3} \approx 7.37 \times 10^{17}\ \text{Pa} \tag{5.178}$$

当 $\rho \ll \rho_c$ 时，电子为非相对论性粒子，致密物质的压强主要为电子简并压(忽略了原子核对系统压强的贡献)：

$$p = \frac{1}{15\pi^2}\frac{p_F^5}{\hbar^3 m_e} = \frac{(3\pi^2)^{2/3}}{5m_e}\frac{\hbar^2}{(\mu_e m_B)^{5/3}}\rho^{5/3} \equiv K\rho^{5/3} \tag{5.179}$$

在核区质量密度较低时，核区的电子为非相对论性粒子，电子简并压与质量密度为幂指数为 5/3 的幂指数关系。

当 $\rho \gg \rho_c$ 时，电子为极端相对论性粒子，致密物质的压强主要为电子简并压：

$$p = \frac{1}{12\pi^2}\frac{p_F^4 c}{\hbar^3} = \frac{(3\pi^2)^{1/3}}{4}\frac{\hbar c}{(\mu_e m_B)^{4/3}}\rho^{4/3} \equiv K\rho^{4/3} \tag{5.180}$$

小结如下：在低密度($\rho \ll \rho_c$)和高密度($\rho \gg \rho_c$)两种极端条件下，白矮星的状态方程都可以近似为如下多方形式：

$$p = K\rho^{\gamma} \tag{5.181}$$

其中，γ 为多方指数。随着密度的增加，γ 由 5/3 变化到了 4/3。这一事实对理解白矮星存在最大质量非常关键。在任意密度情况下，根据方程(5.152)和(5.153)的结果，白矮星的状态方程也是完全解析的，可以用参数化方程给出，其中引入的参数为

$$\xi_F \equiv 4\sinh^{-1}\left(\frac{p_F}{m_e c}\right) = 4\ln\left\{\frac{p_F}{m_e c} + \left[1 + \left(\frac{p_F}{m_e c}\right)^2\right]^{1/2}\right\} \tag{5.182}$$

则白矮星内部的质量密度、压强分别为

$$\begin{cases} \rho = \dfrac{1}{3\pi^2}\dfrac{1}{\lambda_e^3}\mu_e m_B \sinh^3\left(\dfrac{\xi_F}{4}\right) \\ p = \dfrac{1}{2^5 \cdot 3\pi^2}\dfrac{m_e c^2}{\lambda_e^3}\left(\sinh\xi_F - 8\sinh\dfrac{1}{2}\xi_F + 3\xi_F\right) \end{cases} \tag{5.183}$$

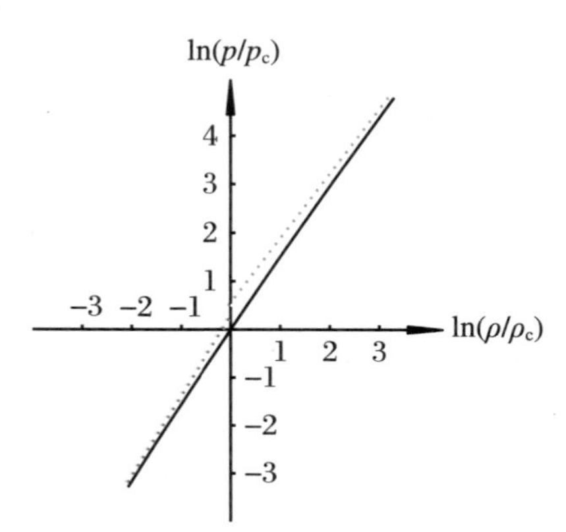

图 5.13 白矮星内部致密物质的状态方程

图中原点处电子的费米能为 $m_e c$。在低密度区，曲线的斜率为 5/3，即 $p \propto \rho^{5/3}$；在高密度区，曲线的斜率为 4/3，即 $p \propto \rho^{4/3}$。

图 5.13 显示了在临界密度附近白矮星内部致密物质的状态方程。需要指出的是，原则上质量密度 ρ 应该包括电子的静能、电子和原子核的内能，但对电子而言，因为质量比较小，它对系统的质量密度贡献可以忽略。而在白矮星内部，原子核是非相对论性的，相比其静能，内能可以忽略。

下面讨论白矮星的内部结构，并得到白矮星的最大质量——钱德拉塞卡极

限。为简单起见，假设星体完全球对称，星体内部的压强差与星体自引力达到流体静力学平衡。如图 5.14 所示，考察半径范围为 $r \sim r+\mathrm{d}r$ 的薄壳层，该壳层的总质量 $\mathrm{d}m(r)$ 为

$$\mathrm{d}m(r) = \rho(r) 4\pi r^2 \mathrm{d}r \tag{5.184}$$

其中，ρ 为星体内部物质的质量密度。壳层受到的总的压力差为

$$\mathrm{d}F_p = [p(r) - p(r+\mathrm{d}r)] \cdot 4\pi r^2 \approx -\frac{\mathrm{d}p(r)}{\mathrm{d}r} \cdot 4\pi r^2 \mathrm{d}r \tag{5.185}$$

另外，壳层受到半径为 r 的球体内总质量为 $m(r)$ 的万有引力，其大小为

$$\mathrm{d}F_{\text{grav}} = -\frac{Gm(r)\mathrm{d}m(r)}{r^2} \tag{5.186}$$

星体内部达到流体静力学平衡时，$\mathrm{d}F_p + \mathrm{d}F_{\text{grav}} = 0$，因此得到流体静力学平衡方程为

$$\frac{\mathrm{d}p(r)}{\mathrm{d}r} = -\frac{Gm(r)\rho(r)}{r^2} \tag{5.187}$$

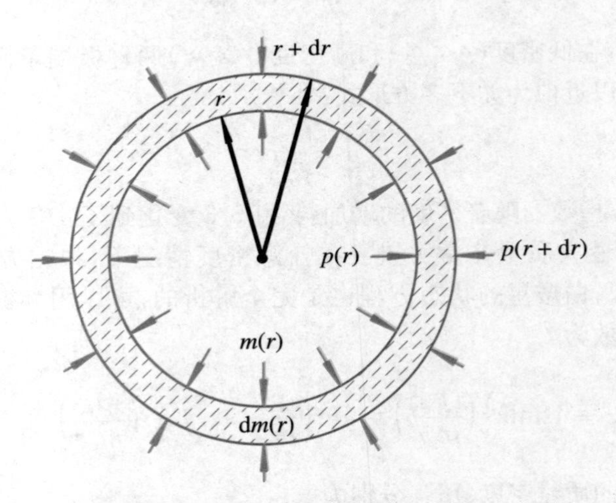

图 5.14　球对称星体内部处于流体静力学平衡

将式(5.187)变形为如下的微分-积分方程：

$$\frac{r^2}{\rho(r)} \frac{\mathrm{d}p(r)}{\mathrm{d}r} = -Gm(r) = -G\int_0^r 4\pi r^2 \rho(r) \mathrm{d}r \tag{5.188}$$

再在方程两边对半径 r 求导，得到完全微分方程形式的流体静力学平衡方程：

$$\frac{\mathrm{d}}{\mathrm{d}r}\left(\frac{r^2}{\rho(r)} \frac{\mathrm{d}p(r)}{\mathrm{d}r}\right) = -G 4\pi r^2 \rho(r) \tag{5.189}$$

该二阶微分方程的边界条件为

$$\rho(r=0)=\rho_0,\quad \frac{\mathrm{d}p}{\mathrm{d}r}(r=0)=0 \tag{5.190}$$

即需要提供星体中心的质量密度 ρ_0，以及星体中心的总质量为零，导致星体中心的压强梯度也为零。为了求解星体的内部结构，还需要构成星体物质的状态方程，即 $p=p(\rho,T)$，对于白矮星来说，压强由电子简并压提供，采用零温近似，压强仅是质量密度 ρ 的函数：$p=p(\rho)$。

假设在星体内部状态方程为统一的多方状态方程：$p=K\rho^{\gamma}$，将该多方状态方程代入流体静力学平衡方程，求解星体的结构，该问题就是著名的多方球理论（表 5.1）。先将方程无量纲化。质量密度就用星体中心的质量密度无量纲化：

$$\frac{\rho}{\rho_c}\equiv\theta^{\frac{1}{\gamma-1}} \tag{5.191}$$

表 5.1 多方球理论

n	ξ_n^*	M_n^*
1.5	3.65	2.71
3	6.90	2.02

半径用 α 参数无量纲化，即

$$\frac{r}{\alpha}\equiv\xi \tag{5.192}$$

其中，

$$\alpha\equiv\left[\frac{K}{4\pi G}\left(\frac{\gamma}{\gamma-1}\right)\right]^{1/2}\rho_c^{(\gamma-2)/2} \tag{5.193}$$

无量纲化的流体静力学平衡方程为

$$\frac{1}{\xi^2}\frac{\mathrm{d}}{\mathrm{d}\xi}\left[\xi^2\frac{\mathrm{d}\theta}{\mathrm{d}\xi}\right]=-\theta^n \tag{5.194}$$

这就是著名的 Lane-Emden 方程，这里 $n\equiv1/(\gamma-1)$。方程的边界条件为：$\xi=0$ 时，$\theta(\xi=0)=1$，以及 $\frac{\mathrm{d}\theta}{\mathrm{d}\xi}(\xi=0)=0$。方程的数值求解很简单，直接从星体中心 $\xi=0$ 处开始不断向外积分 Lane-Emden 方程。对 $n<5$，解 $\theta(\xi)$ 随着半径 ξ 增加不断减小，并且在某个有限值 $\xi=\xi^*$ 时，$\theta(\xi^*)=0$，即密度降为零，相应于到达星体的表面，星体的半径为

$$R=\alpha\xi_n^* \tag{5.195}$$

则星体的总质量为

$$M = \int_0^R 4\pi r^2 \rho(r) \mathrm{d}r = 4\pi\rho_0 \alpha^3 \int_0^{\xi^*} \xi^2 \theta^n \mathrm{d}\xi = 4\pi\rho_0^{\frac{3\gamma-4}{2}} \left[\frac{K\gamma}{4\pi G(\gamma-1)}\right]^{3/2} M_n^* \tag{5.196}$$

这里 M_n^* 为无量纲的数值积分：

$$M_n^* \equiv \int_0^{\xi^*} \xi^2 \theta^n \mathrm{d}\xi = -\xi^2 \frac{\mathrm{d}\theta}{\mathrm{d}\xi}\bigg|_{\xi=\xi_n^*} \tag{5.197}$$

上式的第二步已经利用了 Lane-Emden 方程。根据上两式子，消去 ρ_0，得到

$$\left(\frac{GM}{M_n^*}\right)^{n-1} \left(\frac{R}{\xi_n^*}\right)^{3-n} = \frac{[(n+1)K]^n}{4\pi G} \tag{5.198}$$

下面考察不断增加白矮星中心的密度，白矮星的质量半径的变化。在低密度的时候，电子非相对论，白矮星状态方程的多方指数 $\gamma=5/3$，对应 $n=1.5$，在这种情况下，白矮星的质量和半径与中心质量密度的标度关系如下：

$$M \propto \rho_0^{1/2}, \quad R \propto \rho_0^{-1/6} \tag{5.199}$$

即随着中心密度的增加，白矮星的质量不断增加，但半径不断减小，白矮星变得越来越致密。当中心质量密度远超过临界密度 ρ_c 时，电子变得极端相对论，白矮星状态方程的多方指数 $\gamma=4/3$，对应 $n=3$，在这种情况下，白矮星的质量和半径与中心质量密度的标度关系如下：

$$M \propto \rho_0^0 = \text{const}, \quad R \propto \rho_0^{-1/3} \tag{5.200}$$

即白矮星的质量达到极大值，不再随着中心质量密度的增加而增加，因为白矮星的质量不变，不难理解，白矮星的半径随着密度的 1/3 不断下降，白矮星越来越致密，星体会变得不稳定，继续塌缩下去。此时星体的最大质量为

$$M_{\max} = M_3^* 4\pi\left(\frac{K}{\pi G}\right)^{3/2} \tag{5.201}$$

将

$$K = \frac{(3\pi^2)^{1/3}}{4} \frac{\hbar c}{(\mu_e m_B)^{4/3}} \tag{5.202}$$

代入上式，得到钱德拉塞卡质量为

$$M_{Ch} = \frac{\sqrt{3\pi}}{2} M_3^* \frac{m_{pl}^3}{(\mu_e m_B)^2} = 5.83\mu_e^{-2} M_\odot \tag{5.203}$$

这里，$m_{pl}=\sqrt{\hbar c/G}=2.18\times10^{-8}$ kg 为普朗克质量。对氦白矮星、碳氧白矮星，

$\mu_e = 2$，钱德拉塞卡质量 $M_{Ch} = 1.46 M_\odot$。对铁白矮星，$\mu_e = 56/26 = 2.15$，钱德拉塞卡质量 $M_{Ch} = 1.26 M_\odot$。

白矮星达到最大质量的时候，内部的电子已经变得相对论性，也就是说这时候白矮星的平均密度已经超过临界密度 ρ_c，这对白矮星的半径给出了很强的限制。根据式(5.177)以及式(5.203)，白矮星的半径不超过

$$R_{WD} \leqslant \left(\frac{3M_{Ch}}{4\pi\rho_c}\right)^{1/3} = 2.3 \frac{m_{pl}}{\mu_e m_B} \lambda_e \approx 1.2 \times 10^4 \mu_e^{-1} \text{ km} \tag{5.204}$$

综上所述，根据白矮星的理论，已经得到白矮星的最大质量和相应的半径，理论结果与观测吻合得非常好。

也可以直接积分流体静力学平衡方程(5.187)和质量方程(5.184)，直接得到白矮星的质量和半径。以常见的碳氧白矮星为例，图 5.15 给出了星体中心质量密度 ρ_0 与白矮星的质量关系。从图中可以看出，随着星体中心密度的增加，白矮星的质量不断增加，当中心的密度达到 10 倍左右临界密度的时候，白矮星的质量逼近了最大值，即钱德拉塞卡极限：$M_{Ch} = 1.46 M_\odot$。这时即使中心的密度再增加，白矮星的质量也不再增加，但白矮星的半径越来越小，星体变得越来越致密，如图 5.16 所示。

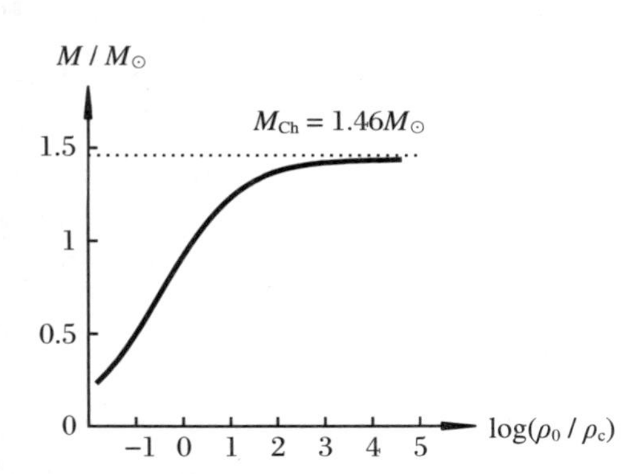

图 5.15 碳氧白矮星的质量与星体中心密度的关系

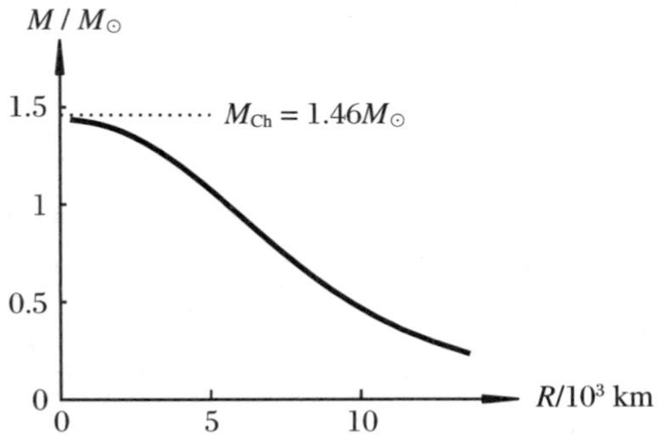

图 5.16 碳氧白矮星的质量-半径关系

对于中子星来说，最简单的模型就是假设中子星由纯理想的自由中子星气体组成。这就是当年奥本海默(Julius Robert Oppenheimer，1904—1967)采用

的中子星的模型。中子星的内部压强由中子简并压提供，其质量也由所有中子的中子提供，则类似上面的讨论，中子星的最大的质量应该为

$$M_{\mathrm{NS}} \sim \frac{\sqrt{3\pi}}{2} M_3^* \frac{m_{\mathrm{pl}}^3}{m_{\mathrm{n}}^2} \sim 5.83 M_{\odot} \tag{5.205}$$

同理，中子星的半径满足：

$$R_{\mathrm{NS}} \leqslant 2.3 \frac{m_{\mathrm{pl}}}{m_{\mathrm{n}}} \frac{\hbar}{m_{\mathrm{n}} c} \approx 6.3\ \mathrm{km} \tag{5.206}$$

但是，对中子星来说，情况要复杂得多。首先，在中子星内部，中子是相对论性的，中子星核区的质能密度需要包括中子星内能的贡献，而并不是简单地为中子静能($\rho \neq n_{\mathrm{n}} m_{\mathrm{n}}$)，即

$$\rho = \frac{u_{\mathrm{n}}}{c^2} = \frac{1}{2^5 \pi^2} \frac{m_{\mathrm{n}}^4 c^3}{\hbar^3} (\sinh \xi_{\mathrm{F}} - \xi_{\mathrm{F}}) \tag{5.207}$$

其中，$\xi_{\mathrm{F}} = 4\sinh^{-1}(p_{\mathrm{F}}/m_{\mathrm{n}} c)$为中子的无量纲费米动量参数。此次，中子星已经非常致密，接近要塌缩成为黑洞，牛顿力学已不再适用，这时候需要广义相对论版的流体静力学平衡方程来求解中子星的结构。美国物理学家奥本海默在1939年数值求解了中子星的结构，得到中子星的最大质量约为$0.7M_{\odot}$，现在称之为奥本海默极限[41]。另外，中子星不可能是由纯中子组成的，因为质子的质量要小于中子的质量，自由中子β衰变到质子和电子：$\mathrm{n} \to \mathrm{p} + \mathrm{e}^- + \bar{\nu}_{\mathrm{e}}$。在中子星内部，由于核区密度比较高，只需要大约百分之十几的中子衰变为等量的质子和电子，将导致电子的费米能$E_{\mathrm{F}}^{\mathrm{e}}$达到中子和质子的质量差，这时候$\beta$衰变和逆$\beta$衰变达到化学平衡，即

$$\mathrm{n} \to \mathrm{p} + \mathrm{e}^- + \bar{\nu}_{\mathrm{e}}, \quad \mathrm{p} + \mathrm{e}^- \to \mathrm{n} + \nu_{\mathrm{e}} \tag{5.208}$$

系统达到β平衡，即化学反应平衡之后，上式两边的化学势相等，即中子的化学势等于质子的化学势加上电子的化学势：

$$\mu_{\mathrm{n}} = \mu_{\mathrm{p}} + \mu_{\mathrm{e}} \tag{5.209}$$

注意：上式只适用于系统的温度近似为零、费米子处于强简并的情况。在系统温度$T \approx 0$时，可以忽略中微子的影响，因为辐射的中微子的能量$\varepsilon_{\nu} \sim T \sim 0\ \mathrm{K}$。对于高温质子、中子和正负电子对系统，中微子的影响不能忽略，我们得到了一个新的、解析的β平衡条件：$\mu_{\mathrm{n}} = \mu_{\mathrm{p}} + 2\mu_{\mathrm{e}}$[47]。因此，中子星内部并不是由百分之百的中子组成，而是由大部分的中子和少量的质子以及与质子数相等的电子组成的。在给定核区的重子数密度n_{B}之后，可以根据重子数守恒($n_{\mathrm{B}} = n_{\mathrm{n}} + n_{\mathrm{p}}$)、电荷守恒($n_{\mathrm{p}} = n_{\mathrm{e}}$)以及$\beta$平衡计算质子数密度与中子数密度的比值。更关键的是，中子星核区的密度已经高于原子核的密度，核子之间的强相互作

用非常强，核子(中子和质子)已经不能当作理想的自由气体处理了！其实中子星内部的物质组成并不清楚，假设中子星内部由中子、质子和电子组成是最简单的模型。理论研究表明，尽管有很大的不确定性，中子星的最大质量在2～3倍太阳质量之间，最大不超过$3.2M_{\odot}$，而中子星的半径大约为10 km。

5.4.6　相对论性正负电子对气体

相对论性正负电子对广泛存在于天体物理环境中：例如在刚诞生的中子星内部，在超新星爆发过程中，在黑洞吸积盘的内区，以及在早期宇宙的演化过程中。以刚诞生的中子星的核区为例，环境温度甚至高达$T \geqslant 10^{11\sim1012}$ K。在这么高的温度下，光子与电子充分散射，星体对光子是不透明的。另外，由于环境中光子的特征能量$k_B T$超过了电子的静止质量($m_e c^2 \approx 0.511$ MeV)，即温度$T > 5 \times 10^9$ K，光子与光子碰撞产生了大量的正负电子对：

$$\gamma + \gamma \longleftrightarrow e^- + e^+ \tag{5.210}$$

甚至其他可能的正反粒子对。如果$k_B T \gg m_e c^2$，则产生的正负电子对是极端相对论的。光子-光子碰撞产生正负电子对，正负电子对湮灭产生了两个自由的光子，当化学反应达到平衡时，反应式(5.210)两边的化学势相等。由于光子的化学势$\mu_\gamma = 0$，因此，正电子和电子的化学势(μ_+和μ_-)大小相等，方向相反，即

$$\mu_+ = -\mu_- \equiv -\mu \tag{5.211}$$

为了得到正负电子对气体的巨热力学势，先计算电子和正电子的压强p_-和p_+。在计算过程中，取极端相对论近似：$\varepsilon_e \approx p_e c$。根据式(5.65)，电子的压强$p_-$为

$$\begin{aligned} p_- &= \frac{8\pi}{h^3}\int_0^\infty \frac{p_e^2 \mathrm{d}p_e}{\mathrm{e}^{\frac{\varepsilon_e - \mu_-}{k_B T}} + 1}\left(\frac{p^2 c^2}{3\varepsilon}\right) \\ &\approx \frac{8\pi}{3h^3 c^3}\int_0^\infty \frac{\varepsilon_e^3 \mathrm{d}\varepsilon_e}{\mathrm{e}^{\frac{\varepsilon_e - \mu_-}{k_B T}} + 1} \end{aligned} \tag{5.212}$$

用$k_B T$将能量和化学势无量纲化：

$$x \equiv \frac{\varepsilon_e}{k_B T}, \quad \eta \equiv \frac{\mu_-}{k_B T} \tag{5.213}$$

代入上式，得到

$$p_- = \frac{8\pi}{3h^3 c^3}(k_B T)^4 \int_0^\infty \frac{x^3 \mathrm{d}x}{\mathrm{e}^{x-\eta} + 1} \tag{5.214}$$

引入费米型积分：

$$F_n(\eta) \equiv \int_0^\infty \frac{x^{n-1}\mathrm{d}x}{\mathrm{e}^{x-\eta}+1} \tag{5.215}$$

则电子压强表达式为

$$p_- = \frac{8\pi}{3h^3c^3}(k_\mathrm{B}T)^4 F_4(\eta) \tag{5.216}$$

同理，正电子的压强 p_+ 为

$$p_+ = \frac{8\pi}{3h^3c^3}(k_\mathrm{B}T)^4 F_4(-\eta) \tag{5.217}$$

因此，正负电子对气体的压强 $p_\pm$ 为

$$p_\pm = p_- + p_+ = \frac{8\pi}{3h^3c^3}(k_\mathrm{B}T)^4[F_4(\eta) + F_4(-\eta)] \tag{5.218}$$

有趣的是，$F_4(\eta)$和 $F_4(-\eta)$都没有解析表达式，但是它们之和有如下很简单的解析表达式：

$$F_4(\eta) + F_4(-\eta) = \frac{\eta^4}{4} + \frac{\pi^2}{2}\eta^2 + \frac{7\pi^4}{60} \tag{5.219}$$

详细推导请参见附录中式(B.25)。

因此，正负电子对气体的巨热力学势 $J_\pm$ 为

$$J_\pm(T,V,\mu) = -\frac{8\pi}{12h^3c^3}\left[\mu^4 + 2\pi^2\mu^2(k_\mathrm{B}T)^2 + \frac{7\pi^4}{15}(k_\mathrm{B}T)^4\right]V \tag{5.220}$$

利用 $J_\pm$ 的全微分，易得正负电子对的数密度：

$$n_\pm = n_- - n_+ = \left(\frac{\partial p_\pm}{\partial \mu}\right)_T = \frac{8\pi}{3h^3c^3}[\mu^3 + \pi^2\mu(k_\mathrm{B}T)^2] \tag{5.221}$$

系统单位体积的熵：

$$s = \frac{S}{V} = \left(\frac{\partial p_\pm}{\partial T}\right)_\mu = \frac{8\pi^3}{3h^3c^3}k_\mathrm{B}^2 T\left[\mu^2 + \frac{7}{15}\pi^2(k_\mathrm{B}T)^2\right] \tag{5.222}$$

容易验证，相对论性气体的状态方程依然满足

$$p_\pm = \frac{1}{3}u_\pm \tag{5.223}$$

其中，$u_\pm = u_- + u_+$ 为电子和正电子的内能之和。

当系统温度很高时，光子-光子碰撞产生大量的正负电子对，远超过了系统中原先的电子数密度，因此有 $n_- \approx n_+$，从式(5.221)可以看出，这时候正负电子对的化学势趋近于零：

$$\mu_{+} = \mu_{-} \approx 0 \tag{5.224}$$

这个结果与我们的预期相符。在高温的正负电子对等离子体中，电子和正电子不断产生和湮灭，类似光子气体，电子和正电子的数目不再守恒，因此它们的化学势也类似光子的化学势为零。当然了，这时候要注意，系统的轻子数（正粒子数与反粒子数之差）$n_{\pm} \equiv n_{-} - n_{+}$ 依然是守恒的。

当相对论性电子和正电子的化学势都为零时，它们的数密度为

$$n_{-}(T) = n_{+}(T) = \frac{8\pi}{h^3 c^3}(k_{\mathrm{B}}T)^3 F_3(0) = \frac{8\pi}{h^3 c^3}(k_{\mathrm{B}}T)^3\left(1 - \frac{1}{4}\right)B_3(0) \tag{5.225}$$

能量密度为

$$u_{-}(T) = u_{+}(T) = \frac{8\pi}{h^3 c^3}(k_{\mathrm{B}}T)^4 F_4(0) = \frac{8\pi}{h^3 c^3}(k_{\mathrm{B}}T)^4\left(1 - \frac{1}{8}\right)B_4(0) \tag{5.226}$$

因此，它们与同温度的光子的数密度比值为

$$\frac{n_{-}(T)}{n_{\gamma}(T)} = \frac{n_{+}(T)}{n_{\gamma}(T)} = \frac{F_3(0)}{B_3(0)} = \frac{3}{4} \tag{5.227}$$

且它们单位体积的内能与同温度的光子的内能比值为

$$\frac{u_{-}(T)}{u_{\gamma}(T)} = \frac{u_{+}(T)}{u_{\gamma}(T)} = \frac{F_4(0)}{B_4(0)} = \frac{7}{8} \tag{5.228}$$

另外，对于化学都为零的相对论性的费米气体和玻色气体，它们的压强和比熵的比例都为 7/8。这些结论对理解宇宙早期的热演化历史非常有帮助。

5.5 宇宙热历史

宇宙起源于(137.5±1.1)亿年前的大爆炸，从宇宙大爆炸开始的 38 万年之内，整个宇宙处于等温的平衡态，充满着相对论性的正反玻色子和费米子。热力学与统计物理在理解宇宙状态的相变与演化方面起着关键的作用。在本节中，将讨论宇宙年龄 $t \sim 0.01$ s 到 $t = 38$ 万年之间发生的关键相变过程，在这个演化阶段，随着宇宙的膨胀，宇宙温度从 $T \sim 10^{11}$ K，下降到了 $T \sim 3000$ K。主要发生的宇宙相变相继包括：中微子与热辐射场退耦、宇宙早期核合成、正负

电子对的湮灭以及热辐射场与电子退耦，遗留下宇宙背景热辐射场。

5.5.1 宇宙大爆炸的观测证据

宇宙大爆炸的观测证据主要有三个。第一个是哈勃（Edwin Powell Hubble，1889—1953）于 1929 年发现星系的退行，星系的退行速度 v 正比于它们与银河系之间的距离 $l(t)$，即著名的哈勃定律：

$$v = \frac{\mathrm{d}l(t)}{\mathrm{d}t} = Hl(t) \tag{5.229}$$

其中，H 为比例常数，称为哈勃常数，它的倒数大致等于宇宙的年龄：$t_0 \sim 1/H$。哈勃常数随着时间是变化的，哈勃常数现今的值 H_0 为

$$H_0 = 74.2 \pm 3.6\ \mathrm{km \cdot s^{-1} \cdot Mpc^{-1}} \tag{5.230}$$

其中，兆秒差距（Mpc）为距离单位，1 Mpc $= 3.26 \times 10^6$ 光年。哈勃定律描绘了一幅宇宙在膨胀的图像。根据爱因斯坦的相对论性宇宙学模型，宇宙的膨胀是由于宇宙时空的膨胀，即宇宙时空中任何两点之间的距离 $l(t)$ 随着宇宙时空的膨胀而增加：$l(t) = a(t)l_0$，其中 l_0 为两个星系之间的共动（comoving）距离，$a(t)$ 为宇宙尺度因子。即使 l_0 不变，即两个星系都没有本动速度，但是随着宇宙的膨胀，两个星系之间的速度为

$$v = \frac{\mathrm{d}l(t)}{\mathrm{d}t} = l_0\dot{a}(t) = \frac{\dot{a}(t)}{a(t)}l(t) \equiv H(t)l(t) \tag{5.231}$$

其中，$\dot{a}(t) \equiv \mathrm{d}a(t)/\mathrm{d}t$。哈勃常数 $H(t) \equiv \dot{a}/a$ 反映了宇宙时空的膨胀速率。宇宙尺度因子 $a(t)$ 的测量主要通过星系的宇宙学红移 z 来做，它们之间的关系是

$$1 + z = \frac{a(t_0)}{a(t)} = \frac{1}{a(t)} \tag{5.232}$$

在上式中，已取现今（$t = t_0$）的宇宙尺度因子为 $a(t_0) = 1$。根据广义相对论，宇宙时空演化的动力学方程为

$$\ddot{a} = -\frac{4\pi G}{3c^2}(\rho + 3p)a(t) \tag{5.233}$$

$$\frac{\mathrm{d}}{\mathrm{d}a}(\rho a^3) = -3pa^2(t) \tag{5.234}$$

其中，ρ, p 为宇宙中所有物质的能量密度和压强。为了完全求解 $a(t)$，需要知道宇宙中的物质成分，即需要知道宇宙物质的状态方程：$p = p(\rho)$。积分方程（5.233），可以得到哈勃常数 $H(t)$ 随着时间的演化方程：

$$H^2(t) = \left(\frac{\dot{a}(t)}{a(t)}\right)^2 = \frac{8\pi G}{3c^2}\rho - \frac{k}{a^2(t)} \tag{5.235}$$

上式中的 k 为积分常数，它的物理意义是宇宙的时空曲率。有意思的是，观测表明我们的宇宙恰好是平坦的，曲率为零：$k=0$。因此，哈勃常数 $H(t)$ 与 $a(t)$ 的关系为

$$H(t) = \sqrt{\frac{8\pi G\rho}{3c^2}} \tag{5.236}$$

随着宇宙时空膨胀，宇宙的物质能量密度也随之演化。对非相对论性流体，称之为物质场，$p \ll \rho_m$，可以近似认为 $p=0$，代入式(5.234)，可知：$\rho_m \propto a^{-3}(t)$；对于极端相对论性的流体，称之为辐射场，状态方程为 $p=\rho_r/3$，因此有 $\rho_r \propto a^{-4}(t)$；对于暗能量，$p=-\rho_\Lambda$，易知 ρ_Λ 为常数，即暗能量的密度不随宇宙的膨胀而下降！图 5.17 显示了宇宙尺度因子 $a(t)$ 随宇宙年龄的演化。在宇宙早期，辐射场占主导，$a(t) \propto t^{1/2}$；随着宇宙时空的演化，物质场开始占主导，$a(t) \propto t^{2/3}$；目前宇宙由暗能量占主导，$a(t) \propto \exp(\Omega_\Lambda{}^{1/2} H_0 t)$。

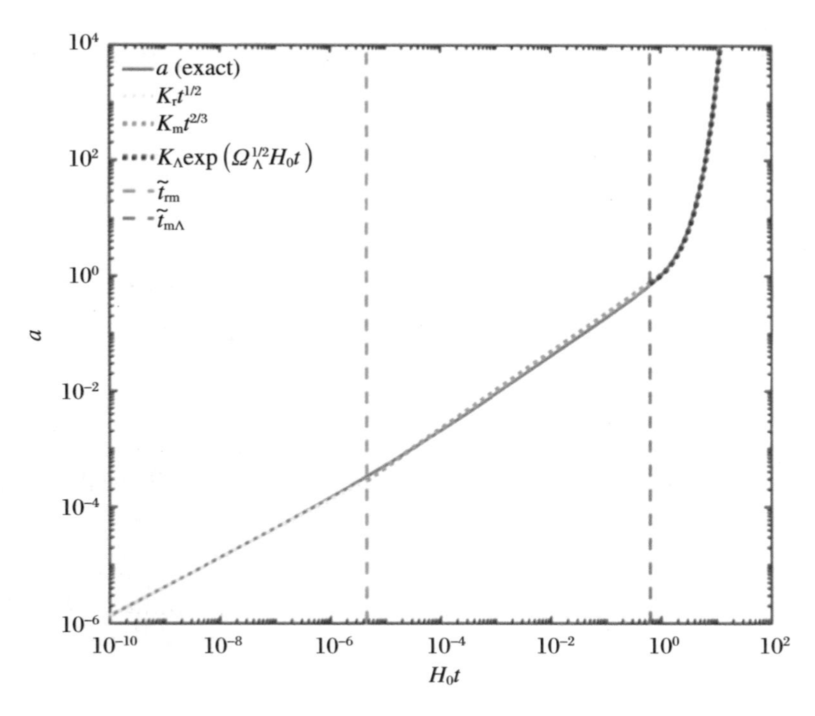

图 5.17　宇宙尺度因子 $a(t)$ 随着宇宙年龄的演化

在宇宙早期 $t<6.3\times10^4$ 年，辐射场占主导，$a(t)\propto t^{1/2}$；在 $6.3\times10^4<t<8.8\times10^9$ 年，物质场占主导，$a(t)\propto t^{2/3}$；目前宇宙的年龄约为 136 亿年，由暗能量占主导，处于加速膨胀阶段：$a(t) \propto \exp(\Omega_\Lambda^{1/2} H_0 t)$。图片取自 G. Galanti & M. Roncadelli (2021)，arXiv：2102.01637。

宇宙大爆炸的第二个证据是宇宙微波背景辐射(CMB)。彭齐亚斯(Arno Penzias，1933—)与威尔逊(Robert Woodrow Wilson，1936—)在 1965 年发现了宇宙中存在温度 $T=2.725\pm0.002$ K 的背景热辐射场，称为宇宙微波背景辐射。宇宙微波背景辐射是各向同性的，不同方向的温度差非常小，仅有 $\Delta T=$

$\pm 200\ \mu\mathrm{K}$。宇宙微波背景辐射起源于宇宙年龄 38 万年时($z \sim 1100$)热辐射光子与电子退耦。那时候的宇宙温度已经下降到 3000 K 左右。在其之前宇宙的主要成分是由氢离子、氦离子、电子以及光子组成的等离子体,随着宇宙的膨胀,温度下降,自由电子不断被氢离子俘获,复合产生中性的氢原子,自由电子基本消耗殆尽,导致热辐射光子不再与带电粒子发生相互作用。背景热辐射光子退出热平衡,黑体谱形式的能谱就被冻结。随着宇宙的膨胀,所有背景辐射光子的波长都被同比例拉长,即:$\lambda \propto a(t)$,光子的数密度也不断下降:$n_\gamma \propto a^{-3}(t)$。观测上表现为背景辐射的温度不断下降:$T_\gamma(t) \propto a^{-1}$。根据黑体辐射公式,可以估算宇宙微波背景辐射光子的数密度约为

$$n_\gamma = \frac{2\zeta(3)}{\pi^2}\left(\frac{k_{\mathrm{B}}T}{\hbar c}\right)^3 = 4.10 \times 10^8\,\mathrm{m}^{-3}\left(\frac{T}{2.725\mathrm{K}}\right)^3 \tag{5.237}$$

观测表明宇宙时空曲率 $k = 0$,这表明目前宇宙中的能量密度恰好等于宇宙的临界密度 ρ_{c}:

$$\rho_{\mathrm{c}} \equiv \frac{3c^2H_0^2}{8\pi G} = 8.36 \times 10^{-10}\,\mathrm{J \cdot m^{-3}} \tag{5.238}$$

另外,观测表明,现今宇宙的能量密度主要来自暗能量、暗物质和重子物质的贡献。它们所占的比例大致为

$$\Omega_\Lambda \equiv \frac{\rho_\Lambda}{\rho_{\mathrm{c}}} \approx 72.8\%,\quad \Omega_{\mathrm{DM}} \equiv \frac{\rho_{\mathrm{DM}}}{\rho_{\mathrm{c}}} \approx 22.7\%,\quad \Omega_{\mathrm{B}} \equiv \frac{\rho_{\mathrm{B}}}{\rho_{\mathrm{c}}} \approx 4.56\% \tag{5.239}$$

因此,据此估算宇宙中目前重子数密度 $n_{\mathrm{B}} \approx 0.26\ \mathrm{m}^{-3}$。由于宇宙中的重子数密度非常小,其与宇宙微波背景辐射光子的数密度之比 η 约为

$$\eta = \frac{n_{\mathrm{B}}}{n_\gamma} = 6 \times 10^{-10} \tag{5.240}$$

因为 $n_{\mathrm{B}} \propto a^{-3}$ 与 $n_\gamma \propto a^{-3}$ 的演化行为一致,所以 η 是不随宇宙演化的。η 对早期宇宙热平衡起到了非常关键的作用。

宇宙大爆炸的第三个关键证据是原初轻元素的核合成。根据宇宙热大爆炸理论,宇宙早期轻元素的核合成发生在宇宙年龄大约 3 min 阶段,核合成的主要产物是氢核和氦核,它们的质量比为 75%∶25%,以及少量的氘、氚和锂。原初核合成产物敏感依赖于 η,这是因为 η 很大,在高能尾巴上的热光子数依然很多,它们会使得原子核被光解离。

5.5.2 宇宙热演化历史

宇宙热历史年表如表 5.2 所示。

表 5.2 宇宙热历史年表

阶段	时间	温度	简要描述
普朗克时期	$t<10^{-43}$ s	$T\sim10^{32}$ K	量子引力主导?
大统一时期	$t<10^{-36}$ s	$T>10^{29}$ K	强相互作用和电弱相互作用统一时期
宇宙暴胀期	$10^{-36}\sim10^{-32}$ s	$10^{28}\sim10^{22}$ K	宇宙真空相变,宇宙尺度因子暴增了10^{26}倍!
电弱相互作用结束	10^{-12} s	10^{15} K	电弱规范玻色子开始混合,光子开始出现
夸克阶段	$10^{-5}\sim1$ s	$10^{12}\sim10^{10}$ K	夸克凝聚为重子,中子数、质子数基本相当
中微子退耦期	1 s	10^{10} K	中微子与重子物质退耦,产生背景中微子
轻子期	1～10 s	$10^{10}\sim10^{9}$ K	$\gamma+\gamma\leftrightarrow e^{+}+e^{-}$,宇宙中存在大量正负电子对
宇宙核合成期	$10\sim10^{3}$s	$10^{9}\sim10^{7}$ K	氦等轻元素开始产生
光子阶段	10 s～38 万年	$10^{9}\sim3000$ K	宇宙处于离子、电子和光子等离子态
氢的复合期	1.8 万～38 万年	6000～3000 K	中性氢开始形成,光子与自由电子退耦

随着宇宙的演化,不同的物质成分先后与热光子脱离平衡,遗留下特定的产物,成为研究退耦时的宇宙化石。中微子退耦发生在 $t\sim1$ s,中子和质子之间的相互转化也随即停止;中子与质子合成氦核,即轻元素核合成发生在 $t\sim3$ min;从 $t\sim1$ s 到 $t\sim3$ min 的过程中,中子不断衰变为质子,导致中子的丰度不断下降;在 $t\sim38$ 万年的时候,热电子与质子复合为中性的氢原子,热辐射场与电子退耦,遗留下来宇宙微波背景辐射。在 $t\leqslant38$ 万年时,辐射场与电子通过汤姆孙散射达到热平衡,也就是说汤姆孙散射时标远远小于宇宙的膨胀时标。在 $t<10^5$ 年时,宇宙能量密度由辐射场主导,这里辐射场包括光子场以及其他相对论性的粒子,例如相对论性正负电子对。由于辐射场能量密度随着宇宙的膨胀与宇宙尺度因子 a 的关系为 $u_\gamma\propto a^{-4}$,而重子物质(非相对论性的粒子)的能量密度随着宇宙的膨胀与宇宙尺度因子 a 的关系为 $u_B\propto a^{-3}$,即辐射场能量密度随着宇宙的膨胀下降得要比物质场的能量密度快。在 $t>10^5$ 年之后,宇宙的膨胀由物质场(主要由暗物质提供)密度主导。目前宇宙膨胀由暗能量主导,暗能量的能量密度一直保持为常数,不随宇宙尺度因子的增加而增加。

根据宇宙中辐射场密度的大小估计，从宇宙年龄 $t \sim 0.01$ s 演化到 $t=38$ 万年之间，宇宙的尺度因子 $a(t) \propto \sqrt{t}$，导致宇宙的温度按照 $T(t) \propto t^{-1/2}$ 的幂率下降，宇宙温度从 $T \sim 10^{11}$ K，下降到了 $T \sim 3000$ K。在辐射占主导时期，宇宙温度随着时间演化的具体表达式为

$$T(t) \approx 10^{10}\left(\frac{t}{0.992\ \mathrm{s}}\right)^{-1/2} \mathrm{K} \tag{5.241}$$

在宇宙相变过程中，宇宙相同共动体积中的熵是不是守恒的呢？下面给出详细的讨论。由巨热力学势 $J(T,\mu,n)=-p(T,\mu)V$，以及 J 的全微分关系：$\mathrm{d}J=-S\mathrm{d}T-p\mathrm{d}V-N\mathrm{d}\mu$，易知

$$\mathrm{d}p = s\mathrm{d}T + n\mathrm{d}\mu \tag{5.242}$$

因此根据热力学理论，易得

$$\frac{\mathrm{d}p}{\mathrm{d}T} = \frac{\varepsilon + p}{T} + nT\frac{\mathrm{d}}{\mathrm{d}T}\left(\frac{\mu}{T}\right) \tag{5.243}$$

另外，根据方程(5.234)，有

$$\frac{\mathrm{d}}{\mathrm{d}T}\left[(\varepsilon + p)a^3\right] = a^3\frac{\mathrm{d}p}{\mathrm{d}T} \tag{5.244}$$

两式联立，得到

$$\mathrm{d}(sa^3) \equiv \mathrm{d}\left[\frac{a^3}{T}(\varepsilon + p - n\mu)\right] = -\frac{\mu}{T}\mathrm{d}(na^3) \tag{5.245}$$

在 $\mu=0$ 或者 na^3 为常数的情况下，sa^3 都为常数，即共动体积中的熵是守恒的。对辐射场，$\mu=0$，因此辐射场的熵随着宇宙的膨胀是守恒的，而对物质场，由于粒子数守恒，na^3 为常数，因此物质场的熵随着宇宙的演化也是守恒的。当系统中存在大量的正反粒子的情况下，$\mu \approx 0$，因此它们的熵也是守恒的。总之，随着宇宙的膨胀，宇宙中比熵基本是守恒的。

5.5.3 宇宙中微子背景

中微子与物质退耦的时候，也会遗留下来宇宙热中微子背景。在宇宙 $t \sim 1$ s的时候，宇宙温度 $T \approx 10^{10}$ K，由于这时候弱相互作用时标大于宇宙的膨胀时标，中微子与物质退耦。由于中微子的质量非常小，基本可以忽略，中微子基本是相对论性粒子。因此中微子退耦之后，随着宇宙的膨胀它的温度不断下降：$T_\nu(t)a(t)=$ 常数。中微子与辐射场退耦之后，宇宙中的辐射场只有正负电子对($\mathrm{e}^{\pm}$)和光子。正负电子对在 $T_1=3\times10^8$ K 时发生湮灭，正电子消耗殆尽。正负电子对湮灭产生光子，根据式(5.245)，正负电子对湮灭过程(一种相

变过程)是绝热的,这导致相比于中微子的温度,光子的温度发生了跳变。假设相变之前光子的温度为 T_i,辐射场的总熵密度为

$$s_i(T_i) = \left(1 + 2 \times \frac{7}{8}\right) s_\gamma(T_i) = \frac{11}{4} s_\gamma(T_i) \tag{5.246}$$

这里计及了正负电子对和光子的贡献。正负电子对湮灭之后,假设光子的温度跳变为 T_f,这时候辐射场的总熵密度为

$$s_f(T_f) = s_\gamma(T_f) \tag{5.247}$$

根据 $s_i = s_f$,得到

$$\frac{T_f}{T_i} = \left(\frac{11}{4}\right)^{1/3} \tag{5.248}$$

由于中微子已与辐射场退耦,正负电子对湮灭之后,中微子的温度继续保持为 T_i,因此中微子的温度与光子场的温度比值在相变之后为

$$\frac{T_\nu}{T_\gamma} = \frac{T_i}{T_f} = \left(\frac{11}{4}\right)^{-1/3} \tag{5.249}$$

据此得到宇宙中微子目前的温度为

$$T_\nu = \left(\frac{4}{11}\right)^{1/3} T_{\text{CMB}} = 1.945 \text{ K} \tag{5.250}$$

其实,正负电子对的湮灭是一个过程,从熵守恒的角度分析,与上面假设湮灭是突然发生的结果是一样。虽然宇宙中弥漫着低温的背景中微子,但是,由于中微子与物质的相互作用截面非常小,另外,中微子与物质相互作用的截面与能量的平方成正比,因此,目前还无法探测极其低温的宇宙背景中微子。

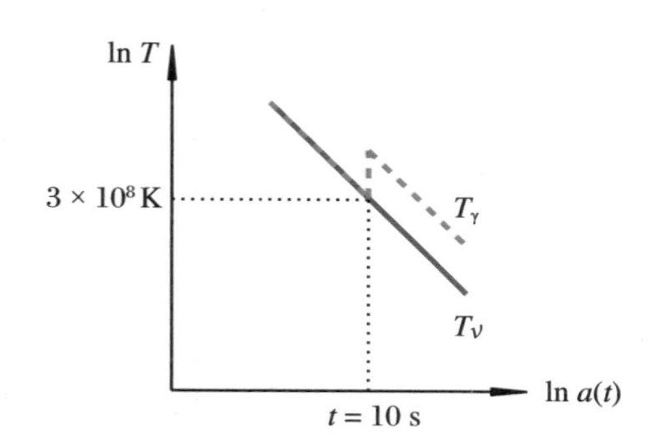

图 5.18 正负电子对湮灭成光子使得辐射场温度升高

由于熵守恒,正负电子对湮灭为光子之后,光子的温度略有上升,这时的中微子已经退耦,它的温度只随着宇宙的膨胀而不断下降。据此估算,目前宇宙中微子背景的温度 T_ν 约为 1.95 K。

5.5.4 宇宙原初核合成

宇宙原初核合成的"原料"是自由的质子和中子。中子和质子的静能差约为：$Q=m_{\mathrm{n}}c^2-m_{\mathrm{p}}c^2=1.293\ \mathrm{MeV}\approx 2.53m_{\mathrm{e}}c^2$。在中微子退耦之前，中子和质子的数密度之比完全由宇宙温度 T 决定。中微子退耦之后，中子不断衰变为质子，中子的数密度主要由中子的衰变时标以及何时开始核合成决定。下面详细讨论原初核合成时中子和质子的数密度之比。

在宇宙年龄 $t\sim 1$ s 之前，宇宙的温度 $T>10^{10}$ K。中子与质子处于 β 平衡：

$$\mathrm{n}+\nu_{\mathrm{e}}\longleftrightarrow \mathrm{p}+\mathrm{e}^-+\gamma \tag{5.251}$$

$$\mathrm{n}+\mathrm{e}^+\longleftrightarrow \mathrm{p}+\bar{\nu}_{\mathrm{e}}+\gamma \tag{5.252}$$

$$\mathrm{n}\longleftrightarrow \mathrm{p}+\mathrm{e}^-+\bar{\nu}_{\mathrm{e}}+\gamma \tag{5.253}$$

根据化学平衡条件，反应式两边的化学势应该相等，但是，由于所有的轻子（$e^{\pm},\nu_i,\bar{\nu}_i,i=e,\mu,\tau$）化学势都近似为零，因此，$\beta$ 平衡的条件为

$$\mu_{\mathrm{n}}=\mu_{\mathrm{p}} \tag{5.254}$$

这时候宇宙的温度 $k_{\mathrm{B}}T\approx 1$ MeV，远小于中子和质子的静止能量 1 GeV，因此这时候的中子和质子是非相对论性的，它们的化学势分别为

$$\mu_{\mathrm{n}}=m_{\mathrm{n}}c^2+k_{\mathrm{B}}T\ln(m_{\mathrm{n}}\lambda_{\mathrm{n}}^3)-k_{\mathrm{B}}T\ln 2 \tag{5.255}$$

$$\mu_{\mathrm{p}}=m_{\mathrm{p}}c^2+k_{\mathrm{B}}T\ln(m_{\mathrm{p}}\lambda_{\mathrm{p}}^3)-k_{\mathrm{B}}T\ln 2 \tag{5.256}$$

这里 $\lambda_{\mathrm{n,p}}=h/\sqrt{2\pi m_{\mathrm{n,p}}k_{\mathrm{B}}T}$ 为中子和质子的热德布罗意波长。因此，β 平衡时，它们的数密度之比为

$$\frac{n_{\mathrm{n}}}{n_{\mathrm{p}}}=\mathrm{e}^{-\frac{Q}{k_{\mathrm{B}}T}} \tag{5.257}$$

再根据重子数守恒，$n_{\mathrm{B}}=n_{\mathrm{n}}+n_{\mathrm{p}}=$ 常数，易得中子的丰度为

$$q\equiv\frac{n_{\mathrm{n}}}{n_{\mathrm{B}}}=\frac{1}{\mathrm{e}^{\frac{Q}{k_{\mathrm{B}}T}}+1} \tag{5.258}$$

中子与质子比例改变的特征温度 $T_{\mathrm{np}}\equiv Q/k_{\mathrm{B}}\approx 1.5\times 10^{10}$ K。在 $T=10^{11}$ K 时，中子丰度为 $q\sim 46\%$，即中子数密度与质子数密度几乎相等。当温度下降到 $T=9\times 10^9$ K（$t\sim 1$ s）时，中子丰度下降到了 $q\sim 16\%$。在 $T\sim 10^{10}$ K（$k_{\mathrm{B}}T\approx$ 0.86 MeV）之后，弱相互作用时标大于宇宙膨胀时标，重子与中微子退耦。之后质子不能再与中微子反应转化为中子。但由于中子的质量大于质子的质量，中子可以 β 衰变为质子、电子和反电子型中微子：

$$\mathrm{n} \to \mathrm{p} + \mathrm{e}^- + \bar{\nu}_\mathrm{e} \tag{5.259}$$

中子衰变的半衰期 $\tau_n \approx 886$ s，约为 14.8 min，即之后中子丰度不断减少：

$$q \sim 0.16\mathrm{e}^{-\frac{t-t_1}{\tau_n}} \quad (t > t_1 = 1\ \mathrm{s}) \tag{5.260}$$

在 $t \sim 3.7$ min 时，中子和质子开始核合成，产生氦核。这时候中子的丰度下降到了 $q \approx 0.12$。这个比值决定了经过宇宙原初核合成，产生了质量比为75%的氢和25%的氦。

轻元素的核合成发生在宇宙年龄 $t \sim 3$ min 时，这时候宇宙的温度已下降到 $T \sim 10^9$ K。在 $T > 10^9$ K 时，宇宙中的高能光子会解离核子，即将氦核打碎。宇宙核合成开始发生的时候，宇宙中中子的丰度 $q = 0.12$，相应的质子的丰度为 $1 - q = 0.88$。首先，质子和中子通过二体碰撞生成了氘：

$$\mathrm{n} + \mathrm{p} \to {}^2\mathrm{H} + \gamma \tag{5.261}$$

反应平衡条件为

$$\mu_\mathrm{p} + \mu_\mathrm{n} = \mu_\mathrm{d} \tag{5.262}$$

这时候宇宙的温度已经比较低了，质子、中子和氘都是非相对论的，它们的化学势为

$$\mu_\mathrm{n} = m_\mathrm{n} c^2 + k_\mathrm{B} T \ln(m_\mathrm{n} \lambda_\mathrm{n}^3) - k_\mathrm{B} T \ln 2 \tag{5.263}$$

$$\mu_\mathrm{p} = m_\mathrm{p} c^2 + k_\mathrm{B} T \ln(m_\mathrm{p} \lambda_\mathrm{p}^3) - k_\mathrm{B} T \ln 2 \tag{5.264}$$

$$\mu_\mathrm{d} = m_\mathrm{d} c^2 + k_\mathrm{B} T \ln(m_\mathrm{d} \lambda_\mathrm{d}^3) - k_\mathrm{B} T \ln 3 \tag{5.265}$$

氘核的核的结合能 $\varepsilon_\mathrm{B} = m_\mathrm{n} c^2 + m_\mathrm{p} c^2 - m_\mathrm{d} c^2 = 2.20$ MeV。氘的质量近似为中子或质子质量的两倍，它的数密度为

$$n_\mathrm{d} = \frac{3}{4} n_\mathrm{p} n_\mathrm{n} \frac{\lambda_\mathrm{p}^3 \lambda_\mathrm{n}^3}{\lambda_\mathrm{d}^3} \mathrm{e}^{\frac{\varepsilon_\mathrm{b}}{k_\mathrm{B} T}} \approx \frac{3}{\sqrt{2}} n_\mathrm{p} n_\mathrm{n} \lambda_\mathrm{p}^3 \mathrm{e}^{\frac{\varepsilon_\mathrm{b}}{k_\mathrm{B} T}} \tag{5.266}$$

显然，宇宙重子数密度 $n_\mathrm{B} = \eta n_\gamma = n_\mathrm{n} + n_\mathrm{p} + 2n_\mathrm{d}$，而中子数密度 $q n_\mathrm{B} = n_\mathrm{n} + n_\mathrm{d}$。因此，氘的丰度为

$$f_\mathrm{d} = \frac{n_\mathrm{d}}{n_\mathrm{B}} = (1 - q - f_\mathrm{d})(q - f_\mathrm{d}) s \tag{5.267}$$

其中参数 s 为

$$s = \frac{12\zeta(3)}{\sqrt{\pi}} \left(\frac{k_\mathrm{B} T}{m_\mathrm{p} c^2}\right) \eta \mathrm{e}^{\frac{\varepsilon_\mathrm{b}}{k_\mathrm{B} T}} \tag{5.268}$$

该方程非常类似萨哈方程(参见式(4.142))，它的解为

$$f_{\mathrm{d}} = \frac{1+s-\sqrt{(1+s)^2-4s^2q(1-q)}}{2s} \tag{5.269}$$

温度高时，s 小，$f_{\mathrm{d}} \approx q(1-q)s$；温度低时，$s$ 大，$f_{\mathrm{d}} \approx q$。需要指出的是，由于 η 比较小，也就是核合成是在大量的“光子汤”中发生的，即使光子的温度比较低，由于光子能量分布符合普朗克分布，在其高能尾巴上仍然有足够的光子去解离氦核，阻止了氦核在更早的时候形成。计算结果表明，核合成发生时的温度约为

$$k_{\mathrm{B}}T_{\mathrm{n}} \approx \frac{\varepsilon_{\mathrm{b}}}{\ln\left[\frac{1}{\eta}\left(\frac{m_{\mathrm{p}}c^2}{\varepsilon_{\mathrm{b}}}\right)^{3/2}\right]} \tag{5.270}$$

上式已取 $q=0.12$。上面的讨论没有考虑进一步的核反应。

氘形成之后，很快会经过如下的核反应过程进一步合成^{4}He 核。这些过程是非平衡反应，是单向的，发生很快。

$$\mathrm{d}+\mathrm{d} \longrightarrow {}^3\mathrm{H}+\mathrm{p}+\gamma \tag{5.271}$$

$$\mathrm{d}+\mathrm{d} \longrightarrow {}^3\mathrm{He}+\mathrm{n}+\gamma \tag{5.272}$$

$$\mathrm{d}+{}^3\mathrm{H} \longrightarrow {}^4\mathrm{He}+\mathrm{n}+\gamma \tag{5.273}$$

$$\mathrm{d}+{}^3\mathrm{He} \longrightarrow {}^4\mathrm{He}+\mathrm{p}+\gamma \tag{5.274}$$

最终的结果是，两个中子加上两个质子形成氦核，因此形成氦核质量比为 $2q=0.24$，而剩下的质子质量比为 $1-2q=0.76$。详细的分析表明，宇宙核合成之后，还会产生少量的^{3}He，^{7}Li 等轻元素。

5.5.5 宇宙微波背景辐射：光子退耦

氢原子的电离能 $\chi_{\mathrm{H}}=13.6\ \mathrm{eV}$，对应的电离温度 $T_{\mathrm{ion}}=13.6\ \mathrm{eV}/k_{\mathrm{B}}=1.58\times10^5\ \mathrm{K}$。但实际上氢复合发生在宇宙温度 $T\approx3000\ \mathrm{K}$ 时。主要原因还是因为 η 太小了，即每个质子分到的光子数是 $1/\eta$。在给定温度后，虽然高能光子数比例随着光子能量指数下降，但是由于光子的基数太大了，即使是在 $T\sim3000\ \mathrm{K}$ 的时候，仍然有足够的 $h\nu>13.6\ \mathrm{eV}$ 的电离光子将中性氢电离。

电离-复合平衡过程为

$$\mathrm{p}+\mathrm{e}^- \leftrightarrow \mathrm{H}+\gamma \tag{5.275}$$

相应的化学平衡条件为

$$\mu_{\mathrm{p}}+\mu_{\mathrm{e}}=\mu_{\mathrm{H}} \tag{5.276}$$

在这么低的温度下，质子、电子和氢原子都是非相对论的粒子，符合玻尔兹曼统计。根据化学平衡条件，以及理想气体的化学势，易得

$$n_{\mathrm{H}} = n_{\mathrm{p}} n_{\mathrm{e}} \lambda_{\mathrm{e}}^{3} \mathrm{e}^{\frac{\chi_{\mathrm{H}}}{k_{\mathrm{B}} T}} \tag{5.277}$$

这就是著名的萨哈方程，参见式(4.142)。结合电中性条件：$n_{\mathrm{e}} = n_{\mathrm{p}}$，以及重子数守恒条件：$n_{\mathrm{p}} + n_{\mathrm{H}} = (1-2q) n_{\mathrm{B}} = (1-2q) n_{\gamma} \eta$，可解得中性氢的丰度为

$$f_{\mathrm{H}} = \frac{n_{\mathrm{H}}}{n_{\mathrm{p}} + n_{\mathrm{H}}} = (1 - f_{\mathrm{H}})^{2} s \tag{5.278}$$

其中，参数 s 为

$$s = 4\zeta(3) \sqrt{\frac{2}{\pi}} (1 - 2q) \eta \left(\frac{k_{\mathrm{B}} T}{m_{\mathrm{e}} c^{2}}\right)^{3/2} \mathrm{e}^{\frac{\chi_{\mathrm{H}}}{k_{\mathrm{B}} T}} \tag{5.279}$$

方程(5.278)的解为

$$f_{\mathrm{H}} = \frac{1 + 2s - \sqrt{1 + 4s}}{2s} \tag{5.280}$$

当宇宙温度 T 大于复合温度时，s 比较小，因此 f_{H}也比较小，即氢基本处于电离状态。当宇宙温度 T 比较低时，s 较大，因此 $f_{\mathrm{H}} \to 1$，氢完全复合。由于 η 比较小，氢复合发生时的温度是

$$k_{\mathrm{B}} T_{\mathrm{r}} \approx \frac{\chi_{\mathrm{H}}}{\ln\left[\frac{1}{\eta}\left(\frac{m_{\mathrm{e}} c^{2}}{\varepsilon_{\mathrm{H}}}\right)^{3/2}\right]} \sim 3000 \mathrm{~K} \tag{5.281}$$

氢辐射结束之后，宇宙中几乎没有了自由电子，光子与电子发生了最后的散射。那时候的宇宙尺度因子大约是现在的宇宙尺度因子的 1/1100，导致现在观测到的宇宙微波背景辐射的温度为 2.725 K。宇宙微波背景辐射与电子退耦之后，基本保留了宇宙年龄近 38 万年时的状态，是我们研究那时候宇宙状态的化石。正是通过测量和分析宇宙微波背景辐射的各向异性和偏振，我们测量了很多宇宙的基本物理参数，使得我们对宇宙 137 亿年前的物理状态的了解达到了 1%的精度！

第6章　系综理论

系综理论的创始人吉布斯(Josiah Willard Gibbs, 1839—1903)的肖像

图片来自网络。

前面讨论了玻尔兹曼发展的理想气体的统计理论。该理论的缺点是只能处理近独立粒子组成的系统。理想气体近似只是在某些条件下近似成立,例如实际气体只有在低压、高温等气体非常稀薄的条件下才成立,而自然界中粒子之间普遍存在相互作用,理想气体理论适用范围有限。美国物理学家吉布斯发展了系综理论,它是平衡态统计物理的普遍理论,原则上适用于由存在相互作用粒子组成的系统,例如实际气体。

系综理论的基本思想是,在给定宏观条件下,系统存在大量可能的微观状态,虽然在任意时刻,系统只能处于某一个可能的微观状态,但是在实际测量过程中,总是经历了宏观短但微观长的时间 Δt,在 Δt 的时间之内,系统遍历了所有可能的微观状态。得到的测量值其实是在 Δt 时间之内某物理量的时间平均值。问题是,我们很难准确预言,在很多情况下也无需准确预言系统微观状态是如何变化的,因此就无法严格计算物理量的时间平均值。但是有一点是明确的,当系统处于平衡态的时候,系统的宏观物理量基本与时间无关,也就是在任何时间测量到的宏观物理量基本都是一样的,与具体什么时间测量是无关的。例如,在 t_1 时刻,经过 Δt 测量了某个物理量得到的值为$\bar{B}(t_1)$,即在 $t_1 \sim t_1 + \Delta t$ 时间段的时间平均值。在 t_2 时间,经过 Δt 测量了相同物理量,得到其时间平均值为$\bar{B}(t_2)$,在忽略了涨落的情况下,$\bar{B}(t_2)=\bar{B}(t_1)$。为了很好地反映对时间的平均与具体的时间没有关系,吉布斯用**系综平均等价于时间平均**。

首先,系综是个理论上假想的概念,系综的字面意思是“系统的系统”,即某个系综中存在大量的完全相同的系统。在现实情况下,我们的研究对象是系统,系统只有一个。但是,为了理论研究方便,我们通过思想实验,理论上克隆了大量的完全相同的物理系统,并处于相同的宏观条件之下,但是它们处于各种可能的微观状态,所有这样的系统组成了一个系综。根据等概率假设,可以从理论上给出这些系统的微观状态的可能分布,那么我们就可以对物理量 B 进行系综平均:在某时刻 t,系综中各个系统的物理量 $B(t)$是不一样的,将它们进行统计平均,就得到了某个值$\langle B(t)\rangle$,即系综平均值。显然,$\langle B(t)\rangle$与时间间隔 Δt 无关,即在任何时刻 t,都可以做系综平均,而不需要经历某个时间间隔。吉布斯大胆地假设理论上得到的$\langle B(t)\rangle$应该与我们实际测量的$\bar{B}(t)$完全相等,即**系综是对真实系统的理论模拟**。

为了研究抛硬币出现正面朝上的概率问题,这里有两套方案。方案一是一个人不停地抛 1 万次。方案二是一万个人每人抛 1 次。方案一类似时间平均,方案二类似系综平均。日常生活经验告诉我们,两种方案得到的结论基本一致。通俗地说,就是用(相)空间换时间。在本章中,我们将分别研究由孤立系统、封闭系统以及开放系统组成的系综的统计理论。

6.1 统计系综的基本思想

本节主要介绍经典统计系综的基本思想。任何一个统计理论必须有如下的三要素：

① 如何描写体系的微观运动状态?

② 体系微观状态的分布函数是什么?

③ 如何根据分布函数导出系统的热力学特性函数?

以经典统计为例，前面讨论的玻尔兹曼的理想气体统计理论第一要素是：单粒子的相空间，称为 μ 空间。μ 空间一个点代表系统中的一个粒子。如果单粒子的自由度为 f，则 μ 空间的维数就是 $2f$ 维。例如，对一维粒子，$f=1$；对二维粒子，$f=2$；对在三维空间运动的单粒子，$f=3$。系统中有 N 个粒子，μ 空间中就有 N 个点。玻尔兹曼理想气体统计理论第一要素本质上是建立系统微观粒子的物理模型。在给定宏观条件下，这 N 个点在 μ 空间是如何分布的？这就是理想气体统计理论的第二要素：最概然分布。玻尔兹曼假设基于等概率原理，导出了最概然分布函数，并用最概然分布函数替代最真实的分布函数。第三要素就很自然了，知道了分布函数，只需要知道宏观物理量对应的微观统计量是什么，对每个粒子的微观统计量求和就可以了。例如，粒子数的微观统计量就是 1，内能的微观统计量是单粒子的能量 ε，压强的微观统计量就是 $p^2c^2/3\varepsilon$，其中 p 为粒子的动量。实际上，只需要根据分布函数得到系统的热力学势，就可以根据热力学理论给出所有我们想要知道的其他热力学量和热力学函数。也就是说，理想气体统计理论第三要素是：配分函数。根据分布函数得到配分函数，再根据配分函数得到相应的热力学势。

对于粒子之间存在相互作用的系统，μ 空间已不再适用。在系综理论中，第一要素是：整个系统的相空间。它由所有粒子的相空间张成，也称之为 Γ 空间。如果单粒子的相空间的维数是 $2f$，系统中有 N 个粒子，则 Γ 空间的维数就是 $2Nf$ 维。显然，任一时刻在 Γ 空间中只有一个点，对应系统处于某个微观状态。任何时刻在 Γ 空间只有一点是无法做统计的。但实际上，前面已经谈到，观测总是在宏观短和微观长的时间内进行的，在微观长的时间内，系统的微观状态实际上已发生了许多变化，系统的许多微观状态，在 Γ 空间对应许多代表点。在 t 时刻，测量经历了 Δt 的时间间隔，则实际测量值 $\bar{B}(t)$ 就是 $B(t)$ 对时间的平均值：

$$\bar{B}(t) \equiv \frac{1}{\Delta t}\int_{t}^{t+\Delta t} B(t)\mathrm{d}t \tag{6.1}$$

若系统处于平衡态，则测量$\bar{B}(t)$不随时间变化，无论观测时间 Δt 的长短，测量值$\bar{B}(t)$都应该一样，时间的因素对于平衡的统计理论并不重要。因此我们认为在宏观短微观长的时间里面，系统的微观状态遍历了所有可能的状态。对时间的平均值$\bar{B}(t)$其实就等价于在给定宏观条件下系统所有可能微观状态的平均值。

基于各态历经假设(或假说)，我们引入了系综的概念。系综就是大量性质完全相同的力学系统的集合，是物理系统的系统。系综中的各个系统处于相同的宏观条件，例如所有系统的总能量是一样的，但它们的微观状态不一定相同，即各个微观粒子的物理状态并不相同。假设系综中有$\mathcal{N}$个系统，注意，这里$\mathcal{N}$与某个系统中的总粒子数 N 完全不一样。因此，系综中$\mathcal{N}$个系统就对应 Γ 空间中的$\mathcal{N}$个点。这$\mathcal{N}$个点在 Γ 空间中是如何分布的？这就涉及系综理论的第二要素。将玻尔兹曼理想气体的统计理论最自然、最简单的推广就是：最概然分布。根据等概率假设，原则上可以得到 Γ 空间中系综的最概然分布 $\rho(\Omega)$，这里 Ω 代表 Γ 空间的坐标，例如 $\Omega=(q_1,q_2,\cdots,q_f;p_1,p_2,\cdots,p_f)$，$f=2Nf$ 为 Γ 空间的维数。显然，$\rho(\Omega)$的定义为单位相空间的系统数：

$$\rho(\Omega)=\frac{\mathrm{d}\mathcal{N}}{\mathrm{d}\Omega} \tag{6.2}$$

这里 $\mathrm{d}\Omega=\mathrm{d}q_1\mathrm{d}q_2\cdots\mathrm{d}q_f\mathrm{d}p_1\mathrm{d}p_2\cdots\mathrm{d}p_f$ 为 Γ 空间的体积微元。

系综理论的第三个要素就是：系统平均等价于时间平均，即

$$\bar{B}(t)=\langle B(t)\rangle\equiv\frac{\int B\rho\mathrm{d}\Omega}{\int\rho\mathrm{d}\Omega} \tag{6.3}$$

实际上，仿照玻尔兹曼理想气体统计论，根据分布函数，可以得到系综的配分函数，并进一步得到系统的热力学特性函数。接下来的任务就交给热力学理论：基于热力学特性函数就可以得到其他所有的热力学量和热力学势。

6.2 刘维尔定理

刘维尔(Joseph Liouville，1809—1882)定理是关于系综如何随时间演化的一个基本定理，具体说是 Γ 空间中系统态密度函数 $\rho(\Omega)$所满足的方程，对决定 ρ 的分布是一个很强的限制。系综中所有系统的哈密顿量是一样的，不妨形式地写为 $H(q_1,q_2,\cdots,q_f;p_1,p_2,\cdots,p_f,t)$，则每个系统都遵循相同的运动方

程，即哈密顿正则方程：

$$\dot{q}_\alpha = \left(\frac{\partial H}{\partial p_\alpha}\right)_{q_\beta, p_\beta \neq p_\alpha}, \quad \dot{p}_\alpha = -\left(\frac{\partial H}{\partial q_\alpha}\right)_{q_\beta \neq q_\alpha, p_\beta} \quad (\alpha, \beta = 1, 2, \cdots, f) \tag{6.4}$$

它描写了系统状态随时间的变化，即刻画了各个系统的代表点在 Γ 空间中的移动。一个显而易见的结论就是在 Γ 空间中各个系统的轨道不能相交，若相交则与($\dot{q}_\alpha, \dot{p}_\alpha$)的单值相矛盾。例如，对于孤立系统，系统的能量是守恒的，则系综的所有系统都位于相空间中的能量曲面上：

$$H(q_1, q_2, \cdots, q_f; p_1, p_2, \cdots, p_f, t) = E \tag{6.5}$$

在一般情况下，系综中的大量结构完全相同的系统在相空间中各自从其初始状态出发独立地演化，如果初始时刻的态密度为 $\rho(q_1, q_2, \cdots, q_f; p_1, p_2, \cdots, p_f, t)$，则下一时刻系综的所有系统在相空间中都移动了位置，相应地 ρ 有怎样的演化规律呢？该问题完全类似流体动力学问题。如果系综中的系统数 $\mathcal{N}$ 足够大，即 Γ 空间中的系统足够“密”，系统的态密度函数足够光滑，可以将系综看作是在相空间中的流体。定义相空间的速度和梯度算符 $\boldsymbol{v}_\Gamma$ 和 ∇_Γ 分别为

$$\boldsymbol{v}_\Gamma \equiv (\dot{q}_1, \dot{q}_2, \cdots, \dot{q}_f, \dot{p}_1, \dot{p}_2, \cdots, \dot{p}_f) \tag{6.6}$$

$$\nabla_\Gamma \equiv \left(\frac{\partial}{\partial q_1}, \frac{\partial}{\partial q_2}, \cdots, \frac{\partial}{\partial q_f}, \frac{\partial}{\partial p_1}, \frac{\partial}{\partial p_2}, \cdots, \frac{\partial}{\partial p_f}\right) \tag{6.7}$$

在系统演化过程中，它们都遵循哈密顿正则方程，即式(6.4)，因此有

$$\nabla_\Gamma \cdot \boldsymbol{v}_\Gamma \equiv \sum_{\alpha=1}^{f}\left(\frac{\partial \dot{q}_\alpha}{\partial q_\alpha} + \frac{\partial \dot{p}_\alpha}{\partial p_\alpha}\right) = \sum_{\alpha=1}^{f}\left(\frac{\partial^2 H}{\partial q_\alpha \partial p_\alpha} - \frac{\partial^2 H}{\partial p_\alpha \partial q_\alpha}\right) = 0 \tag{6.8}$$

上式的物理含义非常明显：如果将系综看作相空间中的流体，则该流体是不可压缩的。

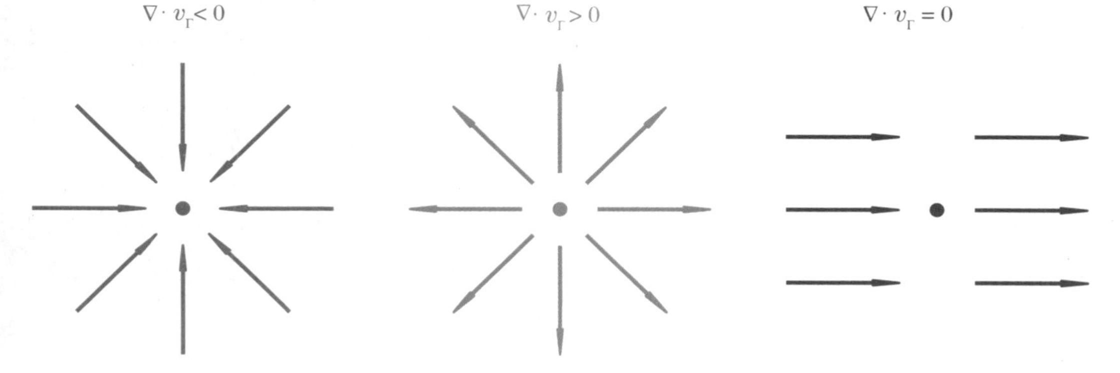

图 6.1 相空间速度的散度

另外，在演化过程中，系统的总数目 $\mathcal{N}$ 保持不变，根据系统数 $\mathcal{N}$ 守恒有

$$\frac{\partial \rho}{\partial t}+\nabla_{\Gamma}\cdot(\rho \boldsymbol{v}_{\Gamma})=0 \tag{6.9}$$

该结果类似流体力学中的质量守恒方程。简单说明一下式(6.9)的物理含义。在相空间中取任意一个固定不动的体积元 $\Delta\Omega$,则在该体积元中的系统数为 $\mathcal{N}=\iiint\limits_{\Delta\Omega}\rho \mathrm{d}\Omega$,该体积微元中系统数的改变数 $\frac{\mathrm{d}\mathcal{N}}{\mathrm{d}t}=\iiint\limits_{\Delta\Omega}\frac{\partial \rho}{\partial t}\Omega$,显然如果 $\frac{\mathrm{d}\mathcal{N}}{\mathrm{d}t}>0$,说明 $\Delta\Omega$ 体积中的系统数增加,如果 $\frac{\mathrm{d}\mathcal{N}}{\mathrm{d}t}<0$,说明 $\Delta\Omega$ 体积微元中的系统数减少。由于系统数是守恒的,体积 $\Delta\Omega$ 中系统数的减少数应该等于从体积元 $\Delta\Omega$ 的总表面 $\boldsymbol{S}$ 流出的系统数:

$$\frac{\mathrm{d}\mathcal{N}}{\mathrm{d}t}=\iiint\limits_{\Delta\Omega}\frac{\partial \rho}{\partial t}\Omega=-\iint \rho \boldsymbol{v}_{\Gamma}\cdot \mathrm{d}\boldsymbol{S}=-\iiint\limits_{\Delta\Omega}\nabla_{\Gamma}\cdot(\rho \boldsymbol{v}_{\Gamma})\mathrm{d}\Omega \tag{6.10}$$

将上式改写为

$$\iiint\limits_{\Delta\Omega}\left[\frac{\partial \rho}{\partial t}+\nabla_{\Gamma}\cdot(\rho \boldsymbol{v}_{\Gamma})\right]\mathrm{d}\Omega=0 \tag{6.11}$$

该式是系统数守恒的积分表达式。因为 $\Delta\Omega$ 为任意选取的固定体积,因此括号中的表达式恒等于零,这就是微分形式的系统数守恒表达式(6.9)。

将式(6.8)代入式(6.9),得到

$$\frac{\mathrm{d}\rho}{\mathrm{d}t}=\frac{\partial \rho}{\partial t}+\boldsymbol{v}_{\Gamma}\cdot\nabla_{\Gamma}\rho=0=\frac{\partial \rho}{\partial t}+\nabla_{\Gamma}\cdot(\rho \boldsymbol{v}_{\Gamma}) \tag{6.12}$$

这就是著名的刘维尔定理(图 6.2),它的物理含义是:假设在相空间中跟随任一系统在相空间移动的过程中,发现周围系统的态密度 ρ 始终保持常数。通俗地说,周围的系统既不聚集也不发散。或者说,初始时刻在相空间中取某任一个体积微元,其中包含一些系统,这些系统在相空间中受到系统哈密顿量的控制,在相空间中演化,在演化过程中由这些系统围成的体积微元的体积始终保持不变。

将哈密顿正则方程代入刘维尔定理,可以得到如下刘维尔定理用泊松括号表示的形式:

$$\frac{\mathrm{d}\rho}{\mathrm{d}t}=\frac{\partial \rho}{\partial t}+\sum_{\alpha=1}^{f}\left[\frac{\partial \rho}{\partial q_{\alpha}}\frac{\partial H}{\partial p_{\alpha}}-\frac{\partial \rho}{\partial p_{\alpha}}\frac{\partial H}{\partial q_{\alpha}}\right]=\frac{\partial \rho}{\partial t}+[\rho,H]=0 \tag{6.13}$$

根据刘维尔定理式(6.13)明显可见,系统微观动力学方程具有时间反演对称性,即如果 $\rho(q_1,q_2,\cdots,q_f;p_1,p_2,\cdots,p_f,t)$ 满足刘维尔定理,则 $\rho(q_1,q_2,\cdots,q_f;-p_1,-p_2,\cdots,-p_f,-t)$ 也自动满足。

下面推导刘维尔定理的另一个推论,即

$$\frac{\mathrm{d}\langle B\rangle}{\mathrm{d}t}=\langle[B,H]\rangle \tag{6.14}$$

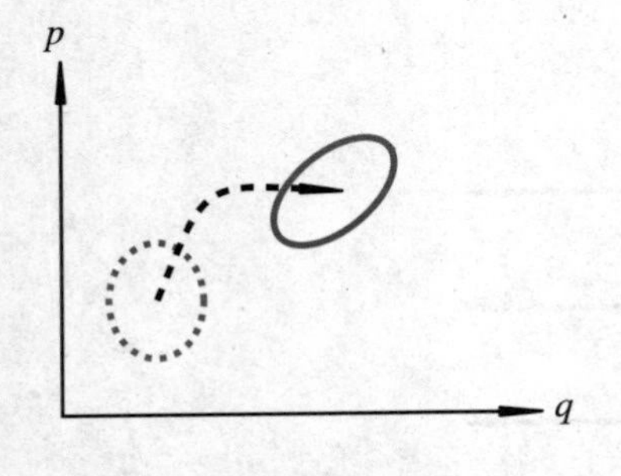

图 6.2 刘维尔定理

系综中系统在 Γ 空间位置的演化类似不可压缩流体,保持系统的态密度在演化过程中保持不变。

物理量 B 是系统状态的函数，即态函数：$B = B(q_1, q_2, \cdots, q_f; p_1, p_2, \cdots, p_f)$。根据系综平均的定义，以及刘维尔定理，有

$$\frac{\mathrm{d}\langle B\rangle}{\mathrm{d}t} = \int \mathrm{d}\Omega \frac{\partial \rho}{\partial t} B(\Omega) = \int \mathrm{d}\Omega B(\Omega) \sum_{\alpha=1}^{f} \left(\frac{\partial \rho}{\partial p_\alpha} \frac{\partial H}{\partial q_\alpha} - \frac{\partial \rho}{\partial q_\alpha} \frac{\partial H}{\partial p_\alpha} \right) \tag{6.15}$$

假设任何有意义的物理量在 Γ 空间的无穷远处都趋近于零，利用分部积分，得到

$$\frac{\mathrm{d}\langle B\rangle}{\mathrm{d}t} = -\sum_{\alpha=1}^{f} \int \mathrm{d}\Omega \rho \left(\frac{\partial B}{\partial p_\alpha} \frac{\partial H}{\partial q_\alpha} - \frac{\partial B}{\partial q_\alpha} \frac{\partial H}{\partial p_\alpha} \right) = -\int \mathrm{d}\Omega \rho [H, B] = \langle [B, H] \rangle \tag{6.16}$$

对于平衡态，$\mathrm{d}\langle B\rangle/\mathrm{d}t = 0$，这就要求平衡态密度 ρ_{eq} 满足：$\partial\rho_{\mathrm{eq}}/\partial t = 0$。将之代入刘维尔定理，则有 $[\rho_{\mathrm{eq}}, H] = 0$，即 ρ_{eq} 与系统的哈密顿量 H 对易，是系统的守恒量。

态密度 ρ 是相空间的函数，即系统物理态的函数，如果态密度 ρ 是哈密顿量的函数 $\rho = \rho(H)$，由泊松方程形式的刘维尔定理，易得

$$\frac{\partial \rho}{\partial t} = 0 \tag{6.17}$$

因此，ρ_{eq} 的可能解是系统哈密顿量的函数：$\rho_{\mathrm{eq}}(\Omega) = \rho_{\mathrm{eq}}(H(\Omega))$。这是统计力学的基本假设之一。

对平衡态，由刘维尔定理以及流体的不可压缩性，易得

$$\nabla_\Gamma \rho_{\mathrm{eq}} \cdot \boldsymbol{v}_\Gamma = 0 \tag{6.18}$$

这意味着，$\nabla_\Gamma \rho_{\mathrm{eq}} \perp \boldsymbol{v}_\Gamma$，即在 $\boldsymbol{v}_\Gamma$ 方向上，$\nabla_\Gamma \rho_{\mathrm{eq}} = 0$，等价于 $\rho_{\mathrm{eq}} =$ 常数。这说明系统在相空间的代表点在态密度为常数的曲面上运动。

如果一开始系统处于非平衡态 ρ，随着时间的演化，系统的态密度 ρ 都会演化到 ρ_{eq} 吗？答案是否定的。如果 ρ 能演化到 ρ_{eq}，由于刘维尔定理具有时间反演对称性，系统也可以从 ρ_{eq} 演化回到非平衡态 ρ。但是，热力学经验告诉我们，系统一般都会演化到热力学平衡态。一个可能的解决方案是，$\rho(t)$ 在 ρ_{eq} 附近演化，对时间平均之后，$\bar{\rho}(t)$ 无限逼近 ρ_{eq}，该假说在 1871 年由玻尔兹曼引入，这就是各态历经假说。

以孤立系统为例，随着时间的演化，系统代表点在 Γ 空间的等能量曲面运动。如果其在相空间的轨迹经过等能量曲面上的每一点具有相同的次数，则物理量 B 对时间的平均与对系综的平均等同。如果各态历经假说成立，关于时间平均必定严格对应于以相同权重对曲面上的每一个点做平均。对一维谐振子，等能量曲面退化为能量曲线——椭圆。在一个周期内，能量曲线上的每一个点刚好经过一次。对于高维系统，数学上已经证明，原则上相空间轨迹不可能经

过能量曲面上的每一个点。因为相空间轨迹不可能相交。另一方面，将一维的时间间隔映射到高维空间的曲面上是存在疑问的，即用一维曲线完全覆盖高维曲面是有问题的。也许我们可以放松要求，只要求系统代表点能任意逼近每一个点就足够了。这就是准各态历经假设。

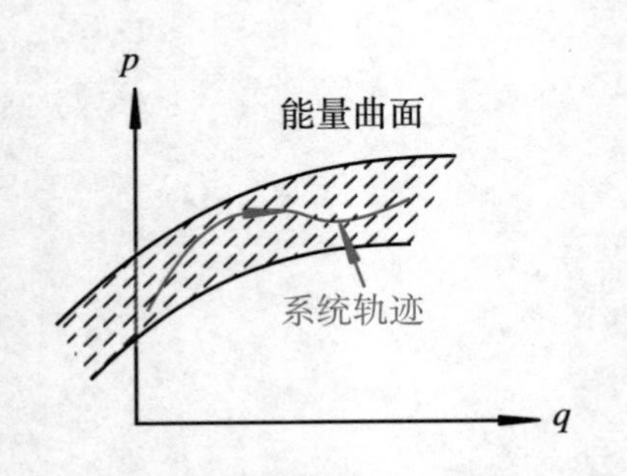

图 6.3 系统代表点在 Γ 空间的能量曲面上的轨迹

对少数系统可证，经过足够长的时间之后，系统代表点无限接近相空间所有可能达到的点。但是，在大多数情况下，随着系统粒子数的增加，系统遍历各种可能微观状态所需要的时间 $\Delta t \sim e^N \to \infty$ 趋向于无穷大！虽然目前理论上还没能完全基于经典力学证明各态历经假说成立，在统计物理中，将各态历经作为一个公理性的基本假设。

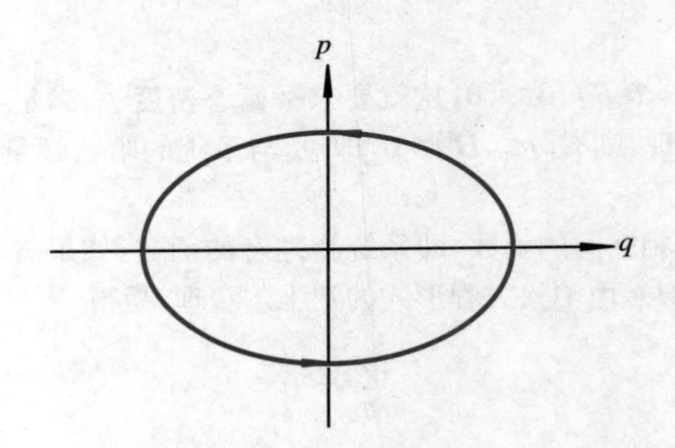

图 6.4 一维谐振子系统的代表点在相空间的轨迹：等能量曲线（椭圆）

6.3 微正则系综

6.3.1 热力学特性函数：熵

微正则系综是由给定了 E,V,N 的孤立系统构成的系综。显然，系综中的系统都在相空间中的能量曲面上。统计力学的一个基本假定是：能量曲面上的微观状态具有相同的概率。因此，对于微正则系综，它的态密度函数 ρ_{mc} 为

$$\rho_{mc}(q_i, p_i) = \frac{1}{\sigma(E)}\delta(H(q_i, p_i) - E) \tag{6.19}$$

其中，$\sigma(E)$ 为能量曲面 $H(q_i, p_i) = E$ 的总面积，$1/\sigma(E)$ 因子确保了 ρ_{mc} 的归一化：

$$\int \rho_{mc} d\Omega = \frac{1}{\sigma(E)}\int \delta(H(q_i, p_i) - E) d\Omega = \frac{1}{\sigma(E)}\int d\sigma = 1 \tag{6.20}$$

有时候处理 δ 函数并不方便，而且在大多数情况下，E 也不是严格单值，一般假设系统能量范围为 $E \leqslant H(q_i, p_i) \leqslant E + \Delta E$，其中 $\Delta E \ll E$，继续假设 ρ_{mc} 为

常数：

$$\rho_{\text{mc}} = \begin{cases} \dfrac{1}{\Omega} & (E \leqslant H(q_i, p_i) \leqslant E + \Delta E) \\ 0 & (\text{其他}) \end{cases} \tag{6.21}$$

其中，Ω 为微正则系综在相空向中的总体积：

$$\Omega = \int_{E \leqslant H(q_i, p_i) \leqslant E + \Delta E} \mathrm{d}\Omega \tag{6.22}$$

下面证明，式(6.21)表示的 ρ_{mc} 为常数分布是系统的最概然分布。考察$\mathcal{N}$个具有确定的 N,E,V 的系统，它们都处于等能量超曲面上，将能量曲面割分成大量的等面积的面元 σ_i，假设各个面元上包含了 n_i 个系统，下面讨论$\{n_i\}$的最几可分布$\{n_i\}=\{n_1,n_2,\cdots\}$。对于一给定的分布$\{n_i\}$，总的方法数 $W(\{n_i\})$为

$$W(\{n_i\}) = \frac{\mathcal{N}!}{\prod\limits_i n_i!} \tag{6.23}$$

进一步假设 ω_i 为一个系统在 σ_i 中出现的概率，则 n_i 个子系统在 σ_i 中出现的概率为 $\omega_i^{n_i}$。最终得到分布$\{n_i\}$的概率 $W_i\{n_i\}$为

$$W_{\text{tot}}\{n_i\} = \mathcal{N}! \prod_i \frac{\omega_i^{n_i}}{n_i!} \tag{6.24}$$

因为 $W_{\text{tot}}\{n_i\}$比较大，取自然对数，并利用斯特林公式，得

$$\begin{aligned} \ln W_{\text{tot}} &= \ln \mathcal{N}! + \sum_i (n_i \ln \omega_i - \ln n_i!) \\ &= \mathcal{N} \ln \mathcal{N} - \mathcal{N} + \sum_i [n_i \ln \omega_i - (n_i \ln n_i - n_i)] \end{aligned} \tag{6.25}$$

下面求 W_{tot}的极值，对其求变分并令其等于零：

$$\delta \ln W_{\text{tot}} = -\sum_i (\ln n_i - \ln \omega_i) \delta n_i \tag{6.26}$$

再加入约束条件：

$$\delta \mathcal{N} = \sum_i \delta n_i = 0 \tag{6.27}$$

采用拉格朗日未定乘子法：

$$0 = \delta \ln W_{\text{tot}} + \alpha \delta \mathcal{N} = -\sum_i (\ln n_i - \ln \omega_i - \alpha) \delta n_i \tag{6.28}$$

从而得到

$$\ln n_i = \alpha + \ln \omega_i \tag{6.29}$$

即

$$n_i = \omega_i e^{\alpha} \propto \omega_i \tag{6.30}$$

统计物理的基本假设是:所有微观态原则是等概率的,即 $\omega_i \propto \sigma_i$。因此,能量曲面上所有 σ_i 上的子统数 n_i 都相等,即

$$p_i = \frac{n_i}{N} = \begin{cases} \text{常数} & (H(q_i, p_i) = E) \\ 0 & (H(q_i, p_i) \neq E) \end{cases} \tag{6.31}$$

进一步推广到 $E \leqslant H(q_i, p_i) \leqslant E + \Delta E$ 的情形:

$$\rho_{\mathrm{mc}} = \begin{cases} \dfrac{1}{\Omega} = \text{常数} & (E \leqslant H(q_i, p_i) \leqslant E + \Delta E) \\ 0 & (\text{其他}) \end{cases} \tag{6.32}$$

下面讨论如何由 ρ_{mc} 得到系统热力学特性函数,比如熵。系统的熵与系统在给定宏观条件下的总微观状态数有关,即 $S = k_{\mathrm{B}} \ln \Omega(N, E, V)$。该结论是普适的,与系统内部粒子存在相互作用与否没有关系。根据统计系综理论,宏观可测量是系统微观量的系综平均,因此,系统的吉布斯熵为(参见式(4.50))

$$S = \langle k_{\mathrm{B}} \ln \Omega \rangle = \langle - k_{\mathrm{B}} \ln \rho \rangle \tag{6.33}$$

显然,该结论是普适的,并不局限于微正则系综。当然,对微正则系统,容易验证:

$$\begin{aligned} S(N, V, E) &= \langle - k_{\mathrm{B}} \ln \rho_{\mathrm{mc}} \rangle \\ &= \int \rho_{\mathrm{mc}} (- k_{\mathrm{B}} \ln \rho_{\mathrm{mc}}) \mathrm{d}\Omega = k_{\mathrm{B}} \ln \Omega(N, V, E) \end{aligned} \tag{6.34}$$

得到系统的热力学特性函数之后,剩下的任务就交给热力学理论了。由

$$\mathrm{d}U = \mathrm{d}E = T\mathrm{d}S - p\mathrm{d}V + \mu \mathrm{d}N \tag{6.35}$$

易得

$$\mathrm{d}S = \frac{1}{T}\mathrm{d}E + \frac{p}{T}\mathrm{d}V - \frac{\mu}{T}\mathrm{d}N \tag{6.36}$$

所以

$$\begin{cases} \dfrac{1}{T} = \left(\dfrac{\partial S}{\partial E}\right)_{N,V} = k_{\mathrm{B}} \left(\dfrac{\partial \ln \Omega}{\partial E}\right)_{N,V} \\ \dfrac{p}{T} = \left(\dfrac{\partial S}{\partial V}\right)_{N,E} = k_{\mathrm{B}} \left(\dfrac{\partial \ln \Omega}{\partial V}\right)_{N,E} \\ -\dfrac{\mu}{T} = \left(\dfrac{\partial S}{\partial N}\right)_{V,E} = k_B \left(\dfrac{\partial \ln \Omega}{\partial N}\right)_{V,E} \end{cases} \tag{6.37}$$

6.3.2 理想气体

在本小节中，将用微正则系综理论推导三维的单原子分子理想气体的热力学函数熵，以及其他的热力学特性函数和热力学量。假设气体含有 N 个分子，其哈密顿量为

$$H = \sum_{i=1}^{3N} \frac{p_i^2}{2m} \tag{6.38}$$

考虑粒子的全同性，系统能量在 $E \leqslant H(q_i, p_i) \leqslant E + \Delta E$ 之间的系综在相空间的体积为

$$\Omega(E) = \frac{1}{N!h^{3N}} \int_{E \leqslant H(q_i, p_i) \leqslant E+\Delta E} \mathrm{d}q_1 \mathrm{d}q_2 \cdots \mathrm{d}q_{3N} \mathrm{d}p_1 \mathrm{d}p_2 \cdots \mathrm{d}p_{3N} \tag{6.39}$$

先计算 $H \leqslant E$ 能量球的体积 $\Sigma(E)$：

$$\begin{aligned}\Sigma(E) &= \frac{1}{N!h^{3N}} \int_{H(q_i, p_i) \leqslant E} \mathrm{d}q_1 \mathrm{d}q_2 \cdots \mathrm{d}q_{3N} \mathrm{d}p_1 \mathrm{d}p_2 \cdots \mathrm{d}p_{3N} \\ &= \frac{V^N}{N!h^{3N}} \int_{H(q_i, p_i) \leqslant E} \mathrm{d}p_1 \mathrm{d}p_2 \cdots \mathrm{d}p_{3N}\end{aligned} \tag{6.40}$$

将上式无量纲化：

$$\Sigma(E) = \frac{V^N}{N!h^{3N}} (2mE)^{\frac{3N}{2}} \int \cdots \int_{\sum_i x_i^2 \leqslant 1} \mathrm{d}x_1 \cdots \mathrm{d}x_{3N} \tag{6.41}$$

上式中的 $3N$ 维积分为半径为 1 的 $3N$ 维球的体积，其值 K 为

$$K \equiv \int \cdots \int_{\sum_i x_i^2 \leqslant 1} \mathrm{d}x_1 \cdots \mathrm{d}x_{3N} = \frac{\pi^{3N/2}}{\left(\frac{3N}{2}\right)!} \tag{6.42}$$

证明如下。根据量纲分析，半径为 R 的 n 维球的体积 $V_n = C_n R^n$，其中 C_n 为积分常数，相应的 n 维球的表面积 S_n 可以通过 $\mathrm{d}V_n = S_n \mathrm{d}R$ 得到：$S_n = nC_n R^{n-1}$。计算如下的积分：

$$\begin{aligned}\pi^{n/2} &= \int \cdots \int_{-\infty}^{+\infty} \mathrm{e}^{-\sum_{i=1}^{n} x_i^2} \mathrm{d}x_1 \cdots \mathrm{d}x_n \\ &= \int_0^{\infty} \mathrm{e}^{-R^2} \mathrm{d}V_n = \int_0^{\infty} \mathrm{e}^{-R^2} nC_n R^{n-1} \mathrm{d}R \\ &= nC_n \frac{1}{2} \Gamma\left(\frac{n}{2}\right) = \left(\frac{n}{2}\right)! C_n\end{aligned} \tag{6.43}$$

因此得到

$$K = C_{3N} = \frac{\pi^{3N/2}}{\left(\frac{3N}{2}\right)!} \tag{6.44}$$

上面的计算中,利用了高斯概率积分和 Γ 函数的性质(参见附录 B.1 和 B.2):

$$\int_{-\infty}^{\infty} \mathrm{e}^{-x^2}\mathrm{d}x = \sqrt{\pi}, \quad \Gamma(n) \equiv \int_0^{\infty} x^{n-1}\mathrm{e}^{-x}\mathrm{d}x = (n-1)! \tag{6.45}$$

最终得到

$$\Sigma(E) = \left(\frac{V}{h^3}\right)^N \frac{(2\pi mE)^{\frac{3N}{2}}}{N!\left(\frac{3N}{2}\right)!} \tag{6.46}$$

因此,系统能量在 $E \leqslant H(q_i, p_i) \leqslant E + \Delta E$ 之间的微观状态数为

$$\Omega(E) = \frac{\partial \Sigma}{\partial E}\Delta E = \frac{3N}{2}\frac{\Delta E}{E}\Sigma(E) \tag{6.47}$$

理想气体的熵为

$$S = k_{\mathrm{B}}\ln\Omega = Nk_{\mathrm{B}}\ln\left[\frac{V}{h^3 N}\left(\frac{4\pi mE}{3N}\right)^{3/2}\right] + \frac{5}{2}Nk_{\mathrm{B}} + k_{\mathrm{B}}\left[\ln\left(\frac{3N}{2}\right) + \ln\left(\frac{\Delta E}{E}\right)\right] \tag{6.48}$$

在上面的计算过程中,已利用了斯特林公式。当 N 非常大时,显然有 $\ln N \ll N$。在热力学极限下,可以忽略掉最后一项。因此,理想气体的熵为

$$S = Nk_{\mathrm{B}}\ln\left[\frac{V}{h^3 N}\left(\frac{4\pi mE}{3N}\right)^{3/2}\right] + \frac{5}{2}Nk_{\mathrm{B}} \tag{6.49}$$

上式表明,能壳的宽度 ΔE 对熵的数值实际上并无太大影响,但如果令 ΔE 趋于零,则会得到熵趋于负无穷的非物理的结论。这说明具有确定能量的严格的孤立系统在物理上并不存在。

由式(6.49)可以反解得到内能 E 作为自然参量熵、体积以及粒子数 (S, V, N) 的热力学特性函数:

$$U(S, V, N) = E = \frac{3h^2 N^{5/3}}{4\pi m V^{2/3}}\mathrm{e}^{\left(\frac{2S}{3Nk_{\mathrm{B}}} - \frac{5}{3}\right)} \tag{6.50}$$

利用内能的全微分 $\mathrm{d}U = T\mathrm{d}S - p\mathrm{d}V + \mu\mathrm{d}N$,得到温度为

$$T = \left(\frac{\partial U}{\partial S}\right)_{N,V} = \frac{2}{3Nk_{\mathrm{B}}}U \tag{6.51}$$

即

$$U = \frac{3}{2} N k_{\mathrm{B}} T \tag{6.52}$$

以及压强为

$$p = -\left(\frac{\partial U}{\partial V}\right)_{S,V} = \frac{2}{3V} U \tag{6.53}$$

即

$$pV = N k_{\mathrm{B}} T \tag{6.54}$$

单粒子化学势为

$$\mu = \left(\frac{\partial U}{\partial N}\right)_{V,S} = \frac{5}{3} \frac{U}{N} - \frac{2}{3} \frac{U}{N} \frac{S}{N k_{\mathrm{B}}} = k_{\mathrm{B}} T \ln\left[\frac{N}{V}\left(\frac{h^2}{2\pi m k_{\mathrm{B}} T}\right)^{3/2}\right] \tag{6.55}$$

其他热力学势也可以根据勒让德变换得到，这里不再赘述。

6.3.3 谐振子系统

考察由 N 个经典可分辨的、具有频率 ω 的谐振子组成的系统的热力学性质。在爱因斯坦的固体比热理论中，在晶格上的原子在其平衡位置附近振动就等效于 $3N$ 个可分辨的谐振子。我们用微正则系综理论来处理。

系统的哈密顿量为

$$H(q_i, p_i) = \sum_{i=1}^{N} \left(\frac{p_i^2}{2m} + \frac{1}{2} m\omega^2 q_i^2\right) \tag{6.56}$$

类似上小节的讨论，先计算 $H(q_i, p_i)) \leqslant E$ 在相空间中的体积 $\Sigma(E, V, N)$：

$$\Sigma(E, V, N) = \frac{1}{h^N} \int_{H(q_i, p_i) \leqslant E} \mathrm{d}q_1 \mathrm{d}q_2 \cdots \mathrm{d}q_N \mathrm{d}p_1 \mathrm{d}p_2 \cdots \mathrm{d}p_N \tag{6.57}$$

将 (q_i, p_i) 无量纲化：

$$x_i \equiv \frac{q_i}{\sqrt{2E/(m\omega^2)}} \quad (i = 1, 2, \cdots, N) \tag{6.58}$$

$$x_i \equiv \frac{p_i}{\sqrt{2mE}} \quad (i = N+1, N+2, \cdots, 2N) \tag{6.59}$$

因此，

$$\Sigma = \frac{1}{h^N} \left(\frac{2E}{\omega}\right)^N \int_{\sum_{i=1}^{2N} x_i^2 \leqslant 1} \mathrm{d}^{2N} x_i = \frac{1}{N!} \left(\frac{E}{\hbar\omega}\right)^N \tag{6.60}$$

在上面的计算中，我们已利用了 $2N$ 维空间中单位球的体积 $C_{2N} = \pi^N / N!$

因此,系统能量在 $E \leqslant H(q_i, p_i) \leqslant E + \Delta E$ 之间的微观状态数为

$$\Omega(E) = \frac{\partial \Sigma}{\partial E}\Delta E = \frac{1}{(N-1)!}\frac{E^{N-1}}{(\hbar\omega)^N}\Delta E \tag{6.61}$$

谐振子系统的熵为

$$S = k_B \ln \Omega = N k_B \left[1 + \ln\left(\frac{E}{N\hbar\omega}\right) + \frac{1}{N}\ln\left(\frac{\Delta E}{E}\right)\right] \tag{6.62}$$

一般来说,$\ln(\Delta E/E)$是一个有限值,因此可以忽略掉最后一项。最终,谐振子系统的熵为

$$S = k_B \ln \Omega = N k_B \left[1 + \ln\left(\frac{E}{N\hbar\omega}\right)\right] \tag{6.63}$$

根据微分关系:$\mathrm{d}S = \frac{1}{T}\mathrm{d}E + \frac{p}{T}\mathrm{d}V - \frac{\mu}{T}\mathrm{d}N$,可得

$$\frac{1}{T} = \left(\frac{\partial S}{\partial E}\right)_{V,N} = N k_B \frac{1}{E} \tag{6.64}$$

即

$$E = N k_B T \tag{6.65}$$

$$\frac{p}{T} = \left(\frac{\partial S}{\partial V}\right)_{E,N} = 0 \tag{6.66}$$

即

$$p = 0 \tag{6.67}$$

该结果是很自然的,由于谐振子在空间固定,没有自由运动来产生压强。不难理解,所有热力学量和热力学函数都与体积无关。

系统的化学势:

$$\frac{\mu}{T} = -\left(\frac{\partial S}{\partial N}\right)_{E,V} = k_B \ln\left(\frac{E}{N\hbar\omega}\right) \tag{6.68}$$

因为系统不能作任何体积功,因此定容与定压热容量具有相同值。

6.4 正则系综

6.4.1 热力学特性函数:自由能

正则系综是由与温度为 T 的大热源始终保持热接触,导致两者达到热平衡

的系统组成，即由给定 N,V,T 宏观条件的系统组成的系综。大热源的意思是指热源足够大，它与系统交换能量之后，始终保持温度恒定。系统与大热源不存在粒子数的交换，但一直存在能量的交换，系统的能量原则上可以取从零到无穷大的各种可能的值，当然，系统内能的系综平均值是常数，不随时间改变。

为了利用前面得到的微正则系综的结论，将系综和热源一起看作一个更大的孤立系统，如图 6.5 所示，该系统的总能量为热源的能量($E_{\rm r}$)加上系统的能量 E，并且为常数：

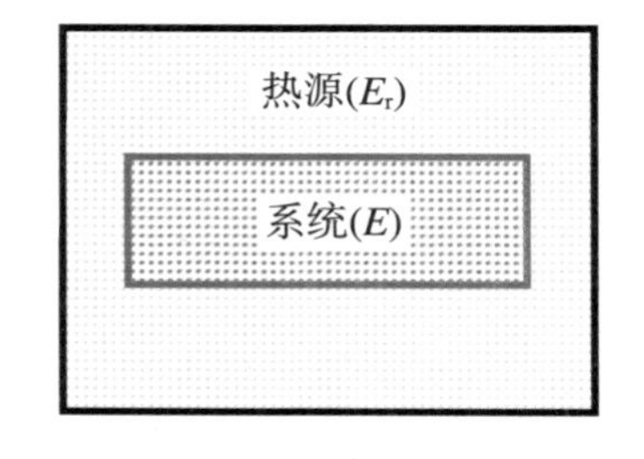

图 6.5　正则系综中的系统

处于大热源中，与热源存在能量交换。

$$E_{\rm r}+E=E_{\rm t}=\text{常数} \tag{6.69}$$

对于大热源，可以取近似：$E\ll E_{\rm t}$。

由于系统与热源之间存在能量交换，E 不再固定，系统可以以一定的概率处于与任何可能的能量 E 相对应的微观态。当系统处于能量为 E_s 的某个确定的微观态时，则热源必处在能量为 $E_{\rm t}-E_s$ 的任何一个可能的微观态。根据等概率原理，系统处在 s 态的概率 ρ_s 与热源的能量为 $E_{\rm t}-E_s$ 的微观状态数 $\Omega_{\rm r}(E_{\rm t}-E_s)$成正比，即

$$\rho_{{\rm c},s}\propto\Omega_{\rm r}(E_{\rm t}-E_s) \tag{6.70}$$

类似以前的讨论，由于 $\Omega_{\rm r}(E_{\rm t}-E_s)$数值太大，对其取对数，并将 $\Omega_{\rm r}$ 展开为 E_s 的幂级数，近似到 E_s 一阶项，得

$$\ln\Omega_{\rm r}(E_{\rm t}-E_s)\approx\ln\Omega_{\rm r}(E_{\rm t})-\left(\frac{\partial\ln\Omega_{\rm r}}{\partial E_{\rm r}}\right)_{E_{\rm r}=E_{\rm t}}E_s=\ln\Omega_{\rm r}(E_{\rm t})-\beta E_s \tag{6.71}$$

上面的推导已利用了熵的定义：$S_{\rm r}=k_{\rm B}\ln\Omega_{\rm r}$，因此有

$$\left(\frac{\partial\ln\Omega_{\rm r}}{\partial E_{\rm r}}\right)_{N_{\rm r},V_{\rm r}}=\frac{1}{k_{\rm B}}\left(\frac{\partial S_{\rm r}}{\partial E_{\rm r}}\right)_{N_{\rm r},V_{\rm r}}=\frac{1}{k_{\rm B}T}=\beta \tag{6.72}$$

式(6.71)右边第一项的物理含义是，当热源处于能量为 $E_{\rm t}$ 的孤立系统时热源的总微观状态数为常数。因此，式(6.70)进一步写为

$$\rho_{{\rm c},s}\propto {\rm e}^{-\beta E_s} \tag{6.73}$$

将 $\rho_{{\rm c},s}$归一化为

$$\rho_{{\rm c},s}=\frac{1}{Z}{\rm e}^{-\beta E_s} \tag{6.74}$$

式中，Z 为我们引入的正则配分函数：

$$Z\equiv\sum_s {\rm e}^{-\beta E_s} \tag{6.75}$$

注意:上式求和是对给定了粒子数、体积和温度的系统的所有微观态的求和。很多情况下,对能级求和可能更方便。对于能级 E_l,其简并度为 Ω_l,即该能级对应 Ω_l 个系统微观态,因此系统处在能级 E_l 的概率为

$$\rho_{c,l} = \frac{1}{Z}\Omega_l e^{-\beta E_l} \tag{6.76}$$

这里配分函数 Z 的定义重新改写为

$$Z = \sum_l \Omega_l e^{-\beta E_l} \tag{6.77}$$

上式求和也是对给定了粒子数、体积和温度的系统的所有的能级求和。

式(6.75)和式(6.77)是系统能级分立的情况下,正则系综的态分布函数。对于经典物理系统,相空间是连续的,将相空间剖分为一个个相空间体积为 h^{Nf} 的相格,其中 f 为系统的自由度。每个相格对应一个物理态,正则系综的态分布函数则为

$$\rho_c(q_i, p_i) = \frac{1}{N!h^{Nf}} \frac{e^{-\beta E(q_i, p_i)}}{Z} \tag{6.78}$$

其中,正则系综的配分函数为

$$Z = \frac{1}{N!h^{Nf}}\int e^{-\beta E(q_i, p_i)} d\Omega \tag{6.79}$$

得到正则系综的态分布函数是正则系综理论最为关键的一步,为了更深刻地理解该分布的物理含义,下面我们从统计系综的角度证明该分布是满足给定 N,V,T 条件之后,系综中所有系统的微观态满足的最概然分布。

由于系统与大热源存在能量交换,系统的能量 E_i 原则上可以取相空间中所有点对应的能量。将整个相空间剖分为相同大小的相格 $\Delta\Omega_i$,假设 $\Delta\Omega_i$ 中有 n_i 个系统,则有

$$\mathcal{N} = \sum_i n_i \tag{6.80}$$

其中,$\mathcal{N}$ 为系综中系统的总数(与系统中的总粒子数 N 无关!)。系统的能量测量 U 等价于系统能量 E_i 的系综平均值:

$$U = \langle E \rangle = \frac{\sum_i n_i E_i}{\mathcal{N}} \tag{6.81}$$

假设 ω_i 为在相格 $\Delta\Omega_i$ 中找到一个系统的概率,则对于某给定的分布$\{n_i\}$,相应的方法数为

$$W(\{n_i\}) = \mathcal{N}!\prod_i \frac{\omega_i^{n_i}}{n_i!} \tag{6.82}$$

由于 $W(\{n_i\})$比较大,对其取自然对数,并应用斯特林公式,得到

$$\ln W(\{n_i\}) = \mathcal{N}\ln\mathcal{N} - \mathcal{N} - \sum_i[(n_i\ln n_i - n_i) - n_i\ln\omega_i!] \quad (6.83)$$

为了求最概然分布,即为了求 $\ln W(\{n_i\})$的极值,对其求变分并令它等于零

$$\ln W(\{n_i\}) = -\sum_i(\ln n_i - \ln\omega_i)n_i = 0 \quad (6.84)$$

这里还有两个约束条件:一个是系综中的总系统数是一定的;另一个是在系统达到平衡态时,系综中系统的能量平均值对应系统平衡态时的内能 U,而 U 是一定的,因此有

$$0 = \delta\mathcal{N} = \sum_i\delta n_i, \quad 0 = \delta(\mathcal{N}U) = \sum_i E_i\delta n_i \quad (6.85)$$

引入两个拉格朗日未定乘子 α,β,得到

$$\begin{aligned} 0 &= \delta\ln W + \alpha\sum_i\delta n_i - \beta\delta(\mathcal{N}U) \\ &= -\sum_i(\ln n_i - \ln\omega_i - \alpha + \beta E_i)\delta n_i \end{aligned} \quad (6.86)$$

由于 δn_i 独立,易得

$$\ln n_i = \alpha + \ln\omega_i - \beta E_i \quad (6.87)$$

即

$$n_i = \omega_i e^{\alpha} e^{-\beta E_i} \propto e^{-\beta E_i} \quad (6.88)$$

由于每个相格 $\Delta\Omega_i$ 大小是相等,因此根据等概率原理,ω_i应该也是都相等的。最终得到了在第 i 个相格(对应的系统能量为 E_i)中找到系统的概率为

$$p_i = \frac{n_i}{\mathcal{N}} = \frac{e^{-\beta E_i}}{\sum_i e^{-\beta E_i}} \quad (6.89)$$

该结果与式(6.74)形式完全一致,但还留下一个问题,上式中的未定乘子 β 真的等于 $1/(k_B T)$吗? 下面我们证明:$\beta = 1/(k_B T)$。

平衡态时,系统的内能为系统能量的系综平均值:

$$U = \langle E_i\rangle = \frac{\sum_i E_i e^{-\beta E_i}}{\sum_i e^{-\beta E_i}} \quad (6.90)$$

上式表明,$U = U(\beta)$。另一方面,根据系综理论,当系统达到平衡态时,熵是系统微观物理量 $-k_B\ln\rho_c$ 的系综平均值,即**系综的熵是系统玻尔兹曼熵的系综平**

均值。考虑经典连续的情形，有

$$S = \langle -k_B \ln \rho \rangle = \int \rho_c (-k_B \ln \rho_c) \mathrm{d}\Omega \tag{6.91}$$

将式(6.78)代入上式，得到

$$S = \int \rho_c [k_B \beta H(q_i, p_i) + k_B \ln Z] \mathrm{d}\Omega = k_B \beta \langle H \rangle + k_B \ln Z = k_B \beta U + k_B \ln Z \tag{6.92}$$

注意到 $\beta(U)$ 以及 $Z(\beta(U))$ 都是 U 的函数，利用热力学关系：

$$\frac{1}{T} = \frac{\partial S}{\partial U} = k_B U \frac{\partial \beta}{\partial U} + k_B \beta + \frac{\partial}{\partial U}(k_B \ln Z) \tag{6.93}$$

注意到

$$\frac{\partial}{\partial U}(k_B \ln Z) = \frac{\partial}{\partial \beta}(k_B \ln Z) \frac{\partial \beta}{\partial U} \tag{6.94}$$

以及

$$\frac{\partial}{\partial \beta}(k_B \ln Z) = \frac{k_B}{Z}\left(-\sum_i E_i \mathrm{e}^{-\beta E_i}\right) = -k_B U \tag{6.95}$$

上两式显示式(6.93)中的第一项和第三项相互抵消，因此有

$$\frac{1}{T} = \frac{\partial S}{\partial U} = k_B \beta \tag{6.96}$$

即证明了 $\beta = 1/(k_B T)$。

将 $\beta = 1/(k_B T)$ 代入式(6.92)，得到正则系综理论中重要的结论：

$$F(N, V, T) = U - TS = -k_B T \ln Z(N, V, T) \tag{6.97}$$

即由系统的微观物理模型，我们可以得到系综的配分函数，再根据上式我们就得到给定 N, V, T 系统的热力学特性函数：自由能 $F(N, V, T)$。剩下的任务就交给热力学理论了！我们可以根据自由能得到系统所有的热力学性质。例如，根据自由能 F 的全微分：$\mathrm{d}F = -S\mathrm{d}T - p\mathrm{d}V + \mu \mathrm{d}N$，易得

$$p = -\left(\frac{\partial F}{\partial V}\right)_{T,N}, \quad S = -\left(\frac{\partial F}{\partial T}\right)_{V,N}, \quad \mu = \left(\frac{\partial F}{\partial N}\right)_{T,V} \tag{6.98}$$

其他的特性函数或热力学量可由勒让德变换得到。

6.4.2 理想单原子分子气体

本小节用正则系综理论重新讨论理想单原子分子气体的热力学性质。考

察给定温度、体积和粒子数的单原子分子气体。下面先计算正则配方函数 Z，再得到自由能 F，根据自由能 F，可以计算系统在给定温度 T 下的所有热力学性质。

先建模。理想气体的哈密顿量假设为

$$H(q_i, p_i) = \sum_{i=1}^{3N} \frac{p_i^2}{2m} \tag{6.99}$$

则正则配分函数为

$$Z(N, V, T) = \frac{1}{N!h^{3N}}\int \mathrm{d}^{3N}q\mathrm{d}^{3N}p\mathrm{e}^{-\beta H(q_i, p_i)} = \frac{1}{N!h^{3N}}V^N\prod_{i=1}^{3N}\int_{-\infty}^{+\infty}\mathrm{e}^{-\beta\frac{p_i^2}{2m}}\mathrm{d}p_i \tag{6.100}$$

无量纲化 p_i：

$$x_i = \frac{p_i}{\sqrt{2m/\beta}} \tag{6.101}$$

利用高斯概率积分，易得

$$Z(N, V, T) = \frac{V^N}{N!h^{3N}}\left(\frac{2m\pi}{\beta}\right)^{3N/2} \tag{6.102}$$

引入粒子的热德布罗意波长 λ_T：

$$\lambda_T = \left(\frac{h^2}{2\pi mk_{\mathrm{B}}T}\right)^{1/2} \tag{6.103}$$

因此

$$Z(N, V, T) = \frac{V^N}{N!\lambda_T^{3N}} \tag{6.104}$$

由正则配分函数得到自由能：

$$F(N, V, T) = -k_{\mathrm{B}}T\ln Z = -Nk_{\mathrm{B}}T\left\{1 + \ln\left[\frac{V}{N}\left(\frac{2\pi mk_{\mathrm{B}}T}{h^2}\right)^{3/2}\right]\right\} \tag{6.105}$$

根据自由能 F 的全微分：$\mathrm{d}F = -S\mathrm{d}T - p\mathrm{d}V + \mu\mathrm{d}N$，得到

$$p = -\left(\frac{\partial F}{\partial V}\right)_{N,T} = \frac{Nk_{\mathrm{B}}T}{V}, \quad 即\ pV = Nk_{\mathrm{B}}T \tag{6.106}$$

$$S = -\left(\frac{\partial F}{\partial T}\right)_{N,V} = Nk_{\mathrm{B}}\left\{\frac{5}{2} + \ln\left[\frac{V}{N}\left(\frac{2\pi mk_{\mathrm{B}}T}{h^2}\right)^{3/2}\right]\right\} \tag{6.107}$$

$$\mu = \left(\frac{\partial F}{\partial N}\right)_{V,T} = -k_{\mathrm{B}}T\ln\left[\frac{V}{N}\left(\frac{2\pi mk_{\mathrm{B}}T}{h^2}\right)^{3/2}\right] \tag{6.108}$$

根据勒让德变换,得到系统的内能:

$$U = F + TS = \frac{3}{2}Nk_B T \tag{6.109}$$

用内能代替温度改写系统熵的表达式,得到

$$S(N,V,U) = Nk_B\left\{\frac{5}{2} + \ln\left[\frac{V}{N}\left(\frac{4\pi mU}{3h^2N}\right)^{3/2}\right]\right\} \tag{6.110}$$

以上结果与从微正则系综理论得到的结果几乎完全一致。不同的地方在于在微正则系综中,系统的能量 E 都为常数,这里系统的能量存在涨落,但系统能量的平均值 $U=\langle E\rangle$与微正则系综中系统的能量值相等。

6.4.3 经典谐振子系统

考察 N 个定域的,即可分辨的、具有固有振动频率 ω 的谐振子的热力学性质。下面我们应用正则系综理论进行讨论。假设谐振子的质量为 m,其系统的哈密顿量可以写为

$$H(q_i,p_i) = \sum_{i=1}^{N}\left(\frac{p_i^2}{2m} + \frac{1}{2}m\omega^2 q_i^2\right) \tag{6.111}$$

先计算系统的配分函数:

$$\begin{aligned} Z(N,V,T) &= \frac{1}{h^N}\int \mathrm{d}^N q\,\mathrm{d}^N p\,\mathrm{e}^{-\beta H(q_i,p_i)} \\ &= \frac{1}{h^N}\prod_{i=1}^{N}\left[\int_{-\infty}^{\infty}\mathrm{d}q_i\,\mathrm{e}^{-\beta\frac{1}{2}m\omega^2 q_i^2}\int_{-\infty}^{\infty}\mathrm{d}p_i\,\mathrm{e}^{-\beta\frac{p_i^2}{2m}}\right] \end{aligned} \tag{6.112}$$

利用高斯积分公式,易得

$$Z(N,V,T) = \frac{1}{h^N}\left[\left(\frac{2\pi}{\beta m\omega^2}\right)^{1/2}\left(\frac{2m\pi}{\beta}\right)^{1/2}\right]^N = \left(\frac{k_B T}{\hbar\omega}\right)^N \tag{6.113}$$

因此,得到系统的自由能 F:

$$F(N,V,T) = -k_B T\ln Z(N,V,T) = -Nk_B T\ln\left(\frac{k_B T}{\hbar\omega}\right) \tag{6.114}$$

根据自由能 F 的全微分:$\mathrm{d}F = -S\mathrm{d}T - p\mathrm{d}V + \mu\mathrm{d}N$,得到

$$p = -\left(\frac{\partial F}{\partial V}\right)_{N,T} = 0 \tag{6.115}$$

$$S = -\left(\frac{\partial F}{\partial T}\right)_{N,V} = Nk_B\left[1 + \ln\left(\frac{k_B T}{\hbar\omega}\right)\right] \tag{6.116}$$

$$\mu = \left(\frac{\partial F}{\partial N}\right)_{V,T} = -k_B T\ln\left(\frac{k_B T}{\hbar\omega}\right) \tag{6.117}$$

经过勒让德变换，得到系统的内能为

$$U = F + TS = Nk_B T \tag{6.118}$$

将系统的熵 $S(N,V,T)$ 改写为 $S(N,V,U)$ 的函数，得到

$$S(N,V,U) = Nk_B\left[1 + \ln\left(\frac{U}{N\hbar\omega}\right)\right] \tag{6.119}$$

显然，忽略掉系统的涨落，该结果与我们用微正则系统理论得到的结果完全一致。

6.4.4 系统能量涨落

对于微正则系综，系统的能量是给定的，系综中所有系统的能量都相等。而对于正则系综，系统与大热源存在热量交换，系综中的系统能量不一样，按一定的概率分布，分布函数为正则系综的态密度函数 $\rho_c(E)$。有概率分布，就存在平均值和方差，即涨落。下面的分析表明，对正则系综，系统的能量分布都基本集中在平均值 $\langle E\rangle = U$ 附近，呈正态分布，正态分布的方差几乎趋近于零，非常尖锐。从这个角度来说，正则系综与微正则系综几乎是等价的。

在详细计算之前，我们先定性分析一下，为什么系综中系统的能量分布存在一个峰，即系统能量 $E = E^*$ 时，系综的态密度函数 $\rho_c(E)$ 取极值。不难理解，E^* 应该等于 $\langle E\rangle = U$。对正则系综，有

$$\rho_c = \frac{1}{Z}D(E)e^{-\beta E} \propto D(E)e^{-\beta E} \tag{6.120}$$

其中，$D(E)$ 为态密度函数，Z 为配分函数：

$$Z(N,V,T) = \int dE D(E)e^{-\beta E} \tag{6.121}$$

一般来说，$D(E) \propto E^N$，随着能量的增加急剧增加，相反，玻尔兹曼因子 $e^{-\beta E}$ 随着能量指数下降，两者相互竞争，必然使得 $\rho_c(E)$ 函数存在极大值，如图 6.6 所示。

下面详细分析 $\rho_c(E)$。先求取极大值时的能量值 E^*。对 $\rho_c(E)$ 求导并令其等于零：

$$\frac{\partial \rho_c}{\partial E} = \frac{1}{Z}\left(\frac{\partial D}{\partial E} - D\beta\right)e^{-\beta E} = 0 \tag{6.122}$$

即

$$\frac{1}{D}\left(\frac{\partial D}{\partial E}\right)_{E^*} = \left(\frac{\partial \ln D}{\partial E}\right)_{E^*} = \frac{1}{k_B T} \tag{6.123}$$

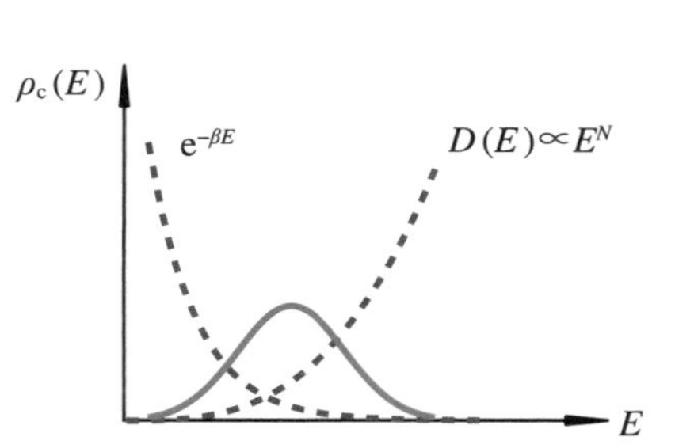

图 6.6 正则系综中系统能量分布

为了理解上式的含义，考察给定宏观条件(N,V,E_0)的微正则系综，取其能壳的厚度 $\Delta E=$常数，则 $\Omega=D\Delta E$，根据微正则系综理论，我们有

$$\left(\frac{\partial \ln \Omega}{\partial E}\right)_{E=E_0}=\left(\frac{\partial \ln D}{\partial E}\right)_{E=E_0}=\frac{1}{k_{\mathrm{B}}T} \quad 或 \quad \left(\frac{\partial S}{\partial E}\right)_{E=E_0}=\frac{1}{T} \tag{6.124}$$

比较上两式可以看出，$E^*=E_0$，即正则系综的最概然能量 E^* 与微正则系综的固定能量 E_0 一致。

下面继续证明 $E^*=\langle E\rangle=U$。

对系统的能量取系综平均：

$$\langle E\rangle=U=\frac{1}{Z}\int \mathrm{d}ED(E)E\mathrm{e}^{-\beta E}=-\frac{1}{Z}\frac{\partial}{\partial \beta}Z=-\frac{\partial}{\partial \beta}\ln Z \tag{6.125}$$

将配分函数 Z 用自由能F 代替：$F=-k_{\mathrm{B}}T\ln Z$，则上式改写为

$$\langle E\rangle=U=\frac{\partial}{\partial \beta}\left(\frac{F}{k_{\mathrm{B}}T}\right)=-k_{\mathrm{B}}T^2\frac{\partial}{\partial T}\left(\frac{F}{k_{\mathrm{B}}T}\right)=F-T\frac{\partial F}{\partial T} \tag{6.126}$$

将$(\partial F/\partial T)_{N,V}=-S$ 代入上式得

$$\langle E\rangle=F+TS=U=E_0 \tag{6.127}$$

即正则系综的最概然能量 E^* 与$\langle E\rangle$一致，且相当于微正则系综的固有能量 E_0。

我们继续证明分布 $\rho_{\mathrm{c}}(E)$在 E^* 处有一个尖锐的极大，即 $\rho_{\mathrm{c}}(E)$在 E^* 的方差非常小。定义 E 的方差：

$$\sigma_E^2=\langle E^2\rangle-\langle E\rangle^2 \tag{6.128}$$

另一方面

$$\begin{aligned}\frac{\partial U}{\partial \beta}&=-\frac{1}{Z}\int_0^{\infty}\mathrm{d}ED(E)E^2\mathrm{e}^{-\beta E}+\frac{1}{Z^2}\left(\int_0^{\infty}\mathrm{d}ED(E)E\mathrm{e}^{-\beta E}\right)^2\\&=-(\langle E^2\rangle-\langle E\rangle^2)\end{aligned} \tag{6.129}$$

因此

$$\sigma_E^2=-\frac{\partial U}{\partial \beta}=k_{\mathrm{B}}T^2\left(\frac{\partial U}{\partial T}\right)_{N,V}=k_{\mathrm{B}}T^2C_V \tag{6.130}$$

计算方差 σ 与$\langle E\rangle$的相对比值：

$$\frac{\sigma_E}{\langle E\rangle}=\frac{1}{U}\sqrt{k_{\mathrm{B}}T^2C_V}\sim\frac{1}{\sqrt{N}}\to 0 \quad (N\to\infty) \tag{6.131}$$

上式利用了 $U,C_V\propto N$。这一结果表明，在热力学极限下，$N\to\infty$，正则分布逼近于微正则分布。因此，利用正则系综理论和利用微正则系综理论得到系统在平衡态时的热力学性质是一致的。

下面进一步证明 $\rho_c(E)$在平均值$\langle E\rangle = U$ 附近的形状近似为高斯函数：

$$\rho_c(E) = \frac{1}{Z}D(E)e^{-\beta E} \approx \frac{1}{Z}e^{-\beta(U-TS)}e^{-\frac{(E-U)^2}{2k_B T^2 C_V}} \tag{6.132}$$

证明的关键是将 $\ln\rho_c(E) \propto \ln[D(E)e^{-\beta E}]$在 $E^* = U$ 附近泰勒展开，并近似到 $E - E^*$ 的二阶项：

$$\ln[D(E)e^{-\beta E}] \approx \ln[De^{-\beta E}]|_{E^*} + \frac{1}{2}\frac{\partial^2}{\partial E^2}\ln[De^{-\beta E}]\bigg|_{E^*}(E - E^*)^2 + \cdots \tag{6.133}$$

在上式中，我们已经利用了 $\ln[D(E)e^{-\beta E}]$在 $E = E^*$ 处的一阶导数为零的事实。另外，在 $E = E^*$ 处，有

$$\ln[De^{-\beta E}]|_{E^*} = \ln[De^{-\beta E}]|_{E_0} = -\beta F = -\beta(U - TS) \tag{6.134}$$

注意到

$$\ln D|_{E^*} \approx \ln(D\Delta E)|_{E^*} \approx \ln\Omega|_{E^*} \approx \frac{S}{k_B}\bigg|_{E^*} \tag{6.135}$$

则

$$\frac{\partial^2}{\partial E^2}\ln(De^{-\beta E})\bigg|_{E^*} \approx \frac{1}{k_B}\frac{\partial^2 S}{\partial E^2}\bigg|_{E^*} \tag{6.136}$$

利用

$$\left(\frac{\partial S}{\partial E}\right)_{N,V} = \frac{1}{T} \tag{6.137}$$

易得

$$\frac{\partial^2 S}{\partial E^2}\bigg|_{E^*} = -\frac{1}{T^2}\frac{1}{C_V} \tag{6.138}$$

最后得到

$$\ln[De^{-\beta E}] = -\beta(U - TS) - \frac{1}{2k_B T^2 C_V}(E - U)^2 + \cdots \tag{6.139}$$

即

$$De^{-\beta E} \approx e^{-\beta(U-TS)}e^{-\frac{(E-U)^2}{2k_B T^2 C_V}} \tag{6.140}$$

最终得到 $\rho_c(E)$的形状近似为

$$\rho_c(E) \approx \frac{1}{Z}e^{-\beta(U-TS)}e^{-\frac{(E-U)^2}{2k_B T^2 C_V}} \tag{6.141}$$

上式清晰地表明,正则系综中系统能量的分布在最概然能量 $E^* = \langle E\rangle = U$ 附近为高斯分布,$\sigma_E/\langle E\rangle$ 随系统粒子数(N)的增加而减少,在热力学极限情况($N\to\infty$)下几乎完全消失:$\sigma_E/\langle E\rangle\to 0$。这意味着在一定的温度下,系统几乎具有确定的能量,与微正则系综的总能量一致。正如我们所知,用正则系综计算要比用微正则系综容易得多,例如微正则系综总涉及高维空间的积分,因此,正则系综理论要比微正则系综理论应用广泛得多。

6.4.5 实际气体:两体近似

实际气体中的分子之间存在相互作用,需要用系综理论处理。最简单的相互作用模型就是假设分子之间只存在两体相互作用,即忽略掉分子之间多体相互作用。设两编号分别为 i,j 的分子间的势能为 V_{ij},则系统的哈密顿量为

$$H = \sum_{i=1}^{N} \frac{p_i^2}{2m} + \sum_{i<j} V_{ij}(|r_i - r_j|) \tag{6.142}$$

这里假定 V_{ij} 只与分子之间的距离 $|r_{\mathrm{i}} - r_{\mathrm{j}}|$ 有关。系统的正则配分函数为

$$\begin{aligned} Z(N,V,T) &= \frac{1}{N!\,h^{3N}}\int \mathrm{d}^{3N}p\exp\left(-\frac{1}{2mk_{\mathrm{B}}T}\sum_{i=1}^{N}p_i^2\right)\int \mathrm{d}^{3N}r\exp\left(-\frac{1}{k_{\mathrm{B}}T}\sum_{i<j}^{N}V_{ij}\right) \\ &= \frac{1}{N!}\left(\frac{2\pi mk_{\mathrm{B}}T}{h^2}\right)^{3N/2}\int \mathrm{d}^{3N}r\prod_{i<j}\mathrm{e}^{-\beta V_{ij}} \end{aligned} \tag{6.143}$$

理论计算的关键是计算相互作用因子:

$$Q_N(V,T) \equiv \int \mathrm{d}^{3N}r\prod_{i<j}\mathrm{e}^{-\beta V_{ij}} \tag{6.144}$$

注意到,如果 $V_{ij}=0$,则 $Q_N = V^N$,回到理想气体的结果。

分子间相互作用的特点是长程吸引,短程排斥,如图 6.7 所示。

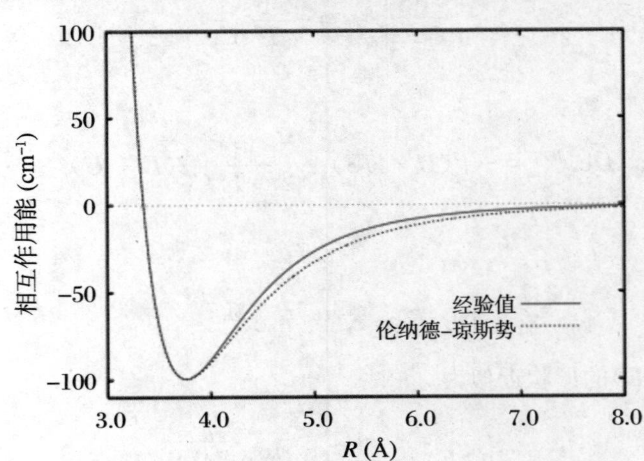

图 6.7　分子之间的伦纳德-琼斯势

图片来自网络。

其中 $r=r_0$ 处有一个势能的最小值 $-V_0$，该极小值小于零，说明分子之间在 $r=r_0$ 处存在吸引。与实际情况符合得比较好的是著名的伦纳德-琼斯(Lennard-Jones)势，其表达式为

$$V(r)=V_0\left[\left(\frac{r_0}{r}\right)^{12}-2\left(\frac{r_0}{r}\right)^6\right] \tag{6.145}$$

从图 6.7 中可以看出，当两个分子之间的距离 $r\to\infty$ 时，$V\to 0$，即当气体密度比较低时，分子之间平均距离远大于 r_0 时，实际气体趋向于理想气体。另一方面，当 $k_B T\gg V_0$ 时，即在高温时，粒子之间的相互作用基本可以忽略，实际气体也趋向于理想气体。

下面将理想气体近似作为零级近似，将配分函数 Z 近似到 βV_0 的一阶项。引入一阶小量 f_{ij}：

$$f_{ij}=\mathrm{e}^{-\beta V_{ij}}-1\quad(f_{ij}\ll 1) \tag{6.146}$$

将其作为泰勒展开参量，则相互作用因子 Q 为

$$\begin{aligned}Q_N(V,T)&=\int \mathrm{d}^{3N}r\prod_{i<j}(1+f_{ij})\\&=\int \mathrm{d}^{3N}r\left(1+\sum_{i<j}f_{ij}+\cdots\right)\\&=V^N+V^{N-2}\sum_{i<j}\int \mathrm{d}^3 r_i\,\mathrm{d}^3 r_j\,(\mathrm{e}^{-\beta V_{ij}}-1)\end{aligned} \tag{6.147}$$

第一项为零级近似项，与预期的理想气体情形一致。第二项为 V_{ij} 带来的一级修正项。引入 i,j 分子的质心坐标 $\boldsymbol{R}=(\boldsymbol{r}_i+\boldsymbol{r}_j)/2$ 与相对坐标 $\boldsymbol{r}=\boldsymbol{r}_i-\boldsymbol{r}_j$，对于 $i<j$，有 $\mathrm{C}_N^2=N(N-1)/2$ 个分子对给出同样的贡献，因此

$$Q_N(V,T)\approx V^N+V^{N-1}\frac{N(N-1)}{2}\int \mathrm{d}^3 r\,(\mathrm{e}^{-\beta V_{ij}}-1) \tag{6.148}$$

引入只与温度相关的积分系数 $a(T)$：

$$a(T)=\int \mathrm{d}^3 r\,(\mathrm{e}^{-\beta V_{ij}}-1)=4\pi\int_0^\infty r^2\mathrm{d}r\,(\mathrm{e}^{-\beta V_{ij}}-1) \tag{6.149}$$

代入正则配分函数的表达式，则

$$\begin{aligned}Z(N,V,T)&=\frac{1}{N!}\left(\frac{2\pi m k_B T}{h^2}\right)^{3N/2}\left[V^N+V^{N-1}\frac{N^2}{2}a(T)+\cdots\right]\\&=\frac{1}{N!}\frac{V^N}{\lambda^{3N}}\left[1+\frac{N^2}{2V}a(T)+\cdots\right]\end{aligned} \tag{6.150}$$

在上式的计算过程中，已取近似：$N(N-1)/2\approx N^2/2$。

有了配分函数，就可以得系统的自由能 $F=-k_B T\ln Z$。根据 F 的全微分

关系：$\mathrm{d}F = -S\mathrm{d}T - p\mathrm{d}V + \mu\mathrm{d}N$，得实际气体的状态分程：

$$p(N,V,T) = -\left(\frac{\partial F}{\partial V}\right)_{N,T} = \frac{Nk_\mathrm{B}T}{V} - k_\mathrm{B}T\frac{\frac{aN^2}{2V^2}}{1+\frac{aN^2}{2V}}$$

$$\approx \frac{Nk_\mathrm{B}T}{V}\left(1 - \frac{a}{2}\frac{N}{V}\right) \tag{6.151}$$

下面进一步，根据具体的相互作用模型，计算 $a(T)$。伦纳德-琼斯势还是太复杂了，我们用如下的萨瑟兰(Sutherland)势能模型代替它：

$$V(r) = \begin{cases} +\infty & (r < r_0) \\ -V_0\left(\frac{r_0}{r}\right)^6 & (r \gg r_0) \end{cases} \tag{6.152}$$

该相互作用的模型是将分子当作具有相互吸引的钢球，如图 6.8 所示。分子的半径为 $r_0/2$，两个分子之间的最短距离为 r_0，恰好为钢球半径的两倍。将萨瑟兰势代入式(6.149)，得

$$a(T) = 4\pi\int_0^{r_0} r^2\mathrm{d}r(-1) + 4\pi\int_{r_0}^{\infty} r^2\mathrm{d}r\left(\mathrm{e}^{\beta V_0(r_0/r)^6} - 1\right)$$

$$\approx -\frac{4\pi}{3}r_0^3 + 4\pi\beta V_0\int_{r_0}^{\infty} r^2\mathrm{d}r\left(\frac{r_0}{r}\right)^6$$

$$\approx -\frac{4\pi}{3}r_0^3(1 - \beta V_0) \tag{6.153}$$

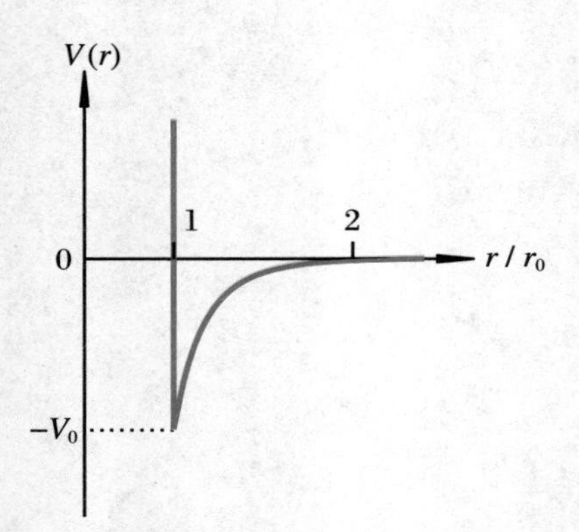

图 6.8　简化版的分子之间的相互作用势：萨瑟兰势

再将 $a(T)$ 代入式(6.151)，得到实际气体的状态方程：

$$p = \frac{Nk_\mathrm{B}T}{V}\left[1 + \frac{2\pi r_0^3 N}{3V}\left(1 - \frac{V_0}{k_\mathrm{B}T}\right)\right] \tag{6.154}$$

令 $v = V/N$ 为单位粒子的体积，代入式(6.154)得

$$p + \frac{2\pi r_0^3 V_0}{3v^2} = \frac{k_\mathrm{B}T}{v}\left(1 + \frac{2\pi r_0^3}{3v}\right)$$

$$\approx \frac{k_\mathrm{B}T}{v}\left(1 - \frac{2\pi r_0^3}{3v}\right)^{-1} \tag{6.155}$$

上式已利用了近似：$4\pi r_0^3/3 \ll v$，即原子的体积远小于其自身在容器中所占据的平均体积。在气体密度不是太大的情况下，这是一个很好的近似。定义

$$a = \frac{2\pi}{3}r_0^3 V_0, \quad b = \frac{2\pi}{3}r_0^3 \tag{6.156}$$

最终得到范德瓦尔斯状态方程：

$$\left(p + \frac{a}{v^2}\right)(v - b) = k_\mathrm{B}T \tag{6.157}$$

6.4.6 固体比热的德拜理论

先简单回顾一下固体比热的爱因斯坦理论。在爱因斯坦理论中，固体中原子的热运动可以看作 $3N$ 个谐振子在其平衡位置的振动，并假设这 $3N$ 个谐振子的固有频率 ω 都相同。考虑到谐振子振动能量的量子化，固体总的热运动的能量为

$$U = 3N\left(\frac{1}{2}\hbar\omega + \frac{\hbar\omega}{e^{\beta\hbar\omega} - 1}\right) \tag{6.158}$$

其中方程右边第一项来自振子的零点能，对比热没有贡献。第二项来自振子的热激发，决定了固体比热。

根据定容热容量的定义：$C_V = (\partial U/\partial T)_V$，很容易得固体的比热。在系统温度远大于爱因斯坦温度（$T \gg \theta_E \equiv \hbar\omega/k_B$）时，$C_V = 3Nk_B$，这一结果与经典理论相一致。当系统温度远小于爱因斯坦温度（$T \ll \theta_E$）时，有

$$C_V \approx 3Nk_B\left(\frac{\theta_E}{T}\right)^2 e^{-\theta_E/T} \sim e^{-\theta_E/T} \tag{6.159}$$

即 C_V 随着温度的下降按指数形式快速下降，但实验表明在低温时，$C_V \sim T^3$，随着温度的下降并不是如爱因斯坦理论预言的那样，随着指数函数形式快速下降。

德拜 1912 年放弃了固体中的原子是独立谐振子的假设，重新假设晶体是各向同性的连续弹性介质，原子的热运动以弹性波的形式发生，每一个弹性波振动模式等价于一个谐振子，谐振子的能量是量子化的。假设弹性波在固体中的传播速度为 c_s，由波动方程易知声波的色散关系为 $\omega = c_s k$，类似空窖中的电磁波，可得在 ω 到 $\omega + d\omega$ 范围内弹性波的振动态数目为

$$D(\omega)d\omega = \frac{3V}{2\pi^2 c_s^3}\omega^2 d\omega \tag{6.160}$$

因为固体中总的振动自由度为 $3N$，ω 必须存在一个上限值，假设该上限值为 ω_D，则有

$$3N = \int_0^{\omega_D} D(\omega)d\omega = \frac{V}{2\pi^2 c_s^3}\omega_D^3 \tag{6.161}$$

即

$$\omega_D = (6\pi^2 n)^{1/3} c_s \tag{6.162}$$

其中，$n = N/V$ 为谐振子的数密度。式(6.160)给出的弹性波的频谱，称为德拜谱，相应的最大频率 ω_D 称为德拜频率。

对德拜频谱求和，可以得到系统的总内能：

$$U = \int_0^{\omega_\mathrm{D}} D(\omega)\mathrm{d}\omega\left(\frac{1}{2}\hbar\omega + \frac{\hbar\omega}{\mathrm{e}^{\beta\hbar\omega}-1}\right) = \frac{9}{8}N\hbar\omega_\mathrm{D} + \int_0^{\omega_\mathrm{D}} \frac{\hbar\omega D(\omega)\mathrm{d}\omega}{\mathrm{e}^{\frac{\hbar\omega}{k_\mathrm{B}T}}-1}$$

$$= U_0 + 3Nk_\mathrm{B}T\mathcal{D}(x) \tag{6.163}$$

其中

$$\mathcal{D}(x) = \frac{3}{x^3}\int_0^x \frac{y^3\mathrm{d}y}{\mathrm{e}^y-1} \tag{6.164}$$

式中，x，y 的分别为无量纲化的德拜频率与谐振子的频率：

$$x = \frac{\hbar\omega_\mathrm{D}}{k_\mathrm{B}T} = \frac{\theta_\mathrm{D}}{T}, \quad y = \frac{\hbar\omega}{k_\mathrm{B}T} \tag{6.165}$$

在 $T \gg \theta_\mathrm{D}$ 时，$\mathrm{e}^y - 1 \approx y$，代入$\mathcal{D}$的积分表达式，得到$\mathcal{D}(x) \approx 1$. 因此

$$U = U_0 + 3Nk_\mathrm{B}T, \quad C_V = 3Nk_\mathrm{B} \tag{6.166}$$

这一结果与经典统计理论结果一致。在 $T \ll \theta_\mathrm{D}$ 时，$x \to \infty$，代入$\mathcal{D}$的积分表达式，得到

$$\mathcal{D}(x) \approx \frac{3}{x^3}\int_0^\infty \frac{y^3\mathrm{d}y}{\mathrm{e}^y-1} = \frac{3}{x^3}\frac{\pi^4}{15} \tag{6.167}$$

因此，固体的内能和比热分别为

$$\begin{cases} U = U_0 + 3Nk_\mathrm{B}T\dfrac{\pi^4 T^3}{5\theta_\mathrm{D}^3} \\ C_V = 3Nk_\mathrm{B}\dfrac{4\pi^4}{5}\left(\dfrac{T}{\theta_D}\right)^3 \propto T^3 \end{cases} \tag{6.168}$$

这一结果也称为德拜 T^3 律(图 6.9 所示)，此结果对非金属固体与实验符合得很好。金属在 3 K 以上也符合 T^3 律，在 3 K 以下，需要考虑金属中的自由电子对比热的贡献，自由电子在低温时的比热正比于温度，是温度的一次方：$C_V \propto T$。

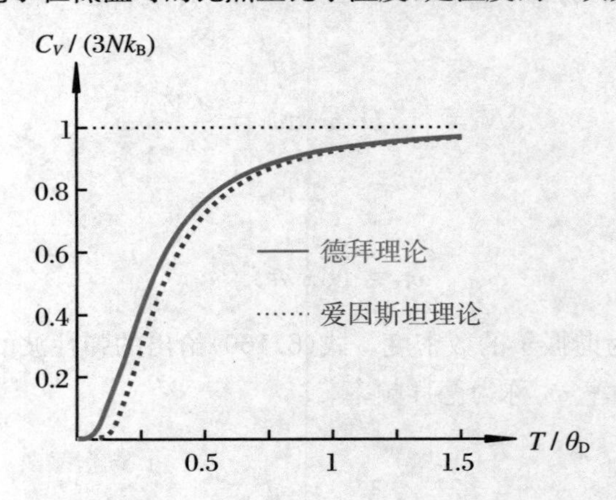

图 6.9　固体比热的德拜理论

德拜模型也存在局限性。因为使用弹性波色散关系描述格波是一种近似，它忽略了格点的不连续性，对于长波或低频波，格点的不连续性基本可以忽略，因此德拜频谱是一个很好的近似。可是当波长短到足以与原子间的间距相比拟的时候，德拜近似就失效了。因此，德拜模型不足以全面准确地模拟低温下晶格的振动性质，它只是比较准确地描述了低温下晶格振动的性质，如图 6.10 所示。

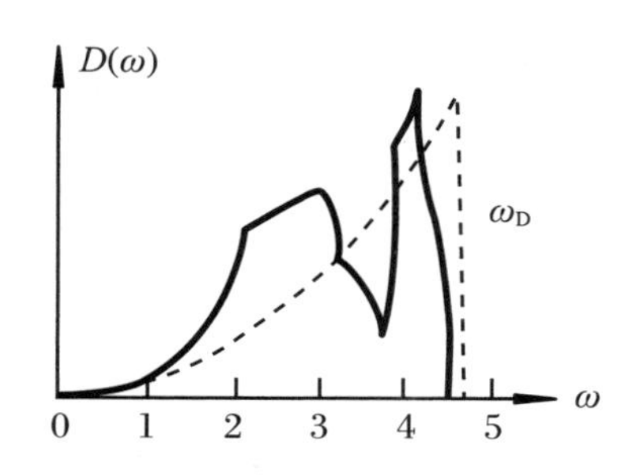

图 6.10 实验测出的金属铜晶格振动的态密度分布

作为对比，图中虚折线显示的是德拜谱。图片取自黄昆，韩汝琦《固体物理学》[4]。

以上从弹性波波动的观点讨论了固体的比热，类似电磁波的量子化对应光子，我们也可以将弹性波量子化对应一种准粒子，并称之为声子。准粒子的意思是声子不是真实的粒子。对于处于第 n 激发态的谐振子，它的振动能为

$$\varepsilon_n = \left(n + \frac{1}{2}\right)\hbar\omega \tag{6.169}$$

将之解读为系统中激发了 n 个声子，每个声子的能量为$\hbar\omega$，上式中的$\frac{1}{2}\hbar\omega$ 为零点振动能，即“真空”的能量。将 ω 给定的谐振子解读为某个量子态，任意数目的声子可以处于同一个量子态，因此声子遵从玻色分布，即声子是玻色子。另外，谐振子可以被激发到任意激发态，即声子数可以任意改变，声子数是不守恒的，因此，声子的化学势为零：$\mu = 0$。因此，固体振动的热力学问题可以处理为化学势为零的理想声子气体。系统的巨配分函数为

$$\ln \Xi = -\int_0^{\omega_D} D(\omega)\mathrm{d}\omega \ln\left(1 - \mathrm{e}^{-\frac{\hbar\omega}{k_B T}}\right) \tag{6.170}$$

声子气体的巨热力学势为

$$J = -k_B T \ln \Xi = k_B T \int_0^{\omega_D} D(\omega)\mathrm{d}\omega \ln\left(1 - \mathrm{e}^{-\frac{\hbar\omega}{k_B T}}\right) \tag{6.171}$$

根据声子气体的巨热力学势的全微分表达式：$\mathrm{d}J = \mathrm{d}F = -S\mathrm{d}T - p\mathrm{d}V$，我们可以得到声子气体的所有热力学性质，这里不再赘述。

6.4.7 铁磁-顺磁相变

海森伯提出的铁磁体模型认为：晶格中的原子通过自旋-自旋相互作用产生铁磁性。假设铁磁体的哈密顿量为

$$H = -\sum_{\langle ij\rangle} I_{ij} \boldsymbol{S}_i \cdot \boldsymbol{S}_j \tag{6.172}$$

其中，$\langle ij\rangle$表示只针对相邻的原子求和。该哈密顿量 H 是标量，具有转动对称性，但是铁磁体具有铁磁性，具有方向性。在常温下，铁磁体中有很多磁畴，其中所有的原子自旋平行，发生了自发磁化。显然铁磁体不具有转动不变性。铁磁体自发磁化的方向是随机的，自发磁化一旦发生，就选定了某个特殊的方向，

我们称之为对称性自发破缺。当系统温度高于临界温度（$T > T_c$）时，自发磁化消失，发生铁磁体到顺磁体相变。

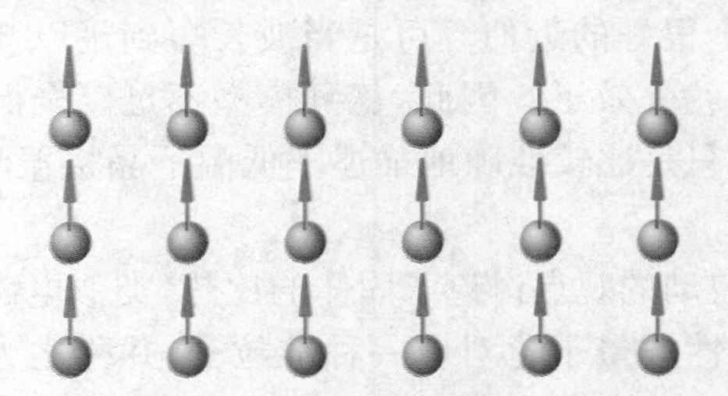

图 6.11 铁磁体中自旋同向

相变理论的描述是非常困难的，只有少数几个理论模型具有严格解，即能够得到配分函数的解析表达式，伊辛（Ising）模型就是其中之一，它由伊辛于 1925 年得出[37]。另一个成功例子就是昂萨格（Onsager）于 1944 年得到了没有外磁场下的二维的伊辛模型配分函数的严格表达式[42]。海森伯模型是一维伊辛模型的推广，下面介绍一维伊辛模型。

6.4.7.1 一维伊辛模型

单轴各向异性铁磁体可以用一维伊辛模型来建模（图 6.12）。晶体中 N 个原子位于周期性的格点上，原子磁矩只能取两个方向：平行或反平行晶轴方向。用量子数 σ_i 表示：$\sigma_i = \pm 1$。原子磁矩的大小为玻尔磁矩：$\mu_B = e\hbar/(2m)$。与顺磁体不同，铁磁体中相邻两个原子存在自旋相互作用，自旋平行时相互作用能为 $-I$，自旋反平行时相互作用能为 $+I$。如果 $I > 0$，则原子自旋相互作用使得原子自旋倾向于同向排列。这种相互作用也称之为交换相互作用，它是铁磁性的量子起源。交换相互作用是短程的，因此只需要考虑晶格中最近邻的自旋相互作用。在没有外磁场时，铁磁体的哈密顿量为

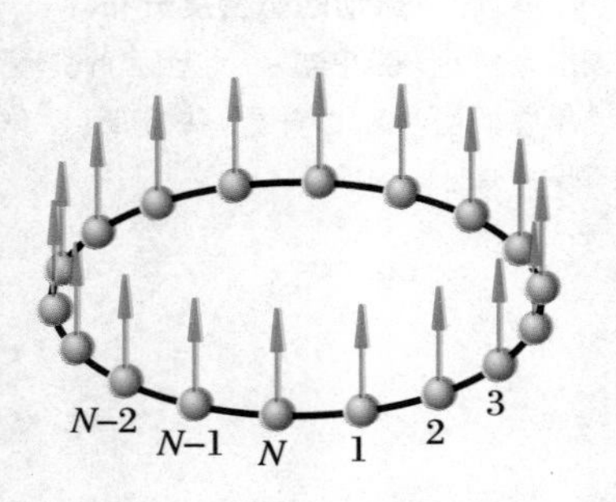

图 6.12 一维伊辛链示意图

$$H(\sigma_1, \sigma_2, \cdots, \sigma_N) = -I \sum_{\langle ij \rangle} \sigma_i \sigma_j \quad (\sigma_i, \sigma_j = \pm 1) \tag{6.173}$$

需要注意的是，上式求和只对近邻的自旋对操作。如果在晶轴方向加磁感应强度为 B 的外磁场，磁矩 $\boldsymbol{\mu}_i$ 在外场下的势能为 $-\boldsymbol{\mu}_i \cdot \boldsymbol{B} = \mp \mu_B B \sigma_i$，因此系统的哈密顿量为

$$H = -I \sum_{\langle ij \rangle} \sigma_i \sigma_j - \mu_B B \sum_{i=1}^{N} \sigma_i \tag{6.174}$$

这里 $\sigma = +1$，表明原子自旋与磁场同方向。取周期性的边界条件：$s_{N+1} = s_1$，将哈密顿量整理为更加对称的形式：

$$H = -I \sum_{i=1}^{N} \sigma_i \sigma_{i+1} - \frac{1}{2} \mu_B B \sum_{i=1}^{N} (\sigma_i + \sigma_{i+1}) \tag{6.175}$$

则正则配分函数为

$$Z(N,B,T) = \sum_{\sigma_i=\pm1}\cdots\sum_{\sigma_N=\pm1}\exp\left\{\beta\sum_{i=1}^{N}\left[I\sigma_i\sigma_{i+1} + \frac{1}{2}\mu_B B(\sigma_i + \sigma_{i+1})\right]\right\} \tag{6.176}$$

伊辛最初用排列组合的方法来计算配分函数。我们这里采用克拉默斯(Kramers)与万尼尔(Wannier)的矩阵法,他们的方法简单而巧妙!在二维的自旋空间,选如下的两个基底:

$$|\uparrow\rangle = \begin{pmatrix}1\\0\end{pmatrix},\quad |\downarrow\rangle = \begin{pmatrix}0\\1\end{pmatrix} \tag{6.177}$$

引入算符 $\hat{p}$,要求其矩阵元为

$$\langle\sigma_i|\hat{p}|\sigma_{i+1}\rangle = \exp\left\{\beta\left[I\sigma_i\sigma_{i+1} + \frac{1}{2}\mu_B B(\sigma_i + \sigma_{i+1})\right]\right\} \tag{6.178}$$

因此算符 $\hat{p}$ 的矩阵为

$$\hat{p} = \sum_{\sigma_i,\sigma_j=\pm1}\hat{p}_{\sigma_i\sigma_j}|\sigma_i\rangle\langle\sigma_j| = \begin{bmatrix}\exp[\beta(I+\mu_B B)] & \exp(-\beta I)\\ \exp(-\beta I) & \exp[\beta(I-\mu_B B)]\end{bmatrix} \tag{6.179}$$

利用算符 $\hat{p}$,将式(6.176)改写为

$$Z(N,B,T) = \sum_{\sigma_1=\pm1}\cdots\sum_{\sigma_N=\pm1}\langle\sigma_1|\hat{p}|\sigma_2\rangle\langle\sigma_2|\hat{p}|\sigma_3\rangle\cdots\langle\sigma_N|\hat{p}|\sigma_1\rangle \tag{6.180}$$

利用基底的完备性条件:$\sum\limits_{\sigma=\pm1}|\sigma\rangle\langle\sigma| = I$(单位矩阵),上式大大简化为

$$Z(N,B,T) = \sum_{\sigma_1=\pm1}\langle\sigma_1|\hat{p}^N|\sigma_1\rangle = \mathrm{Tr}(\hat{p}^N) \tag{6.181}$$

如果将 $\hat{p}$ 矩阵对角化,它的迹就是其对角元之和,即 $\hat{p}$ 矩阵的两个本征值之和。因此,先求 $\hat{p}$ 矩阵的两个本征值。$\hat{p}$ 矩阵的本征方程为

$$\begin{vmatrix}\exp[\beta(I+\mu_B B)]-\lambda & \exp(-\beta I)\\ \exp(-\beta I) & \exp[\beta(I-\mu_B B)]-\lambda\end{vmatrix} = 0 \tag{6.182}$$

经过简单的矩阵运算,得到本征值 λ 满足的方程为

$$\lambda^2 - 2\lambda\exp(\beta I)\cosh(\beta\mu_B B) + 2\sinh(2\beta I) = 0 \tag{6.183}$$

解得两个本征值 $\lambda_{1,2}$ 分别为

$$\lambda_{1,2} = \exp(\beta I)\cosh(\beta\mu_B B) \pm [\exp(-2\beta I) + \exp(2\beta I)\sinh^2(\beta\mu_B B)]^{1/2} \tag{6.184}$$

因此正则配分函数为

$$Z(N,B,T) = \mathrm{Tr}(\hat{p}^N) = \lambda_1^N + \lambda_2^N \tag{6.185}$$

根据正则配分函数，直接得到系统的自由能：

$$F(N,B,T) = -k_B T\ln Z(N,B,T) = -k_B T\ln(\lambda_1^N + \lambda_2^N) \tag{6.186}$$

根据 F 的全微分表达式，可以通过对 F 求导，得到我们感兴趣的热力学量。例如，系统的磁矩为

$$M = -\left(\frac{\partial F}{\partial B}\right)_{N,T} = N\mu_B \frac{\sinh(\beta\mu_B B)}{[e^{-4\beta I} + \sinh^2(\beta\mu_B B)]^{1/2}} \cdot \frac{\lambda_1^N - \lambda_2^N}{\lambda_1^N + \lambda_2^N} \tag{6.187}$$

如果自旋之间没有相互作用，即：$I=0$，则两个本征值为

$$\begin{aligned}\lambda_{1,2} &= \cosh(\beta\mu_B B) \pm [1 + \sinh^2(\beta\mu_B B)]^{1/2} \\ &= \begin{cases}2\cosh(\beta\mu_B B) \\ 0\end{cases}\end{aligned} \tag{6.188}$$

因此磁矩为

$$M(I=0) = N\mu_B\tanh(\beta\mu_B B) \tag{6.189}$$

该结果回到顺磁体的磁矩公式。如果相互作用能量远大于热运动的能量，即 $\beta I \gg 1$，则两个本征值近似为

$$\lambda_{1,2} \approx e^{\beta I}[\cosh(\beta\mu_B B) \pm \sinh(\beta\mu_B B)] = e^{\beta I \pm \beta\mu_B B} \tag{6.190}$$

铁磁体的磁矩为

$$M(\beta I \gg 1) = N\mu_B \frac{e^{N\beta\mu_B B} - e^{-N\beta\mu_B B}}{e^{N\beta\mu_B B} + e^{-N\beta\mu_B B}} = N\mu_B\tanh(N\beta\mu_B B) \tag{6.191}$$

从上式可以看出，当 $B=0$ 时，$M=0$（图 6.13）！即使自旋相互作用很强，一维伊辛模型中也没有发生自发磁化。这一结果与我们的预期不太一致。自旋相互作用很强时，应该倾向于使得原子自旋同向，产生铁磁性。

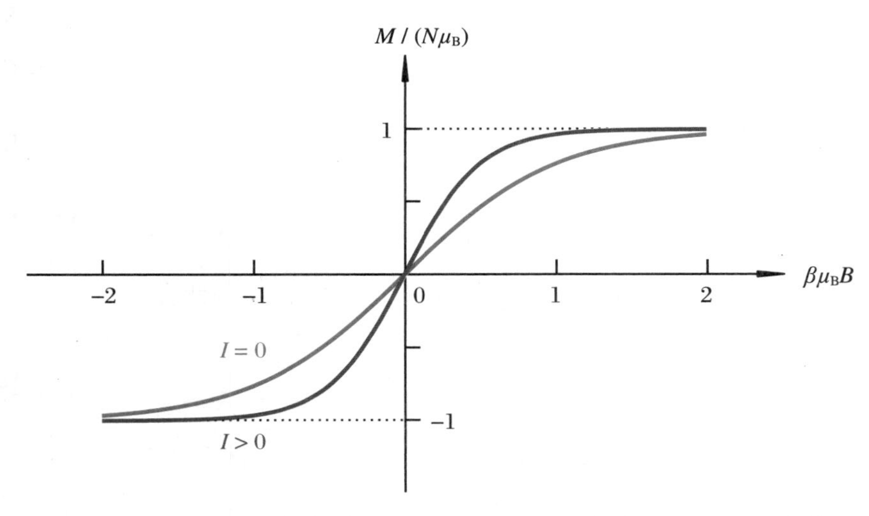

图 6.13 一维伊辛模型中的磁矩 M 与外磁场感应强度 B 的关系

为了理解为什么一维伊辛模型中没有发生铁磁相变，下面通过计算向上与向下自旋平均数(长程序)，以及近邻的平行与反平行对数(短程序)，从微观角度研究自旋之间的关联。假设 N 个自旋中，N_+ 个自旋朝上($\sigma = +1$)，N_- 个自旋朝下($\sigma = -1$)。再假设最近邻的自旋对中两个自旋都是 $\sigma = +1$ 的有 N_{++} 对，两个都是 $\sigma = -1$ 的有 N_{--} 对，一个自旋朝上，另个一自旋朝下的有 N_{+-} 对。考虑更一般的情形：每个原子与近邻的 γ 个原子发生自旋相互作用。对所有 $\sigma = +1$ 的原子，用 γ 条线把与其发生自旋相互作用的原子连接起来，则 N_+ 个自旋朝上的原子共有 γN_+ 条线，其中相邻的两个自旋都朝上的原子之间有两条连线，相邻两个自旋方向相反的原子之间只有一条连线，因此有

$$\gamma N_+ = 2N_{++} + N_{+-} \tag{6.192}$$

同理，有

$$\gamma N_- = 2N_{--} + N_{+-} \tag{6.193}$$

另外，总的原子数为

$$N = N_+ + N_- \tag{6.194}$$

这里共有三个约束条件。

自旋-自旋相互作用平均值为

$$\left\langle \sum_{\langle i,j \rangle} \sigma_i \sigma_j \right\rangle = N_{++} + N_{--} - N_{+-} \tag{6.195}$$

即自旋同向取正值，自旋反向取负值。我们的目标是研究自旋关联，因此，利用约束关系，尽量用 N_+，N_- 和 $\langle \sum_{\langle i,j \rangle} \sigma_i \sigma_j \rangle$ 来表示自旋关联量：N_{++}，N_{--}，N_{+-}。对伊辛模型，$\gamma = 2$，因此有

$$\frac{N_{+-}}{N}=\frac{1}{2}\left(1-\frac{1}{N}\left\langle\sum_i\sigma_i\sigma_{i+1}\right\rangle\right) \tag{6.196}$$

$$\frac{N_{++}}{N}=\frac{N_+}{N}-\frac{1}{2}\frac{N_{+-}}{N} \tag{6.197}$$

$$\frac{N_{--}}{N}=\frac{N_-}{N}-\frac{1}{2}\frac{N_{+-}}{N} \tag{6.198}$$

注意到晶格平移不变性，平均值 $\langle\sum_i\sigma_i\sigma_{i+1}\rangle$ 与下标无关，因此有

$$\left\langle\sum_{i=1}^N\sigma_i\sigma_{i+1}\right\rangle=N\langle\sigma_i\sigma_{i+1}\rangle \tag{6.199}$$

根据统计平均值的计算公式，直接计算自旋相互作用项的平均值：

$$\left\langle\sum_i\sigma_i\sigma_{i+1}\right\rangle=\frac{\sum\limits_{\sigma_1=\pm1}\cdots\sum\limits_{\sigma_N=\pm1}\left(\sum\limits_i\sigma_i\sigma_{i+1}\right)\exp\left\{\beta\sum\limits_{i=1}^N\left[I\sigma_i\sigma_{i+1}+\frac{1}{2}\mu_B B(\sigma_i+\sigma_{i+1})\right]\right\}}{\sum\limits_{\sigma_1=\pm1}\cdots\sum\limits_{\sigma_N=\pm1}\exp\left\{\beta\sum\limits_{i=1}^N\left[I\sigma_i\sigma_{i+1}+\frac{1}{2}\mu_B B(\sigma_i+\sigma_{i+1})\right]\right\}} \tag{6.200}$$

该平均值可以直接从正则配分函数对 βI 求导得到，因为在配分函数的指数函数中，$\sigma_i\sigma_{i+1}$ 前面的系数为 βI。对 βI 求导就“拉”下来一个 $\sigma_i\sigma_{i+1}$。因此

$$\begin{aligned}\left\langle\sum_i\sigma_i\sigma_{i+1}\right\rangle&=\frac{1}{\beta}\frac{\partial}{\partial I}\ln Z=\frac{1}{\beta}\frac{\partial}{\partial I}\ln(\lambda_1^N+\lambda_2^N)\\&=N\left(1-\frac{2e^{-2\beta I}}{[e^{-2\beta I}+e^{2\beta I}\sinh^2(\beta\mu_B B)]^{1/2}}\cdot\frac{\lambda_1^{N-1}-\lambda_2^{N-1}}{\lambda_1^N+\lambda_2^N}\right)\end{aligned} \tag{6.201}$$

将上式代入式(6.196)，得到

$$\frac{N_{+-}}{N}=\frac{e^{-3\beta I}}{[e^{-4\beta I}+\sinh^2(\beta\mu_B B)]^{1/2}}\cdot\frac{\lambda_1^{N-1}-\lambda_2^{N-1}}{\lambda_1^N+\lambda_2^N} \tag{6.202}$$

对 $I=0$，即如果自旋之间不存在相互作用，上式退化为

$$\frac{N_{+-}}{N}(I=0)=\frac{1}{2}\cosh^{-1}(\beta\mu_B B) \tag{6.203}$$

对 $B=0$，因此有 $N_{+-}=\dfrac{N}{2}$，而且由于 $N_+=N_-=\dfrac{N}{2}$，从式(6.197)和式(6.198)得到 $N_{++}=N_{--}=\dfrac{N}{4}$，即有一半的对是反平行的，四分之一为向上平行，四分之

一为向下平行。

另一方面，考虑自旋相互作用很强的情况($\beta I \gg 1$)，有

$$\frac{N_{+-}}{N} \approx e^{-4\beta I} \frac{\sinh(N-1)(\beta\mu_B B)}{\sinh(\beta\mu_B B)\cosh(N\beta\mu_B B)} \tag{6.204}$$

反平行的对数随着相互作用的增加以指数形式减少，即在自旋链中，形成了很多“磁畴”，即 N_{++} 和 N_{--} 的值都比较大。每一个磁畴中自旋都是同向的，但自旋朝上和朝下的磁畴相互抵消：$N_{++} = N_{--}$，总的磁化强度为零。这就解释了为什么一维伊辛模型中没有铁磁性：如果自旋相互作用很强，相邻的自旋同向，局部磁化，即短程有序，但是在更大尺度上，局部磁化的原子产生的磁矩相互抵消，即长程是无序的。

6.4.7.2 平均场近似

二维的伊辛模型存在铁磁性，但是二维伊辛模型的精确解法比较复杂，超出了本课程讨论的范围，我们只介绍两种近似方法，即平均场近似和布拉格-威廉姆斯(Bragg-Williams)方法。三维伊辛模型的精确解至今还没找到，只有一些近似解法。

N 个自旋系统在外磁场的作用下，微观磁矩倾向于沿着磁场排列，产生宏观磁矩。系统中的每一磁矩不仅与外磁场发生相互作用，也与它近邻的磁矩发生相互作用。这里将任意一个磁矩周围的其他 γ 个磁矩对它的总效果等效于一个局域的磁场，我们称之为分子场或内磁场。这样一种近似方法就是平均场近似。平均场近似方法在物理学中非常常见，例如范德瓦尔斯方程中的内压强就是通过平均场近似方法引入的。

考察磁矩 μ_j 对磁矩 μ_i 的相互作用。自旋相互作用能为 $-I\sigma_i\sigma_j$，用磁矩表示为

$$E = -I\sigma_i\sigma_j = -\frac{I}{\mu_B^2}\mu_i\mu_j \equiv -\mu_i B_j^{eq} \tag{6.205}$$

因此，μ_j 对 μ_i 的作用，可以用一个等效的磁场 $B_j^{eq} = I\mu_j/\mu_B^2$ 来表示。假设铁磁体在外场的作用下的磁化强度为 M，则平均到每个磁矩的贡献就是 $\bar{\mu} = M/n$，假设每个磁矩与它近邻的 γ 个磁矩发生相互作用，则近邻的 γ 个磁矩产生的等效磁场感应强度为 $\gamma I\bar{\mu}/\mu_B^2$。因此，第 i 个磁矩在外场和内场的联合作用下，它的能量为

$$\varepsilon_i = -\sigma_i\mu_B B^{eff} = -\sigma_i\mu_B(B + B^{eq}) = -\sigma_i\mu_B\left(B + \frac{\gamma I}{n\mu_B^2}M\right) \tag{6.206}$$

因此，系统的磁化强度为

$$M = n\bar{\mu} = n\mu_{\mathrm{B}} \frac{\mathrm{e}^{\beta\mu_{\mathrm{B}}B^{\mathrm{eff}}} - \mathrm{e}^{-\beta\mu_{\mathrm{B}}B^{\mathrm{eff}}}}{\mathrm{e}^{\beta\mu_{\mathrm{B}}B^{\mathrm{eff}}} + \mathrm{e}^{-\beta\mu_{\mathrm{B}}B^{\mathrm{eff}}}} \tag{6.207}$$

当 $B=0$ 时，系统的自发磁化强度 M 满足的方程为

$$M = n\mu_{\mathrm{B}}\tanh\left(\frac{\gamma I}{k_{\mathrm{B}}T}\cdot\frac{M}{n\mu_{\mathrm{B}}}\right) \tag{6.208}$$

引入临界温度，即居里温度 T_{c}：

$$T_{\mathrm{c}} \equiv \frac{\gamma I}{k_{\mathrm{B}}} \tag{6.209}$$

将温度无量纲化，即引入无量纲的温度 $\theta\equiv T/T_{\mathrm{c}}$，以及引入无量纲化的磁矩 $\tilde{L}\equiv M/(n\mu_{\mathrm{B}})=\bar{\mu}/\mu_{\mathrm{B}}$，将上式改写为

$$\tilde{L} = \tanh\frac{\tilde{L}}{\theta} \tag{6.210}$$

上式是关于$\tilde{L}$的超越方程，可以用图解法求解。如图 6.14 所示，$\tilde{L}$的解就是图中两条曲线的交点。当$\tilde{L}/\theta\ll 1$ 时，$\tanh(\tilde{L}/\theta)\approx\tilde{L}/\theta$，曲线 $f(\tilde{L})=\tanh(\tilde{L}/\theta)$ 的斜率为 $1/\theta$。显然，当 $\theta>1$ 时，曲线 $f(\tilde{L})$与直线 $g(\tilde{L})=\tilde{L}$只有一个交点：$\tilde{L}=0$。当 $\theta<1$ 时，曲线 $f(\tilde{L})$与直线 $g(\tilde{L})=\tilde{L}$除了$\tilde{L}=0$，还有两个对称的交点：$\tilde{L}=\pm L_0$，其中 $0<L_0<1$。因此，方程的解为

$$\tilde{L} = \begin{cases} 0 & (T>T_{\mathrm{c}}) \\ 0,\ \pm L_0 & (T<T_{\mathrm{c}}) \end{cases} \tag{6.211}$$

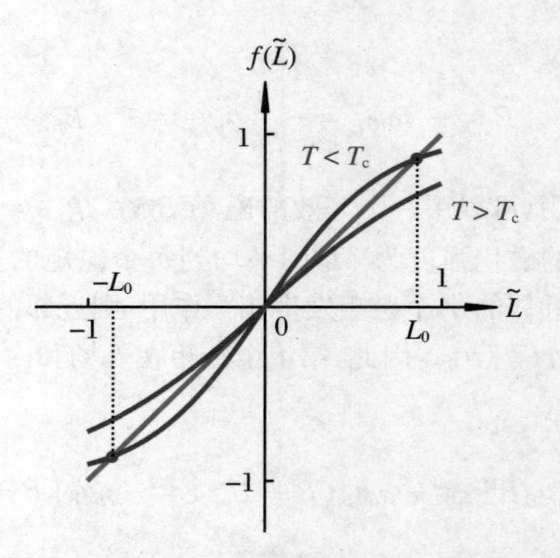

图 6.14 平均场近似中的自发磁化率

无量纲的自发磁化率由式(6.210)给出，该方程的解为图中斜率为 1 的直线与双曲函数的交点。

当 $T>T_{\mathrm{c}}$ 时，$M=0$，系统处于顺磁状态。当 $T<T_{\mathrm{c}}$ 时，系统可以处于$M=0$ 的态，但是它是不稳定的，会向 $M=\pm L_0 n\mu_{\mathrm{B}}$ 的两个态中的一个转变，从而发

生自发磁化。自发磁化发生之前，系统有可能向两个稳定态的任一个转变。但是，相变发生之后，系统只能处于两个可能的稳定态中的一个，即发生了对称性自发破缺。

6.4.7.3 二维伊辛模型的布拉格-威廉姆斯近似

自旋相互作用是短程的，研究一维伊辛模型的经验告诉我们，系统中可能存在短程和长程两种程序。为此，引入长程序参量 L 和短程序参量 σ：

$$\frac{N_+}{N}=\frac{1}{2}(L+1)\quad(-1\leqslant L\leqslant 1)\tag{6.212}$$

$$\frac{N_{++}}{\frac{1}{2}\gamma N}=\frac{1}{2}(\sigma+1)\quad(-1\leqslant \sigma\leqslant 1)\tag{6.213}$$

式(6.212)给出系统中所有 N 个格点上自旋朝上的概率，决定了晶体整体磁矩 $M=\mu_B(N_+-N_-)=\mu_B NL$，所以称 L 为长程序参量；而式(6.213)给出了近邻两个格点的自旋都朝上的自旋对数占近邻自旋的总对数的比例，它反映了近邻自旋的关联度，所以称 σ 为短程序参量。利用三个约束关系，即式(6.192)、式(6.193)和式(6.194)，我们可以将这五个量 N_+，N_-，N_{++}，N_{--}，N_{+-} 用总自旋数 N 和两个序参量 L，σ 来表示。因此系统的能量改写为

$$E(N,L,\sigma)=-\frac{1}{2}NI\gamma(2\sigma-2L+1)-N\mu_B BL\tag{6.214}$$

长程序参量与短程序参量原本是独立的两个参量，布拉格和威廉姆斯大胆假设如下的近似：

$$\frac{N_{++}}{\frac{1}{2}\gamma N}\approx\left(\frac{N_+}{N}\right)^2\tag{6.215}$$

因此得到短程序参量与长程序参量之间的关系为

$$\sigma=\frac{1}{2}(L+1)^2-1\tag{6.216}$$

即短程序与长程序是有关联的。如果存在这样的关联，则最终晶体的磁矩只与晶格自旋的长程有序度有关，因此，这本质上是一种平均场近似。采用布拉格-威廉姆斯近似之后，系统的能量只与 N，L 有关了，具体为

$$E(N,L)=-\frac{1}{2}N\gamma IL^2-N\mu_B BL\tag{6.217}$$

给定 L 之后，也就是给定 N_+ 之后，系统处于同一能量态的简并度为

$$g(L) = C_N^{N_+} = \frac{N!}{\left[\frac{1}{2}N(1+L)\right]!\left[\frac{1}{2}N(1-L)\right]!} \tag{6.218}$$

这里已利用了 $N_+ = \frac{1}{2}N(1+L)$ 和 $N_- = \frac{1}{2}N(1-L)$。最后得到了布拉格-威廉姆斯近似下的系统的正则配分函数：

$$\begin{aligned} Z &= \sum_{\{\sigma_i\}} \mathrm{e}^{-\beta E(\{\sigma_i\})} \approx \sum_{L=-1}^{+1} g(L)\mathrm{e}^{\beta\left(\frac{1}{2}\gamma IL^2 + \mu_B BL\right)N} \\ &= \sum_{L=-1}^{+1} \frac{N!}{\left[\frac{1}{2}N(1+L)\right]!\left[\frac{1}{2}N(1-L)\right]!}\mathrm{e}^{\beta\left(\frac{1}{2}\gamma IL^2 + \mu_B BL\right)N} \end{aligned} \tag{6.219}$$

上式仍然很难精确处理，我们进一步用最概然的 $\bar{L}$ 对应的 $Z(\bar{L})$ 来替代上式中的 Z，即

$$Z(B,T) \approx Z(B,T;\bar{L}) = g(\bar{L})\mathrm{e}^{\beta\left(\frac{1}{2}\gamma I\bar{L}^2 + \mu_B B\bar{L}\right)N} \tag{6.220}$$

注意，这里 $\bar{L}$ 是配分函数的参数。在 $N\to\infty$ 的热力学极限下，该近似是可取的（虽然我们没有证明）。下面的任务就是寻找 $\bar{L}$ 的表达式。因为 $Z(B,T;\bar{L})$ 比较大，先对其取自然对数：

$$\begin{aligned} \ln Z(B,T;L) &= \ln\left\{C_N^{N_+}\exp\left[\beta N\left(\frac{1}{2}\gamma IL^2 + \mu_B BL\right)\right]\right\} \\ &= N\left[\beta\left(\frac{1}{2}\gamma IL^2 + \mu_B BL\right) - \frac{1+L}{2}\ln\frac{1+L}{2} - \frac{1-L}{2}\ln\frac{1-L}{2}\right] \end{aligned} \tag{6.221}$$

令 $\partial \ln Z/\partial L|_{\bar{L}} = 0$，得到 $\bar{L}$ 满足的方程为

$$\beta(\gamma I\bar{L} + \mu_B B) = \frac{1}{2}\ln\frac{1+\bar{L}}{1-\bar{L}} \tag{6.222}$$

整理为

$$\bar{L} = \tanh(\beta\mu_B B + \beta\gamma I\bar{L}) \tag{6.223}$$

利用式(6.222)，得到系统的正则配分函数为

$$\begin{aligned} \ln Z &= N\left[\beta\left(\frac{1}{2}\gamma I\bar{L}^2 + \mu_B B\bar{L}\right) - \frac{1+\bar{L}}{2}\ln\frac{1+\bar{L}}{2} - \frac{1-\bar{L}}{2}\ln\frac{1-\bar{L}}{2}\right] \\ &= -\frac{N}{2}\left[\beta\gamma I\bar{L}^2 + \ln\frac{1-\bar{L}^2}{4}\right] \end{aligned} \tag{6.224}$$

我们最感兴趣的是自发磁化，因此重点考察 $B=0$ 的情形。在式(6.223)中取 $B=0$，$\bar{L}$满足的方程为

$$\bar{L} = \tanh \frac{\bar{L}}{\theta} \tag{6.225}$$

这里 $\theta = T/T_c$为无量纲化的温度，T_c的定义参见式(6.209)。注意到 $M=N\bar{L}\mu_B$，上式与式(6.210)完全等价，这说明布拉格－威廉姆斯近似等效于平均场近似。根据式(6.225)，当 $T>T_c$时，$\bar{L}=0$；当 $T<T_c$时，$\bar{L}=\pm L_0$。在 $T=T_c$时，系统开始发生顺磁到铁磁的相变。

利用式(6.224)，得到系统的自由能为

$$F(T) = -k_B T \ln Z = \begin{cases} -Nk_B T\ln 2 & (T>T_c) \\ \dfrac{1}{2}N\gamma IL_0^2 + \dfrac{1}{2}Nk_B T\ln\dfrac{1-L_0^2}{4} & (T<T_c) \end{cases} \tag{6.226}$$

进一步得到系统的内能为

$$U(T) = F + TS = -\frac{\partial \ln Z}{\partial \beta} = \begin{cases} 0 & (T>T_c) \\ -\dfrac{1}{2}N\gamma IL_0^2 & (T<T_c) \end{cases} \tag{6.227}$$

以及系统的比热：

$$C(T) = \frac{\mathrm{d}U}{\mathrm{d}T} = \begin{cases} 0 & (T>T_c) \\ -\dfrac{1}{2}N\gamma I\dfrac{\mathrm{d}L_0^2}{\mathrm{d}T} & (T<T_c) \end{cases} \tag{6.228}$$

当 $T<T_c$时，系统所有的热力学都依赖于 L_0，由式(6.225)可以分析 L_0 作为温度的函数关系 $L_0(T)$。在 $T\to 0$ 时，有

$$L_0 \approx 1-2\mathrm{e}^{-2/\theta} = 1-2\mathrm{e}^{-2T_c/T} \tag{6.229}$$

而在临界温度 T_c附近有

$$L_0 \approx \sqrt{3}\left(1-\frac{1}{\theta}\right)^{1/2} = \sqrt{3}\left(1-\frac{T_c}{T}\right)^{1/2} \tag{6.230}$$

温度在 $T<T_c$区间的 L_0 可由图解法得到，结果如图 6.15 所示。

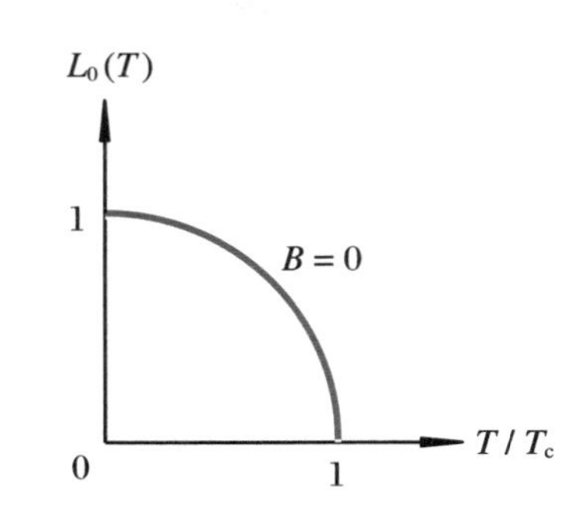

图 6.15 外磁场 $B=0$ 时，铁磁体无量纲化的自发磁化率 L_0 与温度的关系

从式(6.228)可以看出，当温度 $T\to T_c^-$ 时，热容量 $C=\dfrac{3}{2}Nk_B$，而在 $T>T_c$时，磁矩的热容量 $C=0$。在相变点 $T=T_c$处，$L_0=0$，铁磁体的内能连续，但热容量不连续。因此，铁磁-顺磁相变为二级相变。

6.5 巨正则系综

6.5.1 热力学特性函数:巨热力学势

巨正则系综是由给定了宏观条件 V,T 和 μ 的巨正则系统组成的,巨正则系统又称为开放系统,描述的是与温度为 T 的大热源始终保持热接触,以及化学势为 μ 的粒子源始终保持化学接触,导致两者达到热平衡和化学平衡。达到热平衡和化学平衡时,系统的温度和化学势与大热源和大粒子源的温度(T)和化学势(μ)相等。大热源的意思是指热源足够大,它与系统交换能量之后,始终保持温度恒定。大粒子源的意思是指粒子源足够大,它与系统交换粒子之后,始终保持化学势恒定。由于系统与源存在热量和粒子数交换,系统的能量和粒子数都不再固定。

下面重要的任务是确定给定 V,T 和 μ 系统的分布函数 $\rho_{gc}(N,E)$。原则上 E 允许的范围是 $0\leqslant E\leqslant\infty$,$N$ 允许的范围是 $N=0,1,2,\cdots,\infty$。这里无穷大的意思是系统的能量接近热源的总能量,因为系统在平衡态的能量远远小于热源的能量。同样的道理,粒子数为无穷大的意思是系统的粒子数接近粒子源的总粒子数,因为系统在平衡态的粒子数远远小于粒子源中的粒子总数。

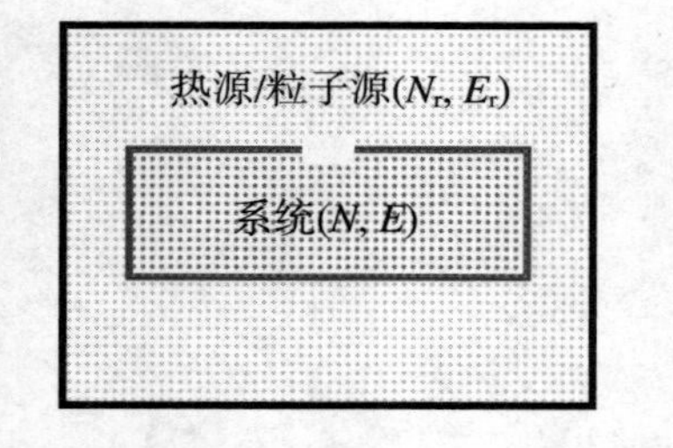

图 6.16 巨正则系综中的系统:处于大热源与粒子源中,与热源和粒子源存在能量和粒子数交换

为了利用前面得到的微正则系综的结论,将系统和大热源和大粒子源整体看作一个更大的孤立系统,则该孤立系统的总能量和粒子数都为常数:

$$E_r + E = E_t = \text{常数},\quad N_r + N = N_t = \text{常数} \tag{6.231}$$

其中,E,N 分别为系统的能量和粒子数,E_r,N_r 分别为热源和粒子源的能量和粒子数。对于大热源和大粒子数,可以取近似:

$$\frac{E}{E_t} = \left(1-\frac{E_r}{E_t}\right)\ll 1,\quad \frac{N}{N_t} = \left(1-\frac{N_r}{N_t}\right)\ll 1 \tag{6.232}$$

由于系统与热源-粒子源之间存在能量和粒子交换,E,N 都不再固定,系统可以以一定的概率处于与任何可能的能量 E 以及任意粒子数 N 相对应的微观态。当系统处于能量为 E_s、粒子数为 N_s 的某个确定的微观态时,热源必处在能量为 E_t-E_s、总粒子数为 N_t-N_s 的任何一个可能的微观态。假设热源-粒子源的能量为 E_t-E_s、粒子数为 N_t-N_s 的微观状态总数为 $\Omega_r(E_t-E_s)$,则整个孤立系统对应的微观状态总数也为 $\Omega_r(E_t-E_s)$,因为此时系统处在确定的微观态 s,对应的微观态总数为 1,根据独立事件的联合概率,孤立系统的微观状态总数等于热源-粒子源微观状态数乘以系统的微观状态数。因此,根据等概率原理,系统处在 s 态的概率 $\rho_s(E_s,N_s)$ 与热源-粒子源的微观状态数

$\Omega_{\mathrm{r}}(E_{\mathrm{t}}-E_s)$成正比，即

$$\rho_{\mathrm{gc},s} \propto \Omega_{\mathrm{r}}(E_{\mathrm{t}}-E_s, N_{\mathrm{t}}-N_s) \tag{6.233}$$

类似以前的讨论，由于 $\Omega_{\mathrm{r}}(E_{\mathrm{t}}-E_s, N_{\mathrm{t}}-N_s)$数值太大，对其取对数，并将 Ω_{r} 展开为 E_s, N_s 的幂级数，近似到 E_s, N_s 一阶项，得

$$\begin{aligned}
&\ln\Omega_{\mathrm{r}}(E_{\mathrm{t}}-E_s, N_{\mathrm{t}}-N_s) \\
&\quad\approx \ln\Omega_{\mathrm{r}}(E_{\mathrm{t}}, N_{\mathrm{t}}) - \left(\frac{\partial \ln\Omega_{\mathrm{r}}}{\partial E_{\mathrm{r}}}\right)_{E_{\mathrm{t}}, N_{\mathrm{t}}} E_s - \left(\frac{\partial \ln\Omega_{\mathrm{r}}}{\partial N_{\mathrm{r}}}\right)_{E_{\mathrm{t}}, N_{\mathrm{t}}} N_s \\
&\quad= \ln\Omega_{\mathrm{r}}(E_{\mathrm{t}}, N_{\mathrm{t}}) - \beta E_s - \alpha N_s
\end{aligned} \tag{6.234}$$

上面的推导已利用了熵的定义：$S_{\mathrm{r}} = k_{\mathrm{B}}\ln\Omega_{\mathrm{r}}$，因此有

$$\begin{cases}
\left(\dfrac{\partial \ln\Omega_{\mathrm{r}}}{\partial E_{\mathrm{r}}}\right)_{N_{\mathrm{r}}, V_{\mathrm{r}}} = \dfrac{1}{k_{\mathrm{B}}}\left(\dfrac{\partial S_{\mathrm{r}}}{\partial E_{\mathrm{r}}}\right)_{N_{\mathrm{r}}, V_{\mathrm{r}}} = \dfrac{1}{k_{\mathrm{B}}T} = \beta \\
\left(\dfrac{\partial \ln\Omega_{\mathrm{r}}}{\partial N_{\mathrm{r}}}\right)_{E_{\mathrm{r}}, V_{\mathrm{r}}} = \dfrac{1}{k_{\mathrm{B}}}\left(\dfrac{\partial S_{\mathrm{r}}}{\partial N_{\mathrm{r}}}\right)_{N_{\mathrm{r}}, V_{\mathrm{r}}} = -\dfrac{\mu}{k_{\mathrm{B}}T} = \alpha
\end{cases} \tag{6.235}$$

式(6.234)右边第一项的物理含义是，当热源-粒子源处于能量为 E_{t}，粒子数为 N_{t} 的孤立系统时热源-粒子源的总微观状态数，其为常数。因此，式(6.233)进一步写为

$$\rho_{\mathrm{gc},s} \propto \mathrm{e}^{-\beta E_s - \alpha N_s} \tag{6.236}$$

将 $\rho_{\mathrm{gc},s}$归一化为

$$\rho_{\mathrm{gc},s} = \frac{1}{\Xi}\mathrm{e}^{-\beta E_s - \alpha N_s} \tag{6.237}$$

上式中的 Ξ 为我们引入的巨配分函数：

$$\Xi = \sum_{N=0}^{\infty}\sum_{s}\mathrm{e}^{-\beta E_s - \alpha N_s} \tag{6.238}$$

注意：上式是对给定了系统 V, T 和μ 之后，对系统的所有微观态的求和。它包括了两重求和：先是在给定系统粒子数 N 后，对系统所有可能的微观态求和，然后再对粒子数 N 从 0 到 $+\infty$求和。

对于经典物理系统，相空间是连续的，对于粒子数为 N 的系统，将相空间剖分为一个个相空间体积为 h^{Nf}的相格，其中 f 为系统的自由度。每个相格对应一个物理态，巨正则系综的态分布函数则为

$$\rho_{\mathrm{gc}}(q_i, p_i)\mathrm{d}^{Nf}q\mathrm{d}^{Nf}p = \frac{1}{N!h^{Nf}}\frac{\mathrm{e}^{-\beta E(q_i, p_i) - \alpha N}}{\Xi}\mathrm{d}\Omega \tag{6.239}$$

其中巨正则系综的配分函数为

$$\Xi = \sum_N \frac{e^{-\alpha N}}{N!h^{Nf}} \int e^{-\beta E(q_i, p_i)} d^{Nf} q d^{Nf} p \tag{6.240}$$

为了更深刻理解巨正则分布函数的物理含义，类似正则系综理论，下面我们从统计系综的角度证明该分布是满足给定 V, T, μ 条件之后，系综中所有系统的微观态满足的最概然分布。

由于系统与大热源存在能量交换，系统的能量 E_i 原则上可以取相空间中所有点对应的能量。将 $N=1,2,\cdots$ 个粒子的相空间剖分为相同大小的相格 $\Delta\Omega_{i,N}$，这里有两个下标，其中 i 遍历由 N 个粒子组成系统的相空间的所有相格。假设每个相格 $\Delta\Omega_{i,N}$ 中有 $n_{i,N}$ 个系统，下面我们就要寻找最概然的分布 $n_{i,N}^*$。

这是一个带约束条件的极值问题。分布 $n_{i,N}$ 必须满足如下的三个约束条件。第一，系综中系统的总数 $\mathcal{N}$ 是固定的：

$$\mathcal{N} = \sum_{i,N} n_{i,N} \tag{6.241}$$

第二，在给定温度下，虽然系统的能量不再固定，但是在平衡态时，系统能量的测量值 U 等于系统能量 E_i 的系综平均值，且 U 是常数：

$$U = \langle E \rangle = \frac{\sum_{i,N} n_{i,N} E_{i,N}}{\mathcal{N}} \tag{6.242}$$

以上两个约束条件与正则系统相同。第三，给定化学势时，虽然系统的粒子数不再固定，但是在平衡态时，系统粒子数的测量值 $\bar{N}$ 等于系统粒子数 N 的系综平均值，且 $\bar{N}$ 是常数：

$$\bar{N} = \langle N \rangle = \frac{\sum_{i,N} n_{i,N} N}{\mathcal{N}} \tag{6.243}$$

假设 $\omega_{i,N}$ 为在相格 $\Delta\Omega_{i,N}$ 中找到一个系统的概率，则对于某给定的分布 $n_{i,N}$，相应的方法数为

$$W\{n_{i,N}\} = N! \prod_{i,N} \frac{\omega_{i,N}^{n_{i,N}}}{n_{i,N}!} \tag{6.244}$$

由于 $W\{n_{i,N}\}$ 比较大，对其取自然对数，并应用斯特林公式，得到

$$\ln W\{n_{i,N}\} = N\ln N - N - \sum_{i,N} \{(n_{i,N}\ln n_{i,N} - n_{i,N}) - n_{i,N}\ln \omega_{i,N}\} \tag{6.245}$$

为了求最概然分布，即为了求 $\ln W n_{i,N}$ 的极值，对其求变分并令它等于零：

$$\delta \ln W\{n_{i,N}\} = -\sum_{i,N}\{\ln n_{i,N} - \ln \omega_{i,N}\}\delta n_{i,N} = 0 \tag{6.246}$$

还需要加上三个约束条件：系综中的总系统数$\mathcal{N}$是一定的；在平衡态时，系统的内能和粒子数的平均值固定，即

$$0 = \delta \mathcal{N} = \sum_{i,N}\delta n_{i,N} \tag{6.247}$$

$$0 = \delta(\mathcal{N}U) = \sum_{i,N}E_i \delta n_{i,N} \tag{6.248}$$

$$0 = \delta(\mathcal{N}\bar{N}) = \sum_{i,N}N\delta n_{i,N} \tag{6.249}$$

引入三个拉格朗日未定乘子 λ,α,β，得到

$$\begin{aligned} 0 &= \delta \ln W + \lambda \sum_{i,N}\delta n_{i,N} - \beta\delta(\mathcal{N}\ U) - \alpha\sum_{i,N}N\delta n_{i,N} \\ &= -\sum_{i,N}(\ln n_{i,N} - \ln \omega_{i,N} - \lambda + \beta E_i + \alpha N)\delta n_{i,N} \end{aligned} \tag{6.250}$$

由于 $\delta n_{i,N}$独立，易得最概然分布为

$$n_{i,N}^{*} = \omega_{i,N}e^{\lambda}e^{-\beta E_i - \alpha N} \tag{6.251}$$

即

$$n_{i,N}^{*} \propto e^{-\beta E_i - \alpha N} \tag{6.252}$$

由于每个相格 $\Delta\Omega_{i,N}$大小相等，根据等概率原理，可以假定 $\omega_{i,N}$都是相等的。最终得到了在第 i 个相格(对应的系统能量为 E_i)中找到系统的概率为

$$p_{\mathrm{gc},i,N} = \frac{n_{i,N}^{*}}{\mathcal{N}} = \frac{e^{-\beta E_i - \alpha N}}{\sum\limits_{i,N}e^{-\beta E_i - \alpha N}} \tag{6.253}$$

其中，λ 由式(6.241)决定，而 α,β 则由式(6.242)和式(6.243)决定。该结果与式(6.237)形式完全一致，类似正则系综部分的讨论，上式还留下一个问题，其中的未定乘子 β,α 真的等于 $1/(k_B T)$和 $-\mu/(k_B T)$吗？下面证明答案是肯定的。

熵是系统微观物理量 $-k_B\ln\rho_{gc}$ 的系综平均值，即我们一再强调的，**系综的熵是系统玻尔兹曼的系综平均值，称为吉布斯熵。**考虑经典连续的情形，对于巨正则分布，

$$\begin{aligned} S(V,\beta,\alpha) &= \langle -k_B\ln\rho_{gc}\rangle \\ &= \sum_{N=1}^{\infty}\int\rho_{gc}[k_B\ln\Xi + k_B\beta H(q_i,p_i) + k_B\alpha N]d\Omega_N \\ &= k_B\ln\Xi(V,\beta,\alpha) + k_B\beta\langle H\rangle + k_B\alpha\langle N\rangle \end{aligned} \tag{6.254}$$

根据系综理论，$\langle H\rangle = U$，$\langle N\rangle = \bar{N}$。注意到 $\beta(U,\alpha)$ 以及 $\alpha(\beta,\langle N\rangle)$，利用热力学关系：

$$\frac{1}{T} = \frac{\partial S}{\partial U} = \frac{\partial \beta}{\partial U}\frac{\partial}{\partial \beta}k_{\mathrm{B}}\ln \Xi(V,\beta,\alpha) + k_{\mathrm{B}}\frac{\partial \beta}{\partial U}U + k_{\mathrm{B}}\beta \tag{6.255}$$

在上式的计算过程中，我们仅对 $\Xi(V,\beta,\alpha)$ 显含 β 求导，对隐含的 $\alpha(\beta,\langle N\rangle)$ 不求导，这是因为 α 与 U 无关。将 $\partial(k_{\mathrm{B}}\ln\Xi)/\partial\beta = -k_{\mathrm{B}}U$ 代入上式，得到

$$\frac{1}{T} = \frac{\partial S}{\partial U} = k_{\mathrm{B}}\beta \tag{6.256}$$

即证明了 $\beta = 1/(k_{\mathrm{B}}T)$。

类似，将熵对 $\langle N\rangle$ 求偏导数，得到系统的化学势：

$$-\frac{\mu}{T} = \frac{\partial S}{\partial\langle N\rangle} = \frac{\partial \alpha}{\partial\langle N\rangle}\frac{\partial}{\partial \alpha}k_{\mathrm{B}}\ln \Xi(V,\beta,\alpha) + k_{\mathrm{B}}\frac{\partial \alpha}{\partial\langle N\rangle}\langle N\rangle + k_{\mathrm{B}}\alpha \tag{6.257}$$

同理，在上式中，我们仅对 $\Xi(V,\beta,\alpha)$ 显含 α 求导。将 $\partial(k_{\mathrm{B}}\ln\Xi)/\partial\alpha = -k_{\mathrm{B}}\langle N\rangle$ 代入上式，得到

$$-\frac{\mu}{T} = \frac{\partial S}{\partial\langle N\rangle} = +k_{\mathrm{B}}\alpha \tag{6.258}$$

即证明了 $\alpha = -\mu/(k_{\mathrm{B}}T)$。

将 $\beta = 1/(k_{\mathrm{B}}T)$ 以及 $\alpha = -\mu/(k_{\mathrm{B}}T)$ 代入式(6.254)，得到巨正则系统的巨热力学势 $J(V,N,T)$：

$$J(V,T,\mu) = U - TS - \mu\bar{N} = -k_{\mathrm{B}}T\ln \Xi(V,T,\mu) \tag{6.259}$$

即由系统的微观物理模型，我们可以得到巨正则系综的配分函数，再根据上式我们就得到给定 V,T,μ 的开放系统的热力学特性函数：巨热力学势。剩下的任务就交给热力学理论了！我们可以根据巨热力学势得到系统所有的热力学性质。例如，根据 J 的全微分：$\mathrm{d}J(V,T,\mu) = -S\mathrm{d}T - p\mathrm{d}V - \bar{N}\mathrm{d}\mu$，易得

$$p = -\left(\frac{\partial J}{\partial V}\right)_{T,\mu},\quad S = -\left(\frac{\partial J}{\partial T}\right)_{V,\mu},\quad \bar{N} = -\left(\frac{\partial J}{\partial \mu}\right)_{V,T} \tag{6.260}$$

其他的特性函数可由勒让德变换求得。

对于由全同粒子组成的巨热力学系统，系统的巨配分函数为

$$\Xi(V,T,\mu) = \sum_{N=1}^{\infty}\frac{1}{N!\,h^{3N}}\iint \mathrm{d}^{3N}q\,\mathrm{d}^{3N}p\exp[-\beta H(q_{\alpha},p_{\alpha}) - \alpha N] \tag{6.261}$$

从上式可以看出巨配分函数与正则配分函数 $Z(T,V,N)$之间的关系为

$$\Xi(V,T,\mu) = \sum_{N=1}^{\infty}\{\exp[\mu/(k_B T)]\}^N Z(T,V,N) \tag{6.262}$$

即巨配分函数为不同粒子数 N 的正则配分函数带权重求和。对于理想气体，进一步将正则配分函数 $Z(T,V,N)$用单粒子配分函数 $Z_1(T,V)$表示：

$$Z(T,V,N) = \frac{1}{N!}[Z_1(T,V)]^N \tag{6.263}$$

因此，对理想气体，系统的巨配分函数可以表示为

$$\Xi(V,T,\mu) = \sum_{N=1}^{\infty}\frac{1}{N!}[\exp(\mu/k_B T)Z_1(T,V)]^N \tag{6.264}$$

6.5.2 理想单原子分子气体

理想单原子分子气体，其单粒子配分函数 $Z_1(T,V)$为

$$Z_1(T,V) = \frac{V}{\lambda_T^3} \tag{6.265}$$

其中，λ_T 为粒子的热德布罗意波长：

$$\lambda_T = \left(\frac{h^2}{2\pi m k_B T}\right)^{1/2} \tag{6.266}$$

代入式(6.264)，因而得到

$$\Xi(V,T,\mu) = \exp\left\{\exp[\mu/(k_B T)]V\left(\frac{2\pi m k_B T}{h^2}\right)^{3/2}\right\} \tag{6.267}$$

因此系统的巨热力学势为

$$J(V,T,\mu) = -k_B T\ln\Xi(V,T,\mu) = -k_B T\left\{\exp[\mu/(k_B T)]V\left(\frac{2\pi m k_B T}{h^2}\right)^{3/2}\right\} \tag{6.268}$$

根据巨热力学势的全微分关系：$\mathrm{d}J = -p\mathrm{d}V - S\mathrm{d}T - N\mathrm{d}\mu$，可以到其他的热力学函数和热力学量：

$$p(T,V,\mu) = k_B T\exp[\mu/(k_B T)]\left(\frac{2\pi m k_B T}{h^2}\right)^{3/2} \tag{6.269}$$

$$S(T,V,\mu) = V\exp[\mu/(k_B T)]\left(\frac{2\pi m k_B T}{h^2}\right)^{3/2} k_B\left(\frac{5}{2} - \frac{\mu}{k_B T}\right) \tag{6.270}$$

$$N(T,V,\mu) = V\exp[\mu/(k_B T)]\left(\frac{2\pi m k_B T}{h^2}\right)^{3/2} \tag{6.271}$$

我们可以反解式(6.271),得到 μ 的表达式 $\mu(T,V,N)$ 并将之代入式(6.270)和式(6.269),就能够得到用 (T,V,N) 表示的理想气体的熵和状态方程。

6.5.3 近独立粒子系统

巨正则系统理论原则上可以处理存在相互作用的系统,上一节的讨论已经清楚地表明,理想气体作为存在相互作用的系统的一个特例(相互作用近似为零),当然可以用巨正则系综理论来处理。这也说明了巨正则系综理论的正确性。

前面我们已经通过等概率假设,得到了系统粒子数(N)和能量(E)给定的近独立粒子系统最概然的能级分布。下面我们进一步从巨正则系综的角度讨论近独立粒子系统的能级分布。

对近独立粒子系统,假设其能级分布为 $\{n_i\}=\{n_1,n_2,\cdots,n_i,\cdots\}$,则系统的总粒子数($N$)和总能量($E_s$)可以通过对能级分布求和得到

$$N=\sum_i n_i,\quad E_s=\sum_i n_i\varepsilon_i \tag{6.272}$$

另外,给定了能级分布 $\{n_i\}$ 之后,对近独立粒子系统,系统的总的微观状态数 $W(\{n_i\})$ 等于各个能级上微观状态数 W_i 的连乘,也就是说,各个能级上粒子的分布是独立的,即有

$$W(\{n_i\})=\prod_i W_i \tag{6.273}$$

将以上结果代入巨正则系综的微观状态分布函数 p_{N,E_s} 之后,得到

$$\begin{aligned}p_{N,E_s}&=\frac{1}{\Xi}W(\{n_i\})\mathrm{e}^{-\alpha N-\beta E_s}\\&=\frac{1}{\Xi}W(\{n_i\})\mathrm{e}^{-\alpha\sum_i n_i-\beta\sum_i n_i\varepsilon_i}\\&=\frac{1}{\Xi}\prod_i W_i\mathrm{e}^{-(\alpha+\beta\varepsilon_i)n_i}\end{aligned} \tag{6.274}$$

其中,巨配分函数 Ξ 的定义为

$$\Xi(\alpha,\beta,V)=\sum_{N=0}^{\infty}\sum_{E_s}\sum_{\{n_i\}}W(\{n_i\})\mathrm{e}^{-\alpha\sum_i n_i-\beta\sum_i n_i\varepsilon_i} \tag{6.275}$$

注意:在上式对能级分布 $\{n_i\}$ 求和的过程中,要满足约束条件式(6.272)。对巨正则系综,我们要对系综中各个系统的总粒子数 N 从零到无穷大求和。因此,对系综中总粒子数和总能量求和等价于对系统中各个能级独立求和,即

$$\Xi(\alpha,\beta,V)=\sum_{n_1=0}^{\infty}\sum_{n_2=0}^{\infty}\cdots\sum_{n_i=0}^{\infty}\cdots\prod_i W_i\mathrm{e}^{-(\alpha+\beta\varepsilon_i)n_i}$$

$$
\begin{aligned}
&= \prod_{i=1} \sum_{n_i=0}^{\infty} W_i \mathrm{e}^{-(\alpha+\beta\varepsilon_i)n_i} \\
&= \prod_{i=1} \Xi_i(\alpha,\beta,V)
\end{aligned}
\tag{6.276}
$$

在上式最后一步,我们引入了 Ξ_i:

$$
\Xi_i(\alpha,\beta,V) = \sum_{n_i=0}^{\infty} W_i \mathrm{e}^{-(\alpha+\beta\varepsilon_i)n_i} \tag{6.277}
$$

得到了巨正则系综的配分函数之后,系统所有热力学性质可以通过巨配分函数得到。

在巨正则系综中,系统的粒子数是不固定的,下面我们求系统中不同能级上的粒子数 n_i 的系综平均值$\langle n_i\rangle$:

$$
\begin{aligned}
\langle n_i\rangle &= \sum_{N=0}^{\infty}\sum_{E_s} n_i p_{N,E_s} \\
&= \frac{1}{\Xi}\sum_{N=0}^{\infty}\sum_{E_s} n_i W(\{n_i\})\mathrm{e}^{-\alpha N-\beta E_s} \\
&= \frac{1}{\Xi}\sum_{n_i=0}^{\infty} n_i W_i \mathrm{e}^{-(\alpha+\beta\varepsilon_i)n_i}\prod_{j\neq i}\sum_{n_j=0}^{\infty} W_j \mathrm{e}^{-(\alpha+\beta\varepsilon_i)n_i} \\
&= \sum_{n_i=0}^{\infty} n_i W_i \mathrm{e}^{-(\alpha+\beta\varepsilon_i)n_i} \Big/ \sum_{n_i=0}^{\infty} W_i \mathrm{e}^{-(\alpha+\beta\varepsilon_i)n_i} \\
&= -\frac{\partial \ln \Xi_i}{\partial \alpha}
\end{aligned}
\tag{6.278}
$$

下面具体讨论玻尔兹曼系统、玻色系统和费米系统中粒子的能级分布。

先讨论**玻尔兹曼分布**。对玻尔兹曼系统,系统是非简并的,即 $\omega_i \gg n_i$。给定系统中粒子的能级分布$\{n_i\}$之后,系统的微观状态数 $W\{n_i\}$为

$$
W(\{n_i\}) = \prod_i W_i = \prod_i \frac{1}{n_i!}\omega_i^{n_i} \tag{6.279}
$$

计算

$$
\begin{aligned}
\Xi_i &= \sum_{n_i=0}^{\infty} \frac{1}{n_i!}\omega_i^{n_i}\mathrm{e}^{-(\alpha+\beta\varepsilon_i)n_i} \\
&= \sum_{n_i=0}^{\infty} \frac{1}{n_i!}\left[\omega_i \mathrm{e}^{-(\alpha+\beta\varepsilon_i)}\right]^{n_i} \\
&= \exp\left[\omega_i \mathrm{e}^{-(\alpha+\beta\varepsilon_i)}\right]
\end{aligned}
\tag{6.280}
$$

易得

$$
\ln \Xi_i = \omega_i \mathrm{e}^{-(\alpha+\beta\varepsilon_i)} \tag{6.281}
$$

根据式(6.278),直接可以得到 n_i 的系综平均值$\langle n_i \rangle$:

$$\langle n_i \rangle = -\frac{\partial \ln \Xi_i}{\partial \alpha} = \omega_i \mathrm{e}^{-(\alpha+\beta\varepsilon_i)} \tag{6.282}$$

该结果与玻尔兹曼分布结果一致,但它们的物理意义是不一样的。在玻尔兹曼统计理论中,$\{n_i\}$为给定系统总粒子数之后的最概然能级分布,而这里得到的是能级分布的系综平均值。

继续讨论**玻色分布**。给定能级分布之后,根据玻色子的统计性质,i 能级上的微观状态数为

$$W_i = \mathrm{C}_{n_i+\omega_i-1}^{n_i} = \frac{(n_i+\omega_i-1)!}{n_i!(\omega_i-1)!} \tag{6.283}$$

计算 Ξ_i:

$$\begin{aligned} \Xi_i &= \sum_{n_i=0}^{\infty} \mathrm{C}_{n_i+\omega_i-1}^{n_i} \mathrm{e}^{-(\alpha+\beta\varepsilon_i)n_i} \\ &= \left[1-\mathrm{e}^{-(\alpha+\beta\varepsilon_i)}\right]^{-\omega_i} \end{aligned} \tag{6.284}$$

在上式中,我们已经利用了二项式公式,即

$$(1-x)^{-n} = \sum_{m=0}^{\infty} \mathrm{C}_{n+m-1}^{m} x^m \tag{6.285}$$

易知

$$\ln \Xi_i = -\omega_i \ln\left[1-\mathrm{e}^{-(\alpha+\beta\varepsilon_i)}\right] \tag{6.286}$$

最后得到由玻色系统能级分布的系综平均值为

$$\langle n_i \rangle = \frac{\omega_i}{\mathrm{e}^{\alpha+\beta\varepsilon_i}-1} \tag{6.287}$$

正如我们期望的,该系综平均值等于最概然能级分布值。

最后非常类似地讨论**费米分布**。给定能级分布之后,任一能级 i 对系统微观状态数的贡献为

$$W_i = \mathrm{C}_{\omega_i}^{n_i} = \frac{\omega_i!}{n_i!(n_i-\omega_i)!} \tag{6.288}$$

计算 Ξ_i:

$$\begin{aligned} \Xi_i &= \sum_{n_i=0}^{\omega_i} \mathrm{C}_{\omega_i}^{n_i} \mathrm{e}^{-(\alpha+\beta\varepsilon_i)n_i} \\ &= \left[1+\mathrm{e}^{-(\alpha+\beta\varepsilon_i)}\right]^{\omega_i} \end{aligned} \tag{6.289}$$

在上式最后一步，我们利用了二项式公式：

$$(1+x)^n=\sum_{m=0}^{n}\mathrm{C}_n^m x^m \tag{6.290}$$

因此

$$\ln \Xi_i=\omega_i \ln\left[1+\mathrm{e}^{-(\alpha+\beta\varepsilon_i)}\right] \tag{6.291}$$

能级分布的系综平均值为

$$\langle n_i\rangle=\frac{\omega_i}{\mathrm{e}^{\alpha+\beta\varepsilon_i}+1} \tag{6.292}$$

结果回到了费米-狄拉克分布的结果。

6.5.4 巨正则系综的涨落

对于巨正则系综，系统与大粒子源-大热源存在粒子数交换和能量交换，系综中的系统粒子数与能量都不一样，按一定的概率分布，即巨正则分布。有概率分布，就存在平均值和方差，即涨落。下面的分析表明，对巨正则系综，最概然分布时对应的粒子数 N^* 和能量值 E^* 分别等于系统粒子数和能量的系综平均值$\langle N\rangle$和$\langle E\rangle$，并且等于系统的相应的热力学量。系综中系统的粒子数和能量都呈正态分布，正态分布的方差几乎趋近于零，非常尖锐。从这个角度来说，巨正则系统与正则系综以及微正则系综几乎是等价的。

如果将 Γ 空间剖分为一个个非常小的相格，不妨设相格点 i 对应的能量为 E_i，则巨正则系综中含有 N 个粒子，以及系统恰好处于 i 相格个概率为

$$p_{\mathrm{gc},i,N}=\frac{1}{\Xi}\exp\left[-\beta(E_i-\mu N)\right] \tag{6.293}$$

其中，Ξ 为巨正则系综的配分函数：

$$\Xi=\sum_{i,N}\exp\left[-\beta(E_i-\mu N)\right] \tag{6.294}$$

如果我们并不关心系统处于哪个相格，而只关心系综中系统的粒子数和能量分布，我们需要引入给定系统粒子数 N 的单位能量的态密度 $D_N(E)$，即 $D_N(E)$的物理含义是，如果系统的粒子数为 N，同时系统的能量位于 $E\rightarrow E+\mathrm{d}E$ 之间的系统数为 $D_N(E)\mathrm{d}E$。因此，根据巨正则系综理论，系综中系统的粒子数和能量分别为 N,E 的概率密度为

$$\rho_{\mathrm{gc}}(N,E)=\frac{1}{\Xi}D_N(E)\exp\left[-\beta(E-\mu N)\right] \tag{6.295}$$

相应的巨正则配分函数为

$$\Xi = \sum_{N=1}^{\infty}\int_0^{\infty} \mathrm{d}E D_N(E)\exp[-\beta(E-\mu N)] \tag{6.296}$$

对于给定粒子数 N，巨正则系综完全等价于正则系综。另外，系综中的系统的粒子数 N 也有一个分布。下面我们分别计算最概然的系统能量 E^* 和系统粒子数 N^*。对 $\rho_{\mathrm{gc}}(N,E)$的能量求偏导并令其等于零，得到

$$\left.\frac{\partial \rho_{\mathrm{gc}}(N,E)}{\partial E}\right|_{E=E^*} = 0 \tag{6.297}$$

因此

$$\left.\frac{\partial D_N(E)}{\partial E}\right|_{E=E^*} = \beta D_N(E^*) \tag{6.298}$$

因为 $D_N(E) \approx \Omega(E,V,N)/\Delta E$，所以最概然分布的能量等价于由下式给出：

$$\left.\frac{\partial S}{\partial E}\right|_{E=E^*} = \frac{1}{T} \tag{6.299}$$

上式意味着 E^* 等于相应的微正则系综的固定能量。

同理，最概然的粒子数 N^* 满足

$$\left.\frac{\partial p_{\mathrm{gc}}(N,E)}{\partial N}\right|_{N=N^*} = 0 \tag{6.300}$$

即

$$\left.\frac{\partial D_N(E)}{\partial N}\right|_{N=N^*} = -\beta\mu D_{N^*}(E) \tag{6.301}$$

或者

$$\left.\frac{\partial S}{\partial N}\right|_{N=N^*} = -\frac{\mu}{T} \tag{6.302}$$

上式意味着 N^* 等于相应的微正则系综的固定粒子数。不难分析，系统能量 E 的系综平均值为

$$\begin{aligned}\langle E\rangle &= \frac{1}{\Xi}\sum_{N=1}^{\infty}\int \mathrm{d}E D_N(E)\exp[-\beta(E-\mu N)]E \\ &= -\frac{\partial}{\partial\beta}\ln\Xi + \mu\bar{N} = J + TS + \mu\bar{N} \equiv U\end{aligned} \tag{6.303}$$

类似地讨论，系统粒子数 N 的系综平均值$\langle N\rangle$为

$$\langle N\rangle = \sum_{i,N} N p_{i,N} = \frac{1}{\Xi}\sum_{i,N} N\exp[-\beta(E_i-\mu N)] = -\left.\frac{\partial J}{\partial\mu}\right|_{T,V} \equiv \bar{N} \tag{6.304}$$

下面讨论系统粒子数的涨落：$\sigma_N^2 \equiv \langle N^2 \rangle - \langle N \rangle^2$。先计算$\langle N^2 \rangle$：

$$\langle N^2 \rangle = \sum_{i,N} N^2 p_{\mathrm{gc},i,N} = \frac{1}{\Xi}\sum_{i,N} N^2 \exp[-\beta(E_i - \mu N)] = \frac{(k_B T)^2}{\Xi}\frac{\partial^2}{\partial \mu^2}\Xi\bigg|_{T,V} \tag{6.305}$$

另外，$k_B T \partial \Xi / \partial \mu|_{T,V} = \Xi \langle N \rangle$，且

$$\langle N^2 \rangle = \frac{k_B T}{\Xi}\frac{\partial}{\partial \mu}(\Xi \langle N \rangle)\bigg|_{T,V} = \langle N \rangle^2 + k_B T \frac{\partial \langle N \rangle}{\partial \mu}\bigg|_{T,V} \tag{6.306}$$

根据以上两式，得到

$$\sigma_N^2 = k_B T \frac{\partial \langle N \rangle}{\partial \mu}\bigg|_{T,V} = k_B T \frac{\partial \bar{N}}{\partial \mu}\bigg|_{T,V} \tag{6.307}$$

粒子的相对涨落为

$$\frac{\sigma_N^2}{\bar{N}^2} = \frac{k_B T}{\bar{N}^2}\left(\frac{\partial \bar{N}}{\partial \mu}\right)_{T,V} \tag{6.308}$$

下面我们想办法将上式尽量用易观测的物理量表示。首先，将吉布斯函数 G 的全微分表达式改写为用单粒子平均物理量（强度量）来表示，例如，引入系统中单位粒子的熵，即比熵 $s = S/\bar{N}$，以及单位粒子的体积，即比容 $v = V/\bar{N}$。吉布斯函数 G 的全微分表达式：$\mathrm{d}G = -S\mathrm{d}T + V\mathrm{d}p + \mu \mathrm{d}N$，利用 $G = \bar{N}\mu$，得到

$$\mathrm{d}\mu = v\mathrm{d}p - s\mathrm{d}T \tag{6.309}$$

由上式得到麦克斯韦关系：

$$\left(\frac{\partial \mu}{\partial v}\right)_T = v\left(\frac{\partial p}{\partial v}\right)_T \tag{6.310}$$

在保持 V 不变的前提下，$\mathrm{d}v = -V\mathrm{d}\bar{N}/\bar{N}^2 = -v\mathrm{d}\bar{N}/\bar{N}$，代入上式，得到

$$-\frac{\bar{N}^2}{V}\left(\frac{\partial \mu}{\partial \bar{N}}\right)_{T,V} = v\left(\frac{\partial p}{\partial v}\right)_T \tag{6.311}$$

将上式代入式(6.308)，得到

$$\frac{\sigma_N^2}{\bar{N}^2} = \frac{k_B T}{V}\kappa_T \tag{6.312}$$

其中，$\kappa_T = (\partial v / \partial p)_T / v$ 为压缩系数，为强度量。在保持粒子数密度不变的情况下，V 和$\bar{N}$都是广延量，因此上式与粒子数$\bar{N}$成反比。上式的结果表明，在热

力学极限下，相对涨落几乎为零。当然，如果压缩系数 κ_T 不是有限值，粒子数的相对涨落可能比较大，例如在气液相变的临界点，气液两相共存，系统的压缩系数 κ_T 趋于无穷大，气液两相的粒子数涨落都非常大，气体快速凝聚为液滴，液滴快速蒸发，在观测上表现为临界乳光现象。

下面继续讨论巨正则系综中能量的涨落。系综中系统的能量 E 的系综平均值为

$$\langle E\rangle = \sum_{i,N} E_i p_{\mathrm{gc},i,N} = \frac{1}{\Xi}\sum_{i,N} E_i \exp[-\beta(E_i-\mu N)] = -\frac{1}{\Xi}\left(\frac{\partial \Xi}{\partial \beta}\right)_{z,V} \tag{6.313}$$

为了方便起见，上式在微分过程中，已令逸度 $z\equiv e^{\beta\mu}$ 保持不变。同理，能量的平方平均值为

$$\langle E^2\rangle = \frac{1}{\Xi}\left(\frac{\partial^2 \Xi}{\partial \beta^2}\right)_{z,V} = -\frac{1}{\Xi}\left(\frac{\partial(\Xi\langle E\rangle)}{\partial \beta}\right)_{z,V} = \langle E\rangle^2 - \left(\frac{\partial\langle E\rangle}{\partial \beta}\right)_{z,V} \tag{6.314}$$

因此，能量涨落的方差为

$$\sigma_E^2 = \langle E^2\rangle - \langle E\rangle^2 = -\left(\frac{\partial\langle E\rangle}{\partial \beta}\right)_{z,V} \tag{6.315}$$

相对能量涨落为

$$\frac{\sigma_E^2}{U^2} = \frac{k_B T^2}{U^2}\left(\frac{\partial U}{\partial T}\right)_{z,V} \tag{6.316}$$

在上式中，已取 $\langle E\rangle = U$。下面的任务是尽量将上式用易测的物理量，特别是强度量来表示。根据 $U=U(T,V,N(T,V,z))$ 以及求导的链式法则，得到

$$\left(\frac{\partial U}{\partial T}\right)_{z,V} = \left(\frac{\partial U}{\partial T}\right)_{N,V} + \left(\frac{\partial U}{\partial N}\right)_{T,V}\left(\frac{\partial N}{\partial T}\right)_{z,V} = C_V + \left(\frac{\partial U}{\partial N}\right)_{T,V}\left(\frac{\partial N}{\partial T}\right)_{z,V} \tag{6.317}$$

再根据 $N(T,V,\mu(T,V,z))$，以及 $\mu = k_B T\ln z$，得到

$$\begin{aligned}\left(\frac{\partial N}{\partial T}\right)_{z,V} &= \left(\frac{\partial N}{\partial T}\right)_{\mu,V} + \left(\frac{\partial N}{\partial \mu}\right)_{T,V}\left(\frac{\partial \mu}{\partial T}\right)_{z,V} \\ &= \left(\frac{\partial N}{\partial T}\right)_{\mu,V} + \left(\frac{\partial N}{\partial \mu}\right)_{T,V}\frac{\mu}{T}\end{aligned} \tag{6.318}$$

如果 $N(T,V,\mu)=$ 常数，则有

$$\left(\frac{\partial N}{\partial T}\right)_{\mu,V} = -\left(\frac{\partial N}{\partial \mu}\right)_{T,V}\left(\frac{\partial \mu}{\partial T}\right)_{N,V} \tag{6.319}$$

将上式代入式(6.318),得到

$$\left(\frac{\partial N}{\partial T}\right)_{z,V} = \left(\frac{\partial N}{\partial \mu}\right)_{T,V}\left[\frac{\mu}{T} - \left(\frac{\partial \mu}{\partial T}\right)_{N,V}\right] \tag{6.320}$$

利用内能 U 的全微分关系:$\mathrm{d}U = T\mathrm{d}S - p\mathrm{d}V + \mu\mathrm{d}N$,得到

$$\left(\frac{\partial U}{\partial N}\right)_{T,V} = \mu + T\left(\frac{\partial S}{\partial N}\right)_{T,V} = \mu - T\left(\frac{\partial \mu}{\partial T}\right)_{N,V} \tag{6.321}$$

在上式中,已利用了麦克斯韦关系:

$$\left(\frac{\partial S}{\partial N}\right)_{T,V} = -\left(\frac{\partial \mu}{\partial T}\right)_{N,V} \tag{6.322}$$

再将式(6.321)和式(6.320)代入式(6.317),得到

$$\left(\frac{\partial U}{\partial T}\right)_{z,V} = C_V + \frac{1}{T}\left(\frac{\partial N}{\partial \mu}\right)_{T,V}\left[\left(\frac{\partial U}{\partial N}\right)_{T,V}\right]^2 \tag{6.323}$$

最后得到用易测的物理量表示的系统相对能量涨落为

$$\begin{aligned}\frac{\sigma_E^2}{U^2} &= \frac{k_B T^2}{U^2}C_V + \left[k_B T\left(\frac{\partial N}{\partial \mu}\right)_{T,V}\right]\left[\frac{1}{U}\left(\frac{\partial U}{\partial N}\right)_{T,V}\right]^2 \\ &= \frac{\sigma_E^2}{U^2}\bigg|_{\text{正则}} + \frac{\sigma_N^2}{U^2}\left[\left(\frac{\partial U}{\partial N}\right)_{T,V}\right]^2\end{aligned} \tag{6.324}$$

上式中左边第一项等于正则系综中系统的能量涨落,在正则系综中系统的总粒子数是固定的。上式的第二项是在巨正则系综中系统的粒子数 N 的涨落引起的。在热力学极限下,第一项显然是趋向于零的。第二项中方括号是强度量,$\sigma_N^2 \propto \bar{N}$,而 $U \propto \bar{N}$,因此,在热力学极限下,当系统的粒子数 $\bar{N} \to \infty$ 时,系统的相对能量涨落 $\sigma_E^2/U^2 \propto 1/\sqrt{\bar{N}} \to 0$。上式还表明,对巨正则系综而言,能量涨落与粒子数涨落显然是相关的,可以证明:$\langle EN\rangle \neq \langle E\rangle\langle N\rangle$。

6.5.5 实际气体:迈耶集团展开

实际气体的配分函数为

$$Z(N,T,V) = \frac{1}{N!\lambda^{3N}}Q_N(T,V) \tag{6.325}$$

其中,$Q_N(V,T)$ 由粒子间的相互作用给出:

$$Q_N(V,T) = \int \mathrm{d}^{3N}\boldsymbol{r}\prod_{i<j}\exp(-\beta V_{ij}) = \int \mathrm{d}^{3N}\boldsymbol{r}\prod_{i<j}(1 + f_{ij}) \tag{6.326}$$

其中，$f_{ij}=\exp(-\beta V_{ij})-1$。通常将 Q_N 展开为 f_{ij} 的幂级数形式，例如，以粒子 $N=3$ 的系统为例，Q_3 是对如下函数积分：

$$\prod_{i,j=1,i<j}^{3}(1+f_{ij})=(1+f_{12})(1+f_{13})(1+f_{23})$$
$$=1+(f_{12}+f_{13}+f_{23})+(f_{12}f_{13}+f_{12}f_{23}+f_{13}f_{23})+f_{12}f_{13}f_{23} \tag{6.327}$$

因此 Q_3 涉及对如下类型的积分项求和：

$$\begin{cases} Q_{f^0}\equiv\int \mathrm{d}^3\boldsymbol{r}_1\mathrm{d}^3\boldsymbol{r}_2\mathrm{d}^3\boldsymbol{r}_3\cdot 1=\left[\int \mathrm{d}^3\boldsymbol{r}_1\right]\cdot\left[\int \mathrm{d}^3\boldsymbol{r}_2\right]\cdot\left[\int \mathrm{d}^3\boldsymbol{r}_3\right]\cdot 1=V^3 \\ Q_{f^1}\equiv\int \mathrm{d}^3\boldsymbol{r}_1\mathrm{d}^3\boldsymbol{r}_2\mathrm{d}^3\boldsymbol{r}_3\cdot f_{12}=V\int \mathrm{d}^3\boldsymbol{r}_1\mathrm{d}^3\boldsymbol{r}_2 f_{12}\quad (f_{13},f_{23}\text{ 类似}) \\ Q_{f^2}\equiv\int \mathrm{d}^3\boldsymbol{r}_1\mathrm{d}^3\boldsymbol{r}_2\mathrm{d}^3\boldsymbol{r}_3\cdot f_{12}f_{13}\quad (f_{12}f_{23},f_{13}f_{23}\text{ 类似}) \\ Q_{f^3}\equiv\int \mathrm{d}^3\boldsymbol{r}_1\mathrm{d}^3\boldsymbol{r}_2\mathrm{d}^3\boldsymbol{r}_3\cdot f_{12}f_{13}f_{23} \end{cases} \tag{6.328}$$

从上式可以看出，Q_{f^0} 包含 f 的零次幂积分，是平庸的；Q_{f^1} 包含 f 的 1 次幂项积分，涉及对两个粒子的体积积分；Q_{f^2} 包含 f 的 2 次幂项积分，涉及对三个粒子的体积积分；Q_{f^3} 包含 f 的 3 次幂项积分，涉及对三个粒子的体积积分。为形象起见，将 Q_3 中的每一项用图形表示。Q_3 中的每一项都包含对三个粒子体积积分，我们就用编号为①，②，③的圆圈代表三个不同的粒子，而诸如 f_{12} 则用连接编号为 1，2 的线段代表：①—②，形象地显示出两个粒子间的相互作用贡献一个 f_{12} 因子。圆圈和线段的排列不重要。因此，Q_3 中的每一项与由 $N=3$ 个粒子的图形相对应。Q_3 就等于所有可能的 3 粒子图形之和。因此，Q_3 包含的求和项 Q_{f^0}，Q_{f^1}，Q_{f^2}，Q_{f^3} 可以用图形表示，见图 6.17。

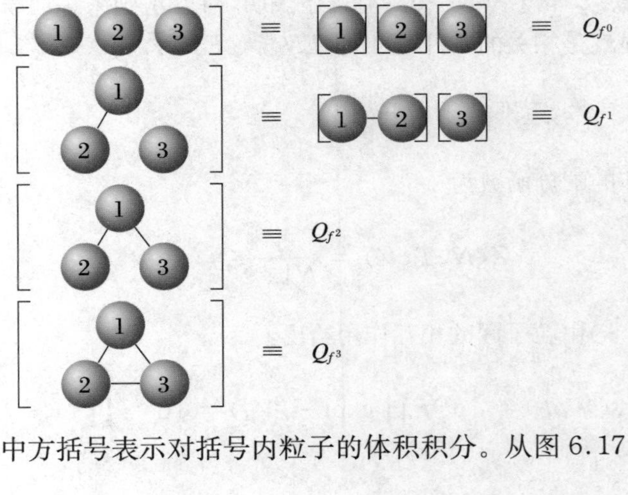

图 6.17　三粒子相互作用的图示法

图 6.17 中方括号表示对括号内粒子的体积积分。从图 6.17 可以看出，可

以将一个图形拆分为一系列不可再分的子图形的乘积。每个不可分割的子图形中包含不同粒子数，我们称之为一个粒子集团，简称为集团。例如，包含一个粒子的集团称为 1 集团，用 c_1 表示；包含两个粒子的集团称之为 2 集团，用 c_2 表示，以此类推，包含 l 个粒子的集团称之为 l 集团，用 c_l 表示。显然，对粒子数为 N 的系统，最小的集团为 c_1，最大的集团为 c_N。从图 6.17 明显可以看出，虽然 $Q_{f^2} \neq Q_{f^3}$，但 Q_{f^2} 与 Q_{f^3} 都是由三粒子集团 c_3 贡献的积分，也就是说，三粒子集团对应的积分不一定相等，也不一定不等。比如，Q_{f^2} 中包含三种可能的三粒子集团，与之对应的积分都相等，但 Q_{f^2} 与 Q_{f^3} 不相等。

每一个 $N=3$ 粒子图形都可以分解为不同集团的组合，用一组数(m_1, m_2, m_3)表示，代表该图形由 m_1 个 c_1 集团，m_2 个 c_2 集团，m_3 个 c_3 集团组装而成。显然，m_1, m_2, m_3 满足 $1 \cdot m_1 + 2 \cdot m_2 + 3 \cdot m_3 = 3$，即每个图形总的粒子数 $N=3$。我们用 $S\{m_1, m_2, m_3\}$表示组合数为(m_1, m_2, m_3)的所有图形对应的积分之和，例如，对 $N=3$ 粒子系统，所有可能的图形如图 6.18 所示。

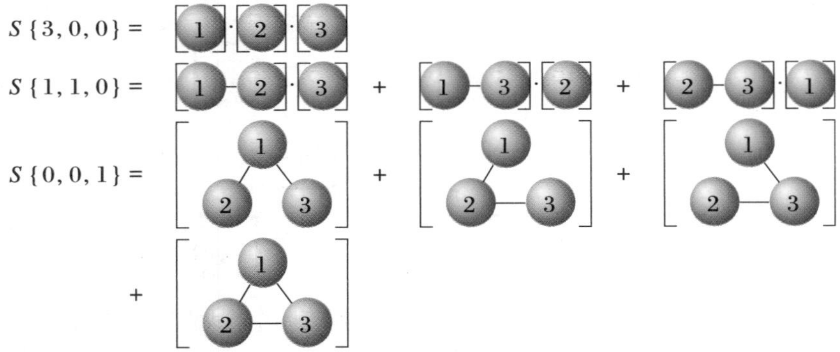

图 6.18　三粒子相互作用按集团分类

在上式中，方括号$[c_l]$表示与 c_l 集团对应的积分值。因此

$$Q_3 = \sum_{\{m_1, m_2, m_3\}} S\{m_1, m_2, m_3\} \tag{6.329}$$

即 Q_3 为对所有可能的组合的图形求和。将 Q_3 中的每一图形分解为一系列所有可能的 c_l 集团的组合，我们称之为集团展开，又称之为迈耶集团展开，这是迈耶及其同事在 1937 年发展的方法。

下面将上面的讨论推广到系统粒子数 $N \gg 1$ 的一般情况。将 l 集团 c_l 类比为能级 l，则给定了某个组合$(m_1, m_2, \cdots, m_N)$之后，我们称为给定了一个集团分布，如图 6.19 所示。

对于给定的某个集团分布，它显然满足下式：

$$\sum_l l \cdot m_l = N \tag{6.330}$$

即任一个图形中都包含 N 个粒子，或者说，N 个粒子分布在不同的集团中。

$S\{m_1, m_2, \cdots, c_N\}$中的每一项的结构都是相同的，都等于如下不同$[c_l]$的乘积：

$$S\{m_1, m_2, \cdots, c_N\} \text{ 中的任一项} = [m_1 \text{ 个 } c_1] \cdot [m_2 \text{ 个 } c_2] \cdot \cdots \cdot [m_N \text{ 个 } c_N] \tag{6.331}$$

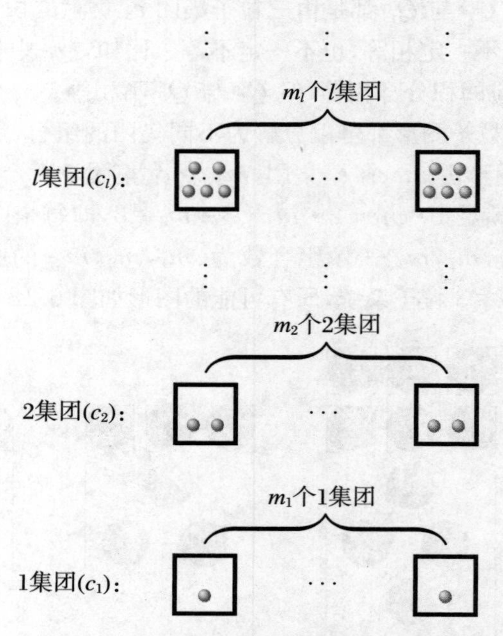

图 6.19 N 个相互作用系统的集团分布
将 N 个粒子分配到所有的集团中。

由于 m_l 个$[c_l]$的值不一定相同，我们需要将 m_l 个 c_l 集团再仔细划分为不同的类型，我们称之为 c_l 集团的不同构型，通俗地说，就是不同型号的 c_l 集团。对于两个包含相同粒子编号的 c_l，如果我们通过移动粒子以及相应的连接后相互转化，则它们属于相同的构型。根据集团构型的定义，Q_3 中四个 c_3 都属于不同的构型。如果两个 c_l 中粒子编号不同，我们可以将两个 c_l 中的粒子编号一一对应，将其中一个 c_l 集团中粒子编号与另一个对应的 c_l 集团中粒子编号相同，注意，相应的粒子间的连接也相应替换。经过重新编号之后，如果两者相互转化，则它们也属于两个相同的构型。例如，在图 6.20 中，我们有两个 c_3。

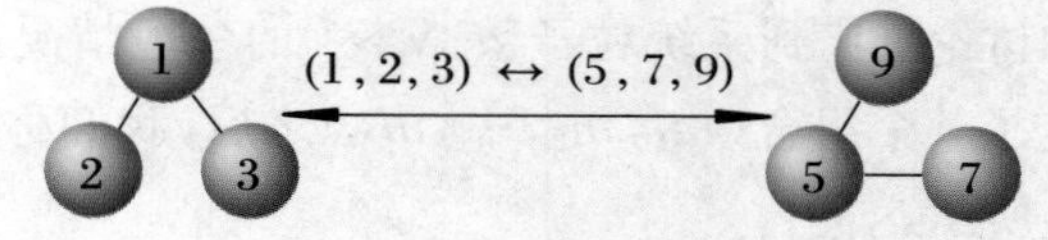

图 6.20 两个相同构型的三粒子集团(c_3)

如果将粒子编号互换，即(1,2,3)↔(5,7,9)，且相应的连接也替换，则如图 6.20 所示，两个 c_3 相互转化，因此，它们属于同一个构型。

按照 c_l 构型的定义，c_1 只有一种构型，c_2 也只有一种构型，c_3 则有四种不同的构型。需要指出的是，同一种构型的 c_l 对应的积分值$[c_l]$必须相等，但不

同构型的 c_l 对应的积分值$[c_l]$也可能是相等的，例如 c_3 中前三个构型的值相同。

假设 c_l 中有 K_l 种不同形式，则对于某个给定的分布$(m_1, m_2, \cdots, c_N)$，假设其中 m_l 个 c_l 可以分为 n_1 个形式 1，n_2 个形式 2，等等，我们用一组数$\{n_1, n_2, \cdots, n_{K_l}\}$表示，并称之为 c_l 集团的形式分布，如图 6.21 所示。

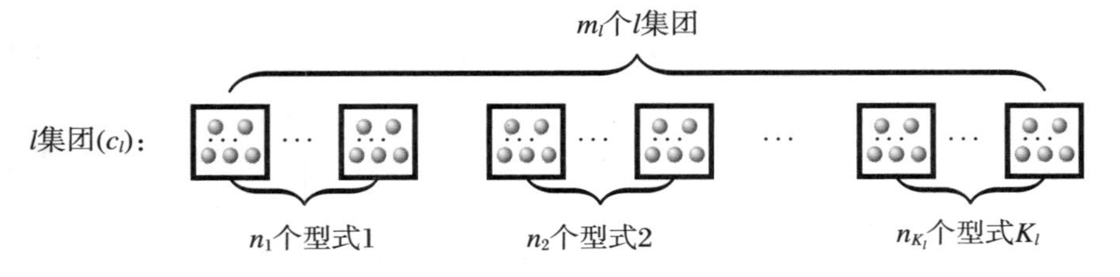

图 6.21　m_l 个 l 集团(c_l)又分为 K_l 个不同的构型

注意：为了简洁起见，在图 6.21 中我们并没有画出粒子间的连线。对于任何形式分布$\{n_1, n_2, \cdots, n_{K_l}\}$，显然满足下式：

$$\sum_{i=1}^{K_l} n_i = m_l \tag{6.332}$$

如果 c_l 集团的不同构型我们用 $c_l{}^{(1)}, c_l{}^{(2)}, \cdots, c_l{}^{(K_l)}$ 分别表示，则根据图 6.21 有：

$$\begin{aligned}[m_l \text{ 个 } c_l] &= [n_1 \text{ 个 } c_l{}^{(1)}] \cdot [n_2 \text{ 个 } c_l{}^{(2)}] \cdot \cdots \cdot [n_1 \text{ 个 } c_l{}^{(K_l)}] \\ &= [c_l{}^{(1)}]^{n_1} \cdot [c_l{}^{(2)}]^{n_2} \cdot \cdots \cdot [c_l{}^{(K_l)}]^{K_l}\end{aligned} \tag{6.333}$$

下面我们的任务就是计算 Q_N，即对所有可能 N 粒子图形进行求和。我们分两步走：第一步是给定集团分布$\{m_1, m_2, \cdots, m_N\}$之后，$m_l$ 个 c_l 的构型分布还有很多种，我们需要在保持 m_l 不变的情况下对所有可能的构型分布$\{n_1, n_2, \cdots, n_{K_l}\}$进行求和：

$$\sum_{\{n_1, n_2, \cdots, n_{K_l}\}} [m_l \text{ 个 } c_l] = \sum_{\{n_1, n_2, \cdots, n_{K_l}\}} \prod_{i=1}^{K_l} \frac{[C_l{}^{(i)}]^{n_i}}{n_i!} \tag{6.334}$$

注意：上式中的 $n_i!$ 因子是考虑到集团展开的时候，不必考虑图形中集团的排序。

第二步就是对集团分布$\{m_1, m_2, \cdots, m_N\}$进行求和：

$$\begin{aligned}S\{m_1, m_2, \cdots, m_N\} &= N! \prod_{l=1}^{N} \frac{1}{(l!)^{m_l}} \sum_{\{n_1, n_2, \cdots, n_{K_l}\}} \prod_{i=1}^{K_l} \frac{[C_l{}^{(i)}]^{n_i}}{n_i!} \\ &= N! \prod_{l=1}^{N} \frac{1}{(l!)^{m_l}} \frac{1}{m_l!} \left(\sum_{i=1}^{K_l} [C_l{}^{(i)}]\right)^{m_l}\end{aligned} \tag{6.335}$$

式(6.335)的最后一步用到了多项式定理。注意到$[c_l]$的量纲为体积的 l

次方，这是因为$[c_l]$来自对 l 粒子集团中的 l 个粒子的体积分。再进一步分析，采用 l 个粒子的质心系坐标和粒子间的相对坐标，先对质心系坐标体积积分，结果贡献一个 V，再对 $l-1$ 个相对坐标空间积分，贡献量纲为体积的 $l-1$ 次方的值，该值与粒子之间的相互作用力程有关，一般我们用粒子的热康普顿波长无量纲化。基于如上的物理考虑，我们引入如下无量纲的量 b_l：

$$b_l(V,T)=\frac{1}{l!\lambda^{3(l-1)}V}\sum_{i=1}^{K_l}[C_l^{(i)}] \tag{6.336}$$

因此

$$S\{m_1,m_2,\cdots,m_N\}=N!\lambda^{3N}\prod_{l=1}^{N}\frac{1}{m_l!}\left(b_l\frac{V}{\lambda^3}\right)^{m_l} \tag{6.337}$$

$$Q_N(V,T)=N!\lambda^{3N}\sum_{\{m_1,m_2,\cdots,m_N\}}\prod_{l=1}^{N}\frac{1}{m_l!}\left(b_l\frac{V}{\lambda^3}\right)^{m_l} \tag{6.338}$$

正则配分函数：

$$Z(T,V,N)=\sum_{\{m_1,m_2,\cdots,m_N\}}\prod_{l=1}^{N}\frac{1}{m_l!}\left(b_l\frac{V}{\lambda^3}\right)^{m_l} \tag{6.339}$$

式(6.339)对集团分布求和不太方便，分布中 $m_l(l=1,2,\cdots,N)$并不独立，需要满足约束条件式(6.330)。如果采用巨正则分布，对粒子没有任何约束，则对集团分布$\{m_1,m_2,\cdots,m_N\}$求和可以化简为独立地对 $m_l(l=1,2,\cdots,N)$求和。

根据巨正则系综理论，系综的配分函数为

$$\begin{aligned}\Xi(T,V,\mu)&=\sum_{N=0}^{\infty}e^{N\beta\mu}Z(T,V,N)\\&=\sum_{N=0}^{\infty}\sum_{\{m_1,m_2,\cdots,m_N\}}\prod_{l=1}^{N}\frac{1}{m_l!}\left(b_le^{l\beta\mu}\frac{V}{\lambda^3}\right)^{m_l}\\&=\sum_{m_1,m_2,\cdots,m_N=0}^{\infty}\prod_{l=1}^{N}\frac{1}{m_l!}\left(b_le^{l\beta\mu}\frac{V}{\lambda^3}\right)^{m_l}\\&=\prod_{l=1}^{\infty}\exp\left(b_le^{l\beta\mu}\frac{V}{\lambda^3}\right)\\&=\exp\left(\frac{V}{\lambda^3}\sum_{l=1}^{\infty}b_le^{l\beta\mu}\right)\end{aligned} \tag{6.340}$$

上式的第二步，我们代入了式(6.339)以及分布的约束条件式(6.330)。系统相应的巨热力学势为

$$J(T,V,\mu)=-k_BT\ln\Xi=-k_BT\frac{V}{\lambda^3}\sum_{l=1}^{\infty}b_l(V,T)e^{l\beta\mu} \tag{6.341}$$

得到系统的巨热力学势之后，下面的任务就可以交给热力学理论了。因此，问题的关键是如何通过理论计算得到 b_l。下面我们分别计算最小的三个粒子集团贡献的 b_1, b_2, b_3 的值。

先计算 b_1，易得

$$b_1 = \frac{1}{V}\int \mathrm{d}^3 \boldsymbol{r}_1 = 1 \tag{6.342}$$

再计算 b_2，显然有

$$\begin{aligned} b_2 &= \frac{1}{2\lambda^3 V}\iint \mathrm{d}^3 \boldsymbol{r}_1 \mathrm{d}^3 \boldsymbol{r}_2 f_{12} \\ &= \frac{1}{2\lambda^3}\int \mathrm{d}^3 \boldsymbol{r}_{12} f_{12} \\ &= \frac{2\pi}{\lambda^3}\int_0^\infty \mathrm{d}r r^2 (\mathrm{e}^{-\frac{V(r)}{k_B T}} - 1) \end{aligned} \tag{6.343}$$

在上式的第二步，采用了质心坐标($\boldsymbol{R}$)和相对坐标($\boldsymbol{r}_{12} = \boldsymbol{r}_1 - \boldsymbol{r}_2$)，即经过了如下的坐标变换：

$$\boldsymbol{R} = \frac{1}{2}(\boldsymbol{r}_1 + \boldsymbol{r}_2), \quad \boldsymbol{r}_{12} = \boldsymbol{r}_1 - \boldsymbol{r}_2 \tag{6.344}$$

上式的第三步假设了分子间的相互作用只与它们之间的半径有关，是球对称的。另外，将分子之间的相互作用势公式外推到无穷远处。这么做的理由是，随着分子间距离的增加，它们之间的相互作用势指数形式衰减。不难理解，在系统体积比较大的时候，对相对坐标体积积分近似与系统的体积无关，只与分子间相互作用力程有关，因此，在理想气体近似下($T \to \infty$或者 $V \to \infty$)，有

$$\lim_{V\to\infty} b_l(V, T) = b_l(T) \tag{6.345}$$

继续计算 b_3，它由四个不同形式的 c_3 集团贡献：

$$\begin{aligned} b_3 &= \frac{1}{6\lambda^6 V}\iiint \mathrm{d}^3 \boldsymbol{r}_1 \mathrm{d}^3 \boldsymbol{r}_2 \mathrm{d}^3 \boldsymbol{r}_3 (f_{12} f_{13} + f_{12} f_{23} + f_{13} f_{23} + f_{12} f_{13} f_{23}) \\ &= \frac{1}{6\lambda^6 V}\left[3V\int \mathrm{d}^3 \boldsymbol{r}_{12} f_{12} \int \mathrm{d}^3 \boldsymbol{r}_{13} f_{13} + V\iiint \mathrm{d}^3 \boldsymbol{r}_{12} \mathrm{d}^3 \boldsymbol{r}_{13} \mathrm{d}^3 \boldsymbol{r}_{23} f_{12} f_{13} f_{23}\right] \\ &= 2b_2^2 + \frac{1}{6\lambda^6 V}\iiint \mathrm{d}^3 \boldsymbol{r}_{12} \mathrm{d}^3 \boldsymbol{r}_{13} \mathrm{d}^3 \boldsymbol{r}_{23} f_{12} f_{13} f_{23} \end{aligned} \tag{6.346}$$

在上式的第二步采用了质心坐标($\boldsymbol{R}$)和相对坐标($\boldsymbol{r}_{ij} = \boldsymbol{r}_i - \boldsymbol{r}_j$)，以及与 Q_{f^2} 相对应的三个 c_3 的积分值相等的性质。以此类推，原则上可以计算更多的 b_l 的值。

假设得到所有的 b_l 的值之后，代入系统巨热力学势 J 的表达式(6.341)，根据 J 的全微分关系，易得

$$\frac{p}{k_B T} = -\frac{1}{k_B T}\left(\frac{\partial J}{\partial V}\right)_{T,\mu} = \frac{1}{\lambda^3}\sum_{l=1}^{\infty} b_l z^l \tag{6.347}$$

$$\frac{N}{V} = -\frac{1}{V}\left(\frac{\partial J}{\partial \mu}\right)_{T,V} = \frac{1}{\lambda^3}\sum_{l=1}^{\infty} l b_l z^l \tag{6.348}$$

上两式中的左边都表示为逸度 $z=\exp[\mu/(k_B T)]$的函数，它们可以看做以 z 为参数的状态方程，它们就是著名的**迈耶集团展开公式**。

简单讨论一下 b_l 的计算。对低密度气体，在热力学极限下，许多粒子形成一个大的粒子集团的概率很低。另一方面，$z \ll 1$，在集团展开时，只需要展开到 l 比较小的前几项就可以了。但在接近相变时，许多粒子形成一个大的液滴，则需要计算粒子数较大时的 b_l 的值。

下面根据迈耶集团展开公式，即式(6.347)和式(6.348)具体得到气体的状态方程，这与实际气体状态方程的维里形式相对应，称为**维里展开**。首先，根据式(6.348)原则上可以反解得到逸度 z 的表达式：

$$z = \sum_{l=1}^{\infty} c_l \left(\frac{\lambda^3}{v}\right)^l \tag{6.349}$$

其中，$v=V/N$，为每个粒子平均占的体积，即比容。待定系数 c_l 只与 b_l 有关，是 b_l 的函数。将式(6.349)代入式(6.347)之后，得到级数展开形式的方程：

$$\frac{p}{k_B T} = \frac{1}{\lambda^3}\sum_{l=1}^{\infty} b_l \left[\sum_{m=1}^{\infty} c_m \left(\frac{\lambda^3}{v}\right)^m\right]^l = \frac{1}{\lambda^3}\sum_{l=1}^{\infty} a_l \left(\frac{\lambda^3}{v}\right)^l \tag{6.350}$$

其中，待定系数 a_l 只与 b_l 有关。对理想气体：$b_1=1, b_l=0(l\geqslant 2)$，因此得到 $a_1=1, a_l=0(l\geqslant 2)$。

下面给出 $a_l(l=1,2,\cdots,N)$的具体表达式。注意到式(6.347)是 b_l 级数展开的形式，而式(6.350)是 a_l 级数展开的形式，对比这两种级数展开形式，得到 a_l 的表达式。即联合式(6.347)、式(6.348)和式(6.350)，得到

$$\frac{p\lambda^3}{k_B T} = \sum_{l=1}^{\infty} b_l z^l = \sum_{l=1}^{\infty} a_l \left[\sum_{n=1}^{\infty} n b_n z^n\right]^l \tag{6.351}$$

比较 z^l 前面的系数，得到如下用 a_l 表示的 b_l 的表达式：

$$\begin{cases} b_1 = a_1 b_1 \\ b_2 = 2a_1 b_2 + a_2 b_1^2 \\ b_3 = 3a_1 b_3 + 4a_2 b_1 b_2 + a_3 b_1^3 \\ b_4 = 4a_1 b_4 + a_2(4{b_2}^2 + 6b_1 b_3) + 6a_3 b_1^2 b_2 + a_4 b_1^4 \\ \vdots \end{cases} \tag{6.352}$$

反解得到 a_l 的表示式：

$$\begin{cases} a_1 = b_1 = 1 \\ a_2 = -b_2 = -\dfrac{2\pi}{\lambda^3}\displaystyle\int_0^{\infty} \mathrm{d}r r^2 (\mathrm{e}^{-\frac{V(r)}{k_B T}} - 1) \\ a_3 = 4b_2{}^2 - 2b_3 \\ a_4 = -20b_2{}^3 + 18b_2 b_3 - 3b_4 \\ \vdots \end{cases} \tag{6.353}$$

因为 $a_1 = b_1 = 1$，近似到 b_2 级，得到实际气体的状态方程为

$$\frac{pV}{Nk_B T} = 1 - b_2(T)\left(\frac{\lambda^3}{v}\right) \tag{6.354}$$

该结果与我们在6.4.5小节得到的结果相一致。当然，我们可以继续计算高阶展开项，这里不再讨论。

6.6 量子系综

作为一个补充，讨论由量子系统组成的量子系综的统计理论。在量子系综理论中，经典系综中的系综密度 $\rho(\boldsymbol{q},\boldsymbol{p})$ 由系综密度算符 $\hat{\rho}$ 代替。

某量子系统的哈密顿算符为 $\hat{H}$，系统的量子态用狄拉克符号 $|\psi\rangle$ 表示。假设系统是非相对性的，则量子态的演化由薛定谔方程决定：

$$\mathrm{i}\hbar\frac{\partial}{\partial t}|\psi\rangle = \hat{H}|\psi\rangle \tag{6.355}$$

假设 $\{|m\rangle, m = 1,2,\cdots,\}$ 为某线性厄米算符正交、归一完备的本征态，可以选它们为基底，将任一波函数用该基底展开，即

$$|\psi\rangle = \sum_m |m\rangle\langle m|\psi\rangle = \sum_m a_m |m\rangle \tag{6.356}$$

其中，$a_m = \langle m|\psi\rangle$ 为波函数 $|\psi\rangle$ 投影到基底上的概率幅，a_m 一般为复数，也就是说式(6.356)为相干性叠加。这是量子态相干性的体现。a_m 的模平方为概率，是量子态 $|\psi\rangle$ 处于 $|m\rangle$ 态的概率。由波函数 $|\psi\rangle$ 归一化可知

$$1 = \langle\psi|\psi\rangle = \sum_m \langle\psi|m\rangle\langle m|\psi\rangle = \sum_m a_m^* a_m = \sum_m |a_m|^2 \tag{6.357}$$

继续构造量子系综。假设有 $\mathcal{N}$ 个完全相同的量子系统，并且给它们分别编

号为(1),(2),…,用波函数$|(i)\rangle$表示第(i)号量子系统的波函数,它刻画了该系统的量子态。下面引入系综密度算符$\hat{\rho}$,它的定义为

$$\hat{\rho} \equiv \frac{1}{\mathcal{N}} \sum_i^{\mathcal{N}} |(i)\rangle\langle(i)| \tag{6.358}$$

系综密度算符$\hat{\rho}$通常也称为**密度矩阵**,那是因为在量子力学中,任何算符都可以用矩阵表示。在选定了基底之后,可以将算符投影到该基底,例如系综密度算符$\hat{\rho}$的矩阵元ρ_{nm}为

$$\rho_{nm} = \frac{1}{\mathcal{N}} \sum_i^{\mathcal{N}} \langle n | (i)\rangle\langle(i)|m\rangle = \frac{1}{\mathcal{N}} \sum_i^{\mathcal{N}} a_n^{(i)} a_m^{(i)*} \tag{6.359}$$

因此,可以将密度算符$\hat{\rho}$展开为

$$\hat{\rho} = \frac{1}{\mathcal{N}} \sum_i^{\mathcal{N}} \sum_n \sum_m a_n^{(i)} a_m^{(i)*} |n\rangle\langle m| \tag{6.360}$$

密度矩阵$\hat{\rho}_{mn}$有一个明显的特性,就是它的迹等于1。这是因为

$$\mathrm{Tr}(\hat{\rho}) = \sum_n \hat{\rho}_{nn} = \frac{1}{\mathcal{N}} \sum_i^{\mathcal{N}} \sum_n |a_n^{(i)}|^2 = \frac{1}{\mathcal{N}} \sum_i^{\mathcal{N}} 1 = 1 \tag{6.361}$$

密度矩阵$\hat{\rho}$是系综中各个态的经典概率相加,它反映了系综中系统的分布,因此它与经典系综中的密度ρ相对应。可以用来求任何物理量的系综平均值。例如,力学量$\hat{A}$,用矩阵表示为

$$\hat{A} = \sum_{mn} A_{mn} | m\rangle\langle n | \tag{6.362}$$

则$\hat{A}$的系综平均值为

$$\begin{aligned}
\langle \hat{A} \rangle &\equiv \frac{1}{\mathcal{N}} \sum_i^{\mathcal{N}} \langle (i) |\hat{A}| (i)\rangle = \frac{1}{\mathcal{N}} \sum_i^{\mathcal{N}} \sum_m \sum_n \langle (i) |m\rangle\langle m|\hat{A}|n\rangle\langle n|(i)\rangle \\
&= \frac{1}{\mathcal{N}} \sum_i^{\mathcal{N}} \sum_m \sum_n a_m^{(i)*} a_n^{(i)} \hat{A}_{mn} = \sum_m \sum_n \hat{\rho}_{nm} \hat{A}_{mn} = \mathrm{Tr}(\hat{\rho}\hat{A})
\end{aligned} \tag{6.363}$$

即力学量$\hat{A}$的系综平均值就是它与密度矩阵相乘之后的迹。它与经典系综平均$\langle A\rangle = \int \rho A \mathrm{d}\Omega$相对应。

下面考察密度算符$\hat{\rho}$的动力学演化。根据薛定谔方程,可知

$$\mathrm{i}\hbar \frac{\mathrm{d}\hat{\rho}}{\mathrm{d}t} = \mathrm{i}\hbar \frac{1}{\mathcal{N}} \sum_i^{\mathcal{N}} \left\{ \frac{\mathrm{d}}{\mathrm{d}t} |(i)\rangle\langle(i)| + |(i)\rangle \frac{\mathrm{d}}{\mathrm{d}t} \langle(i)| \right\}$$

$$= \frac{1}{\mathcal{N}}\sum_{i}^{\mathcal{N}}\left\{\hat{H}\ |(i)\rangle\langle(i)| - |(i)\rangle\langle(i)|\ \hat{H}\right\}$$

$$= \hat{H}\hat{\rho} - \hat{\rho}\hat{H} = [\hat{H},\hat{\rho}] \tag{6.364}$$

即密度算符$\hat{\rho}$动力学演化方程为

$$\frac{\mathrm{d}\hat{\rho}}{\mathrm{d}t} = \frac{1}{\mathrm{i}\hbar}[\hat{H},\hat{\rho}] \tag{6.365}$$

上式就是量子刘维尔定理。系统处于平衡态时，要求系综是稳定，即要求$[\hat{H},\hat{\rho}]=0$，等价于要求$\hat{\rho}$为守恒量。这是经典统计中稳定系综的分布函数是运动积分这一基本假设在量子统计中的对应。

一般选系统的能量本征态作为基底，一般情况下，能量本征态是简并的，引入量子数 s 退简并，其中 s 是算符 $\hat{S}$ 的本征值。要求算符 $\hat{S}$ 与 $\hat{H}$ 以及 $\hat{\rho}$ 对易。因此有

$$\hat{H}\ |ns\rangle = E_n|\ ns\rangle \tag{6.366}$$

由于$\hat{\rho}$与$\hat{H}$对易，因此$|ns\rangle$也是$\hat{\rho}$的本征态，因此$\hat{\rho}$的矩阵元是对角的，即有

$$\hat{\rho} = \sum_{n,s}\hat{\rho}_{ns}\ |ns\rangle\langle ns| \tag{6.367}$$

其中，$\hat{\rho}_{ns}=\hat{\rho}_{(ns)(ns)}$为

$$\hat{\rho}_{ns} = \frac{1}{\mathcal{N}}\sum_{i}\langle ns\ |(i)\rangle\langle(i)|\ ns\rangle = \frac{1}{\mathcal{N}}\sum_{i}\ |a_{ns}^{(i)}|^2 = \frac{\mathcal{N}_{ns}}{\mathcal{N}} \tag{6.368}$$

其中，$\mathcal{N}_{ns}=\sum\limits_{i}|a_{ns}^{(i)}|^2$ 为系综中处于量子态$|ns\rangle$的系统数目。由此也可以看出$\hat{\rho}_{ns}$的物理含义：它是系综中的系统处于能量本征态$|ns\rangle$的概率。

类似经典统计理论，下面的任务就是在给定各种宏观条件下，根据等概率原理得到系综密度矩阵的对角元$\hat{\rho}_{ns}$。

对微正则系综，有

$$\hat{\rho}_{ns} = \begin{cases}\dfrac{1}{\Omega} & (E\leqslant E_n\leqslant E+\Delta E)\\ 0 & (\text{其他})\end{cases} \tag{6.369}$$

其中，Ω 为系综处于$E\leqslant E_n\leqslant E+\Delta E$ 范围量子态的总数。

对量子正则系综，有

$$\hat{\rho}_{ns} = \mathrm{e}^{-\alpha-\beta E_n} \tag{6.370}$$

相应的正则配分函数为

$$Z = \mathrm{Tr}(\hat{\rho}) = \sum_{ns} \mathrm{e}^{-\beta E_n} \tag{6.371}$$

在上式的求和过程中，考虑到能级的简并性，可以对 s 量子数求和，得到

$$Z = \sum_{n} \Omega_n \mathrm{e}^{-\beta E_n} \tag{6.372}$$

其中，Ω_n 为能级 n 的简并度。正则系综对应的密度算符展开为

$$\hat{\rho} = \mathrm{e}^{-\beta\hat{H}} = \mathrm{e}^{-\beta\hat{H}} \sum_{ns} |ns\rangle\langle ns| = \sum_{ns} \mathrm{e}^{-\beta E_n} |ns\rangle\langle ns| \tag{6.373}$$

同理，巨正则系综对应的密度算符为

$$\hat{\rho} = \mathrm{e}^{\beta(\mu\hat{N}-\hat{H})} \tag{6.374}$$

巨配分函数为

$$\Xi = \mathrm{Tr}(\mathrm{e}^{\beta(\mu\hat{N}-\hat{H})}) = \sum_{N=0}^{\infty} (\mathrm{e}^{\beta\mu})^N \sum_{ns} \mathrm{e}^{-\beta E_n} = \sum_{N=0}^{\infty} z^N Z \tag{6.375}$$

其中，$z \equiv \mathrm{e}^{\beta\mu}$ 为逸度。从上面的讨论可知，量子微正则系综、正则系综和巨正则系综的配分函数见式(6.369)、式(6.372)与式(6.375)，它们与我们之前得到的结果是一致的，参见式(6.21)、式(6.78)与式(6.233)。

第7章　气体动力论

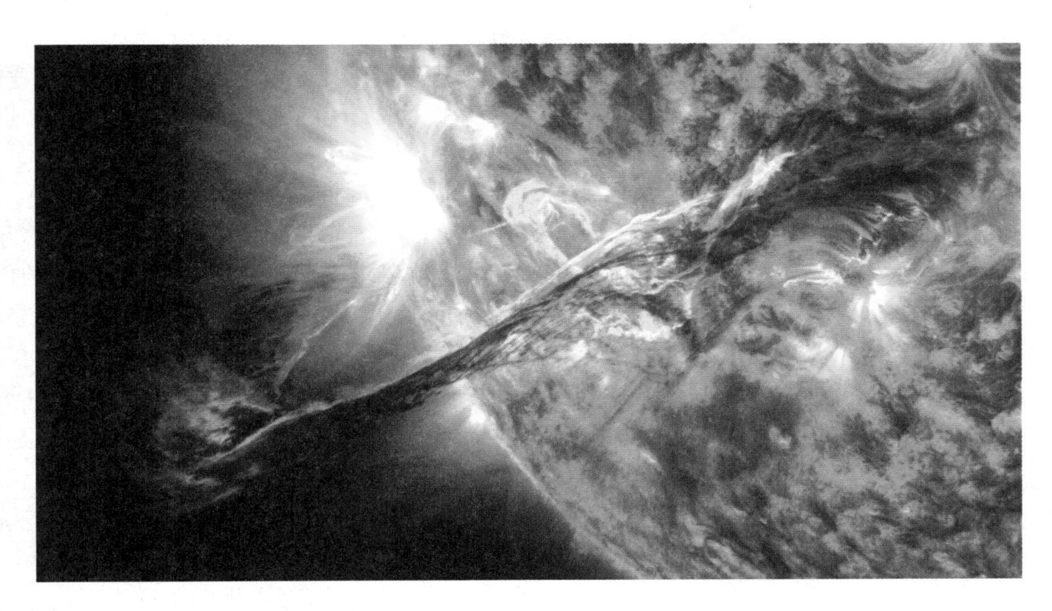

日冕物质抛射
图片来自NASA。

气体动力论就是从系统的微观运动方程出发，得到系统宏观性质及其随时间的演化方程。气体动力论试图回答如下三个问题：**① 系统中的粒子是不停运动的，如何定义系统的平衡态？② 所有的系统能自然地演化到平衡态吗？③ 非平衡态系统如何演化？**

以包含 N 个粒子的稀薄气体为例，在上一章我们已经讨论过，系统的状态空间是 Γ 空间，即 Γ 空间中的一个点同时给出系统 N 个粒子的位置和动量：$(\boldsymbol{q}_1,\boldsymbol{q}_2,\cdots,\boldsymbol{q}_N,\boldsymbol{p}_1,\boldsymbol{p}_2,\cdots,\boldsymbol{p}_N)$。如果再给出系统的哈密顿量 $H(\boldsymbol{q}_1,\boldsymbol{q}_2,\cdots,\boldsymbol{q}_N,\boldsymbol{p}_1,\boldsymbol{p}_2,\cdots,\boldsymbol{p}_N,t)$，则系统微观态的演化方程由如下的正则方程决定：

$$\frac{\mathrm{d}\boldsymbol{q}_i}{\mathrm{d}t}=\frac{\partial H}{\partial \boldsymbol{p}_i},\quad \frac{\mathrm{d}\boldsymbol{p}_i}{\mathrm{d}t}=-\frac{\partial H}{\partial \boldsymbol{q}_i} \tag{7.1}$$

显然，正则方程具有时间反演对称性。系统的宏观态只需要少数几个宏观量，例如 E,p,T,N 来描写，远小于系统微观态刻画所需要的 $6N$ 个参数量。因此存在大量的系统微观态，对应同一个相同的系统宏观态。在实际测量过程中得到的系统的宏观物理量其实是系统微观物理量的时间平均值。根据系综理论，时间平均等价于系综平均。为了做系综平均，只需要知道系综在 Γ 空间的态密度函数，即分布函数 $\rho(\boldsymbol{q}_1,\boldsymbol{q}_2,\cdots,\boldsymbol{q}_N,\boldsymbol{p}_1,\boldsymbol{p}_2,\cdots,\boldsymbol{p}_N,t)$就足够了，而不关心系统的微观状态到底是如何随时间演化的。

因此，动力论对第一个问题的回答是：在平衡态时，系统物理量的系综平均值不随时间变化，这就要求 $\partial\rho_{\mathrm{eq}}/\partial t=0$。因此，系统的任何微观物理量对系统的平均值就不随时间变化。如果 $\partial\rho_{\mathrm{eq}}/\partial t=0$，根据刘维尔定理，则有：$[\rho_{\mathrm{eq}},H]=0$。一个可能的解就是：$\rho_{\mathrm{eq}}=\rho_{\mathrm{eq}}(H)$。这是统计力学的一个基本假设！当然，$\rho_{\mathrm{eq}}$也可能为其他守恒量的函数。

分布函数 ρ 都会演化到ρ_{eq}吗？问题是，如果答案是肯定的，则由于系统微观态的演化方程具有时间反演对称性，ρ_{eq}也会演化到 ρ。解决方案是，$\rho(t)$在ρ_{eq}附近演化，$\rho(t)$对时间的平均无限接近 ρ_{eq}。这就是统计力学的另一个基本假设：各态历经假说。

为了回答动力论的第三个问题，即非平衡态系统是如何演化的？需要进一步发展系统微观状态的演化方程。这就是下一节需要讨论的 Bogoliubov-Born-Green-Kirkwood-Yvon(BBGKY)方程链。

7.1 BBGKY 方程链

系统的分布函数 $\rho(\boldsymbol{q}_1,\boldsymbol{q}_2,\cdots,\boldsymbol{q}_N,\boldsymbol{p}_1,\boldsymbol{p}_2,\cdots,\boldsymbol{p}_N,t)$包含的信息远远多于刻画系统平衡态所需。例如，前面讨论了单粒子的分布函数就足以计算气体的压

强，参见方程(5.54)。

根据全密度函数 $\rho=\rho_N$，引入单粒子在 μ 空间的分布函数 f_1：

$$f_1(\boldsymbol{q},\boldsymbol{p},t)=\left\langle\sum_{i=1}^{N}\delta^3(\boldsymbol{q}-\boldsymbol{q}_i)\delta^3(\boldsymbol{p}-\boldsymbol{p}_i)\right\rangle$$
$$=N\int\prod_{i=2}^{N}\mathrm{d}^3\boldsymbol{q}_i\mathrm{d}^3\boldsymbol{p}_i\rho(\boldsymbol{q}=\boldsymbol{q}_1,\cdots,\boldsymbol{p}=\boldsymbol{p}_1,\cdots,t)\tag{7.2}$$

已假设对所有的粒子交换具有对称性，贡献了因子 N。我们可以引入单子粒子分布在相空间的密度 $\rho_1(\boldsymbol{q},\boldsymbol{p},t)$：

$$\rho_1(\boldsymbol{q},\boldsymbol{p},t)\equiv\frac{1}{N}f_1(\boldsymbol{q},\boldsymbol{p},t)\tag{7.3}$$

显然，ρ_1 是归一化的。

为了考察粒子之间的相关性，引入双粒子密度函数：

$$f_2(\boldsymbol{q}_1,\boldsymbol{q}_2,\boldsymbol{p}_1,\boldsymbol{p}_2,t)=N(N-1)\int\prod_{i=3}^{N}\mathrm{d}^3\boldsymbol{q}_i\mathrm{d}^3\boldsymbol{p}_i\rho(\boldsymbol{q}_1,\boldsymbol{q}_2,\cdots,\boldsymbol{p}_1,\boldsymbol{p}_2,\cdots,t)$$
$$\equiv N(N-1)\rho_2(\boldsymbol{q}_1,\boldsymbol{q}_2,\boldsymbol{p}_1,\boldsymbol{p}_2,t)\tag{7.4}$$

其中，ρ_2 为 2 个粒子相空间坐标的无条件概率分布密度，它是归一化的。ρ_2 的物理意义是：在 t 时刻，在单粒子相空间的$(\boldsymbol{q}_1,\boldsymbol{p}_1)$点发现粒子 1，同时在$(\boldsymbol{q}_2,\boldsymbol{p}_2)$点发现粒子 2 的联合概率密度。显然，如果两粒子是完全独立的，则 $\rho_2(\boldsymbol{q}_1,\boldsymbol{q}_2,\boldsymbol{p}_1,\boldsymbol{p}_2,t)=\rho_1(\boldsymbol{q}_1,\boldsymbol{p}_1,t)\cdot\rho_1(\boldsymbol{q}_2,\boldsymbol{p}_2,t)$，否则该式不成立。

继续引入更一般的 s 个粒子密度函数为

$$f_s(\boldsymbol{q}_1,\boldsymbol{q}_2,\cdots,\boldsymbol{q}_s,\boldsymbol{p}_1,\boldsymbol{p}_2,\cdots,\boldsymbol{p}_s,t)$$
$$=\frac{N!}{(N-s)!}\int\prod_{i=s+1}^{N}\mathrm{d}^3\boldsymbol{q}_i\mathrm{d}^3\boldsymbol{p}_i\rho(\boldsymbol{q}_1,\boldsymbol{q}_2,\cdots,\boldsymbol{p}_1,\boldsymbol{p}_2,\cdots,t)$$
$$=\frac{N!}{(N-s)!}\rho_s(\boldsymbol{q}_1,\boldsymbol{q}_2,\cdots,\boldsymbol{q}_s,\boldsymbol{p}_1,\boldsymbol{p}_2,\cdots,\boldsymbol{p}_s,t)\tag{7.5}$$

注意：与 ρ_1 和 ρ_2 一样，ρ_s 对所有变量积分是归一的。

从系统微观态的演化方程出发，可以得到关于 $f_s(s=1,2,\cdots,N)$演化的方程，这就是著名的 BBGKY 方程链。在 BBGKY 方程链中，f_1 的含时演化方程依赖 f_2，f_2 的含时演化方程依赖 f_3，一直到 f_{N-1}的含时演化方程依赖 f_N。下面就推导该方程。先写出包含 N 个气体分子的系统的总的哈密顿量：

$$H(\boldsymbol{q}_1,\cdots,\boldsymbol{q}_N,\boldsymbol{p}_1,\cdots,\boldsymbol{p}_N)=\sum_{i=1}^{N}\left[\frac{\boldsymbol{p}_i^2}{2m}+V(\boldsymbol{q}_i)\right]+\frac{1}{2}\sum_{i,j=1}^{N}V^{\mathrm{int}}(\boldsymbol{q}_i-\boldsymbol{q}_j)\tag{7.6}$$

其中，V 为外场的势能，对所有粒子都相同。V^{int} 为粒子间的两体相互作用势能。原则上，还需要考虑三体、四体，甚至多体的相互作用，但是对于这里所关心的稀薄气体，多体相互作用基本可以忽略。

为了研究 f_s 随时间的演化，将系统中的 N 粒子分为两组，一组包含 s 个粒子，另一组包含另外 $N-s$ 个粒子。同时，将系统的哈密顿量拆分为

$$H = H_s + H_{N-s} + H_{\text{int}} \tag{7.7}$$

其中，H_s 和 H_{N-s} 分别仅包含同一组 s 个粒子与 $N-s$ 个粒子内部之间的相互作用：

$$\begin{aligned}
H_s &= H(\boldsymbol{q}_1, \cdots, \boldsymbol{q}_s, \boldsymbol{p}_1, \cdots, \boldsymbol{p}_s) \\
&= \sum_{i=1}^{s}\left[\frac{\boldsymbol{p}_i^2}{2m} + V(\boldsymbol{q}_i)\right] + \frac{1}{2}\sum_{i,j=1}^{s} V^{\text{int}}(\boldsymbol{q}_i - \boldsymbol{q}_j) \\
H_{N-s} &= H(\boldsymbol{q}_{s+1}, \cdots, \boldsymbol{q}_N, \boldsymbol{p}_{s+1}, \cdots, \boldsymbol{p}_N) \\
&= \sum_{i=s+1}^{N}\left[\frac{\boldsymbol{p}_i^2}{2m} + V(\boldsymbol{q}_i)\right] + \frac{1}{2}\sum_{i,j=s+1}^{N} V^{\text{int}}(\boldsymbol{q}_i - \boldsymbol{q}_j)
\end{aligned}$$

而 H_{int} 则包含了两组粒子间的相互作用：

$$H_{\text{int}} = \sum_{i=1}^{s}\sum_{j=s+1}^{N} V^{\text{int}}(\boldsymbol{q}_i - \boldsymbol{q}_j) \tag{7.8}$$

根据 ρ_s 的定义，以及刘维尔定理，易得 ρ_s 对时间 t 的偏导数为

$$\frac{\partial \rho_s}{\partial t} = \int \prod_{i=s+1}^{N} \mathrm{d}^3 \boldsymbol{q}_i \mathrm{d}^3 \boldsymbol{p}_i \frac{\partial \rho}{\partial t} = -\int \prod_{i=s+1}^{N} \mathrm{d}^3 \boldsymbol{q}_i \mathrm{d}^3 \boldsymbol{p}_i [\rho, H_s + H_{N-s} + H_{\text{int}}] \tag{7.9}$$

下面分别计算上式中的三个泊松括号。注意到上式的积分并不针对前 s 个坐标，因此，第一个泊松括号中的积分和微分是可以调换次序的，即

$$\int \prod_{i=s+1}^{N} \mathrm{d}^3 \boldsymbol{q}_i \mathrm{d}^3 \boldsymbol{p}_i [\rho, H_s] = \left[\left(\int \prod_{i=s+1}^{N} \mathrm{d}^3 \boldsymbol{q}_i \mathrm{d}^3 \boldsymbol{p}_i \rho\right), H_s\right] = [\rho_s, H_s] \tag{7.10}$$

凭物理直觉，ρ_s 仅包含第一组粒子相空间坐标，而 H_{N-s} 仅包含第二组粒子的相空间坐标，因此第二个泊松括号应该等于零：$[\rho_s, H_{N-s}]=0$。下面给出详细计算。直接利用泊松括号的定义：

$$\begin{aligned}
&-\int \prod_{i=s+1}^{N} \mathrm{d}^3 \boldsymbol{q}_i \mathrm{d}^3 \boldsymbol{p}_i [\rho, H_{N-s}] \\
&\quad = -\int \prod_{i=s+1}^{N} \mathrm{d}^3 \boldsymbol{q}_i \mathrm{d}^3 \boldsymbol{p}_i \sum_{j=1}^{N}\left(\frac{\partial \rho}{\partial \boldsymbol{q}_j} \cdot \frac{\partial H_{N-s}}{\partial \boldsymbol{p}_j} - \frac{\partial \rho}{\partial \boldsymbol{p}_j} \cdot \frac{\partial H_{N-s}}{\partial \boldsymbol{q}_j}\right)
\end{aligned}$$

$$
\begin{aligned}
&= -\int \prod_{i=s+1}^{N} \mathrm{d}^3 \boldsymbol{q}_i \mathrm{d}^3 \boldsymbol{p}_i \sum_{j=s+1}^{N} \left[\frac{\partial \rho}{\partial \boldsymbol{q}_j} \cdot \frac{\boldsymbol{p}_j}{m} - \frac{\partial \rho}{\partial \boldsymbol{p}_j} \right. \\
&\quad \left. \cdot \left(\frac{\partial V}{\partial \boldsymbol{q}_j} + \frac{1}{2} \sum_{k=s+1}^{N} \frac{\partial V^{\text{int}}(\boldsymbol{q}_j - \boldsymbol{q}_k)}{\partial \boldsymbol{q}_j} \right) \right] \\
&= 0
\end{aligned} \tag{7.11}
$$

上面推导的第一步直接将泊松括号代入，第二步利用了 H_{N-s} 不含前 s 个粒子相空间坐标，最后一步利用了分部积分法，并注意到 $\boldsymbol{p}_j/m$ 不依赖于 $\boldsymbol{q}_j$，以及括号中的项不依赖于 $\boldsymbol{p}_j$，利用分部积分法，以及边界条件，这两部分的积分都为零。

注意：H_{int} 仅包含相互作用项，与动量项无关，因此，第三个泊松括号为

$$
\begin{aligned}
[\rho_s, H_{\text{int}}] &= -\int \prod_{i=s+1}^{N} \mathrm{d}^3 \boldsymbol{q}_i \mathrm{d}^3 \boldsymbol{p}_i \sum_{j=1}^{N} \left(\frac{\partial \rho}{\partial \boldsymbol{q}_j} \cdot \frac{\partial H_{\text{int}}}{\partial \boldsymbol{p}_j} - \frac{\partial \rho}{\partial \boldsymbol{p}_j} \cdot \frac{\partial H_{\text{int}}}{\partial \boldsymbol{q}_j} \right) \\
&= \int \prod_{i=s+1}^{N} \mathrm{d}^3 \boldsymbol{q}_i \mathrm{d}^3 \boldsymbol{p}_i \sum_{j=1}^{N} \left[\frac{\partial \rho}{\partial \boldsymbol{p}_j} \cdot \frac{\partial}{\partial \boldsymbol{q}_j} \sum_{k=1}^{s} \sum_{l=s+1}^{N} V^{\text{int}}(\boldsymbol{q}_k - \boldsymbol{q}_l) \right] \\
&= \int \prod_{i=s+1}^{N} \mathrm{d}^3 \boldsymbol{q}_i \mathrm{d}^3 \boldsymbol{p}_i \left(\sum_{j=1}^{s} + \sum_{j=s+1}^{N} \right) \left[\frac{\partial \rho}{\partial \boldsymbol{p}_j} \cdot \frac{\partial}{\partial \boldsymbol{q}_j} \sum_{k=1}^{s} \sum_{l=s+1}^{N} V^{\text{int}}(\boldsymbol{q}_k - \boldsymbol{q}_l) \right]
\end{aligned} \tag{7.12}
$$

上式最后一步已将对 j 的求和拆分为分别对两组粒子编号求和。当对 $j=1,2,\cdots,s$ 求和时，有

$$
\begin{aligned}
\sum_{j=1}^{s} \frac{\partial \rho}{\partial \boldsymbol{p}_j} \frac{\partial}{\partial \boldsymbol{q}_j} \sum_{k=1}^{s} \sum_{l=s+1}^{N} V^{\text{int}}(\boldsymbol{q}_k - \boldsymbol{q}_l) &= \sum_{j=1}^{s} \frac{\partial \rho}{\partial \boldsymbol{p}_j} \sum_{l=s+1}^{N} \sum_{k=1}^{s} \frac{\partial}{\partial \boldsymbol{q}_k} V^{\text{int}}(\boldsymbol{q}_k - \boldsymbol{q}_l) \frac{\partial \boldsymbol{q}_k}{\partial \boldsymbol{q}_j} \\
&= \sum_{j=1}^{s} \frac{\partial \rho}{\partial \boldsymbol{p}_j} \sum_{l=s+1}^{N} \sum_{k=1}^{s} \frac{\partial}{\partial \boldsymbol{q}_k} V^{\text{int}}(\boldsymbol{q}_k - \boldsymbol{q}_l) \delta_{kj} \\
&= \sum_{j=1}^{s} \frac{\partial \rho}{\partial \boldsymbol{p}_j} \sum_{l=s+1}^{N} \frac{\partial}{\partial \boldsymbol{q}_j} V^{\text{int}}(\boldsymbol{q}_j - \boldsymbol{q}_l)
\end{aligned} \tag{7.13}
$$

同理，当对 $j=s+1,s+2,\cdots,N$ 求和时，有

$$
\sum_{j=s+1}^{N} \frac{\partial \rho}{\partial \boldsymbol{p}_j} \frac{\partial}{\partial \boldsymbol{q}_j} \sum_{k=1}^{s} \sum_{l=s+1}^{N} V^{\text{int}}(\boldsymbol{q}_k - \boldsymbol{q}_l) = \sum_{j=s+1}^{N} \frac{\partial \rho}{\partial \boldsymbol{p}_j} \sum_{k=1}^{s} \frac{\partial}{\partial \boldsymbol{q}_j} V^{\text{int}}(\boldsymbol{q}_k - \boldsymbol{q}_j) \tag{7.14}
$$

将式(7.13)和式(7.14)代入式(7.12)，得到

$$
\begin{aligned}
[\rho_s, H_{\text{int}}] = \int \prod_{i=s+1}^{N} \mathrm{d}^3 \boldsymbol{q}_i \mathrm{d}^3 \boldsymbol{p}_i &\left[\sum_{j=1}^{s} \sum_{l=s+1}^{N} \frac{\partial \rho}{\partial \boldsymbol{p}_j} \cdot \frac{\partial}{\partial \boldsymbol{q}_j} V^{\text{int}}(\boldsymbol{q}_j - \boldsymbol{q}_l) \right. \\
&\left. + \sum_{j=s+1}^{N} \sum_{k=1}^{s} \frac{\partial \rho}{\partial \boldsymbol{p}_j} \cdot \frac{\partial}{\partial \boldsymbol{q}_j} V^{\text{int}}(\boldsymbol{q}_k - \boldsymbol{q}_j) \right]
\end{aligned} \tag{7.15}
$$

上式的第二项涉及如下形式的积分：$\int d^3 \boldsymbol{p}_i \partial\rho/\partial \boldsymbol{p}_i g(\boldsymbol{q}_j)(i > s)$，经过分部积分之后结果为零。因此，考虑到粒子交换对称性之后，直接取 $l = s+1$，对 l 的求和贡献$N - s$ 个相等的项：

$$
\begin{aligned}
[\rho_s, H_{\text{int}}] &= \int \prod_{i=s+1}^{N} d^3 \boldsymbol{q}_i d^3 \boldsymbol{p}_i \left[\sum_{j=1}^{s} \sum_{l=s+1}^{N} \frac{\partial \rho}{\partial \boldsymbol{p}_j} \cdot \frac{\partial}{\partial \boldsymbol{q}_j} V^{\text{int}}(\boldsymbol{q}_j - \boldsymbol{q}_l) \right] \\
&= (N-s) \int \prod_{i=s+1}^{N} d^3 \boldsymbol{q}_i d^3 \boldsymbol{p}_i \sum_{j=1}^{s} \frac{\partial \rho}{\partial \boldsymbol{p}_j} \cdot \frac{\partial}{\partial \boldsymbol{q}_j} V^{\text{int}}(\boldsymbol{q}_j - \boldsymbol{q}_{s+1}) \\
&= (N-s) \sum_{j=1}^{s} \int d^3 \boldsymbol{q}_{s+1} d^3 \boldsymbol{p}_{s+1} \frac{\partial V^{\text{int}}(\boldsymbol{q}_j - \boldsymbol{q}_{s+1})}{\partial \boldsymbol{q}_j} \cdot \frac{\partial}{\partial \boldsymbol{p}_j} \left[\int \prod_{i=s+2}^{N} d^3 \boldsymbol{q}_i d^3 \boldsymbol{p}_i \rho \right] \\
&= (N-s) \sum_{j=1}^{s} \int d^3 \boldsymbol{q}_{s+1} d^3 \boldsymbol{p}_{s+1} \frac{\partial V^{\text{int}}(\boldsymbol{q}_j - \boldsymbol{q}_{s+1})}{\partial \boldsymbol{q}_j} \cdot \frac{\partial \rho_{s+1}}{\partial \boldsymbol{p}_j}
\end{aligned}
\tag{7.16}
$$

上式关键的处理是将 $\int \prod_{i=s+1}^{N} d^3 \boldsymbol{q}_i d^3 \boldsymbol{p}_i$ 拆分为

$$
\int d^3 \boldsymbol{q}_{s+1} d^3 \boldsymbol{p}_{s+1} \int \prod_{i=s+2}^{N} d^3 \boldsymbol{q}_i d^3 \boldsymbol{p}_i
$$

将上面得到的三个泊松括号的值代入公式(7.9)，得到

$$
\frac{\partial \rho_s}{\partial t} + [\rho_s, H_s] = (N-s) \sum_{i=1}^{s} \int d^3 \boldsymbol{q}_{s+1} d^3 \boldsymbol{p}_{s+1} \frac{\partial V^{\text{int}}(\boldsymbol{q}_i - \boldsymbol{q}_{s+1})}{\partial \boldsymbol{q}_i} \cdot \frac{\partial \rho_{s+1}}{\partial \boldsymbol{p}_i}
\tag{7.17}
$$

或者将 ρ_s 替换为 f_s：

$$
\frac{\partial f_s}{\partial t} + [f_s, H_s] = \sum_{i=1}^{s} \int d^3 \boldsymbol{q}_{s+1} d^3 \boldsymbol{p}_{s+1} \frac{\partial V^{\text{int}}(\boldsymbol{q}_i - \boldsymbol{q}_{s+1})}{\partial \boldsymbol{q}_i} \cdot \frac{\partial f_{s+1}}{\partial \boldsymbol{p}_i}
\tag{7.18}
$$

方程(7.17)和方程(7.18)就是著名的 BBGKY **方程链**。也可以将哈密顿量代入上式，将 BBGKY 方程链用势函数表示：

$$
\begin{aligned}
&\left[\frac{\partial}{\partial t} + \sum_{i=1}^{s} \frac{\boldsymbol{p}_i}{m} \cdot \frac{\partial}{\partial \boldsymbol{q}_i} - \sum_{i=1}^{s} \left(\frac{\partial V}{\partial \boldsymbol{q}_i} + \frac{\partial V^{\text{int}}}{\partial \boldsymbol{q}_i} \right) \cdot \frac{\partial}{\partial \boldsymbol{p}_i} \right] f_s \\
&\quad = \sum_{i=1}^{s} \int d^3 \boldsymbol{q}_{s+1} d^3 \boldsymbol{p}_{s+1} \frac{\partial V^{\text{int}}(\boldsymbol{q}_i - \boldsymbol{q}_{s+1})}{\partial \boldsymbol{q}_i} \cdot \frac{\partial f_{s+1}}{\partial \boldsymbol{p}_i}
\end{aligned}
\tag{7.19}
$$

下面讨论公式(7.17)的物理意义。如果第一组 s 个粒子与其他粒子之间不存在相互作用，式(7.17)的右边等于零，则密度 ρ_s 满足刘维尔定理，这组 s 个粒子的密度 ρ_s 的演化类似不可压缩流体。如果第一组 s 个粒子与第二组 $N-s$个粒子存在相互作用，则式(7.17)的右边不等于零。式(7.17)右边项的物理意义是它是第一组 s 个粒子与第二组$N-s$ 个粒子之间的碰撞项。由于只考虑两体相互作用，并考虑到第二组 $N-s$ 个粒子的等价性，或交换对称性，碰撞

项只依赖于 $s+1$ 个粒子的密度 ρ_{s+1}。也就是说,$\partial\rho_1/\partial t$ 依赖 ρ_2,而 $\partial\rho_2/\partial t$ 依赖 ρ_3,等等。因此原则上式(7.17)与最初的关于 ρ 的演化方程一样复杂!为了简化问题,必须从物理上考虑,将链式方程截断。例如在推导玻尔兹曼方程(下一节讨论)的过程中,取了这样的近似:$\rho_2(\boldsymbol{q}_1,\boldsymbol{q}_2,\boldsymbol{p}_1,\boldsymbol{p}_2)\approx\rho_1(\boldsymbol{q}_1,\boldsymbol{p}_1)\rho_1(\boldsymbol{q}_2,\boldsymbol{p}_2)$。

7.2 玻尔兹曼方程

为了考虑方程(7.19)中不同项的相对重要性,写出 BBGKY 链方程的前两个方程:

$$\left[\frac{\partial}{\partial t}+\frac{\boldsymbol{p}_1}{m}\cdot\frac{\partial}{\partial \boldsymbol{q}_1}-\frac{\partial V}{\partial \boldsymbol{q}_1}\cdot\frac{\partial}{\partial \boldsymbol{p}_1}\right]f_1=\int \mathrm{d}^3\boldsymbol{q}_2\mathrm{d}^3\boldsymbol{p}_2\frac{\partial V^{\text{int}}(\boldsymbol{q}_1-\boldsymbol{q}_2)}{\partial \boldsymbol{q}_1}\cdot\frac{\partial f_2}{\partial \boldsymbol{p}_1} \tag{7.20}$$

以及

$$\begin{aligned}&\left[\frac{\partial}{\partial t}+\frac{\boldsymbol{p}_1}{m}\cdot\frac{\partial}{\partial \boldsymbol{q}_1}-\frac{\partial V}{\partial \boldsymbol{q}_1}\cdot\frac{\partial}{\partial \boldsymbol{p}_1}+\frac{\boldsymbol{p}_2}{m}\cdot\frac{\partial}{\partial \boldsymbol{q}_2}-\frac{\partial V}{\partial \boldsymbol{q}_2}\cdot\frac{\partial}{\partial \boldsymbol{p}_2}\right.\\&\quad\left.-\frac{\partial V^{\text{int}}(\boldsymbol{q}_1-\boldsymbol{q}_2)}{\partial \boldsymbol{q}_1}\cdot\left(\frac{\partial}{\partial \boldsymbol{p}_1}-\frac{\partial}{\partial \boldsymbol{p}_2}\right)\right]f_2\\&\quad=\int \mathrm{d}^3\boldsymbol{q}_3\mathrm{d}^3\boldsymbol{p}_3\left[\frac{\partial V^{\text{int}}(\boldsymbol{q}_1-\boldsymbol{q}_3)}{\partial \boldsymbol{q}_1}\cdot\frac{\partial}{\partial \boldsymbol{p}_1}+\frac{\partial V^{\text{int}}(\boldsymbol{q}_2-\boldsymbol{q}_3)}{\partial \boldsymbol{q}_2}\cdot\frac{\partial}{\partial \boldsymbol{p}_2}\right]f_3\end{aligned} \tag{7.21}$$

在上式中,已利用了两体势的对称性:$V^{\text{int}}(\boldsymbol{q}_1-\boldsymbol{q}_2)=V^{\text{int}}(\boldsymbol{q}_2-\boldsymbol{q}_1)$。

方括号中所有项的量纲为时间的倒数:$1/\tau$。室温中气体的特征速度 $v\approx 10^2\ \mathrm{m\cdot s^{-1}}$。外势 V 和两体相互作用势 V^{int} 的不同力程分别给出相应的特征长度。

外力时标:

$$\frac{1}{\tau_V}\sim\frac{\partial V}{\partial \boldsymbol{q}}\cdot\frac{\partial}{\partial \boldsymbol{p}}\sim\frac{V/p}{q}\sim\frac{v}{L} \tag{7.22}$$

其中,宏观尺度 L 为外势 V 的典型力程。取 $L=10^{-3}$ m,则:$\tau_V\approx L/v\approx 10^{-5}$ s。

碰撞时标:

$$\frac{1}{\tau_c}\sim\frac{\partial V^{\text{int}}}{\partial \boldsymbol{q}}\cdot\frac{\partial}{\partial \boldsymbol{p}}\sim\frac{V^{\text{int}}/p}{q}\sim\frac{v}{d} \tag{7.23}$$

其中，d 为两体相互作用势 V^{int} 的典型力程。对范德瓦尔斯气体，分子之间是短程相互作用，其力程约为分子之间的距离，取 $d=10^{-10}$ m，则 $\tau_c\approx d/v\approx 10^{-12}$ s。对于等离子体，带电粒子之间存在库仑相互作用，是长程相互作用，这里暂不讨论，留到 7.3 小节再讨论。

依赖 f_{s+1} 的碰撞时标：

$$\frac{1}{\tau_x}\sim\int \mathrm{d}^3\boldsymbol{q}_s\mathrm{d}^3\boldsymbol{p}_s\left(\frac{\partial V^{\text{int}}}{\partial \boldsymbol{q}}\cdot\frac{\partial}{\partial \boldsymbol{p}}\right)\frac{f_{s+1}}{f_s}\sim\frac{d^3}{\tau_c}n \tag{7.24}$$

其中，$n=N/V$ 为粒子的数密度。f_{s+1}/f_s 项与在单位体积中发现另一个粒子的概率相关，近似等于粒子的数密度。上式只有在相互作用力程(d)的体积积分才不为零。因此，平均自由时间为

$$\tau_x\approx\frac{\tau_c}{nd^3}\approx\frac{1}{nvd} \tag{7.25}$$

取 $n=10^{26}\ \mathrm{m}^{-3}$，对短程力，则 $nd^3\approx 10^{-4}$，因此 $\tau_x\approx 10^{-8}\ \mathrm{s}\gg\tau_c$。

推导玻尔兹曼方程的关键是采用 $\tau_c\ll\tau_x$ 近似，忽略掉 f_{s+1} 相关的碰撞项。从方程(7.20)可以看出，它是链式方程中唯一的方程的左边不含碰撞项的方程。对其他的链式方程，例如方程(7.21)，方程右边的碰撞项较小，与左边项差了一个因子 nd^3，可以忽略。而对方程(7.20)，方程的右边则主导了方程左边。因此，为了让链式方程截断，可以令方程(7.21)的右边等于零。因此，BBKGY 链式方程只剩下了关于 f_1 和 f_2 的两个方程。

令方程(7.21)的右边等于零意味着两体密度的演化如同在一个孤立的两体系统中。则在方程(7.21)的左边控制 f_2 的演化的项分别正比于 τ_V^{-1} 和 τ_c^{-1}。这两项的作用或多或少可以单独处理，其中 τ_V^{-1} 刻画了两个粒子质心的演化，而 τ_c^{-1} 则刻画了双体的相对距离的演化。

密度 f_2 正比于联合概率分布函数 ρ_2，也就是发现粒子 1 位于($\boldsymbol{q}_1,\boldsymbol{p}_1$)，同时发现粒子 2 位于($\boldsymbol{q}_2,\boldsymbol{p}_2$)的概率。如果粒子间的距离大于两体相互作用 V_{int} 的力程(对短程力)，即 $|\boldsymbol{q}_1-\boldsymbol{q}_2|\gg d$，则应该有

$$f_2(\boldsymbol{q}_1,\boldsymbol{q}_2,\boldsymbol{p}_1,\boldsymbol{p}_2,t)\rightarrow f_1(\boldsymbol{q}_1,\boldsymbol{p}_1,t)\cdot f_1(\boldsymbol{q}_2,\boldsymbol{p}_2,t) \tag{7.26}$$

以上近似即使在系统处于非平衡态时也是成立的。

为了计算式(7.20)右边的碰撞项，需要知道当两个粒子间距处于 d 附近时的 f_2 的精确表达式。在微观长、宏观短的时间内($\tau_c<t<\tau_V$)，粒子之间充分碰撞，系统处于稳恒态($\partial/\partial t=0$)，忽略掉 $1/\tau_V$ 项和 $\partial/\partial t$ 项，f_2 满足的方程可简化为

$$\left[\frac{\boldsymbol{p}_1}{m}\cdot\frac{\partial}{\partial \boldsymbol{q}_1}+\frac{\boldsymbol{p}_2}{m}\cdot\frac{\partial}{\partial \boldsymbol{q}_2}-\frac{\partial V^{\text{int}}(\boldsymbol{q}_1-\boldsymbol{q}_2)}{\partial \boldsymbol{q}_1}\cdot\left(\frac{\partial}{\partial \boldsymbol{p}_1}-\frac{\partial}{\partial \boldsymbol{p}_2}\right)\right]f_2=0 \tag{7.27}$$

由于外力时标远大于粒子间碰撞时标，函数 $f_2(\boldsymbol{q}_1,\boldsymbol{q}_2)$ 应该是质心 $\boldsymbol{Q}\equiv(\boldsymbol{q}_1+\boldsymbol{q}_2)/2$ 的缓变函数，以及相对来说粒子间距 $\boldsymbol{q}=\boldsymbol{q}_2-\boldsymbol{q}_1$ 的急变函数。因此可以取以下近似：

$$\frac{\partial f_2}{\partial \boldsymbol{q}} \gg \frac{\partial f_2}{\partial \boldsymbol{Q}}, \quad \frac{\partial f_2}{\partial \boldsymbol{q}_2} \approx -\frac{\partial f_2}{\partial \boldsymbol{q}_1} \approx \frac{\partial f_2}{\partial \boldsymbol{q}} \tag{7.28}$$

进一步得到

$$\frac{\partial V^{\mathrm{int}}(\boldsymbol{q}_1-\boldsymbol{q}_2)}{\partial \boldsymbol{q}_1}\cdot\left(\frac{\partial}{\partial \boldsymbol{p}_1}-\frac{\partial}{\partial \boldsymbol{p}_2}\right)f_2=-\left(\frac{\boldsymbol{p}_1-\boldsymbol{p}_2}{m}\right)\cdot\left(\frac{\partial}{\partial \boldsymbol{q}}\right)f_2 \tag{7.29}$$

以上方程不含时间导数项，它给出了在两体碰撞过程中 f_2 所满足的约束性方程。

下面详细讨论 f_1 所要满足的方程。我们的目标就是利用式(7.29)以及采用额外的合理的假设，进一步简化方程(7.20)。方程(7.20)右边的碰撞项现在可以写为

$$\begin{aligned}\left.\frac{\mathrm{d}f_1}{\mathrm{d}t}\right|_c &= \int \mathrm{d}^3\boldsymbol{q}_2\mathrm{d}^3\boldsymbol{p}_2\,\frac{\partial V^{\mathrm{int}}(\boldsymbol{q}_1-\boldsymbol{q}_2)}{\partial \boldsymbol{q}_1}\cdot\left(\frac{\partial}{\partial \boldsymbol{p}_1}-\frac{\partial}{\partial \boldsymbol{p}_2}\right)f_2\\ &\approx -\int \mathrm{d}^3\boldsymbol{q}_2\mathrm{d}^3\boldsymbol{p}_2\left(\frac{\boldsymbol{p}_1-\boldsymbol{p}_2}{m}\right)\cdot\left(\frac{\partial}{\partial \boldsymbol{q}}\right)f_2\end{aligned} \tag{7.30}$$

其中上式第一步中的最后一项含 $\partial f_2/\partial \boldsymbol{p}_2$，是人为添加的，该项对 $\boldsymbol{p}_2$ 积分之后结果为零。第二步利用了公式(7.29)。

根据前面的分析，f_2 是两粒子的质心 $\boldsymbol{Q}$ 的缓变函数，因此在质心系中讨论碰撞项是合理和方便的。方程(7.30)的积分涉及 f_2 对两粒子间距 $\boldsymbol{q}$ 的偏导数投影到 $\boldsymbol{p}_1-\boldsymbol{p}_2$ 方向的值。因此，在质心系中建立如图 7.1 所示的球坐标系：粒子 1 从右向左与粒子 2 从相反方向发生对撞。坐标原点 O 为两粒子的质心，极轴 $\boldsymbol{a}$ 的方向选为平行于两粒子的相对动量方向：$\boldsymbol{p}_2-\boldsymbol{p}_1$，碰撞前 $\boldsymbol{a}$ 的坐标为负。两个方位角按照习惯选为(θ,ϕ)。碰撞之前选用柱坐标更方便，碰撞参数选为 $\boldsymbol{b}$。现在沿着 $\boldsymbol{a}$ 的方向对式(7.30)右边积分，得到

$$\begin{aligned}\left.\frac{\mathrm{d}f_1}{\mathrm{d}t}\right|_c &= \int \mathrm{d}^3\boldsymbol{p}_2\mathrm{d}^2\boldsymbol{b}\cdot|\boldsymbol{v}_1-\boldsymbol{v}_2|\\ &\quad\cdot\left[f_2(\boldsymbol{q}_1,\boldsymbol{b},a=\infty,\boldsymbol{p}_1,\boldsymbol{p}_2;t)-f_2(\boldsymbol{q}_1,\boldsymbol{b},a=-\infty,\boldsymbol{p}_1,\boldsymbol{p}_2;t)\right]\end{aligned} \tag{7.31}$$

显然，上式中 $\mathrm{d}^2\boldsymbol{b}\cdot|\boldsymbol{v}_1-\boldsymbol{v}_2|$ 的物理意义是入射粒子流。对 a 的积分原则上是从 $-\infty$ 到 $+\infty$。实际操作的时候，只需考虑在几倍碰撞力程 d 附近积分。进一步假设因为碰撞发生在非常小的、大小约为几倍 d 的区域，可以近似将粒子 1 和粒子 2 看作位于同一点，即 $\boldsymbol{q}_1\approx\boldsymbol{q}_2$。这是一个很强的假设，即低分辨率近似，

又称为粗粒化近似。

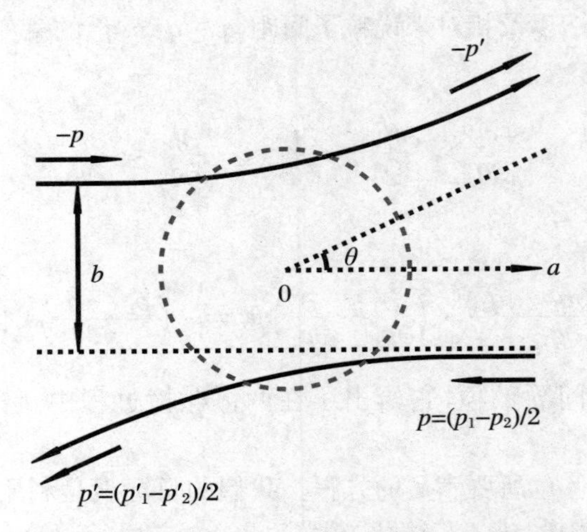

图 7.1　两体弹性碰撞

下面讨论如何将碰撞之后的分布函数 f'_2 用碰撞之前的分布函数 f_2 来替换。f'_2 与 f_2 显然是不一样的，其中不加撇的量为碰撞前的量，加撇的量为碰撞之后的量。考虑到微观动力学方程的可逆性，有

$$f_2(\boldsymbol{q}_1,\boldsymbol{b},a=\infty,\boldsymbol{p}_1,\boldsymbol{p}_2;t)=f_2(\boldsymbol{q}_1,\boldsymbol{b},a=-\infty,\boldsymbol{p}_1',\boldsymbol{p}_2';t) \tag{7.32}$$

其中要求入射粒子以动量分别为 $\boldsymbol{p}'_1,\boldsymbol{p}'_2$ 在以 $\boldsymbol{b}$ 为碰撞参数的碰撞过程中，碰撞之后的动量变为 $\boldsymbol{p}_1,\boldsymbol{p}_2$。可证，变换前后积分变换的雅可比行列式等于 1，因此碰撞项简化为只含碰撞之前的分布函数 f_2：

$$\left.\frac{\mathrm{d}f_1}{\mathrm{d}t}\right|_c=\int\mathrm{d}^3\boldsymbol{p}_2\mathrm{d}^2\boldsymbol{b}\cdot|\boldsymbol{v}_1-\boldsymbol{v}_2| \cdot[f_2(\boldsymbol{q}_1,\boldsymbol{b},a=-\infty,\boldsymbol{p}_1',\boldsymbol{p}_2';t)-f_2(\boldsymbol{q}_1,\boldsymbol{b},a=-\infty,\boldsymbol{p}_1,\boldsymbol{p}_2;t)] \tag{7.33}$$

将上述积分变换到球坐标，易得

$$\left.\frac{\mathrm{d}f_1}{\mathrm{d}t}\right|_c=\int\mathrm{d}^3\boldsymbol{p}_2\mathrm{d}^2\Omega\left|\frac{\mathrm{d}\sigma}{\mathrm{d}\Omega}\right|\cdot|\boldsymbol{v}_1-\boldsymbol{v}_2| \cdot[f_2(\boldsymbol{q}_1,\boldsymbol{b},a=-\infty,\boldsymbol{p}_1',\boldsymbol{p}_2';t)-f_2(\boldsymbol{q}_1,\boldsymbol{b},a=-\infty,\boldsymbol{p}_1,\boldsymbol{p}_2;t)] \tag{7.34}$$

这里 $|\mathrm{d}\sigma/\mathrm{d}\Omega|$ 为两体弹性散射的微分散射截面（也可参看《理论力学导论》，潘海俊，2022 年）。将式(7.26)代入上式，即

$$f_2(\boldsymbol{q}_1,\boldsymbol{b},a=-\infty,\boldsymbol{p}_1,\boldsymbol{p}_2;t)\approx f_1(\boldsymbol{q}_1,\boldsymbol{p}_1,t)\cdot f_1(\boldsymbol{q}_1,\boldsymbol{p}_2,t) \tag{7.35}$$

就可以得到玻尔兹曼方程。上式称为**分子混沌假设**。注意到，即使系统初始时

刻的粒子概率分布函数是非相关的,随着时间的演化,特别是随着碰撞过程的发生,不能保证粒子概率分布函数不发生相关性。最终得到了只含单粒子概率分布函数 f_1 的微分-积分方程:

$$\begin{aligned}&\left[\frac{\partial}{\partial t}+\frac{\boldsymbol{p}_1}{m}\cdot\frac{\partial}{\partial\boldsymbol{q}_1}-\frac{\partial V}{\partial\boldsymbol{q}_1}\cdot\frac{\partial}{\partial\boldsymbol{p}_1}\right]f_1\\&\quad=-\int\mathrm{d}^3\boldsymbol{p}_2\mathrm{d}^2\Omega\left|\frac{\mathrm{d}\sigma}{\mathrm{d}\Omega}\right|\cdot|\boldsymbol{v}_1-\boldsymbol{v}_2|\\&\qquad\cdot[f_1(\boldsymbol{q}_1,\boldsymbol{p}_1,t)\cdot f_1(\boldsymbol{q}_1,\boldsymbol{p}_2,t)-f_1(\boldsymbol{q}_1,\boldsymbol{p}_1',t)\cdot f_1(\boldsymbol{q}_1,\boldsymbol{p}_2',t)]\end{aligned}\tag{7.36}$$

这就是著名的**玻尔兹曼方程**。

玻尔兹曼方程的推导虽然复杂,但是它的物理意义还是很清楚的。方程(7.36)的左边包含流项,它们描述了单粒子在外场作用下的演化。方程的右边则为碰撞积分项,两体的碰撞导致两个相反的效应:原先位于单粒子相空间$(\boldsymbol{q}_1,\boldsymbol{p}_1)$的粒子与另一个位于$(\boldsymbol{q}_1,\boldsymbol{p}_2)$的粒子发生被碰,被撞出该相空间,导致在该相空间区域找到粒子的概率下降;而原先位于单粒子相空间$(\boldsymbol{q}_1,\boldsymbol{p}'_1)$的粒子与另一个位于$(\boldsymbol{q}_1,\boldsymbol{p}'_2)$的粒子发生被碰,被碰撞回到相空间$(\boldsymbol{q}_1,\boldsymbol{p}_1)$,导致在该相空间附近找到粒子的概率增加。

7.3 等离子体动力学

对等离子体来说,两体相互作用是电磁相互作用,属于长程相互作用,可以忽略碰撞项,得到弗拉索夫(Anatoly Aleksandrovich Vlasov,1908—1975)方程,也称为无碰撞的玻尔兹曼方程。

7.3.1 等离子体基本概念

等离子体又称为物质第四态,是处于电离态的气体,其中带电粒子与其相邻带电粒子之间的库仑势远小于它的动能。如果带电粒子之间的库仑势太强,将导致电子与离子复合成中性的原子。在本节中,考虑由等量的带电量为 $+e$ 的离子与电子组成的等离子体。离子与电子的数密度分别为 $n_\mathrm{i}=n_\mathrm{e}=n_0$。

等离子体有三个基本参数,它们分别是德拜长度 λ_D、德拜频率 ω_D,以及等离体子参数 Λ。等离子体一般保持整体电中性,那它在多大的尺度上显示出带电的特性呢?这个特征尺度就是德拜长度 λ_D。另一方面,等离子体中如果发生宏观的电荷分离,由于正负电荷间的库仑相互作用,将倾向于恢复等离子体的整体电中性,从而发生振荡。该振荡的特征频率就是德拜频率 ω_D。等离子体参数为德拜球(以德拜长度为半径的球)中带电粒子数,即 $\Lambda \equiv n_0 \lambda_D{}^3$。对等离体子体,易知 $\Lambda \gg 1$,这将导致等离子体中的集体效应占主导。下面分别讨论之。

先讨论**德拜长度** λ_D。假设离子的质量远大于电子的质量:$m_i \gg m_e$。带正电的离子将排斥同样带正电的离子而吸引电子,离子周围的电子将会屏蔽离子的库仑势。假设离子的带电量为 q_T,且位于坐标的原点,根据泊松定理可以求解离子周围的库仑势 φ 的分布:

$$\nabla^2 \varphi = 4\pi e(n_e - n_i) - 4\pi q_T \delta(\boldsymbol{r}) \tag{7.37}$$

假设离子与电子分别达到热平衡,它们的温度分别为 T_i, T_e,则它们的数密度分别为

$$\begin{cases} n_e = n_0 e^{e\varphi/k_B T_e} \approx n_0\left(1 + \dfrac{e\varphi}{k_B T_e}\right) \\ n_i = n_0 e^{-e\varphi/k_B T_i} \approx n_0\left(1 - \dfrac{e\varphi}{k_B T_i}\right) \end{cases} \tag{7.38}$$

将上式代入泊松方程为,得到

$$\nabla^2 \varphi = 4\pi n_0 e^2\left(\frac{1}{T_e} + \frac{1}{T_i}\right)\varphi \tag{7.39}$$

引入离子与电子的德拜长度分别为

$$\lambda_{e,i} \equiv \left(\frac{T_{e,i}}{4\pi n_0 e^2}\right)^{1/2} \tag{7.40}$$

以及总的德拜长度:

$$\lambda_D^{-2} = \lambda_e^{-2} + \lambda_i^{-2} \tag{7.41}$$

则泊松方程的解为

$$\varphi = \frac{q_T}{r} e^{-r/\lambda_D} \tag{7.42}$$

上式中物理含义很清楚:$r \gg \lambda_D$, $\varphi \to 0$,电子云屏蔽了离子的库仑势。

下面推导**德拜频率** ω_D 的表达式。为简单起见,考察在 x 方向厚度为 L 的等离子体。因为忽略离子的运动,假设电子整体向右平行移动了 $\delta \ll L$,如图7.2所示,导致整体电荷分离,类似形成了表面电荷密度为 $n_0 e\delta$ 的电容器。等离子体中绝大部分区域建立了指向 x 正方向的电场,根据泊松方程,电场强度为 $E = 4\pi n_0 e\delta$。根据牛顿第二定律,带电的厚度为等离子体薄片在回复力的作用下,发生振荡,其运动方程为

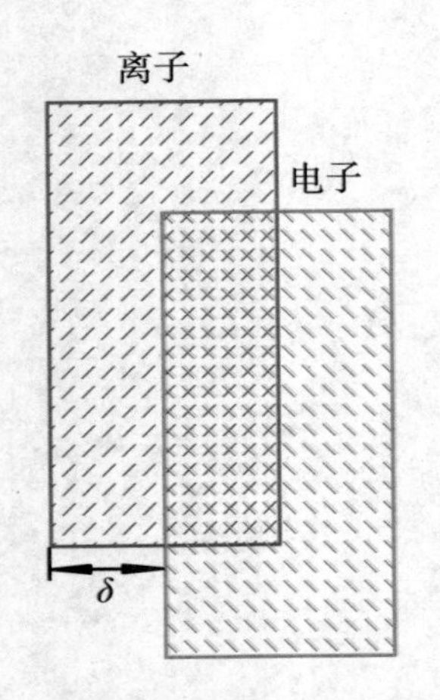

图 7.2 宏观电荷分离导致等离子体的集体振荡

$$-4\pi n_0^2 e^2 \delta L = (n_0 m_e L)\ddot{\delta} \tag{7.43}$$

整理得到

$$\ddot{\delta} + \left(\frac{4\pi n_0 e^2}{m_e}\right)\delta = 0 \tag{7.44}$$

引入电子的等离子体频率：

$$\omega_e \equiv \left(\frac{4\pi n_0 e^2}{m_e}\right)^{1/2} \tag{7.45}$$

同理，定义带电量为 Ze 的离子的等离子体频率：

$$\omega_i \equiv \left(\frac{4\pi n_i Z^2 e^2}{m_i}\right)^{1/2} \tag{7.46}$$

总的等离子体频率为

$$\omega_p^2 \equiv \omega_e^2 + \omega_i^2 \approx \omega_e^2 \tag{7.47}$$

引入粒子种类为 s 的带电粒子的热速度 v_s，满足

$$\frac{1}{2} m_s v_s^2 = \frac{3}{2} k_B T_s \tag{7.48}$$

易知

$$\lambda_s = v_s \omega_s \tag{7.49}$$

下面说明**等离子体参数** $\Lambda \equiv n_0 \lambda_D^3 \gg 1$。带电粒子之间的平均距离 $r \approx n_0^{-1/3}$，因此，每个粒子的平均库仑势约为

$$\varphi \sim \frac{e^2}{r} \sim n_0^{1/3} e^2 \ll k_B T_s \tag{7.50}$$

整理上式，得到

$$\Lambda \equiv n_0 \lambda_D^3 \gg 1 \tag{7.51}$$

7.3.2 等离子体中的碰撞

当带电粒子，例如电子在等离子体中穿行的时候，由于电磁相互作用是长程相互作用，原则上电子将与等离体子中的所有的带电粒子发生散射。但是，根据前面的讨论，由于德拜屏蔽，带电粒子只与德拜球内的 Λ 个带电粒子同时发生库仑散射。另外，根据等离子体的定义，带电粒子之间的库仑势远小于粒子的动能，即带电粒子之间的相互作用很弱。因此，带电粒子与德拜球内的 Λ

个带电粒子同时发生很弱的库仑散射。虽然等离子体参数 Λ 很大，总的碰撞效果依然是很弱的。带电粒子间的碰撞效应可以用碰撞频率来表征。顾名思义，碰撞频率的含义是单位时间内带电粒子经受的碰撞次数。

为了简单起见，下面给出电子被离子碰撞的碰撞频率的半定量的表达式。考虑如图 7.3 所示的一次小角度散射。其中入射粒子的质量和电荷分别为 m，q，而靶粒子的质量和电荷分别为 m_0，q_0，假设 $m_0 \gg m$，因此，可以选靶粒子的位置为碰撞过程的力心。碰撞过程为小角度散射，因此入射粒子的轨迹几乎为直线：$x(t) = v_0 t$，其中 $x = 0$ 的位置选为最靠近力心的位置。图中的碰撞参数为 b。

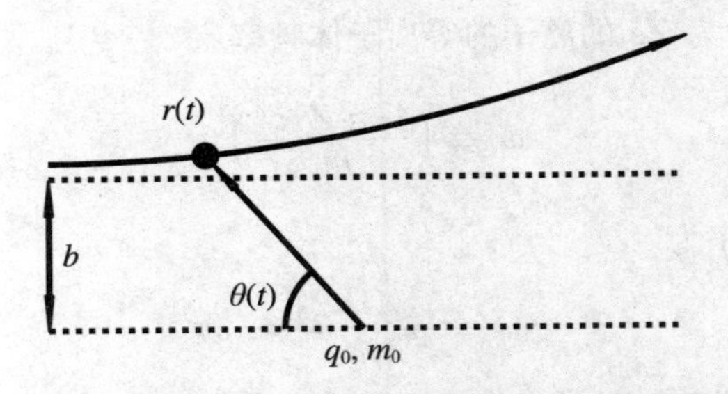

图 7.3　等离子体中带电粒子间小角度散射

在碰撞过程中，入射粒子在垂直入射方向的速度由零增加到 $v_\perp$，其中 $v_\perp$ 由垂直入射方向的冲量决定：

$$v_\perp = \frac{1}{m}\int_{-\infty}^{+\infty} \mathrm{d}t F_\perp(t) \tag{7.52}$$

其中，$F_\perp(t)$ 为碰撞过程中库仑力在垂直方向的分量。在碰撞过程中，入射粒子的轨迹近似为直线，有

$$F_\perp = \frac{qq_0}{r^2}\sin\theta = \frac{qq_0}{b^2}\sin^3\theta \tag{7.53}$$

代入式(7.52)，得到

$$v_\perp = \frac{qq_0}{mb^2}\int_{-\infty}^{+\infty} \mathrm{d}t\ \sin^3\theta(t) \tag{7.54}$$

再次利用入射粒子的轨迹近似为直线，得到

$$x = -r\cos\theta = -\frac{b\cos\theta}{\sin\theta} = v_0 t \tag{7.55}$$

进一步可以得到 $\theta(t)$ 的微分表达式：

$$\mathrm{d}t = \frac{b}{v_0}\frac{\mathrm{d}\theta}{\sin^2\theta} \tag{7.56}$$

将上式代入式(7.52)，积分得到

$$v_{\perp} = \frac{qq_0}{mv_0 b}\int_0^{\pi} d\theta \sin\theta \approx \frac{2qq_0}{mv_0 b} \tag{7.57}$$

为了简化上式，引入单次大角度散射时对应的碰撞参数 b_0，有

$$\frac{qq_0}{b_0} \equiv \frac{1}{2}mv_0^2 \tag{7.58}$$

最终得到单次散射角 θ_{sc}：

$$\theta_{sc} \equiv \frac{v_{\perp}}{v_0} = \frac{b_0}{b} \tag{7.59}$$

根据上式，如果 $b \gg b_0$，即碰撞参数较大，显然有 $\theta_{sc} \ll 1$。

当 $b < b_0$ 时，碰撞为单次大角度散射，因此，大角度散射的频率ν_L为

$$\nu_L = n_0 v_0 \pi b_0^2 = \frac{4\pi n_0 q^2 q_0^2}{m^2 v_0^3} = \frac{4\pi n_0 e^4}{m_e^2 v_0^3} \tag{7.60}$$

继续讨论小角度散射。入射粒子同时受到了 Λ 次的小角度散射，单次散射导致的速度方差为

$$\langle v_{\perp}^2 \rangle = \langle (\Delta v_y)^2 \rangle + \langle (\Delta v_z)^2 \rangle = \frac{v_0^2 b_0^2}{b^2} \tag{7.61}$$

考虑到垂直于 y 和 z 方向的速度方差的独立性，得到

$$\langle (\Delta v_y)^2 \rangle = \langle (\Delta v_z)^2 \rangle = \frac{1}{2}\frac{v_0^2 b_0^2}{b^2} \tag{7.62}$$

下面考察在碰撞参数范围为 $b \to b + db$，时间间隔 $t \to t + dt$ 内发生的多次随机的小角度散射。随机散射的次数为

$$dN = n_0 2\pi b db v_0 dt \tag{7.63}$$

经过 dN 次随机散射，总的速度方差为

$$d(\sigma_{v_y}^t)^2 = dN\sigma_{v_y}^2 = \pi n_0 v_0^3 b_0^2 \frac{db}{b} dt \tag{7.64}$$

对碰撞参数积分，得到总的方差随时间的演化：

$$\frac{d}{dt}(\sigma_{v_y}^t)^2 = 2\pi n_0 v_0^3 b_0^2 \int_{b_{min}}^{b_{max}} \frac{db}{b} \tag{7.65}$$

这里最大的碰撞参数选为德拜长度 $b_{max} = \lambda_D$，最小的碰撞参数 $b_{min} = b_0$，因为大角度散射基本可以忽略。积分上式，得到

$$\frac{\mathrm{d}}{\mathrm{d}t}(\sigma_{v_y}^t)^2 = 2\pi n_0 v_0^3 b_0^2 \ln\left(\frac{\lambda_D}{b_0}\right) \tag{7.66}$$

进一步估算 λ_D/b_0 的值：

$$\frac{\lambda_D}{b_0} = \frac{m\lambda_D \omega_e^2}{2e^2} = \frac{\lambda_D m_e v_e^2}{2e^2} = 2\pi n_0 \lambda_D^3 \approx 2\pi\Lambda \tag{7.67}$$

忽略自然对数中的 2π，最终得到

$$\frac{\mathrm{d}}{\mathrm{d}t}(\sigma_{v_x}^t)^2 = \frac{8\pi n_0 e^4}{m_e^2 v_0}\ln\Lambda \tag{7.68}$$

根据上式可以估算碰撞频率ν_c。当$(\sigma_{v_\perp}^t)^2 = v_0^2$ 时，我们认为发生了明显的碰撞，将该条件代入上式，可以得到碰撞频率ν_c为

$$\nu_c = \frac{8\pi n_0 e^4}{m_e^2 v_0^3}\ln\Lambda \tag{7.69}$$

比较一下碰撞频率ν_c与等离子体频率的比值：

$$\frac{\nu_c}{\omega_e} \approx \frac{8\pi n_0 e^4 \ln\Lambda}{m_e^2 v_0^3 \omega_e} = \frac{\ln\Lambda}{2\pi n_0 \lambda_e^3} = \frac{\ln\Lambda}{2\pi\Lambda_e} \sim \frac{1}{\Lambda} \tag{7.70}$$

上式表明，等离子体碰撞频率远小于等离子频率。单粒子效应远小于集体效应。

以上ν_c为ν_{ei}，即电子被离子碰撞频率。考虑电子与电子之间的碰撞，由于二体系统的约化质量为 $m_e/2$，因此$\nu_{ee} = 4\nu_{ei} \approx \nu_{ei}$。考虑离子之间的碰撞，将式(7.69)中的 $m_e \to m_i$，$v_0 \to v_i = (m_e/m_i)^{1/2} v_e$，则$\nu_{ii} = (m_e/m_i)^{1/2}\nu_{ee}$。最后考虑离子被电子碰撞频率，在质心中讨论，给出$\nu_{ie} = (m_e/m_i)^{1/2}\nu_{ii} = (m_e/m_i)\nu_{ee}$。

假设开始时等离子体中带电粒子还没有热化。首先，在$\nu_{ei} \approx \nu_{ee}$时标，电子通过电子-电子碰撞，电子-离子碰撞先达到热平衡，电子的温度为 T_e；随后，在$\nu_{ii} \approx (m_e/m_i)^{1/2}\nu_{ee}$时标，离子通过离子 - 离子碰撞达到热平衡，离子的温度为 T_i。这时候离子的温度不一定等于电子的温度。最后，在$\nu_{ie} \approx (m_e/m_i)\nu_{ee}$时标，通过离子与电子的碰撞，使得 $T_i = T_e \equiv T$，即双温的等离子体演化到单温的等离体子。

7.3.3 弗拉索夫方程

等离子体物理中最重要的方程就是弗拉索夫方程，该方程描述了带电粒子分布函数 $f_s(\boldsymbol{q}, \boldsymbol{p}, t)$的演化，其中 s 为粒子种类。根据上节等离子体中粒子碰撞分析，等离子体中粒子间相互作用弱，碰撞频率低，碰撞时标长。在零级近似下，碰撞效应完全可以忽略。可以直接得到如下无碰撞的玻尔兹曼方程：

$$\left(\frac{\partial}{\partial t}+\frac{\boldsymbol{p}}{m_s}\cdot\frac{\partial}{\partial \boldsymbol{q}}+\boldsymbol{F}_s\cdot\frac{\partial}{\partial \boldsymbol{p}}\right)f_s=0 \tag{7.71}$$

对于等离子体，由于电磁相互作用远大于引力相互作用，因此上式中的力$\boldsymbol{F}$由电磁相互作用主导，即

$$\boldsymbol{F}_s=q_s\left(\boldsymbol{E}+\frac{1}{c}\boldsymbol{v}\times\boldsymbol{B}\right) \tag{7.72}$$

其中，电磁场$(\boldsymbol{E},\boldsymbol{B})$由外电场和外磁场$(\boldsymbol{E}^{\mathrm{ext}},\boldsymbol{B}^{\mathrm{ext}})$，以及由等离子体中带电粒子的分布以及运动产生的微观电磁场$(\boldsymbol{E}^{\mathrm{m}},\boldsymbol{B}^{\mathrm{m}})$组成，即

$$\boldsymbol{E}=\boldsymbol{E}^{\mathrm{ext}}+\boldsymbol{E}^{\mathrm{m}},\quad \boldsymbol{B}=\boldsymbol{B}^{\mathrm{ext}}+\boldsymbol{B}^{\mathrm{m}} \tag{7.73}$$

其中，微观的电磁场$(\boldsymbol{E}^{\mathrm{m}},\boldsymbol{B}^{\mathrm{m}})$由等离子体的微观电荷分布以及电流$(\rho^{\mathrm{m}},\boldsymbol{J}^{\mathrm{m}})$决定：

$$\rho^{\mathrm{m}}=\sum_{s=\mathrm{e},\mathrm{i}}q_s\int \mathrm{d}^3 p f_s(\boldsymbol{q},\boldsymbol{p},t) \tag{7.74}$$

$$\boldsymbol{J}^{\mathrm{m}}=\sum_{s=\mathrm{e},\mathrm{i}}q_s\int \mathrm{d}^3 p\,\frac{\boldsymbol{p}}{m_s}f_s(\boldsymbol{q},\boldsymbol{p},t) \tag{7.75}$$

即将上两式代入麦克斯韦方程组，可以得到微观的电磁场$(\boldsymbol{E}^{\mathrm{m}},\boldsymbol{B}^{\mathrm{m}})$。将式(7.72)代入式(7.71)，得到弗拉索夫方程：

$$\left\{\frac{\partial}{\partial t}+\frac{\boldsymbol{p}}{m_s}\cdot\frac{\partial}{\partial \boldsymbol{q}}+q_s\left(\boldsymbol{E}+\frac{1}{c}\boldsymbol{v}\times\boldsymbol{B}\right)\cdot\frac{\partial}{\partial \boldsymbol{p}}\right\}f_s=0 \tag{7.76}$$

弗拉索夫方程又称为无碰撞的玻尔兹曼方程，即与碰撞的玻尔兹曼方程相比，方程右边的碰撞项被忽略掉了，这是因为玻尔兹曼方程描述的是具有短程相互作用的中性气体，而弗拉索夫方程描述的是具有长程相互作用的等离子体。从形式上看，弗拉索夫方程(7.76)虽然非常简单，但是，方程中出现了微观的电磁场$(\boldsymbol{E}^{\mathrm{m}},\boldsymbol{B}^{\mathrm{m}})$，与麦克斯韦方程组耦合在一起：

$$\begin{cases}\nabla\cdot\boldsymbol{E}^{\mathrm{m}}=4\pi\rho^{\mathrm{m}}\\ \nabla\cdot\boldsymbol{B}^{\mathrm{m}}=0\\ \nabla\times\boldsymbol{E}^{\mathrm{m}}=-\dfrac{1}{c}\dfrac{\partial\boldsymbol{B}^{\mathrm{m}}}{\partial t}\\ \nabla\times\boldsymbol{B}^{\mathrm{m}}=\dfrac{4\pi}{c}\boldsymbol{J}^{\mathrm{m}}+\dfrac{1}{c}\dfrac{\partial\boldsymbol{E}^{\mathrm{m}}}{\partial t}\end{cases} \tag{7.77}$$

即系统中不仅有带电粒子，还有带电粒子激发的电磁场，需要同时考虑粒子的动力学、电场的演化以及粒子与电磁波的相互作用。联合求解方程(7.76)和方程(7.77)也是非常复杂的，这是等离子体动力论要讨论的主要内容，这里不再赘述。

为了加深对弗拉索夫方程的理解，下面从BBGKY方程链出发来推导弗拉索夫方程，并且证明任意 s 阶相关函数 f_s 满足的方程都完全等价。对于等离子体，BBGKY 方程链(7.19)中三种特征时标分别为：外力时标、碰撞时标，以及依赖 f_{s+1} 的碰撞时标。

外力时标：

$$\frac{1}{\tau_V} \sim \frac{\partial V}{\partial \boldsymbol{q}} \cdot \frac{\partial}{\partial \boldsymbol{p}} \sim \frac{V/p}{q} \sim \frac{v}{L} \tag{7.78}$$

其中，宏观尺度 L 为外势 V 的典型力程。

碰撞时标：

$$\frac{1}{\tau_c} \sim \frac{\partial V^{\text{int}}}{\partial \boldsymbol{q}} \cdot \frac{\partial}{\partial \boldsymbol{p}} \sim \frac{V^{\text{int}}/p}{q} \sim \frac{v}{\lambda_{\text{D}}} \tag{7.79}$$

其中 λ_{D} 为德拜长度。对等离子体，带电粒子之间是长程相互作用，而且每个带电粒子只与以其为中心的德拜球中的 Λ 个带电粒子同时发生微弱的碰撞。

依赖 f_{s+1} 的碰撞时标：

$$\frac{1}{\tau_x} \sim \int \mathrm{d}^3 \boldsymbol{q}_s \mathrm{d}^3 \boldsymbol{p}_s \left(\frac{\partial V^{\text{int}}}{\partial \boldsymbol{q}} \cdot \frac{\partial}{\partial \boldsymbol{p}}\right) \frac{f_{s+1}}{f_s} \sim \frac{n\lambda_D^3}{\tau_c} \tag{7.80}$$

其中，$n = N/V$ 为粒子的数密度。由于 f_{s+1}/f_s 项与在单位体积中发现另一个粒子的概率相关，近似等于粒子的数密度。因此，平均自由时间为

$$\tau_x \approx \frac{\tau_c}{n\lambda_{\text{D}}^3} \approx \frac{\tau_c}{\Lambda} \ll \tau_c \tag{7.81}$$

因此碰撞项可以忽略，N 体密度近似为单粒子密度的乘积，即 $\rho = \prod_{i=1}^{N} \rho_1(\boldsymbol{q}_i, \boldsymbol{p}_i, t)$。据此，容易计算 s 点的分布函数 f_s 及其归一化系数。对相互独立的粒子，有

$$f_s = \frac{N!}{(N-s)!} \int \prod_{\alpha=s+1}^{N} \mathrm{d}^3 q_\alpha \mathrm{d}^3 p_\alpha \rho_N = \frac{N!}{(N-s)!} \prod_{n=1}^{s} \rho(\boldsymbol{q}_n, \boldsymbol{p}_n, t) \tag{7.82}$$

根据 $\rho = \rho_N$ 的归一化条件：$\int \mathrm{d}\Omega \rho = 1$，易得

$$\int \mathrm{d}^3 \boldsymbol{q}_1 \mathrm{d}^3 \boldsymbol{p}_1 \rho_1(\boldsymbol{q}_1, \boldsymbol{p}_1, t) = 1, \quad \int \mathrm{d}^3 \boldsymbol{q}_1 \mathrm{d}^3 \boldsymbol{p}_1 f_1(\boldsymbol{q}_1, \boldsymbol{p}_1, t) = N \tag{7.83}$$

根据式(7.82)，直接可以得到

$$\begin{cases} f_1 = N\rho_1, \quad f_2 = N(N-1)\rho_1\rho_1 \approx f_1 \cdot f_1 \\ f_s \approx N^s \rho_1 \cdot \cdots \cdot \rho_1 = f_1 \cdot \cdots \cdot f_1 \end{cases} \tag{7.84}$$

下面讨论 BBGKY 方程链的第一个方程。忽略掉方程(7.19)左边的碰撞

项，得到

$$\left(\frac{\partial}{\partial t}+\frac{\boldsymbol{p}_1}{m}\cdot\frac{\partial}{\partial \boldsymbol{q}_1}-\frac{\partial V}{\partial \boldsymbol{q}_1}\cdot\frac{\partial}{\partial \boldsymbol{p}_1}\right)f_1$$
$$=\int \mathrm{d}^3\boldsymbol{q}_2\mathrm{d}^3\boldsymbol{p}_2\,\frac{\partial V^{\mathrm{int}}(\boldsymbol{q}_1-\boldsymbol{q}_2)}{\partial \boldsymbol{q}_1}\cdot\frac{\partial f_2}{\partial \boldsymbol{p}_1}$$
$$=\frac{\partial}{\partial \boldsymbol{q}_1}\left(\int \mathrm{d}^3\boldsymbol{q}_2\mathrm{d}^3\boldsymbol{p}_2\,V^{\mathrm{int}}(\boldsymbol{q}_1-\boldsymbol{q}_2)f_1(\boldsymbol{q}_2,\boldsymbol{p}_2,t)\right)$$
$$\cdot\frac{\partial}{\partial \boldsymbol{p}_1}f_1(\boldsymbol{q}_1,\boldsymbol{p}_1,t)\tag{7.85}$$

引入等效的或者总的相互作用的势能 V^{tot}：

$$V^{\mathrm{tot}}(\boldsymbol{q}_1)=V(\boldsymbol{q}_1)+\int \mathrm{d}^3\boldsymbol{q}_2\mathrm{d}^3\boldsymbol{p}_2\,V^{\mathrm{int}}(\boldsymbol{q}_1-\boldsymbol{q}_2)f_1(\boldsymbol{q}_2,\boldsymbol{p}_2,t)$$
$$\equiv V(\boldsymbol{q}_1)+V^{\mathrm{m}}(\boldsymbol{q}_1)\tag{7.86}$$

其中，$V^{\mathrm{m}}(\boldsymbol{q}_1)$为微观场，将式(7.86)代入式(7.85)，得到

$$\left(\frac{\partial}{\partial t}+\frac{\boldsymbol{p}_1}{m}\cdot\frac{\partial}{\partial \boldsymbol{q}_1}-\frac{\partial V^{\mathrm{tot}}}{\partial \boldsymbol{q}_1}\cdot\frac{\partial}{\partial \boldsymbol{p}_1}\right)f_1=0\tag{7.87}$$

总的相互作用的势能 V^{tot}包含两部分的贡献，一部分是外场，另外一部分是由系统中所有粒子对其中某个单粒子产生的所有相互作用的总和，即来自微观场的贡献。对电磁相互作用，注意到 V 中不仅包括由库仑场贡献的标量势φ，还包括由电磁场贡献的矢量势$\boldsymbol{A}$。将

$$\boldsymbol{F}\equiv-\frac{\partial V^{\mathrm{tot}}}{\partial \boldsymbol{q}_1}=q_s\left(\boldsymbol{E}+\frac{1}{c}\boldsymbol{v}\times\boldsymbol{B}\right)\tag{7.88}$$

代入上式就可以得到弗拉索夫方程。

进一步讨论 f_s 满足的方程。忽略掉方程(7.19)左边的碰撞项，以及注意到

$$\frac{f_{s+1}}{f_s}=\frac{(N-s)!}{(N-s-1)!}\rho_1(\boldsymbol{q}_{s+1},\boldsymbol{p}_{s+1},t)=(N-s)\rho_1\approx f_1(\boldsymbol{q}_{s+1},\boldsymbol{p}_{s+1},t)\tag{7.89}$$

在上式中，对于比较小的 s，已取近似：$N-s\approx N$。

$$\left(\frac{\partial}{\partial t}+\sum_{i=1}^{s}\frac{\boldsymbol{p}_i}{m}\cdot\frac{\partial}{\partial \boldsymbol{q}_i}-\sum_{i=1}^{s}\frac{\partial V}{\partial \boldsymbol{q}_i}\cdot\frac{\partial}{\partial \boldsymbol{p}_i}\right)f_s$$
$$=\sum_{i=1}^{s}\int \mathrm{d}^3\boldsymbol{q}_{s+1}\mathrm{d}^3\boldsymbol{p}_{s+1}\,\frac{\partial V^{\mathrm{int}}(\boldsymbol{q}_i-\boldsymbol{q}_{s+1})}{\partial \boldsymbol{q}_i}\cdot\frac{\partial f_{s+1}}{\partial \boldsymbol{p}_i}$$
$$=\sum_{i=1}^{s}\frac{\partial}{\partial \boldsymbol{q}_i}\left(\int \mathrm{d}^3\boldsymbol{q}_{s+1}\mathrm{d}^3\boldsymbol{p}_{s+1}\,V^{\mathrm{int}}(\boldsymbol{q}_i-\boldsymbol{q}_{s+1})f_1(\boldsymbol{q}_{s+1},\boldsymbol{p}_{s+1},t)\right)\cdot\frac{\partial}{\partial \boldsymbol{p}_i}f_s$$
$$=\sum_{i=1}^{s}\frac{\partial}{\partial \boldsymbol{q}_i}V^{\mathrm{m}}(\boldsymbol{q}_i)\cdot\frac{\partial}{\partial \boldsymbol{p}_i}f_s\tag{7.90}$$

将方程的右边移到左边，并与 V 项合并，得到

$$\left(\frac{\partial}{\partial t}+\sum_{i=1}^{s}\frac{\boldsymbol{p}_i}{m}\cdot\frac{\partial}{\partial \boldsymbol{q}_i}-\sum_{i=1}^{s}\frac{\partial V^{\text{tot}}}{\partial \boldsymbol{q}_i}\cdot\frac{\partial}{\partial \boldsymbol{p}_i}\right)f_s=0 \tag{7.91}$$

比较方程(7.85)与方程(7.91)可见，两个方程形式是一致的，可以进一步证明两式是完全等价的。

7.4　玻尔兹曼 H 定理与不可逆性

系统是否能演化到平衡态？ρ_N 是否存在稳态解？由于 ρ_N 满足的微观动力学方程具有时间反演对称性，ρ_N 的稳态解不可能是非平衡态的吸引子。换一个问题，单粒子密度 ρ_1 是否类似 ρ_N，其稳态解也不是非平衡态的吸引子呢？玻尔兹曼 H 定理给出了否定的答案。H 定理告诉我们，满足玻尔兹曼方程的 f_1 的确不可逆地到达其平衡态。

H 定理的具体表述为：如果 $f_1(\boldsymbol{q},\boldsymbol{p},t)$满足玻尔兹曼方程，则

$$\frac{\mathrm{d}H(t)}{\mathrm{d}t}\leqslant 0 \tag{7.92}$$

其中，$H(t)$为 $f_1(\boldsymbol{q},\boldsymbol{p},t)$的泛函：

$$H(t)\equiv\int\mathrm{d}^3\boldsymbol{q}\,\mathrm{d}^3\boldsymbol{p}f_1(\boldsymbol{q},\boldsymbol{p},t)\ln f_1(\boldsymbol{q},\boldsymbol{p},t) \tag{7.93}$$

H 定理的证明如下。对 H 对时间求全导数，得

$$\frac{\mathrm{d}H}{\mathrm{d}t}=\int\mathrm{d}^3\boldsymbol{q}_1\mathrm{d}^3\boldsymbol{p}_1\frac{\partial f_1}{\partial t}(\ln f_1+1)=\int\mathrm{d}^3\boldsymbol{q}_1\mathrm{d}^3\boldsymbol{p}_1\frac{\partial f_1}{\partial t}\ln f_1 \tag{7.94}$$

上式利用了 $\int\mathrm{d}^3\boldsymbol{q}_1\mathrm{d}^3\boldsymbol{p}_1f_1=N$ 为常数。将玻尔兹曼方程式(7.36)代入上式，得

$$\begin{aligned}\frac{\mathrm{d}H}{\mathrm{d}t}=&\int\mathrm{d}^3\boldsymbol{q}_1\mathrm{d}^3\boldsymbol{p}_1\ln f_1\left(-\frac{\boldsymbol{p}_1}{m}\cdot\frac{\partial}{\partial\boldsymbol{q}_1}+\frac{\partial V}{\partial\boldsymbol{q}_1}\cdot\frac{\partial}{\partial\boldsymbol{p}_1}\right)f_1\\&-\int\mathrm{d}^3\boldsymbol{q}_1\mathrm{d}^3\boldsymbol{p}_1\mathrm{d}^3\boldsymbol{p}_2\mathrm{d}^2\boldsymbol{b}\,|\boldsymbol{v}_1-\boldsymbol{v}_2|\,[f_1(\boldsymbol{q}_1,\boldsymbol{p}_1,t)\cdot f_1(\boldsymbol{q}_1,\boldsymbol{p}_2,t)\\&-f_1(\boldsymbol{q}_1,\boldsymbol{p}_1',t)\cdot f_1(\boldsymbol{q}_1,\boldsymbol{p}_2',t)]\ln f_1(\boldsymbol{q}_1,\boldsymbol{p}_1,t)\end{aligned} \tag{7.95}$$

容易证明，上式中的第一行为流项，经过分部积分结果为零。因此

$$\frac{\mathrm{d}H}{\mathrm{d}t}=-\int \mathrm{d}^3\boldsymbol{q}_1\mathrm{d}^3\boldsymbol{p}_1\mathrm{d}^3\boldsymbol{p}_2\mathrm{d}^2\boldsymbol{b}\mid\boldsymbol{v}_1-\boldsymbol{v}_2\mid[f_1(\boldsymbol{q}_1,\boldsymbol{p}_1,t)\cdot f_1(\boldsymbol{q}_1,\boldsymbol{p}_2,t)$$
$$-f_1(\boldsymbol{q}_1,\boldsymbol{p}_1',t)\cdot f_1(\boldsymbol{q}_1,\boldsymbol{p}_2',t)]\ln f_1(\boldsymbol{q}_1,\boldsymbol{p}_1,t) \tag{7.96}$$

上式中变量 $\boldsymbol{p}_1$ 和 $\boldsymbol{p}_2$ 为积分变量，指标(1,2)可以任意调换为(2,1)。将上式与调换后的等式平均，得到

$$\frac{\mathrm{d}H}{\mathrm{d}t}=-\frac{1}{2}\int \mathrm{d}^3\boldsymbol{q}_1\mathrm{d}^3\boldsymbol{p}_1\mathrm{d}^3\boldsymbol{p}_2\mathrm{d}^2\boldsymbol{b}\mid\boldsymbol{v}_1-\boldsymbol{v}_2\mid[f_1(\boldsymbol{q}_1,\boldsymbol{p}_1)f_1(\boldsymbol{q}_1,\boldsymbol{p}_2)$$
$$-f_1(\boldsymbol{q}_1,\boldsymbol{p}_1')f_1(\boldsymbol{q}_1,\boldsymbol{p}_2')]\ln[f_1(\boldsymbol{q}_1,\boldsymbol{p}_1)f_1(\boldsymbol{q}_1,\boldsymbol{p}_2)] \tag{7.97}$$

可以将积分变量从碰撞之前的变量$(\boldsymbol{p}_1,\boldsymbol{p}_2,\boldsymbol{b})$变换到碰撞之后的变量$(\boldsymbol{p}'_1,\boldsymbol{p}'_2,\boldsymbol{b}')$。由于时间反演对称性，该积分变量变化相应的雅克比行列式为 1。采用新的积分变量，$\mathrm{d}H/\mathrm{d}t$ 的表达式为

$$\frac{\mathrm{d}H}{\mathrm{d}t}=-\frac{1}{2}\int \mathrm{d}^3\boldsymbol{q}_1\mathrm{d}^3\boldsymbol{p}_1'\mathrm{d}^3\boldsymbol{p}_2'\mathrm{d}^2\boldsymbol{b}'\mid\boldsymbol{v}_1-\boldsymbol{v}_2\mid[f_1(\boldsymbol{q}_1,\boldsymbol{p}_1)f_1(\boldsymbol{q}_1,\boldsymbol{p}_2)$$
$$-f_1(\boldsymbol{q}_1,\boldsymbol{p}_1')f_1(\boldsymbol{q}_1,\boldsymbol{p}_2')]\ln[f_1(\boldsymbol{q}_1,\boldsymbol{p}_1)f_1(\boldsymbol{q}_1,\boldsymbol{p}_2)] \tag{7.98}$$

类似地，上式中$(\boldsymbol{p}_1,\boldsymbol{p}_2)$是变量$(\boldsymbol{p}_1',\boldsymbol{p}_2',\boldsymbol{b}')$的函数。对于弹性碰撞，由能量和动量守恒易知：$|\boldsymbol{v}_1-\boldsymbol{v}_2|=|\boldsymbol{v}_1'-\boldsymbol{v}_2'|$。进一步将符号$(\boldsymbol{p}_1',\boldsymbol{p}_2',\boldsymbol{b}')$与$(\boldsymbol{p}_1,\boldsymbol{p}_2,\boldsymbol{b})$对调，得到

$$\frac{\mathrm{d}H}{\mathrm{d}t}=-\frac{1}{2}\int \mathrm{d}^3\boldsymbol{q}\mathrm{d}^3\boldsymbol{p}_1\mathrm{d}^3\boldsymbol{p}_2\mathrm{d}^2\boldsymbol{b}\mid\boldsymbol{v}_1-\boldsymbol{v}_2\mid$$
$$\cdot[f_1(\boldsymbol{q}_1,\boldsymbol{p}_1')f_1(\boldsymbol{q}_1,\boldsymbol{p}_2')-f_1(\boldsymbol{q}_1,\boldsymbol{p}_1)f_1(\boldsymbol{q}_1,\boldsymbol{p}_2)]$$
$$\cdot\ln[f_1(\boldsymbol{q}_1,\boldsymbol{p}_1')f_1(\boldsymbol{q}_1,\boldsymbol{p}_2')] \tag{7.99}$$

注意，上式符号调换的过程中，不涉及具体的物理过程，是纯数学符号的调换。

将式(7.97)与式(7.99)平均，得到

$$\frac{\mathrm{d}H}{\mathrm{d}t}=-\frac{1}{4}\int \mathrm{d}^3\boldsymbol{q}\mathrm{d}^3\boldsymbol{p}_1\mathrm{d}^3\boldsymbol{p}_2\mathrm{d}^2\boldsymbol{b}\mid\boldsymbol{v}_1-\boldsymbol{v}_2\mid$$
$$\cdot[f_1(\boldsymbol{q}_1,\boldsymbol{p}_1)f_1(\boldsymbol{q}_1,\boldsymbol{p}_2)-f_1(\boldsymbol{q}_1,\boldsymbol{p}_1')f_1(\boldsymbol{q}_1,\boldsymbol{p}_2')]$$
$$\cdot[\ln(f_1(\boldsymbol{q}_1,\boldsymbol{p}_1)f_1(\boldsymbol{q}_1,\boldsymbol{p}_2))-\ln(f_1(\boldsymbol{q}_1,\boldsymbol{p}_1')f_1(\boldsymbol{q}_1,\boldsymbol{p}_2'))]$$
$$\tag{7.100}$$

由上式明显可以看出，如果 $f_1(\boldsymbol{q}_1,\boldsymbol{p}_1)f_1(\boldsymbol{q}_1,\boldsymbol{p}_2)>f_1(\boldsymbol{q}_1,\boldsymbol{p}'_1)f_1(\boldsymbol{q}_1,\boldsymbol{p}'_2)$，则上式方括号中的两个量都大于零。如果 $f_1(\boldsymbol{q}_1,\boldsymbol{p}_1)f_1(\boldsymbol{q}_1,\boldsymbol{p}_2)<f_1(\boldsymbol{q}_1,\boldsymbol{p}'_1)f_1(\boldsymbol{q}_1,\boldsymbol{p}'_2)$，则上式方括号中的两个量都小于零。因此，上式中的被积函数恒为非负。这保证了 H 定理的成立：

$$\frac{\mathrm{d}H}{\mathrm{d}t}\leqslant 0 \tag{7.101}$$

H 定理所显示的不可逆性证明了玻尔兹曼方程不具有时间反演对称性。问题是,我们是从具有时间反演对称性的系统的微观动力学方程出发,最终得到玻尔兹曼方程的。那玻尔兹曼方程的不可逆性的原因是什么呢?回顾我们在推导玻尔兹曼方程过程中所采用的近似:一是忽略了三体相互作用,二是采用了时间和空间的粗粒化近似。但它们都没有明显违背时间反演不变性。另一个非常关键的假设是分子混沌假设,即在碰撞之前,两体密度 f_2 采用了分子混沌假设。相反,如果在碰撞之后采用分子混沌假设来简化 f_2,将得到完全相反的结论:$\mathrm{d}H/\mathrm{d}t\geqslant 0$! 如果系统处于平衡态,我们不好判断到底是该在碰撞之前还是碰撞之后采用分子混沌假设。但是,如果系统处于非平衡态,很显然,在碰撞之后系统更容易产生相关性,采用分子混沌假设明显是不合适的。

虽然在分子碰撞前(而不是碰撞后)采用分子混沌的假设是玻尔兹曼方程不可逆性的关键,但由此导致的信息损失可以很好地用空间和时间的粗粒化来证明:刘维尔方程及其推论包含了关于纯态演化的精确信息。然而,这些信息不可避免地被传输到更小的尺度上。例如,考察两种不相溶的液体混合过程。虽然这两种流体在每一点上都是不同的,但在随后的混合过程中,在某些很小的、超出了任何测量仪器分辨率的空间区域,两种流体发生了转换,这必将导致信息的丢失,无法精确跟踪这两种流体的演化。由此产生的单体密度 f_1 只描述了比两体碰撞更长的空间和时间分辨率,随着更多信息的丢失,f_1 对粒子运动状态的描述越来越是概率性的。

7.5 细致平衡与平衡态

在气体达到平衡态之后,H 函数不再随时间下降。由于式(7.100)中被积函数总是正的,因此 $\mathrm{d}H/\mathrm{d}t=0$ 满足的必要条件是

$$f_1(\boldsymbol{q}_1,\boldsymbol{p}_1)f_1(\boldsymbol{q}_1,\boldsymbol{p}_2) = f_1(\boldsymbol{q}_1,\boldsymbol{p}_1')f_1(\boldsymbol{q}_1,\boldsymbol{p}_2') \tag{7.102}$$

也就是说,在任何一点 $\boldsymbol{q}$,下式都必须满足:

$$\ln f_1(\boldsymbol{q}_1,\boldsymbol{p}_1)+\ln f_1(\boldsymbol{q}_1,\boldsymbol{p}_2) = \ln f_1(\boldsymbol{q}_1,\boldsymbol{p}_1')+\ln f_1(\boldsymbol{q}_1,\boldsymbol{p}_2') \tag{7.103}$$

上式的物理含义是当气体达到总的热平衡时,任何相空间区域粒子的正碰撞和反碰撞都相互抵消和保持平衡。该条件称之为细致平衡条件。根据 H 定理,细致平衡条件是气体达到总平衡的必要条件。当然,H 定理来自玻尔兹曼方程,它的成立是有条件的,并不是普适的。

下面讨论当气体达到平衡态时的性质。方程(7.103)表明当气体达到总的平衡态时,$\ln f$ 在碰撞前后是守恒量。因此,如果 $\ln f$ 是任何在碰撞前后可加的

守恒量的函数，则 $\ln f$ 自动满足方程(7.103)。对弹性碰撞，存在五个碰撞守恒量：粒子数、三个动量、能量。因此，f_1 的一般解是

$$\ln f_1 = a(\boldsymbol{q}) - \alpha(\boldsymbol{q}) \cdot \boldsymbol{p} - \beta(\boldsymbol{q})\left(\frac{\boldsymbol{p}^2}{2m}\right) \tag{7.104}$$

将外场势能引入上式，最终得到

$$f_1(\boldsymbol{q}, \boldsymbol{p}) = \mathcal{N}(\boldsymbol{q})\exp\left[-\alpha(\boldsymbol{q}) \cdot \boldsymbol{p} - \beta(\boldsymbol{q})\left(\frac{\boldsymbol{p}^2}{2m} + V(\boldsymbol{q})\right)\right] \tag{7.105}$$

该平衡的分布函数 f_1 依赖于位置 $\boldsymbol{q}$，称为局域平衡。尽管该局域平衡分布在碰撞过程中保持不变，但是，由于流项的作用，在碰撞过程中，f_1 将不断演化，除非 $[H_1, f_1]=0$，即 f_1 达到总平衡。如果 f_1 仅是 H_1 或其他守恒量的函数，则 $[H_1, f_1]=0$ 自动满足。在式(7.105)中，只要 $\mathcal{N}$，β 是常数，且 $\boldsymbol{\alpha}=0$，则 $[H_1, f_1]=0$ 自动满足。

根据 f_1 的归一化条件：

$$\int \mathrm{d}^3 \boldsymbol{q}_1 \mathrm{d}^3 \boldsymbol{p} f_1(\boldsymbol{q}, \boldsymbol{p}) = N \tag{7.106}$$

得到

$$f_1(\boldsymbol{q}, \boldsymbol{p}) = \left(\frac{n}{2\pi m}\right)^{3/2} \exp\left[-\frac{\beta(\boldsymbol{p} - \boldsymbol{p}_0)^2}{2m}\right] \tag{7.107}$$

其中，$\boldsymbol{p}_0 = \langle \boldsymbol{p} \rangle = m\boldsymbol{\alpha}/\beta$ 是气体的平均动量，如果容器是静止的，则平均动量为零。$n = N/V$ 是粒子数密度。容易计算动量的方差为

$$\langle \boldsymbol{p}^2 \rangle = \langle p_x^2 + p_y^2 + p_z^2 \rangle = \frac{3m}{\beta} \tag{7.108}$$

到目前为止，我们只知道式(7.107)中的 β 是常数，它的量纲为能量倒数。为了看清 β 的物理含义，我们考察由两种气体组成的混合气体达到平衡态时的性质。假设系统中存在气体(a)与气体(b)，它们都在同一个外场中运动。其中两体相互作用势为 $V_{\alpha\beta}(\boldsymbol{q}^{(\alpha)} - \boldsymbol{q}^{(\beta)})(\alpha, \beta = a, b)$，两种气体的单粒子分布函数分别为 $f_1^{(a)}$ 和 $f_1^{(b)}$。气体粒子之间的碰撞项为

$$\begin{aligned} C_{\alpha,\beta} = & -\int \mathrm{d}^3 \boldsymbol{p}_2 \mathrm{d}^2 \Omega \left| \frac{\mathrm{d}\sigma_{\alpha,\beta}}{\Omega} \right| \cdot | \boldsymbol{v}_1 - \boldsymbol{v}_2 | \\ & \cdot [f_1^{(\alpha)}(\boldsymbol{q}_1, \boldsymbol{p}_1, t) \cdot f_1^{(\beta)}(\boldsymbol{q}_1, \boldsymbol{p}_2, t) - f_1^{(\alpha)}(\boldsymbol{q}_1, \boldsymbol{p}_1', t) \cdot f_1^{(\beta)}(\boldsymbol{q}_1, \boldsymbol{p}_2', t)] \end{aligned} \tag{7.109}$$

因此，$f_1^{(a)}$ 和 $f_1^{(b)}$ 的演化方程为如下的推广的玻尔兹曼方程：

$$\begin{cases} \dfrac{\partial f_1^{(a)}}{\partial t} = -\left[f_1^{(a)}, H_1^{(a)}\right] + C_{a,a} + C_{a,b} \\ \dfrac{\partial f_1^{(b)}}{\partial t} = -\left[f_1^{(b)}, H_1^{(b)}\right] + C_{b,a} + C_{b,b} \end{cases} \tag{7.110}$$

如果上式中右边的六项都等于零，则系统达到稳恒态：$\partial f_1^{(a)}/\partial t = \partial f_1^{(b)}/\partial t = 0$。如果 $C_{a,b} = C_{b,a} = 0$，即不同粒子之间不存在碰撞，则气体(a)与气体(b)分别达到平衡态：

$$f_1^{(a)} \propto e^{-\beta_a H_1^{(a)}}, \quad f_1^{(b)} \propto e^{-\beta_b H_1^{(b)}} \tag{7.111}$$

要求 $C_{a,b} = C_{b,a} = 0$ 导致如下的约束：

$$f_1^{(a)}(\boldsymbol{q}_1, \boldsymbol{p}_1, t) \cdot f_1^{(b)}(\boldsymbol{q}_1, \boldsymbol{p}_2, t) = f_1^{(a)}(\boldsymbol{q}_1, \boldsymbol{p}_1', t) \cdot f_1^{(b)}(\boldsymbol{q}_1, \boldsymbol{p}_2', t) \tag{7.112}$$

将式(7.111)代入式(7.112)，得到不同气体之间的平衡条件为

$$\beta_a H_1^{(a)}(\boldsymbol{p}_1) + \beta_b H_1^{(b)}(\boldsymbol{p}_2) = \beta_a H_1^{(a)}(\boldsymbol{p}_1') + \beta_b H_1^{(b)}(\boldsymbol{p}_2') \tag{7.113}$$

由于系统的总能量 $H_1^{(a)} + H_1^{(b)}$ 守恒，因此不同气体之间的平衡条件为 $\beta_a = \beta_b = \beta$。也就是说，两种气体分子的平均动能是相等的：

$$\left\langle \frac{\boldsymbol{p}_a^2}{2m_a} \right\rangle = \left\langle \frac{\boldsymbol{p}_b^2}{2m_b} \right\rangle = \frac{3}{2\beta} \tag{7.114}$$

从上式可以看出，β 的物理含义与系统的经验温度有关。为了看出 β 与温度 T 的关系，利用分子运动论可以得到气体的压强为

$$p = \frac{n}{\beta} \tag{7.115}$$

与标准的理想气体的状态方程 $pV = Nk_B T$ 相对照，可以看出 $\beta = 1/(k_B T)$。

根据 H 函数，可以引入玻尔兹曼熵：

$$S_B(t) = -k_B H(t) \tag{7.116}$$

根据 H 定理，在系统从非平衡态向平衡态演化的过程中，系统的玻尔兹曼熵只能增加。因为 $H(t)$ 是单粒子分布函数 f_1 的泛函，因此玻尔兹曼熵的定义更普适，对非平衡态也适用。

对于平衡态，有

$$\begin{aligned} H &= V\int \mathrm{d}^3 \boldsymbol{p} f_1(\boldsymbol{p}) \ln f_1(\boldsymbol{p}) \\ &= V\int \mathrm{d}^3 \boldsymbol{p}\, n(2\pi m k_B T)^{-3/2}\left(-\frac{p^2}{2mk_B T}\right)\left[\ln\left(\frac{n}{(2\pi m k_B T)^{3/2}}\right) - \frac{p^2}{2mk_B T}\right] \\ &= N\left[\ln\left(\frac{n}{(2\pi m k_B T)^{3/2}}\right) - \frac{3}{2}\right] \end{aligned} \tag{7.117}$$

因此,玻尔兹曼熵为

$$S_B = -k_B H(t) = Nk_B\left[\frac{3}{2} + \frac{3}{2}\ln 2\pi m k_B T - \ln\left(\frac{N}{V}\right)\right] \tag{7.118}$$

7.6 流体近似

下面讨论气体如何从短时标到长时标逐渐一步步从非平衡态演化到平衡态。根据前面的讨论,对短程相互作用,相邻两个气体分子间的碰撞时标 τ_c 最短。经过 τ_c 量级的时间之后,当两个粒子的间距远大于两体碰撞力程 d,即 $|\boldsymbol{q}_1 - \boldsymbol{q}_2| \gg d$ 时,两粒子的相关性基本为零,即两粒子分布函数 $f_2(\boldsymbol{q}_1, \boldsymbol{q}_2, \boldsymbol{p}_1, \boldsymbol{p}_2, t)$ 弛豫到 $f_1(\boldsymbol{q}_1, \boldsymbol{p}_1, t) f_1(\boldsymbol{q}_2, \boldsymbol{p}_2, t)$。类似地,高阶密度 f_s 也有类似的弛豫性质。下一个阶段是在 $t \geqslant \tau_x$ 时,单粒子分布函数 f_1 弛豫到局域平衡的形式。这里 τ_x 为由玻尔兹曼方程右边碰撞项给出的特征时标。简单来说,当系统演化时间大于 τ_x 后,气体分子之间经过充分碰撞,达到局域热平衡。这时候可以近似将由微观粒子组成的气体当作流体处理。将宏观小、微观大的一团气体看作流体元,每个流体元都已达到局域平衡,这时候不需要知道流体元中粒子的分布函数来刻画流体元的性质,只需要通过几个宏观的物理量来刻画流体元的热力学性质就足够好了。

7.6.1 流体元的宏观性质

流体元的宏观性质包括流体元的数密度、平均速度、内能、压强等。例如,任何一点流体元的粒子数密度定义为

$$n(\boldsymbol{q}, t) = \int \mathrm{d}^3 \boldsymbol{p} f_1(\boldsymbol{q}, \boldsymbol{p}, t) \tag{7.119}$$

有时候引入流体元的质量密度 $\rho \equiv nm$ 是方便的,但请不要与系综中系统的密度 $\rho \equiv \rho_N$ 混淆。

与流体元中的分子的微观物理量 $A(\boldsymbol{q}, \boldsymbol{p}, t)$ 相对应的宏观物理量,都可以

通过对相应的微观物理量 $A(\boldsymbol{q},\boldsymbol{p},t)$ 对粒子的动量分布求平均得到

$$\langle A(\boldsymbol{q},\boldsymbol{p},t)\rangle = \frac{1}{n(\boldsymbol{q},t)}\int \mathrm{d}^3 \boldsymbol{p} f_1(\boldsymbol{q},\boldsymbol{p},t)A(\boldsymbol{q},\boldsymbol{p},t) \tag{7.120}$$

对于动量为 $\boldsymbol{p}$ 的微观气体分子，它的微观运动速度 $\boldsymbol{v}\equiv\boldsymbol{p}/m$。根据上式的定义，可以给出流体元的宏观运动速度 $\boldsymbol{u}$ 的定义：

$$\boldsymbol{u}\equiv\langle\boldsymbol{v}\rangle = \frac{1}{n(\boldsymbol{q},t)}\int \mathrm{d}^3 \boldsymbol{p} f_1(\boldsymbol{q},\boldsymbol{p},t)\frac{\boldsymbol{p}}{m} \tag{7.121}$$

根据上面的定义可以很清楚地看出，流体元的速度 $\boldsymbol{u}$ 为流体元中所有分子的整体运动速度。减去流体元的平均运动速度，就可以得到每个分子的无规运动速度($\boldsymbol{V}$)：

$$\boldsymbol{V}\equiv\frac{\boldsymbol{p}}{m}-\boldsymbol{u} \tag{7.122}$$

$\boldsymbol{V}$ 也称为分子的本动速度，显然 $\langle\boldsymbol{V}\rangle=0$。流体元的内能密度($\varepsilon$)为单位体积内气体分子无规运动的动能之和，其定义为

$$\varepsilon\equiv\frac{1}{2}nm\langle\boldsymbol{V}^2\rangle \tag{7.123}$$

为了描述流体元的内部气体分子无规运动导致流体宏观性质的输运，还需要引入流体元一大类宏观性质：输运流量。它的定义是，流体元单位时间、沿着某个方向、穿过某个单位面积的某个物理量(比如 A)的流量。考察某个物理量 $A(\boldsymbol{q},\boldsymbol{p},t)$ 沿着某个面 $\mathrm{d}\boldsymbol{S}$ 的流量，先考虑流体元中动量范围在($\boldsymbol{p}-\boldsymbol{p}+\mathrm{d}\boldsymbol{p}$)对流量的贡献。在时间间隔 $\mathrm{d}t$ 之内，穿过 $\mathrm{d}\boldsymbol{S}$ 面积的、速度为 $\boldsymbol{v}$ 的分子的分子数为 $f(\boldsymbol{q},\boldsymbol{p},t)\boldsymbol{v}\mathrm{d}t\cdot\mathrm{d}\boldsymbol{S}\mathrm{d}^3\boldsymbol{p}$，这些分子携带的总的 A 为 $Af(\boldsymbol{q},\boldsymbol{p},t)\boldsymbol{v}\mathrm{d}t\cdot\mathrm{d}\boldsymbol{S}\mathrm{d}^3\boldsymbol{p}$。对动量积分，得到总的流量为

$$\int Af(\boldsymbol{q},\boldsymbol{p},t)\boldsymbol{v}\cdot\mathrm{d}\boldsymbol{S}\mathrm{d}^3\boldsymbol{p}\mathrm{d}t\equiv n\langle A\boldsymbol{v}\rangle\cdot\mathrm{d}\boldsymbol{S}\mathrm{d}t \tag{7.124}$$

这里引入了 A 的输运流量 $\phi(A)$：

$$\phi(A)\equiv n\langle A\boldsymbol{v}\rangle \tag{7.125}$$

下面举几个例子。取 $A=m$，得到质量输运量 φ：

$$\varphi = n\langle m\boldsymbol{v}\rangle = \rho\boldsymbol{u} \tag{7.126}$$

显然，流体元的平均速度等于零($\boldsymbol{u}=0$)，则流体元的质量输运量也为零。一般情况下即使 $\boldsymbol{u}=0$，$\phi(A)\neq0$，因为

$$\phi(A) = n\langle A\boldsymbol{v}\rangle = n\langle A(\boldsymbol{u}+\boldsymbol{V})\rangle = n\boldsymbol{u}\langle A\rangle + n\langle A\boldsymbol{V}\rangle \tag{7.127}$$

即$\phi(A)$分为两部分：第一部分为流体宏观运动导致的平均流量：$n\boldsymbol{u}\langle A\rangle$，如果$\boldsymbol{u}=0$，也就等于零；第二部分为流体元内部无规运动导致$A$的流量，它与$\boldsymbol{u}$是否等于零无关。

A也可以取矢量，比如动量，即流体元的动量流为

$$\mathcal{R} = n\langle \boldsymbol{p}\boldsymbol{v}\rangle = \rho\langle \boldsymbol{v}\boldsymbol{v}\rangle = \rho\langle(\boldsymbol{u}+\boldsymbol{V})(\boldsymbol{u}+\boldsymbol{V})\rangle = \rho\boldsymbol{u}\boldsymbol{u} + \rho\langle \boldsymbol{V}\boldsymbol{V}\rangle \tag{7.128}$$

在推导过程中，已利用了$\langle \boldsymbol{V}\rangle=0$。首先，$\mathcal{R}$是张量，因为$\mathcal{R}\cdot \mathrm{d}\boldsymbol{S}$的含义是穿过面元$\mathrm{d}\boldsymbol{S}$的动量流。上式右边的第一项为流体元整体运动导致的动量流，而第二项为流体元内部无规运动引起的动量输运，它是内压力，是压强张量$\mathcal{P}$：

$$\mathcal{P} \equiv \rho\langle \boldsymbol{V}\boldsymbol{V}\rangle \tag{7.129}$$

最后引入能流$\boldsymbol{\Phi}$，即取$A=mv^2/2$：

$$\begin{aligned}
\boldsymbol{\Phi} &= n\left\langle \frac{1}{2}mv^2\boldsymbol{v}\right\rangle \\
&= \rho\,\frac{1}{2}\langle(\boldsymbol{u}+\boldsymbol{V})\cdot(\boldsymbol{u}+\boldsymbol{V})(\boldsymbol{u}+\boldsymbol{V})\rangle \\
&= \frac{1}{2}\rho u^2\boldsymbol{u} + \rho\boldsymbol{u}\cdot\langle \boldsymbol{V}\boldsymbol{V}\rangle + \frac{1}{2}\rho\langle V^2\rangle\boldsymbol{u} + \frac{1}{2}\rho\langle V^2\boldsymbol{V}\rangle \\
&= \frac{1}{2}\rho u^2\boldsymbol{u} + \mathcal{P}\cdot\boldsymbol{u} + \varepsilon\boldsymbol{u} + \boldsymbol{q}
\end{aligned} \tag{7.130}$$

定性解释一下上式右边各项的物理含义：第一项是流体元宏观动能带来的能流；第二项与内压力有关，与绝热和粘滞加热有关，后面会详细讨论；第三项为宏观运动携带流体元的内能的能流；最后一项的定义为

$$\boldsymbol{q} \equiv \frac{1}{2}\rho\langle V^2\boldsymbol{V}\rangle \tag{7.131}$$

它的物理意义是热量流。

流体中不同位置处的流体元的宏观物理量构成了物理场，例如粒子数密度为标量场，粒子速度场为矢量场。流体元的宏观性质由这些物理场来描述。

7.6.2 守恒律

下面讨论流体动力学方程。流体动力学演化时标由玻尔兹曼方程左边的流项决定，即流体动力学时标由宏观外场的相互作用时标决定。只有在流体动力学演化时标的时间尺度上，系统才有可能达到整体的平衡。在流体动力学演化阶段，系统的演化大大简化，只需要研究几个宏观物理量所对应的场量的演化就可以了。这些物理场(例如速度场)的演化主要由几个守恒方程给出，它们分别是：粒子数守恒、动量守恒以及能量守恒方程，这些方程共同构成了流体力学方程组。下面就从玻尔兹曼方程出发，以微观的角度推导流体力学方程组。

先讨论在两体碰撞过程中微观守恒量。这些守恒量,例如 χ 满足:

$$\chi(\boldsymbol{q},\boldsymbol{p}_1,t)+\chi(\boldsymbol{q},\boldsymbol{p}_2,t)=\chi(\boldsymbol{q},\boldsymbol{p}_1',t)+\chi(\boldsymbol{q},\boldsymbol{p}_2',t) \tag{7.132}$$

这里$(\boldsymbol{p}_1,\boldsymbol{p}_2)$和$(\boldsymbol{p}'_1,\boldsymbol{p}'_2)$分别为碰撞之前和碰撞之后两个粒子的动量。对微观守恒量,它们满足如下的宏观性质:

$$J_\chi(\boldsymbol{q},t)=\int \mathrm{d}^3 \boldsymbol{p}\chi(\boldsymbol{q},\boldsymbol{p},t)\frac{\mathrm{d}f_1}{\mathrm{d}t}\bigg|_c(\boldsymbol{q},\boldsymbol{p},t)=0 \tag{7.133}$$

下面证明上面的恒等式。将碰撞项的积分表达式代入上式,得到

$$\begin{aligned}J_\chi=&-\int \mathrm{d}^3\boldsymbol{p}_1\mathrm{d}^3\boldsymbol{p}_2\mathrm{d}^2\boldsymbol{b}\mid\boldsymbol{v}_1-\boldsymbol{v}_2\mid[f_1(\boldsymbol{q},\boldsymbol{p}_1,t)\cdot f_1(\boldsymbol{q},\boldsymbol{p}_2,t)\\&-f_1(\boldsymbol{q},\boldsymbol{p}_1',t)\cdot f_1(\boldsymbol{q},\boldsymbol{p}_2',t)]\chi(\boldsymbol{q},\boldsymbol{p}_1,t)\end{aligned} \tag{7.134}$$

注意到上式中 $\boldsymbol{p}_1,\boldsymbol{p}_2$ 为哑元,采用在证明 H 定理时相同的技巧,将上式中的(1,2)指标互换得到 J_χ 的新的表达式,然后对两式求平均,得到

$$\begin{aligned}J_\chi=&-\frac{1}{2}\int \mathrm{d}^3\boldsymbol{p}_1\mathrm{d}^3\boldsymbol{p}_2\mathrm{d}^2\boldsymbol{b}\mid\boldsymbol{v}_1-\boldsymbol{v}_2\mid[f_1(\boldsymbol{q},\boldsymbol{p}_1,t)\cdot f_1(\boldsymbol{q},\boldsymbol{p}_2,t)\\&-f_1(\boldsymbol{q},\boldsymbol{p}_1',t)\cdot f_1(\boldsymbol{q},\boldsymbol{p}_2',t)][\chi(\boldsymbol{q},\boldsymbol{p}_1,t)+\chi(\boldsymbol{q},\boldsymbol{p}_2,t)]\end{aligned} \tag{7.135}$$

下一步将积分变量从碰撞之间的变量$(\boldsymbol{p}_1,\boldsymbol{p}_2,\boldsymbol{b})$变换到碰撞之后的变量$(\boldsymbol{p}'_1,\boldsymbol{p}'_2,\boldsymbol{b}')$。由于时间反演对称性,该积分变量变换相应的雅克比行列式为1。操作结束之后,再重新将加撇的符号与不加撇的符号互换,最终得到

$$\begin{aligned}J_\chi=&-\frac{1}{2}\int \mathrm{d}^3\boldsymbol{p}_1\mathrm{d}^3\boldsymbol{p}_2\mathrm{d}^2\boldsymbol{b}\mid\boldsymbol{v}_1-\boldsymbol{v}_2\mid[f_1(\boldsymbol{q},\boldsymbol{p}_1',t)\cdot f_1(\boldsymbol{q},\boldsymbol{p}_2',t)\\&-f_1(\boldsymbol{q},\boldsymbol{p}_1,t)\cdot f_1(\boldsymbol{q},\boldsymbol{p}_2,t)][\chi(\boldsymbol{q},\boldsymbol{p}_1',t)+\chi(\boldsymbol{q},\boldsymbol{p}_2',t)]\end{aligned} \tag{7.136}$$

将以上两式平均,得到

$$\begin{aligned}J_\chi=&\frac{1}{4}\int \mathrm{d}^3\boldsymbol{p}_1\mathrm{d}^3\boldsymbol{p}_2\mathrm{d}^2\boldsymbol{b}\mid\boldsymbol{v}_1-\boldsymbol{v}_2\mid[f_1(\boldsymbol{q},\boldsymbol{p}_1',t)\cdot f_1(\boldsymbol{q},\boldsymbol{p}_2',t)\\&-f_1(\boldsymbol{q},\boldsymbol{p}_1,t)\cdot f_1(\boldsymbol{q},\boldsymbol{p}_2,t)]\cdot[\chi(\boldsymbol{q},\boldsymbol{p}_1,t)\\&+\chi(\boldsymbol{q},\boldsymbol{p}_2,t)-\chi(\boldsymbol{q},\boldsymbol{p}_1',t)-\chi(\boldsymbol{q},\boldsymbol{p}_2',t)]\\=&0\end{aligned} \tag{7.137}$$

上式已利用了两体碰撞过程 χ 的守恒性质,见方程(7.132)。

下面推导与微观物理量 χ 对应的宏观物理量满足的守恒方程。先将玻尔兹曼方程代入 J_χ 的定义式(7.133)中,得到

$$J_\chi(\boldsymbol{q},t)=\int \mathrm{d}^3\boldsymbol{p}\chi(\boldsymbol{q},\boldsymbol{p},t)\left[\frac{\partial}{\partial t}+\frac{\boldsymbol{p}_1}{m}\cdot\frac{\partial}{\partial \boldsymbol{q}_1}+\boldsymbol{F}\cdot\frac{\partial}{\partial \boldsymbol{p}_1}\right]f_1(\boldsymbol{q},\boldsymbol{p},t)=0 \tag{7.138}$$

将上式改写为

$$\int \mathrm{d}^3\boldsymbol{p}\left[\left(\partial_t+\frac{1}{m}p_\alpha\partial_\alpha+F_\alpha\frac{\partial}{\partial p_\alpha}\right)(\chi f_1)-f_1\left(\partial_t+\frac{1}{m}p_\alpha\partial_\alpha+F_\alpha\frac{\partial}{\partial p_\alpha}\right)\chi\right]=0 \tag{7.139}$$

这里采用了缩写：$\partial_t\equiv\frac{\partial}{\partial t}$，$\partial_\alpha\equiv\frac{\partial}{\partial q_\alpha}(\alpha=1,2,3)$以及$p_\alpha\partial_\alpha\equiv\sum_{\alpha=1}^{3}p_\alpha\partial_\alpha$即爱因斯坦求和约定：重复指标代表求和。上式中第三项为对动量空间的全导数项（散度）再对动量空间积分，体积分变成对无穷远处的面积分，结果为零。采用动量空间的平均值符号，将上式改写为

$$\partial_t(n\langle\chi\rangle)+\partial_\alpha\left(n\left\langle\frac{p_\alpha}{m}\chi\right\rangle\right)-n\langle\partial_t\chi\rangle-n\left\langle\frac{p_\alpha}{m}\partial_\alpha\chi\right\rangle-nF_\alpha\left\langle\frac{\partial\chi}{\partial p_\alpha}\right\rangle=0 \tag{7.140}$$

在前面我们讨论过，对两体弹性碰撞，存在五个守恒量：粒子数、三个动量，以及能量。将它们代入上式，分别得到相应的流体力学方程。

7.6.2.1 粒子数守恒方程

取$\chi=1$代入守恒方程(7.140)，得到粒子数守恒方程：

$$\partial_t n+\partial_\alpha(nu_\alpha)=0 \tag{7.141}$$

其中，$\boldsymbol{u}$为流体元的速度。引入粒子的质量密度$\rho\equiv nm$，则上式改写为

$$\partial_t\rho+\partial_\alpha(\rho u_\alpha)=0 \tag{7.142}$$

或者

$$\partial_t\rho+\nabla\cdot(\rho\boldsymbol{u})=0 \tag{7.143}$$

这就是质量守恒方程。

7.6.2.2 动量守恒方程

前面已引入了流体元中分子的无规运动速度：$\boldsymbol{V}\equiv\boldsymbol{p}/m-\boldsymbol{u}$，即$\boldsymbol{V}$是流体元中的分子扣除了平均运动速度之后的无规运动速度。取$\chi=\boldsymbol{V}$，并代入守恒方程(7.140)，并且将粒子的动量用流体元速度$\boldsymbol{u}$与粒子的无规运动速度$\boldsymbol{V}$表示：$\boldsymbol{v}\equiv\boldsymbol{p}/m=\boldsymbol{u}+\boldsymbol{V}$，得到

$$\partial_\beta(n\langle(u_\beta + V_\beta)V_\alpha\rangle) + n\partial_t u_\alpha + n\partial_\beta u_\alpha\langle(u_\beta + V_\beta)\rangle - n\frac{F_\alpha}{m} = 0 \tag{7.144}$$

在上式中,利用了$(\boldsymbol{q},\boldsymbol{p},t)$变量的独立性,即 $\partial_t p_\alpha = \partial_\alpha p_\beta = 0$。

进一步利用$\langle V_\alpha\rangle = 0$,得到流体的动量守恒方程:

$$\partial_t u_\alpha + u_\beta\partial_\beta u_\alpha = \frac{F_\alpha}{m} - \frac{1}{mn}\partial_\beta\mathcal{P}_{\alpha\beta} \tag{7.145}$$

这里引入了压强张量(参见式(7.129)):

$$\mathcal{P}_{\alpha\beta} \equiv mn\langle V_\alpha V_\beta\rangle = \rho\langle V_\alpha V_\beta\rangle \tag{7.146}$$

或者写为张量的形式:

$$D_t\boldsymbol{u} \equiv (\partial_t + \boldsymbol{u}\cdot\nabla)\boldsymbol{u} = \boldsymbol{f} - \frac{1}{\rho}\nabla\cdot\mathcal{P} \tag{7.147}$$

式中,$\boldsymbol{f}\equiv\boldsymbol{F}/m$ 为单位质量流体元受到的外力。$D_t\equiv\partial_t + \boldsymbol{u}\cdot\nabla$为随体导数或物质导数,它的物理意义是,跟着流体元一道运动的观测者测量到的流体宏观物理量对时间的导数。

7.6.2.3 能量守恒方程

单位体积的流体元的内能定义为(参见式(7.123))

$$\varepsilon \equiv n\left\langle\frac{mV^2}{2}\right\rangle = \frac{\rho}{m}\left\langle\frac{mV^2}{2}\right\rangle \tag{7.148}$$

取 $\chi = mV^2/2$ 代入守恒方程(7.140),类似地,利用 $\boldsymbol{p}/m = \boldsymbol{u} + \boldsymbol{V}$,以及$\langle V_\alpha\rangle = 0$,得到

$$\partial_t\varepsilon + \partial_\alpha(u_\alpha\varepsilon) + \partial_\alpha\left(n\left\langle V_\alpha\frac{mV^2}{2}\right\rangle\right) + \mathcal{P}_{\alpha\beta}\partial_\alpha u_\beta = 0 \tag{7.149}$$

引入流体元的能流矢量 $\boldsymbol{q}$(参见式(7.131)):

$$q_\alpha \equiv \frac{nm}{2}\langle V_\alpha V^2\rangle = \frac{1}{2}\rho\langle V_\alpha V^2\rangle \tag{7.150}$$

代入式(7.149),得到流体的能量守恒方程:

$$\partial_t\varepsilon + \partial_\alpha(\varepsilon u_\alpha) = -\partial_\alpha q_\alpha - \mathcal{P}_{\alpha\beta}\partial_\alpha u_\beta = -\partial_\alpha q_\alpha - \frac{1}{2}\mathcal{P}_{\alpha\beta}(\partial_\alpha u_\beta + \partial_\beta u_\alpha) \tag{7.151}$$

引入速度变形张量$\mathcal{S}$:

$$\mathcal{S}_{\alpha\beta} = \frac{1}{2}(\partial_\alpha u_\beta + \partial_\beta u_\alpha) \tag{7.152}$$

将能量方程改写为张量的形式：

$$\partial_t \varepsilon + \nabla \cdot (\varepsilon \boldsymbol{u}) = -\nabla \cdot \boldsymbol{q} - \mathcal{P} : \mathcal{S} \tag{7.153}$$

这里，$\mathcal{P} : \mathcal{S} \equiv \mathcal{P}_{\alpha\beta}\mathcal{S}_{\alpha\beta}$。

方程(7.143)、(7.147)和(7.153)构成了流体力学方程组。如果压强张量$\mathcal{P}$和热流矢量 $\boldsymbol{q}$ 作为流体元的密度、速度和温度(内能)的函数，则流体力学方程组就是封闭的。下一节将讨论流体的输运性质。

7.7 气体输运

7.7.1 零阶流体动力学

作为零阶近似，假设流体元已处于局域热平衡，其中流体元的密度、速度和温度分别为 $n(\boldsymbol{q},t)$、$\boldsymbol{u}(\boldsymbol{q},t)$和 $T(\boldsymbol{q},t)$，则零阶的单粒子分布函数(f_1^0)为

$$f_1^0(\boldsymbol{q},\boldsymbol{p},t) = \frac{n(\boldsymbol{q},t)}{[2\pi m k_B T(\boldsymbol{q},t)]^{3/2}} \exp\left[\frac{-(\boldsymbol{p} - m\boldsymbol{u}(\boldsymbol{q},t))^2}{2mk_B T(\boldsymbol{q},t)}\right] \tag{7.154}$$

有了单粒子分布函数，可以通过对粒子分布求平均，得到分子无规运动的相关平均值：

$$\langle V_\alpha V_\beta \rangle^0 = \left\langle \left(\frac{p_\alpha}{m} - u_\alpha\right)\left(\frac{p_\beta}{m} - u_\beta\right)\right\rangle^0 = \frac{k_B T}{m}\delta_{\alpha\beta} \tag{7.155}$$

这里上标“0”表示对零阶分布函数求平均。进一步得到流体元的压强张量和内能密度：

$$\mathcal{P}^0 = nk_B T\delta_{\alpha\beta} \equiv P\delta_{\alpha\beta}, \quad \varepsilon = \frac{3}{2}nk_B T \tag{7.156}$$

由于零阶分布函数是 V 的偶函数，因此，所有关于 V 奇次方的量的平均值等于零。特别是热流矢量 $\boldsymbol{q}$ 为零：

$$\boldsymbol{q} = 0 \tag{7.157}$$

将压强张量和热流矢量代入流体力学方程组(7.143)、(7.147)和(7.153)，得到零阶的流体力学方程组为

$$D_t n = - n\partial_\alpha u_\alpha \tag{7.158}$$

$$m D_t u_\alpha = F_\alpha - \frac{1}{n}\partial_\alpha P \tag{7.159}$$

$$D_t T = - \frac{2}{3} T\partial_\alpha u_\alpha \tag{7.160}$$

其中，$D_t \equiv \partial_t + \boldsymbol{u} \cdot \boldsymbol{\nabla}$为随体导数。将方程(7.158)与方程(7.160)联立，易得

$$D_t \ln(nT^{-3/2}) = 0 \tag{7.161}$$

注意到上式中的 $\ln(nT^{-3/2}) \propto \ln(n\lambda^3)$与气体局域的熵相似。因此，式(7.161)的物理意义是沿着流体元的流线与流体元一道运动的观测者测到的流体的熵是守恒的，也就是流体元在流动过程中是绝热的。绝热意味着流体中各个地方没有热量交换，这一点也可以从式(7.157)看出来。对于零阶流体动力学来说，气体无法达到整体的热平衡。为了考察气体输运，需要继续讨论一阶的流体动力学。

7.7.2 一阶流体动力学：气体输运

尽管热平衡条件下的零阶单粒子分布函数 f_1^0(见式(7.154))导致玻尔兹曼方程的右边的碰撞项为零，但它并不是玻尔兹曼方程的完整解，因为方程的左边会导致分布函数的改变。为了简洁起见，将玻尔兹曼方程的左边定义为一个微分算子$\mathcal{L}$作用于分布函数，即

$$\mathcal{L}[f] \equiv \left[\frac{\partial}{\partial t} + \frac{p_x}{m}\frac{\partial}{\partial x} + F_\alpha \frac{\partial}{\partial p_\alpha}\right] f = \left[D_t + V_\alpha \partial_\alpha + \frac{F_\alpha}{m}\frac{\partial}{\partial V_\alpha}\right] f \tag{7.162}$$

考察$\mathcal{L}$作用于 $\ln f_1^0$ 之上。先计算：

$$\ln f_1^0 = \ln(nT^{-3/2}) - \frac{mV^2}{2k_B T} - \frac{3}{2}\ln(2\pi m k_B) \tag{7.163}$$

利用 $\partial(V^2/2) = V_\beta \partial V_\beta = - V_\beta \partial u_\beta$，易得

$$\begin{aligned}\mathcal{L}[\ln f_1^0] = {} & D_t \ln(nT^{-3/2}) + \frac{mV^2}{2k_B T^2} D_t T + \frac{m}{k_B T} V_\alpha D_t u_\alpha + V_\alpha\left(\frac{\partial_\alpha n}{n} - \frac{3}{2}\frac{\partial_\alpha T}{T}\right) \\ & + \frac{mV^2}{2k_B T^2} V_\alpha \partial_\alpha T + \frac{m}{k_B T} V_\alpha V_\beta \partial_\alpha u_\beta - \frac{F_\alpha V_\alpha}{k_B T}\end{aligned} \tag{7.164}$$

将零阶流体动力学方程组式(7.158)、式(7.159)和式(7.160)代入上式，得到

$$\mathcal{L}[\ln f_1^0] = \frac{m}{k_B T}\left(V_\alpha V_\beta - \frac{1}{3} V^2 \delta_{\alpha\beta}\right)\mathcal{S}_{\alpha\beta} + \left(\frac{mV^2}{2k_B T} - \frac{5}{2}\right) V_\alpha \frac{\partial_\alpha T}{T} \tag{7.165}$$

微分算子$\mathcal{L}$涉及的时标为流体动力学时标 τ_V，即外部时标，它远远大于玻

尔兹曼方程右边的碰撞时标 τ_x，零阶结果在 $\tau_x/\tau_V\to 0$ 的极限下，是严格的。分布函数的近似解可以展开为 (τ_x/τ_V) 的级数形式。因此，将分布函数近似到 1 阶：$f_1=f_1^0(1+g)$，其中 $g\sim\tau_x/\tau_V$，并线性化碰撞项：

$$\begin{aligned}C[f_1,f_1]&=-\int \mathrm{d}^3\boldsymbol{p}_2\mathrm{d}^2\boldsymbol{b}\,|\boldsymbol{v}_1-\boldsymbol{v}_2|\,f_1^0(\boldsymbol{p}_1)f_1^0(\boldsymbol{p}_2)\\&\quad\cdot[g(\boldsymbol{p}_1)+g(\boldsymbol{p}_2)-g(\boldsymbol{p}_1')-g(\boldsymbol{p}_2')]\\&\equiv -f_1^0(\boldsymbol{p}_1)C_L[g]\end{aligned}\tag{7.166}$$

尽管已经将玻尔兹曼方程右边的碰撞项线性化了，但是它仍然是一个积分，难以处理。进一步采用单次碰撞时间近似，即令 $C_L[g]$ 近似为

$$C_L[g]\approx\frac{g}{\tau_x}\tag{7.167}$$

根据线性化的玻尔兹曼方程 $\mathcal{L}=-f_1^0C_L[g]$，得到

$$g\approx-\tau_x\mathcal{L}[\ln f_1^0]\tag{7.168}$$

因此，玻尔兹曼方程的一阶解为

$$\begin{aligned}&f_1^1(\boldsymbol{q},\boldsymbol{p},t)\\&=f_1^0(\boldsymbol{q},\boldsymbol{p},t)\left[1-\frac{\tau_\mu m}{k_\mathrm{B}T}\left(V_\alpha V_\beta-\frac{1}{3}V^2\delta_{\alpha\beta}\right)\mathcal{S}_{\alpha\beta}-\tau_K\left(\frac{mV^2}{2k_\mathrm{B}T}-\frac{5}{2}\right)V_\alpha\frac{\partial_\alpha T}{T}\right]\end{aligned}\tag{7.169}$$

在上式中，对单次碰撞时间近似，$\tau_\mu=\tau_K=\tau_x$，这里引入不同的 τ_μ 和 τ_K 是为了考虑更一般的情形。在一般情况下，$\tau_\mu\neq\tau_K$，但它们都为 τ_x 的量级。

根据 f_1^1，可以得到粒子的微观 A 对应的宏观量为

$$\langle A\rangle^1=\frac{1}{n}\int\mathrm{d}^3\boldsymbol{p}Af_1^0(1+g)=\langle A\rangle^0+\langle gA\rangle^1\tag{7.170}$$

容易验证：$\int\mathrm{d}^3\boldsymbol{p}f_1^1=\int\mathrm{d}^3\boldsymbol{p}f_1^0=n$，这正是我们所期望的。为了计算无规速度 V_α 相关的平均值，利用 Wick 定理能大大简化计算。Wick 定理如下：

$$\langle V_\alpha V_\beta V_\gamma V_\delta\rangle^0=\left(\frac{k_\mathrm{B}T}{m}\right)^2(\delta_{\alpha\beta}\delta_{\gamma\delta}+\delta_{\alpha\gamma}\delta_{\beta\delta}+\delta_{\alpha\delta}\delta_{\beta\gamma})\tag{7.171}$$

前面已提及，关于 V_α 的奇次方的平均值为零。

利用 Wick 定理，易证

$$\left\langle\frac{p_\alpha}{m}\right\rangle^1=u_\alpha-\tau_K\frac{\partial T}{T}\left\langle\left(\frac{mV^2}{2k_\mathrm{B}T}-\frac{5}{2}\right)V_\alpha V_\beta\right\rangle^0=u_\alpha\tag{7.172}$$

现在可以计算与气体输运有关的压强张量和热流矢量了。气体的压强张量为

$$\mathcal{P}^1_{\alpha\beta} = nm\langle V_\alpha V_\beta\rangle = nk_\mathrm{B}T\delta_{\alpha\beta} - 2nk_\mathrm{B}T\tau_\mu\left(\mathcal{S}_{\alpha\beta} - \frac{1}{3}\delta_{\alpha\beta}u_{\gamma\gamma}\right) \quad (7.173)$$

方程右边的第一项为我们熟悉的气体的压强。第二项为气体的内压强，它与流体元的速度剪切有关。为了看出压强张量的物理意义，考察$\mathcal{P}$的非对角元：

$$\mathcal{P}^1_{\alpha\neq\beta} = -2nk_\mathrm{B}T\tau_\mu\,\mathcal{S}_{\alpha\beta} \equiv -\mu(\partial_\alpha u_\beta + \partial_\beta u_\alpha) \quad (7.174)$$

这里已引入了黏滞系数 $\mu \equiv nk_\mathrm{B}T\tau_\mu$。上式表明，如果流体不同层流之间存在速度差，比如 $\partial_x u_y \neq 0$，将导致两个 x 面(法向沿着 x 方向的平面，或者说垂直于 x 轴的平面)层流之间产生大小约为 $\mu(\partial_x u_y)^2$ 的黏滞力，趋向于使得两个层流的速度相等。

流体的热流矢量为

$$q^1_\alpha = n\left\langle V_\alpha\,\frac{1}{2}mV^2\right\rangle = -\frac{5}{2}\,\frac{nk_\mathrm{B}^2T\tau_K}{m}\partial_\alpha T \equiv -K\partial_\alpha T \quad (7.175)$$

这里已引入了气体的热传导系数：$K \equiv (5nk_\mathrm{B}^2T\tau_K)/(2m)$。上式也可以写为张量形式，即

$$\boldsymbol{q} = -K\nabla T \quad (7.176)$$

从热流矢量 $\boldsymbol{q}$ 的表达式可以看出，温度差导致气体的热量从高温流向低温，趋向于抹平流体内部的温度不均匀性，从而达到整体热平衡。为了进一步考察式(7.176)的物理意义，考虑一个简单的情况：流体元静止($\boldsymbol{u}=0$)，且流体元是均匀的，即 $\varepsilon = 3nk_\mathrm{B}T/2$，$P = nk_\mathrm{B}T$，将式(7.176)代入流体的能量方程式(7.153)，得到

$$\frac{\partial T}{\partial t} = \frac{2K}{3nk_\mathrm{B}}\nabla^2 T \quad (7.177)$$

这就是著名的傅里叶热传导方程，显示了热传导导致温度的改变。

习　　题

第1章　热力学系统及其热力学势

1.1　道尔顿提出一种温标，规定在给定的压强下理想气体体积的相对增量正比于温度的增量，采用在标准大气压时水的冰点温度为0 ℃，沸点温度为100 ℃。试用摄氏温度 t 来表示道尔顿温标的温度 τ。

1.2　设有A，B，C三个气体系统，当A和C处于热平衡时满足方程

$$p_A V_A - nap_A - p_C V_C = 0$$

当B和C处于热平衡时满足方程

$$p_B V_B - p_C V_C + nb\frac{p_C V_C}{V_B} = 0$$

式中，n，a，b 均为常数。试根据热力学第零定律，求：

(a) 各系统的状态方程；

(b) 当A和B处于热平衡时满足的关系式。

1.3　以下分别给出了两种不同物质的体膨胀系数、压强系数以及等温压缩系数这三个系数中的两个：

(a) $\alpha_p = \dfrac{2aT^3}{V}$，$\kappa_T = \dfrac{3b}{V}$；

(b) $\alpha_p = \dfrac{a}{VT^2} + \dfrac{b}{pV}$，$\kappa_T = \dfrac{T}{p}f(p)$。

其中，a，b 均为常数，分别求出这两种物质的状态方程。

1.4　设一质量为 M、等温压缩系数 κ_T 和密度 ρ 都近似为常数的简单固体，若压强从 p_i 等温准静态地增加到 p_f，计算在这等温压缩过程中，外界对该固体所做的功。

1.5　一气泡从深为 H 的海洋浮出海面，海水的温度与深度 h 的关系为 $T = T_0 - ah/H$，已知在海面上气泡的体积为 V_0，压强为 p_0，海水的密度为 ρ，求气泡上浮过程中对外做的功及吸收的热量。

1.6　考察等温膨胀过程系统对外做功的问题。假设系统初态为 (p_1, V_1)，温度为 T。去掉作用在活塞上使之保持平衡的外力 F 让气体膨胀，体积从 V_1 变化到 V_2，末态的压强为 p_2。膨胀过程中让系统始终与温度为 T 的热源保持热接触。证明系统在该不可逆膨胀过程中，系统对外所做的功要小于系统经过可逆等温膨胀过程从同样的初态变化到相同的末态所做的功。

1.7　两个相同的木块A和B，其热容量为 C。两物体开始时的温度分别为 T_1 和 T_2（$T_1 < T_2$），接触后发生热传导，最后达到热平衡。

(a) 热传导前后，A，B两物体的熵改变量分别为多少？

(b) 求A，B组成的系统在热传导前后的总熵变。

1.8　有一均匀的导热棒，长为 L，横截面为 A，密度为 ρ，定压比热容为 C_p。将棒一端与温度 T_1 的热源接触，另一端与温度为 T_2 的冷源接触，棒中温度分布不均匀，待稳定后，将棒撤离冷热源，保证绝热和等压，试求棒的熵变。

1.9　假设某热力学系统的熵函数为 $S = A(NVU)^{1/3}$，其中 A 为常数。

(a) 试给出 U，N，V 和 T 之间的关系，p，N，V 和 T 之间的关系，以及系统的定容热容量 C_V；

(b) 现在假设两个相同的物体都由以上同一种物质组成。两者的 N 和 V 都是一样的，初始温度分别是 T_1 和 T_2。在两者之间建立一个热机，从高温热源吸收热量，释放部分热量到低温热源，并对外做功。过程结束的时候两者达到共同的温度 T_f。试问：参数 T_f 的范围？热机对外做功最大的时候，T_f 等于多少？

1.10　一种新物质具有如下状态方程：$p = AT^3/V$，式中，p，T，V 分别为压强、温度和体积，A 是常数，该物质的内能 $U = BT^n\ln(V/V_0) + f(T)$，式中 B，n，V_0 均为常数，$f(T)$ 只依赖于温度，试确定 B，n。

1.11　证明：$\dfrac{\partial(T,S)}{\partial(x,y)} = \dfrac{\partial(p,V)}{\partial(x,y)}$，其中，$x$，$y$ 是两个任意的独立变量，并由此导出四个麦克斯韦关系式。

1.12　通过对 S 的全微分 $\mathrm{d}S = \dfrac{p}{T}\mathrm{d}V + \dfrac{1}{T}\mathrm{d}U$（将之看作为一形

式)求外微分,证明:

$$T\left(\frac{\partial p}{\partial T}\right)_V - p = \left(\frac{\partial U}{\partial V}\right)_T$$

1.13 某系统的吉布斯自由能 $G(p,T)=RT\ln[ap/(RT)^5/2)]$,其中,$a$,$R$ 均为常数,求定压热容量 C_p。

1.14 引入 $\beta\equiv 1/(k_B T)$,试证明:

$$\left(\frac{\partial(\beta F)}{\partial\beta}\right)_{V,N} = U$$

1.15 克拉默斯(Kramers)函数 q 定义为:$q=-J/T$。式中 J 为巨热力学势,证明 q 的全微分为:$\mathrm{d}q=-U\mathrm{d}\left(\frac{1}{T}\right)+\frac{p}{T}\mathrm{d}V+N\mathrm{d}\left(\frac{\mu}{T}\right)$,并由此证明:$\left(\frac{\partial N}{\partial T}\right)_{V,\frac{\mu}{T}}=\frac{1}{T}\left(\frac{\partial N}{\partial\mu}\right)_{T,V}\left(\frac{\partial U}{\partial N}\right)_{T,V}$。

1.16 理论上可以计算得到相对论性的正负电子对等离子的巨热力学势为(详见 5.4.6 小节):

$$J_\pm(T,V,\mu) = -\frac{8\pi}{12h^3c^3}\left[\mu^4+2\pi^2\mu^2(k_BT)^2+\frac{7\pi^4}{15}(k_BT)^4\right]V$$

其中,μ 为单粒子化学势。试计算系统的压强、粒子数($N_\pm=N_{e^-}-N_{e^+}$,为电子数与正电子数差)、熵以及内能。如果系统中存在几乎等量的电子和正电子,即 $N_{e^-}\approx N_{e^+}$,请问电子的化学势等于多少?

第 2 章 典型热力学系统

2.1 以单原子分子理想气体为例,计算理想气体的熵 $S=S(T,V,N)$以及 $S=S(U,V,N)$。

2.2 一理想气体的绝热指数 $\gamma=C_p/C_V$ 是温度的函数,求在准静态绝热过程中 T 与 p 的关系,这些关系中用到一个函数 $F(T)$,它由下式决定:$\ln F(T)=\int^T\frac{\mathrm{d}T'}{(\gamma-1)T'}$。

2.3 证明理想气体在节流过程前后温度不变。

2.4 已知一实际气体的内能表达式为 $U=cT-a/V$(其中 a,c 均为常数),试求气体的定容比热 C_V 和定压比热 C_p。

2.5 试由范德瓦尔斯气体的状态方程,计算范式气体如下量:

(a) 热膨胀系数 α;

(b) 定压和定容比热之差 C_p-C_V;

(c) 在维持气体的温度不变,气体的体积由 V_1 变到 V_2 的过程中气体的熵增量 S_2-S_1。

2.6 考察与周围环境绝热的处于均匀磁场 B 中的顺磁系统。系统的磁化强度 $M=CB/T$,热容量 $C_H=b/T^2$,其中 C 和 b 是常数。当 B 准静态降为零时,系统温度会发生怎样的变化?为了使最终温度比初始温度变化 2 倍,初始 B 的强度应该是多少?

2.7 假设采用光子气体作为卡诺热机的工作物质,已知光子气体的状态方程为 $p=u(T)/3$,其中,$u(T)$为单位体积的光子气体的内能。设计如下的无穷小的卡诺循环:

(a) 试计算 $đW$,用 $\mathrm{d}p$,$\mathrm{d}V$ 表示;

(b) 在等温膨胀(也就是等压膨胀)过程中,试计算光子气体从温度为 T 的热源吸收的热量 Q,用 p,$\mathrm{d}V$ 表示;

(c) 用卡诺循环的效率,得到 W,Q 与 T,$\mathrm{d}T$ 之间的关系,进一步证明:$u(T)\propto T^4$;

(d) 试计算光子气体的绝热指数,即在 pV 图(习题 2.7 图)上,绝热曲线方程是什么?

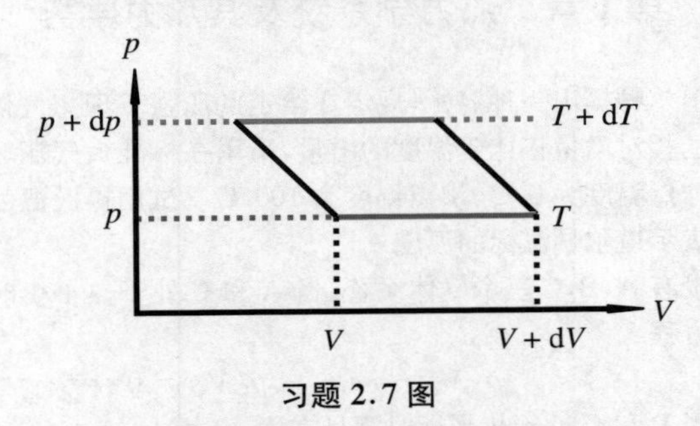

习题 2.7 图

2.8 平衡辐射突然从具有理想反射硬壁的容积为 V_1 的空腔中辐射到具有同样器壁的容积为 V_2 的空腔中,试求终态辐射场的温度和熵的增量。

2.9 将空窖内平衡辐射看做热力学系统,以 T,V 作为状态参量,其内能密度与内能的关系为 $U(T,V)=u(T)V$,利用热力学公式导出 u 与温度 T 的关系。

2.10 实验测得某种顺磁物质的温度随磁场 B 和磁化强度 M 的变化率分别为 $\left(\frac{\partial B}{\partial T}\right)_M=\frac{B}{T}$,$\left(\frac{\partial M}{\partial T}\right)_B=-\frac{CB}{T^2}$,其中 C 为常数。试求该顺磁物质的状态方程。

第 3 章 相变和临界现象

3.1 证明:

(a) 在 S,V 不变的情况下,稳定平衡态的 U 最小;

(b) 在 S,p 不变的情况下,稳定平衡态的 H 最小;

(c) 在 F,V 不变的情况下,稳定平衡态的 T 最大。

3.2 考察由等量的质子和电子以及部分中性氢原子组成的中性气体。氢原子电离-复合平衡过程为

$$\mathrm{p}+\mathrm{e}^-\leftrightarrow\mathrm{H}+\gamma$$

假设系统已达到热平衡,即系统的温度 T 和体积 V 已给

定。如果系统的自由能为

$$F = F(T, V; n_e, n_p, n_H)$$

根据 F,可以给出质子、电子和氢原子的化学势的定义:

$$\mu_i = \left(\frac{\partial F}{\partial n_i}\right)_{T,V,n_j} \quad (n_j \neq n_i)$$

在系统进一步电离-符合平衡之后,系统的自由能 F 取极值。据此证明系统化学平衡条件为

$$\mu_p + \mu_e^- = \mu_H$$

如果事先给定系统的温度 T 和压强 p,这时候系统的化学平衡条件是什么?

3.3 试证明在相变中物质摩尔内能的变化为:$\Delta U_m = L\left(1 - \frac{p}{T}\frac{\mathrm{d}T}{\mathrm{d}p}\right)$。如果其中一相是气相,另一相是凝聚相,试将公式简化。

3.4 在标准大气压下,4.0×10^{-3} kg 的酒精沸腾转化为酒精蒸气。已知酒精蒸气的比容为 0.607 $\mathrm{m^3\cdot kg^{-1}}$,酒精的汽化热 $L = 8.63\times10^5\ \mathrm{J\cdot kg^{-1}}$,酒精的比容与酒精蒸气的比容相比可以忽略。求酒精在汽化过程中内能的变化量。

3.5 固体锌在 570 K 到 630 K 之间的蒸气压近似由下式给出:$\lg p = -\frac{6800}{T} + 9.0$,忽略固体的体积,蒸气作为理想气体,计算升华热。

3.6 两相平衡共存系统的定容热容量、体膨胀系数和等温压缩系数 C_p, α, κ_T 都是无穷大,试说明之。

3.7 在 pT 图中,范德瓦尔斯气体的多条等温线上,各条等温线的极大点与极小点连成了一条曲线。证明:这条曲线的方程为 $pv^3 = a(v-2b)$。

3.8 对于 1 mol 范德瓦尔斯气体,其状态方程为:$\left(p + \frac{a}{v^2}\right)(v - b) = RT$。

(a) 求气体在临界点处的压强 p_c、体积 V_c、温度 T_c;

(b) 用约化变量 $p_0 = p/p_c, V_0 = v/v_c, T_0 = T/T_c$ 重新写出范德瓦尔斯气体的状态方程,观察方程的形式,对于所有满足范德瓦尔斯状态方程的气体,可以得出什么结论?

3.9 狄特里奇(Dieterici)气体的状态方程为

$$p = \frac{k_B T}{v - b}\exp[-a/(k_B T v)]$$

其中,$v = V/N$。试计算系统相变的临界温度 T_c,$p_c v_c/(k_B T_c)$,以及临界指数 β, δ, γ。

3.10 某系统的自由能 F 表达式为

$$F(T, m) = a(T)m^2 + b(T)m^4 + c(T)m^6$$

其中,m 为序参量,$b(T) < 0, c(T) > 0$,保证了系统的稳定性。画示意图表示 F 随着 $a(T)$ 变化的行为。在每一种情形中,找到系统的基态和可能的亚稳态。说明系统在某个临界温度 T_c 时发生一级相变。给出 $a(T_c)$ 的值,以及 m 在相变过程中的差值(m 的不连续性)。

3.11 很多金属在低温和低磁场的情况下会变成超导体。在外磁场 $B = 0$ 时,两相的热容量近似为

$$C_s(T) = V\alpha T^3 \quad (\text{超导相})$$

$$C_n(T) = V[\beta T^3 + \gamma\alpha T] \quad (\text{正常相})$$

其中,V 是体积,α, β, γ 为常数。在相变过程中,体积没有明显变化,忽略体积功。

(a) 计算两相的绝对熵 $S_n(T)$, $S_s(T)$。

(b) 实验发现,在 $B = 0$ 时,相变过程没有潜热($L = 0$)。试计算相变温度 T_c,用 α, β, γ 表示。

(c) 在零温时,超导体中的电子形成库珀对(Cooper pairs),导致超导体的内能减少了 $V\Delta$,其中,Δ 称为超导能隙。假设在零温时正常态的内能 $U_n(T=0) = U_0$,则超导态的内能 $U_s(T=0) = U_0 - V\Delta$。试计算温度不等于零时,两相的内能:$U_n(T)$, $U_s(T)$。

(d) 比较两相的吉布斯自由能或化学势,计算超导能隙 Δ,用 α, β, γ 表示。

(e) 在外磁场不为零时,$\mathrm{d}U = T\mathrm{d}S + B\mathrm{d}M + \mu\mathrm{d}N$,这里 M 是磁矩。超导体具有良好的抗磁性,将内部磁场完全排出,即:$M_s = -V B/4\pi$(取合适的单位)。正常金属可以认为没有磁性,即 $M_s = 0$。试证明金属从正常态转变超导态时的临界磁场为

$$B_c = B_0\left(1 - \frac{T^2}{T_c^2}\right)$$

第4章　理想经典气体的统计理论

4.1 给出熵的玻尔兹曼统计定义,简要阐述其物理意义。一个两能级系统,能量分别为 $\varepsilon_1, \varepsilon_2 (\varepsilon_1 < \varepsilon_2)$,粒子数分别为 n_1, n_2,且 $n_1 + n_2 = N$,系统与一温度为 T 的热库接触。$n_2 \to n_2 - 1, n_1 \to n_1 + 1$,且 $n_1 \gg 1, n_2 \gg 1$,试求:① 两能级系统的熵变;② 热库的熵变;③ n_2/n_1 的玻尔兹曼分布。

4.2 由 $p = -\sum_l a_l \frac{\partial \varepsilon_l}{\partial V}$,证明:

(a) 对于非相对论粒子 $\varepsilon = \frac{p^2}{2m}$ 来说,$p = \frac{2}{3}u$;

(b) 对于相对论粒子 $\varepsilon = pc$ 来说,$p = \frac{1}{3}u$。

4.3 设容器内的理想气体处于平衡态,并满足经典极限条件,试证明单位时间内碰到器壁单位面积上得平均分子数 $\tau =$

$\frac{1}{4}n\bar{v}$。

4.4 已知粒子遵从经典玻尔兹曼分布，其能量表达式为 $\varepsilon = \frac{1}{2m}(p_x^2+p_y^2+p_z^2)+ax^2+bx$，其中，$a$，$b$ 是常数，求粒子的平均能量。

4.5 在极端相对论（$\varepsilon = pc$）的情况下，求出由服从玻尔兹曼分布的理想气体的内能、热容量和状态方程，并与非相对论下的结果进行比较。

4.6 一维运动的单粒子的哈密顿量为

$$H = \frac{p^2}{2m} + \lambda q^4$$

证明：包含 N 个粒子的该理想气体的比热 $C_V = \frac{3}{4}Nk_B$。

4.7 一个具有量子化能量的三维转子体系（有两个转动自由度，无平移运动），遵守玻尔兹曼统计。试计算每个转子在高温下的自由能、熵、内能以及比热容。可利用欧拉近似公式：$\sum_{J=0}^{\infty}f\left(J+\frac{1}{2}\right) = \int_0^{\infty}f(x)\mathrm{d}x + \frac{1}{24}[f'(0)-f'(\infty)]+\cdots$。

4.8 考察囚禁在偶极势的气体。在 d 维理论中，单粒子受到的势能为

$$V(\boldsymbol{x}) = \frac{1}{2}\sum_{i=1}^{d}\omega_i^2 x_i^2$$

如果 $\varepsilon \gg \hbar\omega_i$ 试计算 $d=2$ 和 $d=3$ 情形下粒子的态密度函数 $D(\varepsilon)$。

4.9 考察受到一堵墙限制的经典气体，气体分子只能在 $x \geqslant 0$ 的区域运动，并受到墙的吸引力，粒子势能为

$$V(x) = \frac{1}{2}\alpha x^2$$

粒子在 y，z 方向可自由运动。试证明粒子在 x 方向的分布函数为

$$N(x) = 2N\sqrt{\frac{\alpha\beta}{2\pi}}\mathrm{e}^{-\alpha\beta x^2/2}$$

进一步说明在 $x \sim x+\Delta x$ 的薄层内，气体局域满足理想气体公式。

4.10 试根据麦克斯韦速率分布律导出两分子的相对速度 $\boldsymbol{v}_r = \boldsymbol{v}_2 - \boldsymbol{v}_1$ 和相对速率 $v_r = |\boldsymbol{v}_r|$ 的概率分布，并证明相对速率的平均值 $\overline{v}_r = \sqrt{2}\,v$。其中，$v = \sqrt{8k_BT/(\pi m)}$ 为气体分子的平均速度。

4.11 由麦克斯韦速度分布可得，分子存在热运动，而由多普勒效应可以知道热运动会导致高温气体光谱变宽。

(a) 假设某种分子的谱线波长为 λ_0，求考虑多普勒展宽后，谱线强度 I 与波长 λ 之间的关系；

(b) 求出谱线波长的平均值以及弥散宽度。

4.12 一个体积为 V 的容器被隔板分成两部分，左边部分的体积为 V_1，右边部分的体积为 V_2，容器充满稀薄气体，气体分子不能穿过隔板。整个系统与外部热库处于热平衡，热库温度为 T。

(a) 第一种情形：左边有 N_1 个 ^{4}He 分子，右边有 N_2 个 ^{3}He 分子。在隔板上开一小孔后，两边气体可均匀混合。试求气体在混合前后的熵的改变量。假设温度很高，气体可当作经典气体。

(b) 第二种情形：容器两边都是 ^{4}He 气体，两边的气体压强分别为 p_1 和 p_2，试求开孔前后熵的改变量。若 $p_1 = p_2$，则熵的改变量为多少？

4.13 一固体有 N 个彼此无相互作用的粒子，粒子的自旋量子数为 1，每个粒子有三个量子态，量子数 $m=-1,0,1$。在固体中，处在量子态 $m=1$ 和 $m=-1$ 的粒子，具有相同的能量 ε，$\varepsilon>0$，处在状态 $m=0$ 的粒子，能量为 0。试导出：

(a) 熵 S 与温度 T 的函数关系；

(b) 在高温极限 $\varepsilon/(k_BT) \ll 1$ 下比热容的表达式。

4.14 一个具有 N 个服从玻尔兹曼分布的粒子系统有两个状态，两个状态的能量与简并度分别为 ε_1，g_1 和 ε_2，g_2，并且有 $\varepsilon_2>\varepsilon_1$，$g_2>g_1$。

(a) 求出系统的配分函数；

(b) 求出系统的内能与比热容；

(c) 求出系统的熵，并讨论当 $T\to 0$ K 与 $T\to\infty$ 时，熵的情况。

4.15 一个三能级系统，其能级分别为 $E_1=0$，$E_2=2\varepsilon$，$E_2=10\varepsilon$。用玻尔兹曼分布表示温度为 T 时，三个能级上粒子数的关系，并求出此时系统的平均能量以及比热容。当温度为高温或者低温极限时，其比热容可近似为多少？

4.16 A，B 两种原子随机放在晶格阵中，其中总原子数为 N，A 原子所占比例为 x，试求出随机分布引起的混合熵为多少？

4.17 对于一个三维的晶格阵，在正常情况下共可以容纳 N 个原子，由于某些外在原因，现产生了缺陷形成了 n 个缺位。已知缺位的能量比有原子的能量要少 μ，用自由能 $F=m\mu - TS$ 最小。证明：在温度为 T 时，缺位的原子数 $n \approx N\mathrm{e}^{-\frac{\mu}{2k_BT}}$。

4.18 考察郎之万的顺磁介质模型。假设介质中的磁矩为分子磁矩，每个分子磁矩的磁矩为 μ，转动惯量为 I。分子磁矩在磁感应强度 B 中相互作用势能 $V=-\mu B\cos\theta$，其中，θ 为磁矩与外磁场的夹角。证明磁矩转动部分的巨配

分函数为

$$Z_r = (z_r)^N, \quad z_r = \left[\frac{2I}{\hbar^2 \mu B \beta^2}\right]\sinh(\beta\mu B)$$

(a) 计算磁介质的总磁矩 M(磁化强度);

(b) 在 $\beta\mu B$ 很大的情况下,计算系统的相互作用势能平均值。

第5章　理想量子气体的统计理论

5.1　一顺磁性固体由 N 个自旋量子数为 s 的粒子组成,粒子在格点上固定不动。试求系统的配分函数、内能、比热容、熵以及磁矩。

5.2　一个顺磁系统由 N 个磁矩为 μ 的磁偶极子组成,将系统放置在温度为 T 的均匀外场 B 中。假设磁偶极子分布满足玻尔兹曼分布,求出系统的总磁矩;在外场 B 给定时,求出系统的比热容。

5.3　对于玻色系统,引入巨配分函数:$\Xi = \prod_i \Xi_i = \prod_i (1 - e^{-\alpha-\beta\varepsilon_l})^{-\omega_l}$,用巨配分函数表示出系统中粒子的内能 U、压强 p 和熵 S。

5.4　证明:理想玻色气体的熵 $S_{BE} = -k_B \sum_s [f_s \ln f_s - (1 + f_s)\ln(1+f_s)]$,其中 f_s 为量子态 s 的占有数。

5.5　在弱简并条件下,求理想玻色气体的压强和熵。

5.6　求固体的巨配分函数 Ξ,并求出其内能和定容比热容。然后讨论固体比热容在低温和高温极限下的近似值。

5.7　设理想玻色气体的粒子数、温度及体积分别为 N,T 与 V。试根据玻色-爱因斯坦分布,证明理想玻色气体的化学势 μ 具有如下性质:

(a) $\left(\frac{\partial\mu}{\partial T}\right)_{N,V} < \frac{\mu - \varepsilon_0}{T} < 0$,式中 ε_0 为单粒子基态能级的能量;

(b) $\left(\frac{\partial\mu}{\partial N}\right)_{T,V} > 0$。

5.8　假设太阳为一个温度为 6000 K 的黑体,其辐射光谱中极大值的波长为多少?又已知太阳的半径为 10^6 km,求其在波长为 1 cm 处单位波长发生的微波功率。

5.9　氦氖激光器产生波长为 632.8 nm 的准单色光,光束功率为 1 mW,弥散角 10^{-4}弧度,带宽为 0.1 nm。如果面积为 1 cm^2 的黑体的热辐射,通过恰当的滤波要形成这样一束辐射,问黑体温度是多少?

5.10　已知 $u_\lambda(T)d\lambda = 8\pi \frac{hc}{\lambda^5}\frac{1}{e^{hc/(k_B\lambda T)} - 1}d\lambda$。

(a) 分别取 T = 100 K,200 K 和 400 K,用数学软件画出 $\ln \mu_\lambda$ 和 $\ln \lambda$ 的关系即普朗克曲线;

(b) 维恩位移法则在此双对数图上是如何表现的?

(c) 从理论上证明 $\ln u(\lambda_m)$ 和 $\ln \lambda_m$ 的关系与(b)中的结果一致。

5.11　光子为玻色子,为什么光子气体不能发生玻色-爱因斯坦凝聚(BEC)?

5.12　在二维系统中,态密度函数为常数。试说明二维时无论系统的温度多低,BEC 都不能发生。

5.13　考察某玻色气体,其态密度函数为 $D(\varepsilon) = C\varepsilon^{\alpha-1}$,其中 $\alpha > 1$。

(a) 试计算 BEC 发生时的临界温度 T_c;

(b) 在 BEC 实验中,原子被囚禁在磁势阱中。如果原子囚禁在三维势阱中,试计算临界温度 T_c。如果原子囚禁在二维势阱中,说明临界温度 T_c会更低一些。

(c) 在 $T < T_c$时,分别计算在二、三维磁势阱中凝聚的原子数目 $N(T < T_c)$。

5.14　证明理想费米气体的熵可表示为:$S_{FD} = -k_B \sum_j [f_j \ln f_j + (1 - f_j)\ln(1 - f_j)]$,式中,$f_j$ 为量子态 j 上的粒子数。求在 $f_j \ll 1$ 时,熵的表达式。

5.15　对于理想费米气体:

(a) 利用声速公式 $v_s^2 = \left(\frac{\partial p}{\partial \rho}\right)_S$,证明:$T = 0$ K 时的声速 $v_s = v_p/\sqrt{3}$,其中 v_p 为费米速度($v_F = p_f/m$);

(b) 证明 $T = 0$ K 时,等温压缩系数与绝热压缩系数相等,满足 $\kappa_T = \kappa_S = \frac{3}{2}\frac{1}{n\mu_0}$,其中 $\mu_0 = \varepsilon_F$ 为费米能,即零温下的化学势。

5.16　证明:在高温时,电子的状态方程为

$$pV = Nk_B T\left(1 + \frac{\lambda_T^3 N}{4\sqrt{2}g_s V} + \cdots\right)$$

5.17　金属中的电子:

(a) 为什么费米-狄拉克分布适用于金属中的导电电子气体?它怎样修正了电子对比热的贡献?

(b) 金属中的电子遵守费米-狄拉克统计,为什么热发射产生的电子气体遵守麦克斯韦-玻尔兹曼统计?

5.18　铅的密度为 $11.4\ g \cdot cm^{-3}$,原子量为 $208\ g \cdot mol^{-1}$,求出铅的原子数密度 n_{Pb},导电电子数密度 n_e以及其化学势。

5.19　求出强简并情况下费米气体的巨配分函数,并得到气体的巨热力学势。

$$J = -pV = -a\left(\frac{4}{15}\mu^{5/2} + \frac{\pi^2}{6\beta^2}\mu^{1/2} - \frac{7\pi^4}{1440\beta^4}\mu^{-3/2}\right)$$

其中，$a=2\pi gV(2m)^{3/2}/h^3$，g为简并度，$\beta=1/(k_B T)$。

5.20 设局限在二维平面上运动的自由电子气体，其单位面积内的电子数为Σ。

(a) 计算 $T=0$ K时的化学式 μ_0，内能 u_0 和压强 p_0。

(b) 计算 $T\neq 0$ K，但满足$\frac{k_B T}{\mu_0}\ll 1$情形下的 μ, u, S, p。

5.21 对理想电子气体，单电子态的平均粒子数为 $f_i=\frac{1}{e^{(\varepsilon_i-\mu)/(k_B T)}+1}$，其中 ε_i 为量子态 i 的能量。

(a) 求用粒子数密度 n 和其他常数表示化学势 μ 的公式；

(b) 证明上述表达式在 $n\lambda^3\ll 1$ 时回到玻尔兹曼公式，其中 λ 是热运动的德布罗意波长。

5.22 考察一个简单的半导体模型。假设系统由 N 个电子束缚态，束缚态的能量为 $-\Delta<0$。在零温时，它们都被电子占满。在非零温时，一些电子被热激发到能量为正的连续导带态，这些态的态密度为 $D(\varepsilon)\mathrm{d}\varepsilon=A\sqrt{\varepsilon}\mathrm{d}\varepsilon$，其中 A 为常数。试证明，在温度 T 时，激发态平均电子数 n_c 由如下方程决定：

$$n_c=\frac{N}{e^{(\mu+\Delta)/(k_B T)}+1}=\int_0^\infty\frac{D(\varepsilon)\mathrm{d}\varepsilon}{e^{(\varepsilon-\mu)/(k_B T)}+1}$$

如果 $n_c\ll N$，$k_B T\ll\Delta$，且 $e^{\mu/(k_B T)}\ll 1$，则

$$2\mu\approx-\Delta+k_B T\ln\left[\frac{2N}{A\sqrt{\pi(k_B T)^3}}\right]$$

5.23 白矮星和中子星：

(a) 一个白矮星的质量为 2×10^{30} kg，其半径为 10^7 m，假设其中全部的电子已电离，求出电子和核子的费米能。假设白矮星的温度为 10^7 K，此时电子、核子的简并程度如何？

(b) 若是一个相同质量以及温度的中子星，其半径为 10 km，此时电子、核子的简并程度又是如何的？

(c) 假设中子星核区由自由的中子、质子和电子组成，并且它们都是极端相对论简并气体，试根据重子数守恒、化学平衡条件以及电中性条件证明中子星核区中子和质子数密度之比 $n_n : n_p=8:1$。

5.24 半定性地分析白矮星非相对论性模型。假设白矮星的质量半径分别为 M, R，它由自由的电子与等量质子组成。

(a) 取零温近似，估算所有电子的总内能 U_e。

(b) 根据量纲分析，星体的自引力能 $E_g=-\gamma GM^2/R$，其中 γ 为约等于 1 的无量纲的常数，它依赖于星体内部具体的密度分布。当星体达到流体静力学平衡时，其总能量 $E=E_g+U_e$取极值。据此证明白矮星的质量-半径关系满足：$R\sim R^{-1/3}$（参见式(5.199)）。

(c) 试说明：为什么可以忽略掉质子内能对总能量的贡献？

5.25 **钱德拉塞卡极限：白矮星的最大质量。**考虑铁白矮星，即白矮星内部由铁原子核加电子组成。白矮星内部的压强主要来自电子的费米简并压。根据统计物理，可以得到白矮星的状态方程如下：

$$\rho=9.74\times 10^8\mu_e x_e^3(\mathrm{kg\cdot m^{-3}})$$
$$p=1.42\times 10^{24}\phi(x_e)(\mathrm{N\cdot m^{-2}})$$

其中，μ_e 为电子的平均分子量，即将原子核平均分给每个电子，每个电子分到的核子数。对于铁白矮星，显然，$\mu_e=56/26\approx 2.15$。公式中 x_e 为无量纲化电子的费米动量，即电子的费米动量 p_F与 $m_e c$ 的比值：

$$x_e=\frac{p_F}{m_e c}$$

在密度低的时候，有 $x_e\ll 1$，即电子是非相对论的。在密度高的时候，有 $x_e\gg 1$，即电子是极端相对论的。$\phi(x)$的表达式为

$$\phi(x)=\frac{1}{8\pi^2}\left\{x(1+x^2)^{1/2}(2x^2/3-1)+\ln[x+(1+x^2)^{1/2}]\right\}$$

简单分析可知：

$$\phi(x)\approx\frac{1}{15\pi^2}x^5\quad(x\ll 1)$$
$$\phi(x)\approx\frac{1}{12\pi^2}x^4\quad(x\gg 1)$$

也就是说，在密度比较低的时候，电子的非相对论的（$x_e\ll 1$）状态方程近似为

$$p\sim\rho^{5/3}$$

在密度比较高的时候，电子变得极端相对论（$x_e\gg 1$），其状态方程近似为

$$p\sim\rho^{4/3}$$

请通过数值计算如下的常微分方程组，得到一系列的白矮星的质量和半径关系（M, R）。其中质量请用太阳质量为单位（$M_\odot=1.99\times 10^{30}$ kg）。

$$\frac{\mathrm{d}p(r)}{\mathrm{d}r}=-\frac{Gm(r)}{r^2}\rho(r)$$

$$\frac{dm(r)}{dr} = 4\pi r^2 \rho(r)$$

注意:为了得到白矮星的最大质量,核心处($r=0$)的密度(ρ_c)应该取高于 $x_e=1$ 对应的密度。现在有很多现成的小程序可以直接调用,例如 Python SciPy 中的 odeint、MATLAB 中的 ODE 等。数值计算得到的白矮星的最大质量是多少?请根据计算结果作如下两幅图:

(a) ρ_c-M;

(b) M-R。

数据点取最大质量附近的系列值

(参考文献:Chandrasekhar S. 1931. Astrophysical Journal, 74:81.)

5.26 **奥本海默极限:中子星的最大质量。** 奥本海默在最初研究中子星最大质量的时候,假设中子星由纯中子组成。中子星内部的压强由中子的费米简并压提供。根据统计物理,可以得到中子气体的状态方程:

$$\rho = 1.80 \times 10^{20} \chi(x_n)(\text{kg} \cdot \text{m}^{-3})$$
$$p = 1.62 \times 10^{37} \phi(x_n)(\text{N} \cdot \text{m}^{-2})$$

其中,$x_n = p_F/(m_n c)$ 为中子无量纲化的费米动量。$\chi(x)$,$\phi(x)$的表达式为

$$\chi(x) = \frac{1}{8\pi^2}\left\{x(1+x^2)^{1/2}(2x^2+1) - \ln[x+(1+x^2)^{1/2}]\right\}$$

$$\phi(x) = \frac{1}{8\pi^2}\left\{x(1+x^2)^{1/2}(2x^2/3-1) + \ln[x+(1+x^2)^{1/2}]\right\}$$

简单分析可知:

$$\chi(x) \approx \frac{1}{3\pi^2}x^3,\quad \phi(x) \approx \frac{1}{15\pi^2}x^5 \quad (x \ll 1)$$

$$\chi(x) \approx \frac{1}{4\pi^2}x^4,\quad \phi(x) \approx \frac{1}{12\pi^2}x^4 \quad (x \gg 1)$$

对于纯中子气体的状态方程,也可以采用如下形式的状态方程:

$$\rho = 5.71 \times 10^{17}(\sinh t - t)(\text{kg} \cdot \text{m}^{-3})$$
$$p = 1.71 \times 10^{34}[\sinh t - 8\sinh(t/2) + 3t](\text{N} \cdot \text{m}^{-2})$$

其中

$$t = 4\sinh^{-1}(p_F/m_n c) = 4\ln(x_n + [1 + x_n^2]^{1/2})$$

对于典型的中子星来说,它的半径非常接近同样质量黑洞的史瓦西(Schwarzschild)半径,因此,必须用广义相对论版的流体静力学平衡方程,Tolman-Oppenheimer-Volkoff 方程组处理:

$$\frac{dp(r)}{dr} = -\frac{G\left[m(r) + \frac{4\pi r^3 p(r)}{c^2}\right]}{r^2\left[1 - \frac{2Gm(r)}{c^2 r}\right]}\left[\rho(r) + \frac{p(r)}{c^2}\right]$$

$$\frac{dm(r)}{dr} = 4\pi r^2 \rho(r)$$

请通过数值计算,得到一系列的中子星的质量和半径关系(M,R)。数值计算得到的中子星的最大质量是多少?请根据计算结果作如下两幅图:

(a) ρ_0-M;

(b) M-R

(参考文献:Oppenheimer J R, Volkoff G M. 1939. Physical Review, 55(4):374-381.)

5.27 将费米-狄拉克分布改写为

$$f(\varepsilon) = \frac{1}{e^{(\varepsilon-\mu)/k_B T} + 1} = \frac{1}{e^{\eta(x-1)} + 1}$$

其中,$x \equiv \varepsilon/\mu$,$\eta \equiv \mu/(k_B T)$。

(a) 分别取 $\eta = \mu/(k_B T) = 20, 50$,用数学软件绘出 $f(\varepsilon)$ 和 $df(\varepsilon)/d\varepsilon$ 与 $x = \varepsilon/\mu$ 的关系曲线;

(b) 根据所绘出的曲线,说明费米-狄拉克分布随温度增高而变化的情况。

第 6 章　系综理论

6.1 假设系统中有 N 个粒子,选 Γ 空间的坐标为($\boldsymbol{q}_1, \boldsymbol{q}_2, \cdots, \boldsymbol{q}_N, \boldsymbol{p}_1, \boldsymbol{p}_2, \cdots, \boldsymbol{p}_N$),不妨假设系统的哈密顿量为 H。

(a) 试用微正则系综理论,证明广义的能均分定理:

$$\left\langle x_i \frac{\partial H}{\partial x_j}\right\rangle = \delta_{ij} k_B T$$

其中,x_i 可取 Γ 空间的任一坐标,比如 $x_i = q_i/p_i$;

(b) 证明如下的维里定理:

$$\left\langle \sum_{i=1}^{3N} q_\alpha \dot{p}_\alpha \right\rangle = -3Nk_B T$$

6.2 两个系统的配分函数为 Z_1 和 Z_2,在相同的外界条件下将这两个系统相互热接触,证明之后的系统配分函数 $Z_{12} = Z_1 \cdot Z_2$,并求出系统的能量,得到热力学系统中两个系统能量的相加性结论。

6.3 由两个耦合系统组成的微正则系综,可以证明当两个系统的温度相等的时候,微正则系综的熵取极值。试证明:只有在两个子系统的热容量为正的条件下,微正则系综的熵取极大值,而不是极小值。

6.4 试由正则分布证明：体系的熵 $S = -k_B\sum_s \rho_s \ln \rho_s$，式中，$\rho_s$ 是体系处在状态 s 的概率。

6.5 一个链状的系统，链子只可以向其中一端延伸，假设每次向外延伸距离固定为 L 且每延伸一次能量增加 $\Delta\varepsilon$。
(a) 求链子的配分函数；
(b) 求温度为 $T(\Delta\varepsilon \ll k_B T)$ 时，链子的长度平均值。

6.6 一个系统表面由 N_0 个吸附格点组成，每个格点之间没有相互作用，每个格点内部结构又由 A、B 两个小格点组成。当系统未吸附外来分子时，系统能量为 0，若 A 吸附了一个分子，则能量为 $-\varepsilon_A$；若 B 吸附了一个分子，则能量为 $-\varepsilon_B$；若 A、B 同时都吸附了一个分子时，A 和 B 间存在相互作用势 μ_{AB}。证明：系统的吸附率 $\theta(T,\mu_{AB}) = \langle N\rangle/N_0$。

6.7 由两种不同分子组成的混合理想气体，处于平衡态。设该气体满足经典极限条件，且可以把分子当作质点（即忽略其内部运动自由度）。试用正则系综求该气体的 p，$\langle E\rangle$，S，$\mu_i(i=1,2)$。

6.8 有一极端相对论性的理想气体，粒子质能关系为 $\varepsilon = cp(p = |\boldsymbol{p}|$，$c$ 为光速)，并满足非简并条件。设粒子的内部运动自由度可以忽略（即可将粒子看成质点）。试证明系统总粒子数为 N 的正则系综的配分函数为

$$Z(T,V) = \frac{1}{N!}\left[\frac{V}{\pi^2}\left(\frac{k_B T}{\hbar c}\right)^3\right]^N$$

并求该气体的 p，$\langle E\rangle$，S，μ，C_V，C_p。气体的状态方程是否满足理想气体的状态方程：$pV = Nk_BT$？

6.9 **三态 Potts 模型**。Potts 模型是 R. B. Potts 在 1952 年提出的。假设模型有 N 个格点位置，分别标上 $1,2,\cdots,N$。每个位置 i 与一个自旋量 σ_i 相对应，可以有 q 个取值，分别为 $1,2,\cdots,q$，两个相邻的自旋 σ_i 和 σ_j 相互作用的能量为 $-J\delta_{\sigma_i\sigma_j}$，这里 $\delta_{\sigma_i\sigma_j}$ 为 Kronecker 符号。系统的哈密顿量为

$$H = -J\sum_{\langle ij\rangle}\delta_{\sigma_i\sigma_j}$$

当 q 为偶数时可映射为自旋为 $1/2(q+1)$ 的伊辛模型；当 q 为奇数时可映射为自旋为 $1/2(q-1)$ 的伊辛模型。这些模型的研究对超导超流等问题有着重要的意义。
(a) 在 $T=0$ 时，系统有多少个基态？
(b) 3 态的 Potts 模型等价于如下的哈密顿系统：

$$H = -\frac{2}{3}J\sum_{\langle ij\rangle}\boldsymbol{s}_i\cdot\boldsymbol{s}_j$$

其中，$\boldsymbol{s}_i$ 可能的取值为

$$\begin{pmatrix}1\\0\end{pmatrix},\quad \begin{pmatrix}-1/2\\ \sqrt{3}/2\end{pmatrix},\quad \begin{pmatrix}-1/2\\ -\sqrt{3}/2\end{pmatrix}$$

试发展一个平均场理论，自洽地计算系统的磁矩 $\boldsymbol{m} = \langle\boldsymbol{s}_i\rangle$。计算平均场的自由能，说明即使在无外场的情况下，系统也存在一个一级相变。

6.10 用正则分布求出相对论性单原子气体分子的自由能，并求出其物态方程、内能、熵以及化学势。

6.11 魏格纳晶体为二维的三角形电子晶格。其纵模的色散关系为 $\omega = \alpha\sqrt{k}$。试证明：在晶体温度接近绝对零度时，晶体的比热 $C\sim T^4$。

6.12 一个量子小提琴弦振动的频率可以为 $\omega,2\omega,3\omega,\cdots$。每个振动可以看作独立的谐振子。忽略零点振动能，振动频率为 $p\omega$ 的振动模式的总能量 $E_N = N\hbar p\omega$，其中 N 为正整数。
(a) 写出在温度 T 时，弦振动的平均能量的表达式，并证明在高温时，量子弦的自由能为

$$F = -\frac{\pi^2}{6}\frac{k_B^2T^2}{\hbar\omega}$$

(b) 量子弦的配分函数为

$$Z = \sum_N p(N)\mathrm{e}^{-\beta E_N}$$

其中，$p(N)$ 为将整数 N 分解为一系列正整数之和的分配方案数。当 N 很大时，

$$p(N) \approx \frac{1}{4\sqrt{3}N}\mathrm{e}^{\sqrt{\frac{2N}{3}}\pi}$$

上式为哈代-拉马努金公式。对相对论性的量子弦，$E_N = \sqrt{N}\hbar\omega$。证明相对论的量子弦存在最大的温度 $T_{\max}$：

$$T_{\max} = \frac{\sqrt{6}}{2\pi}\hbar\omega$$

6.13 一个一维的长弹性分子链可以看作为一个由 N 个链条首尾线性而成。每个链条有两个量子数：(n,l)，其中链条的长度 $l=a$ 或者 $l=b$。链条的固有频率分别为 ω_a 和 ω_b。因此，链条的能量为

$$E(n,l) = \begin{cases}\left(n+\dfrac{1}{2}\right)\hbar\omega_a & (l=a)\\[2ex] \left(n+\dfrac{1}{2}\right)\hbar\omega_b & (l=b)\end{cases}$$

假设整个链条处于温度为 T 的环境中，链条两段的张力为 F。试求链条的平均能量、平均长度，以及分析在低温和高温极限下的表达式。

6.14 用巨正则分布求出相对论性单原子气体分子的巨热力学势，并求出其物态方程、内能、熵以及化学势。

6.15 一个由两个原子组成的系统，每个原子存在三个量子态，其能量分别为 $0,\varepsilon,3\varepsilon$，且无简并，将系统与 T 温度接触，根据以下具体情况，求系统的配分函数：
(a) 原子服从玻色-爱因斯坦统计的全同粒子；
(b) 原子服从费米-狄拉克统计的全同粒子；
(c) 原子服从玻尔兹曼统计并且是可分辨的。

6.16 同上题，系统有三个量子态，其能量分别为 $0, \varepsilon, 3\varepsilon$，且无简并，体系允许最多有两个全同粒子。求在以下两种体系下的巨配分函数、平均粒子数：

(a) 体系的粒子为费米子；

(b)体系的粒子为玻色子。

6.17 仿造三维固体的德拜理论，计算面积为 L^2 的原子层（二维晶格）在高温和低温下的内能和热容量。

6.18 被吸附在液体表面上的分子形成一种二维气体，分子之间相互作用为两两作用的短程力，且只与两分子的质心距离有关，不妨假设分子之间相互作用势能为$\phi(r)$。试根据正则系综，证明在第二维里系数的近似下，该气体的物态方程为 $pA = Nk_B T\left(1+\frac{B_2}{A}\right)$，其中，$A$ 为液面的面积，B_2 由下式给出：$B_2 = -\frac{N}{2}\sum(\mathrm{e}^{-\phi(r)/k_B T}-1)2\pi r\mathrm{d}r$

6.19 在低密度时，氮气（N_2）分子的状态方程可写为

$$\frac{pV}{Nk_B T} = 1 + a_2(T)\frac{N}{V}$$

其中，$a_2(T)$为第二维里系数。可以用下图所示的方半高无穷大方势阱来模拟分子之间的相互作用。

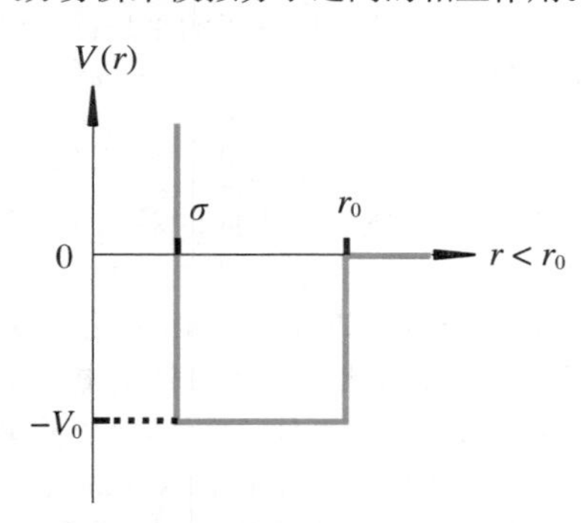

题 6.19 图　方半高无穷大方势阱

其中，σ 为分子的半径，r_0 为分子的力程，V_0 为分子之间相互作用的势能大小。另一方面，从实验上测得不同温度下的 $a_2(T)$如下表所示。

习题 6.19 表　从实验上测得不同温度下的 $a_2(T)$

温度(K)	$a_2(T)$ (K·atm^{-1})
100	-1.80
200	-4.26×10^{-1}
300	-5.49×10^{-2}
400	1.12×10^{1}
500	-4.26×10^{1}

试给出 σ、r_0 和 V_0 的实验测量值。

6.20 证明：气体的压强 p，体积 V，温度 T 与气体的巨配分函数的对数 $\ln\Xi$ 间有关系 $pV = k_B T\ln\Xi$。该关系式是统计力学与热力学之间的重要桥梁。

6.21 对于单原子分子气体组成的玻尔兹曼理想气体，试由巨正则分布证明，在一小体积 V 中有 n 个分子的概率服从泊松分布，即

$$p_n = \frac{1}{n!}\langle n\rangle^n \mathrm{e}^{-\langle n\rangle}$$

6.22 证明费米气体的巨配分函数 Ξ 可以写成$\Xi = \prod_i[1+\exp(-\alpha-\beta\varepsilon_i)]$，式中，$\varepsilon_i$ 为单粒子状态 i 的能量，$\alpha = -\beta\mu$，$\beta = 1/(k_B T)$，T,μ 分别为气体的温度和化学势。

6.23 在长方形的导体空腔内，频率为 ν 的光子数的涨落的方均根值是多少？它与平均光子数的关系？

6.24 求费米分布和玻色分布的涨落，并证明在不同能级，玻色分布和费米分布的涨落是互不相关的。

6.25 对于巨正则系综，证明：$\langle EN\rangle\neq\langle E\rangle\langle N\rangle$。这说明系统的平均能量$\langle E\rangle$与平均粒子数$\langle N\rangle$是有关联的。

第 7 章　气体动力论

7.1 考虑一维的气体。假设一开始它们位于坐标原点，速度服从麦克斯韦分布，即初始时刻气体的分布函数为 $\rho(q,p,t=0) = \delta(q)f(p)$，其中 $f(p) = \exp[-p^2/(2mk_B T)]/\sqrt{2\pi mk_B T}$，$\delta$ 为狄拉克 δ 函数。在没有外力作用的情况下，在 t 时刻气体的分布函数则为

$$\rho(q,p,t) = \frac{1}{2}\left[\delta\left(q-\frac{p}{m}t\right)+\delta\left(q+\frac{p}{m}t\right)\right]f(p)$$

(a) 证明 $\rho(q,p,t)$满足刘维尔方程，并在相空间(q,p)画出分布函数 $\rho(q,p,t)$；

(b) 推导 t 时刻$\langle q^2\rangle(t)$和$\langle p^2\rangle(t)$的表达式；

(c) 假设在 $q = \pm q_0$ 处各有堵硬墙，在时间足够长（$t\to\infty$）之后，$\rho(q,p,t)$是如何分布的？请在相空间画出 t 时刻分布函数$\rho(q,p,t)$；

(d) 将分布函数 ρ 在某个宏观小微观大的尺度平均，比如取大于分辨率尺度对 ρ 平均（称为粗粒平均）得到平均过后的分布函数$\tilde{\rho}$。试说明在经历足够长的时间之后，气体的$\tilde{\rho}$是静态的，与时间无关。

7.2 归一化的分布密度 $\rho(q_1,\cdots,q_N,p_1,\cdots,p_N,t)$是 Γ 空间的概率分布函数，可以定义与 ρ 对应的熵：$S(t) = -\int\mathrm{d}^N q\mathrm{d}^N p[\rho\ln\rho]$，显然熵 S 是分布函数ρ 的泛函：$S(t) = S[\rho]$。

(a) 如果系统的哈密度量为 H。如果系统的分布函数 ρ 满足相应的刘维尔方程，证明：$\mathrm{d}S/\mathrm{d}t=0$；

(b) 平衡态时，系统能量的系综平均值 $\langle H\rangle$ 等于系统热力学内能 U。求系统达到平衡态时的分布函数 ρ_{eq}，它使得 $S[\rho]$ 达到极大值（提示：用拉格朗日未定乘子法讨论）；

(c) 证明 $\partial\rho_{\mathrm{eq}}/\partial t=0$；

(d) 系统的熵在从非平衡态向平衡的演化过程中，即 ρ 向 ρ_{eq} 演化过程中，熵应该是不断增加的。如何理解 ρ 在演化过程中又满足 $\mathrm{d}S/\mathrm{d}t=0$？

7.3 考虑由质子和电子组成的等离子体。系统中有 N 个质子和电子，系统的体积为 V，因此质子和电子的平均数密度 $n_0=N/V$。质子和电子分别满足弗拉索夫方程：

$$\left[\frac{\partial}{\partial t}+\frac{p}{m_{\mathrm{p}}}\cdot\frac{\partial}{\partial q}+e\frac{\partial V_{\mathrm{eff}}}{q}\cdot\frac{\partial}{\partial p}\right]f_{\mathrm{p}}(q,p,t)=0$$

$$\left[\frac{\partial}{\partial t}+\frac{p}{m_{\mathrm{e}}}\cdot\frac{\partial}{\partial q}-e\frac{\partial V_{\mathrm{eff}}}{q}\cdot\frac{\partial}{\partial p}\right]f_{\mathrm{e}}(q,p,t)=0$$

其中有效的库仑势为

$$V_{\mathrm{eff}}(q,t)=V_{\mathrm{ext}}(q)+e\int\mathrm{d}q'\mathrm{d}p'\varphi(q-q')\cdot[f_{\mathrm{p}}(q',p',t)-f_{\mathrm{e}}(q',p',t)]$$

这里 $V_{\mathrm{ext}}(q)$ 为外部电荷产生的静电势，库仑势 $\varphi(q-q')$ 满足泊松方程：$\nabla^2\varphi(q-q')=4\pi\delta^3(q)$。

(a) 假设单粒子的密度满足如下静态的形式：$f_i=g_i(p)\cdot n_i(q)$，$i=\mathrm{p},\mathrm{e}$。试说明有效势满足的方程如下：

$$\nabla^2 V_{\mathrm{eff}}=4\pi\rho_{\mathrm{ext}}+4\pi e[n_{\mathrm{p}}(q)-n_{\mathrm{e}}(q)]$$

其中，ρ_{ext} 为外部电荷密度。上式表明，有效势 V_{eff} 由外部电荷分布和等离子体内部分离电荷共同产生；

(b) 进一步假设质子和电子密度弛豫到了平衡态分布，即 $n_{\mathrm{p,e}}=n_0\exp[\pm eV_{\mathrm{eff}}/(k_{\mathrm{B}}T)]$，则有效势满足如下的方程：

$$\nabla^2 V_{\mathrm{eff}}=4\pi[\rho_{\mathrm{ext}}+n_0(\mathrm{e}^{eV_{\mathrm{eff}}/(k_{\mathrm{B}}T)}-\mathrm{e}^{-eV_{\mathrm{eff}}/(k_{\mathrm{B}}T)})]$$

上式是关于 V_{eff} 非线性的方程，不好求解。将该方程线性化，得到如下的德拜方程：

$$\nabla^2 V_{\mathrm{eff}}=4\pi[\rho_{\mathrm{ext}}+V_{\mathrm{eff}}/\lambda_{\mathrm{D}}^2]$$

试给出德拜长度 λ_{D} 的表达式。

(c) 试说明德拜方程有如下的通解：

$$V_{\mathrm{eff}}(q)=\int\mathrm{d}^3q'G(q-q')\rho_{\mathrm{ext}}(q')$$

其中，$G(q)=\exp(-|q|/\lambda_{\mathrm{D}})/|q|$ 是库仑屏蔽势；

(d) 给出弗拉索夫近似的自洽条件，并用粒子之间的距离解释；

(e) 试说明特征弛豫时间（$\tau\approx\lambda_{\mathrm{D}}/v$）与温度无关，该特征时标的倒数对应等离子体的振荡频率，即德拜频率 ω_{D}。

7.4 利用分子运动论可以讨论气体的输运，例如气体的热导率。考察在两个无限大平行板之间的气体的热传导。假设一块板位于 $x_1=0$ 处，板的温度为 T_1，另一块板位于 $x_2=d$ 处，板的温度为 T_2。作为零阶近似，假设气体已达到局域热平衡，各处气体的温度为 $T(x)$，因此，单粒子的密度分布为

$$f_1^0(x,y,z,p_x,p_y,p_z)=\frac{n(x)}{[2\pi mk_{\mathrm{B}}T(x)]^{3/2}}\exp\left[-\frac{p_x^2+p_y^2+p_z^2}{2mk_{\mathrm{B}}T(x)}\right]$$

(a) 证明气体的速度 $u=\langle p/m\rangle^0=0$，上标 0 的意思是对零阶分布求平均。

(b) 证明如下的零阶平均值分别为

$$\langle p^2\rangle^0=3mk_{\mathrm{B}}T,\quad\langle p^4\rangle^0=15(mk_{\mathrm{B}}T)^2$$

$$\langle p^6\rangle^0=105(mk_{\mathrm{B}}T)^3,\quad\langle p_x^2p^4\rangle^0=35(mk_{\mathrm{B}}T)^3$$

(c) 由于零阶近似时气体的速度为零，不能给出气体的输运性质。为了讨论气体的输运，最好能得到一个不含时的一阶近似分布函数 $f_1^1(x,\boldsymbol{p})$。线性化玻尔兹曼方程，并采用单碰撞时标近似，即 $(\partial f/\partial t)_{\mathrm{c}}\approx-(f_1^1-f_1^0)/\tau_{\mathrm{c}}$，其中 τ_{c} 为气体分子的平均碰撞时标。则玻尔兹曼方程简化为

$$\left[\frac{\partial}{\partial t}+\frac{p_x}{m}\frac{\partial}{\partial x}\right]f_1^0\approx-\frac{f_1^1-f_1^0}{\tau_{\mathrm{c}}}$$

(d) 根据 f_1^1 计算气体沿 x 方向的热流 h_x，并得到热传导系数 K。

(e) 当气体处于稳恒态时，气体的温度分布 $T(x)$ 是什么？

7.5 利用分子运动论推导带电分子气体的电导率。考察在空间不受限制的稀薄的带电分子气体，分子质量和电荷分别为 m,q。假设空间充满了无限的离子晶格，不考虑离子的运动。在无外电场的情况下，分子达到热平衡，即单分子的密度分布为

$$f_1^0(\boldsymbol{p})=\frac{n}{(2\pi mk_{\mathrm{B}}T)^{3/2}}\exp\left(-\frac{p^2}{2mk_{\mathrm{B}}T}\right)$$

之后，加上微弱的均匀电场，电场强度为 $\boldsymbol{E}$，带电分子会达到新的平衡。假设分子－分子之间以及分子与晶格之间的碰撞时标为 τ_c，并采用单碰撞时标近似，试计算：

(a) 近似到一阶的新的分布函数 f_1^1；

(b) 电导率的定义为：$\sigma\boldsymbol{E}=nq\langle\boldsymbol{v}\rangle$。

7.6 根据粒子数、动量和能量守恒可以给出流体力学方程组：

$$\begin{cases}\partial_t n+\partial_\alpha(nv_\alpha)=0\\ \partial_t v_\alpha+v_\beta\partial_\beta v_\alpha=-\dfrac{1}{\rho}\partial_\beta P_{\alpha\beta}\\ \partial_t\varepsilon+u_\alpha\partial_\alpha\varepsilon=-\dfrac{1}{n}\partial_\alpha h_\alpha-\dfrac{1}{n}P_{\alpha\beta}v_{\alpha\beta}\end{cases}$$

其中，n 为局域粒子数密度，v 为流体速度，$v_{\alpha\beta}$ 为流体的速度张量，ε 为流体的内能。

(a) 对零阶密度，有

$$f_1^0(q,p,t)=\frac{n(q,t)}{[2\pi mk_B T(q,t)]^{3/2}}\cdot\exp\left[-\frac{(p-mv(q,t))^2}{2mk_B T(q,t)}\right]$$

试计算压强张量 $P^0_{\alpha\beta}=mn\langle c_\alpha c_\beta\rangle^0$，以及热流矢量 $h^0_\alpha=nm\langle c_\alpha c^2/2\rangle^0$；

(b) 推导 $n(q,t)$，$v(q,t)$ 和温度 $T(q,t)$ 满足的零阶流体动力学方程；

(c) 证明上式意味着 $D_t\ln(nT^{-3/2})=0$，其中 $D_t=\partial_t+u_\alpha\partial_\beta$ 是沿着流线的随体导数；

(d) 在对动量 p 积分之后，用 $n(q,t)$，$v(q,t)$ 和温度 $T(q,t)$ 等表示函数 $H^0(t)=\int d^3qd^3pf_1^0(q,p,t)\cdot\ln f_1^0(q,p,t)$；

(e) 利用流体方程计算 dH^0/dt；

(f) 利用 dH^0/dt 的结果，讨论流体向平衡态演化的过程中行为。

7.7 利用分子运动论讨论气体的黏滞。考察在两个无限大平行板之间的气体的黏滞(内摩擦)。假设一块板位于 $y_1=0$ 处，板的速度为零，另一块板位于 $y_2=d$ 处，板的速度为 $v_x=v_0$。作为零阶近似，假设气体已达到整体热平衡，各处气体的温度为 T，密度也是整体均匀的。因此，单粒子的密度分布为

$$f_1^0(q,p)=\frac{n}{(2\pi mk_B T)^{3/2}}\cdot\exp\left\{-\frac{1}{2mk_B T}[(p_x-m\alpha y)^2+p_y^2+p_z^2]\right\}$$

其中，$\alpha=v_0/d$ 为速度梯度。

(a) 以上近似并不满足玻尔兹曼方程，因为碰撞项消失，但 $df_1^0\neq 0$。因此必须引入一阶近似项：$f_1^1(\boldsymbol{p})$，它满足线性化的玻尔兹曼方程。采用单碰撞时标近似，$f_1^1(\boldsymbol{p})$ 满足的方程为

$$\left[\frac{\partial}{\partial t}+\frac{\boldsymbol{p}}{m}\cdot\frac{\partial}{\partial \boldsymbol{q}}\right]f_1^0\approx-\frac{f_1^1-f_1^0}{\tau_x}$$

其中，τ_x 为特征的碰撞时标。

(b) 计算单位时间、穿过位于 y 处的 y 平面($y=$常速的平面)单位面积、净的、沿着 x 方向的动量流量 $\prod_{xy}$；

(c) 当流体达到稳恒态时，$\prod_{xy}$ 不依赖于 y 坐标，因此，相邻的两个 y 平面之间的内摩擦力 $F_x=-\prod_{xy}$。定义黏滞系数为 $\eta=F_x/\alpha$，试给出 η 的表达式。

附录 A　拉格朗日未定乘子法

A.1　斯特林公式

在求系统微观状态最可几分布的时候，用到了如下的斯特林公式：

$$\ln N! \approx N\ln N - N \tag{A.1}$$

下面简单证明该近似公式。

$$\begin{aligned}\ln N! &= \ln 1 + \ln 2 + \ln 3 + \cdots + \ln N \\ &= \sum_{i=1}^{N} \ln(i)\Delta i\end{aligned} \tag{A.2}$$

其中，$\Delta i = 1$。式(A.2)的几何意义就是图 A.1 中所有矩形面积之和。从图 A.1(上)可以看出，所有矩形面积之和大于 $\ln(x)$曲线与 x 轴围成的面积，因此有

$$\begin{aligned}\ln N! &> \int_1^N \ln(x)\mathrm{d}x = x\ln x\,|_1^N - \int_1^N \mathrm{d}x \\ &= N\ln N - N + 1 \approx N\ln N - N\end{aligned} \tag{A.3}$$

当 $N \gg 1$ 时。同理，图 A.1(下)可以看出，所有矩形面积之和小于 $\ln(x)$曲线与 x 轴围成的面积，因此有

$$\begin{aligned}\ln N! &< \int_2^{N+1} \ln(x)\mathrm{d}x \\ &= (N+1)\ln(N+1) - 2\ln 2 - N + 1 \\ &\approx N\ln N - N\end{aligned} \tag{A.4}$$

从式(A.3)与式(A.4)可以看出，式(A.1)在 $N \gg 1$ 的条件下是一个非常好的近似。

在 N 很大时有一个更逼近 $\ln N!$ 的结果，即斯特林公式：

$$\ln N! \approx N\ln N - N + \frac{1}{2}\ln(2\pi N) \tag{A.5}$$

显然，在 $N \gg 1$ 时，式(A.5)右边第三项可以忽略。简单证明如下。利用

$$N! \equiv \int_0^\infty \mathrm{e}^{-x}x^N \mathrm{d}x \equiv \int_0^\infty \mathrm{e}^{-F(x)}\mathrm{d}x \tag{A.6}$$

易知，引入的函数 $F(x)$在 $x_0 = N$ 处取极小值，且有 $F''(x_0) = 1/N > 0$。将 $F(x)$在 x_0 处泰勒展开，并代入上面的积分表达式，易得

$$N! \approx \mathrm{e}^{-F(x_0)}\sqrt{\frac{2\pi}{F''}(x_0)} = \mathrm{e}^{-N}N^N\sqrt{2\pi N} \tag{A.7}$$

在计算过程中，已取 $N \gg 1$。

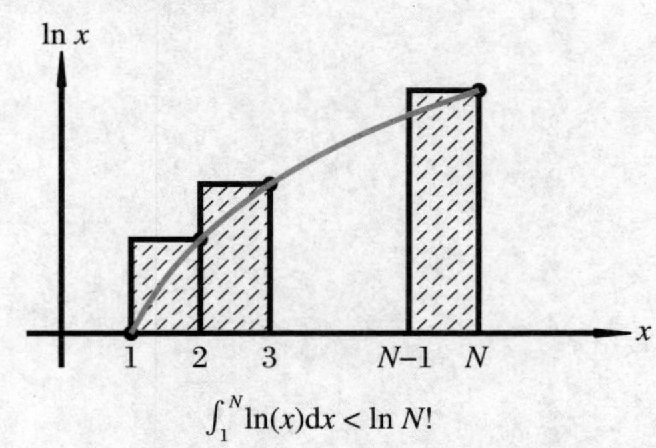

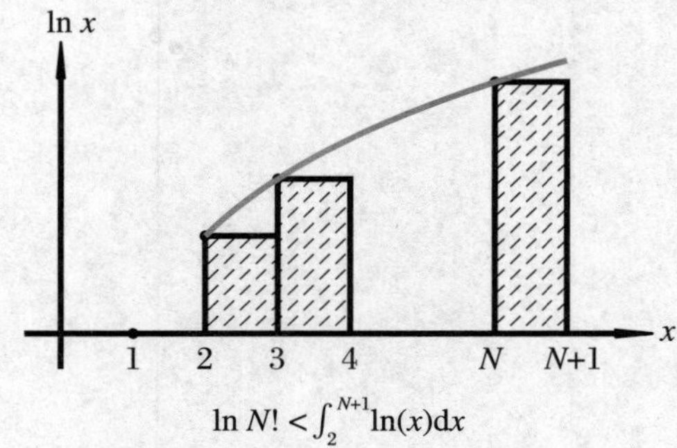

图 A.1　斯特林公式：$\ln N! \approx N\ln N - N$

A.2 拉格朗日未定乘子法

以二维函数为例。假设目标函数为 $f(x,y)$，需满足的约束条件为 $g(x,y)=0$。求满足该约束的极值点 $P_0(x_0,y_0)$。如图 A.2 所示，蓝色虚线分别是 $f(x,y)=d_1$，$f(x,y)=d_2$ 的等高线；红色曲线是约束 $g(x,y)=0$ 的曲线。

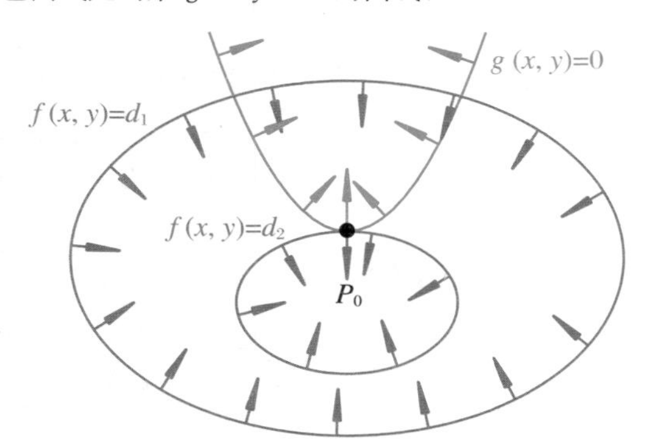

图 A.2 拉格朗日未定乘子法基本思想

假设 $g(x,y)=0$ 与等高线相交，交点就是同时满足约束条件和目标函数的一些值，但肯定不是极值，因为相交意味着肯定还存在其他的等高线在该条等高线的内部或者外部，使得新的等高线与目标函数的交点的值更大或者更小，只有到等高线与约束条件曲线相切的时候，才可能取极值！如图 A.2 所示，两者相切时，等高线和约束条件曲线在该点 P_0 的法向量（梯度）必须平行，所以在 P_0 点：

$$\nabla f + \lambda\, \nabla g = 0 \tag{A.8}$$

其中，λ 是个常数（可正可负），而且最终可以将它的值求出来，即 λ 为待定常数。

可以先构造一个新的函数：$F(x,y)\equiv f(x,y)+\lambda g(x,y)$。求极值时不要求满足约束条件，根据上式，在极值点 P_0 满足 $\nabla F(x_0,y_0)=0$，即

$$\left.\frac{\partial F(x,y)}{\partial x}\right|_{(x_0,y_0)} = \left.\frac{\partial f(x,y)}{\partial x}\right|_{(x_0,y_0)} + \lambda \left.\frac{\partial g(x,y)}{\partial x}\right|_{(x_0,y_0)} = 0 \tag{A.9}$$

$$\left.\frac{\partial F(x,y)}{\partial y}\right|_{(x_0,y_0)} = \left.\frac{\partial f(x,y)}{\partial y}\right|_{(x_0,y_0)} + \lambda \left.\frac{\partial g(x,y)}{\partial y}\right|_{(x_0,y_0)} = 0 \tag{A.10}$$

式(A.9)和式(A.10)加上约束条件 $g(x_0,y_0)=0$，共三个方程，而我们有三个未知数(x_0,y_0,λ)，原则上问题可解。

很容易推广到高维函数且多个约束的情形。设函数 $f(x_1, x_2,\cdots,x_n)$ 变量个数为 n，它需要满足如下 m 个约束：

$$g_i(x_1,x_2,\cdots,x_n) = 0 \quad (i = 1,2,\cdots,m) \tag{A.11}$$

显然，约束数必须小于函数 f 的变量数，即 $m<n$。引入 m 个拉格朗日乘子 λ_i：

$$\nabla f + \sum_i^m \lambda_i \nabla g_i = 0 \quad (\mu = 1,2,\cdots,n) \tag{A.12}$$

其中，$\nabla=\{\partial_\mu\equiv\partial/\partial x^\mu,\mu=1,2,\cdots,n\}$ 为高维空间曲面的梯度算符。式(A.12)提供了 n 个方程，加上 m 个约束，可以求解极值点 $P_0=(x_{10},x_{20},\cdots,x_{n0})$，以及 m 个未定乘子 λ_i $(i=1, 2,\cdots,m)$。

附录B 常用积分

B.1 高斯型积分

著名的高斯积分为

$$I(\alpha)=\int_{-\infty}^{+\infty}\mathrm{e}^{-\alpha x^2}\mathrm{d}x=\sqrt{\frac{\pi}{\alpha}} \tag{B.1}$$

推导如下：

$$I^2=\iint_{-\infty}^{+\infty}\mathrm{d}x\mathrm{d}y\mathrm{e}^{-\alpha(x^2+y^2)}=2\pi\int_0^{\infty}r\mathrm{d}r\mathrm{e}^{-\alpha r^2}=\frac{\pi}{\alpha} \tag{B.2}$$

在推导过程中，将直角坐标系(x,y)变换到了极坐标系(r,θ)。

引入如下更一般的高斯型积分：

$$I_n(\alpha)=\int_0^{\infty}x^n\mathrm{e}^{-\alpha x^2}\mathrm{d}x \tag{B.3}$$

显然，根据函数的对称性，已得到了 $I_0=\sqrt{\pi/\alpha}/2$。$I_1(\alpha)$可以直接给出：

$$I_1(\alpha)=\int_0^{\infty}x\mathrm{e}^{-\alpha x^2}\mathrm{d}x=\frac{1}{2}\int_0^{\infty}\mathrm{e}^{-\alpha x^2}\mathrm{d}x^2=\frac{1}{2\alpha} \tag{B.4}$$

对式(B.3)求导，可以得到 I_{n+2}：

$$\frac{\mathrm{d}I_n(\alpha)}{\mathrm{d}\alpha}=-\int_0^{\infty}x^{n+2}\mathrm{e}^{-\alpha x^2}\mathrm{d}x=-I_{n+2} \tag{B.5}$$

通过递推关系(B.5)可以得到更高阶的积分。容易验证 $I_n(\alpha)$的一般表达式为

$$I_n(\alpha)=\int_0^{\infty}x^n\mathrm{e}^{-\alpha x^2}\mathrm{d}x=\frac{\Gamma\left(\frac{n}{2}+1\right)}{2\alpha^{\frac{n}{2}+1}} \tag{B.6}$$

其中，$\Gamma(n)$为 Γ 函数，并注意到 $\Gamma(1/2)=\sqrt{\pi}$，$\Gamma(n+1)=n\Gamma(n)$。

B.2 $\Gamma(n)$函数

$\Gamma(n)$函数的定义为

$$\Gamma(n)=\int_0^{\infty}x^{n-1}\mathrm{e}^{-x}\mathrm{d}x \tag{B.7}$$

容易看出，$\Gamma(1/2)$为高斯积分的一个变形，即

$$\Gamma(1/2)=\int_0^{\infty}x^{-1/2}\mathrm{e}^{-x}\mathrm{d}x=2\int_0^{\infty}\mathrm{e}^{-y^2}\mathrm{d}y=\sqrt{\pi} \tag{B.8}$$

上式最后一步作了参量变换，即令 $y=\sqrt{x}$。容易证明 $\Gamma(n)$函数满足递推关系：

$$\Gamma(n+1)=n\Gamma(n) \tag{B.9}$$

证明如下：

$$\begin{aligned}\Gamma(n+1)&=\int_0^{\infty}x^n\mathrm{e}^{-x}\mathrm{d}x=-\int_0^{\infty}x^n\mathrm{d}\mathrm{e}^{-x}\\&=x^n\mathrm{e}^{-x}\Big|_0^{\infty}+\int_0^{\infty}\mathrm{e}^{-x}\mathrm{d}x^n=n\Gamma(n)\end{aligned} \tag{B.10}$$

易证：$\Gamma(1)=1$。根据递推关系，当 n 为整数和半整数时，它们的值分别为

$$\Gamma(n)=\begin{cases}(n-1)! & (n\text{ 为整数})\\ (n-1)\cdot\cdots\cdot\frac{3}{2}\cdot\frac{1}{2}\cdot\Gamma\left(\frac{1}{2}\right) & \\ \quad=(n-1)\cdot\cdots\cdot\frac{3}{2}\cdot\frac{1}{2}\cdot\sqrt{\pi} & (n\text{ 为半整数})\end{cases} \tag{B.11}$$

(B.17)

B.3 玻色型积分

对化学势 $\mu=0$ 的相对论性玻色子，例如光子气体，分布函数（每个量子态上的平均粒子数分布）为 $1/[e^{\varepsilon/(k_B T)}-1]$。为了求给定温度 T 时玻色子的粒子数、压强和内能，需要用到如下形式的积分：

$$B_n=\int_0^\infty \frac{x^{n-1}}{e^x-1}dx=\Gamma(n)\zeta(n) \tag{B.12}$$

其中，$\zeta(n)$ 为黎曼 ζ 函数。证明如下：首先利用

$$\begin{aligned}\frac{1}{e^x-1}&=\frac{e^{-x}}{1-e^{-x}}=e^{-x}(1+e^{-x}+e^{-2x}+\cdots)\\&=\sum_{k=1}^{\infty}e^{-kx}\end{aligned} \tag{B.13}$$

得

$$\begin{aligned}B_n&=\sum_{k=1}^{\infty}\int_0^\infty x^{n-1}e^{-kx}dx=\sum_{k=1}^{\infty}\frac{1}{k^n}\int_0^\infty (kx)^{n-1}e^{-kx}d(kx)\\&=\Gamma(n)\sum_{k=1}^{\infty}\frac{1}{k^n}=\Gamma(n)\zeta(n)\end{aligned} \tag{B.14}$$

下面列出一些低阶的 ζ 函数的值：

$$\begin{aligned}&\zeta(2)=\frac{\pi^2}{6}, &&\zeta(3)=1.202\\&\zeta(4)=\frac{\pi^4}{90}, &&\zeta(5)=1.037\\&\zeta(3/2)=2.612, &&\zeta(5/2)=1.341\end{aligned} \tag{B.15}$$

B.4 费米型积分

对化学势 $\mu=0$ 的相对论性费米子，例如高温正负电子对等离子体，电子和正电子的分布函数（每个量子态上的平均粒子数分布）为 $1/[e^{\varepsilon/(k_B T)}+1]$。为了求给定温度 T 时费米气体的粒子数密度、压强和内能，需要用到如下形式的积分：

$$\begin{aligned}F_n&=\int_0^\infty \frac{x^{n-1}}{e^x+1}dx=\Gamma(n)\zeta(n)(1-2^{1-n})\\&=B_n(0)(1-2^{1-n})\end{aligned} \tag{B.16}$$

其中，B_n 为玻色型积分，见附录 B.3。上式的证明如下：首先利用

$$\frac{1}{e^x+1}=\frac{1}{e^x-1}-\frac{2}{e^{2x}-1}$$

因此

$$\begin{aligned}F_n&=\int_0^\infty dx x^{n-1}\left(\frac{1}{e^x-1}-\frac{2}{e^{2x}-1}\right)\\&=\int_0^\infty dx x^{n-1}\frac{1}{e^x-1}-\int_0^\infty dx x^{n-1}\frac{2}{e^{2x}-1}\\&=\Gamma(n)\zeta(n)-2^{1-n}\int_0^\infty d(2x)(2x)^{n-1}\frac{1}{e^{2x}-1}\\&=\Gamma(n)\zeta(n)(1-2^{1-n})\end{aligned} \tag{B.18}$$

对于化学势不等于零的正负电子对气体，引入如下的费米型积分：

$$F_n(\eta)\equiv\int_0^\infty \frac{x^{n-1}dx}{e^{x-\eta}+1} \tag{B.19}$$

也可参见式(5.215)。对 $F_n(\eta)$ 求导：

$$\begin{aligned}\frac{dF_n(\eta)}{d\eta}&=\int_0^\infty dx x^{n-1}\frac{d}{d\eta}\left(\frac{1}{e^{x-\eta}+1}\right)\\&=-\int_0^\infty dx x^{n-1}\frac{d}{dx}\left(\frac{1}{e^{x-\eta}+1}\right)\\&=-x^{n-1}\left(\frac{1}{e^{x-\eta}+1}\right)\Bigg|_0^\infty\\&\quad+(n-1)\int_0^\infty dx x^{n-2}\left(\frac{1}{e^{x-\eta}+1}\right)\\&=(n-1)F_{n-1}(\eta)\end{aligned} \tag{B.20}$$

上式表明，可以通过对 $F_{n-1}(\eta)$ 积分，得到 $F_n(\eta)$。

先计算 $F_1(\eta)$：

$$\begin{aligned}F_1(\eta)&=\int_0^\infty \frac{dx}{e^{x-\eta}+1}=\int_0^\infty \frac{e^{-x}dx}{e^{-\eta}+e^{-x}}\\&=\int_0^1 \frac{dt}{e^{-\eta}+t}=\ln(e^\eta+1)\end{aligned} \tag{B.21}$$

利用上式结果，易得

$$F_1(\eta)-F_1(-\eta)=\ln e^\eta=\eta \tag{B.22}$$

对上式连续积分，得到

$$F_2(\eta)+F_2(-\eta)=\frac{\eta^2}{2}+2F_2(0) \tag{B.23}$$

以及

$$F_3(\eta)-F_3(-\eta)=\frac{\eta^3}{3}+4F_2(0)\eta \tag{B.24}$$

最终积分上式，得到与正负电子对气体总压强有关的积分：

$$\begin{aligned}F_4(\eta)+F_4(-\eta)&=\frac{\eta^4}{4}+6F_2(0)\eta^2+2F_4(0)\\&=\frac{\eta^4}{4}+\frac{\pi^2}{2}\eta^2+\frac{7\pi^4}{60}\end{aligned} \tag{B.25}$$

附录C 物理天文常数与单位转换

C.1 物理天文常数

真空中的光速	$c=2.997\,924\,58\times10^{8}\ \mathrm{m\cdot s^{-1}}$
普朗克常数	$h=6.626\,068\,96\times10^{-34}\mathrm{J\cdot s}$
玻尔兹曼常数	$k_B=1.380\,650\,4\times10^{-23}\mathrm{J\cdot K^{-1}}$
万有引力常数	$G=6.674\,28\times10^{-11}\ \mathrm{m^3\cdot kg^{-1}\cdot s^{-2}}$
电子电荷	$e=1.602\,176\,487\times10^{-19}\ \mathrm{C}$
电子质量	$m_e=9.109\,382\,15\times10^{-31}\ \mathrm{kg}$
精细结构常数	$\alpha=7.297\,352\,537\,6\times10^{-3}$
	$(0.510\,998\,950\,00\ \mathrm{MeV\cdot c^{-2}})$
质子质量	$m_p=1.672\,621\,637\times10^{-27}\ \mathrm{kg}$
	$(938.272\,088\,16\ \mathrm{MeV\cdot c^{-2}})$
中子质量	$m_n=1.674\,927\,211\times10^{-27}\ \mathrm{kg}$
	$(939.565\,420\,52\ \mathrm{MeV\cdot c^{-2}})$
原子质量单位	$m_u=1.660\,5387\,82\times10^{-24}\ \mathrm{kg}$
玻尔半径	$a_0=5.291\,772\,085\,9\times10^{-11}\ \mathrm{m}$
玻尔磁矩	$\mu_B=9.274\,009\,15\times10^{-24}\ \mathrm{A\cdot m^2}$
	$(\mathrm{J\cdot T^{-1}})$
质子与电子质量比	$1\,836.152\,672\,47$
电子康普顿波长	$\lambda_e=\hbar/m_e c=3.861\,592\,645\,9$
	$\times10^{-13}\ \mathrm{m}$
阿伏伽德罗常数	$N_A=6.022\,136\,7\times10^{23}\ \mathrm{mol^{-1}}$
摩尔气体常数	$R=8.314\,472\ \mathrm{J\cdot mol^{-1}\cdot K^{-1}}$
辐射密度常数	$a=7.566\times10^{-16}\ \mathrm{J\cdot m^{-3}\cdot K^4}$
斯特藩-玻尔兹曼常数	$\sigma=5.670\times10^{-8}\ \mathrm{W\cdot m^{-2}\cdot K^{-4}}$
太阳质量	$M_\odot=1.989\times10^{30}\ \mathrm{kg}$
地球质量	$M_\otimes=5.97\times10^{24}\ \mathrm{kg}$
太阳半径	$R_\odot=6.969\times10^{8}\ \mathrm{m}$
地球半径	$R_\otimes=6.378\times10^{6}\ \mathrm{m}$
太阳光度	$L_\odot=3.827\times10^{26}\ \mathrm{W}$
普朗克长度	$l_{Pl}=\sqrt{\hbar G/c^3}=1.616\times10^{-35}\ \mathrm{m}$
普朗克质量	$m_{Pl}=\sqrt{\hbar c/G}=2.176\times10^{-8}\ \mathrm{kg}$
普朗克时间	$t_{Pl}=l_{Pl}/c=5.391\times10^{-44}\ \mathrm{s}$

C.2 单位转换

埃,Å	$10^{-10}\ \mathrm{m}$
光年,ly	$9.460\times10^{15}\ \mathrm{m}$
天文单位,AU	$1.496\times10^{11}\ \mathrm{m}$
秒差距	$1\ \mathrm{pc}=3.086\times10^{16}\ \mathrm{m}$
标准大气压,atm	$1.01\times10^{5}\ \mathrm{Pa}=760\ \mathrm{torr}$
卡路里,cal	4.1841 J
电子伏特,eV	$1.602\times10^{-19}\ \mathrm{J}$
尔格,erg	$10^{-7}\mathrm{J}$
微米,μm	$10^{-6}\ \mathrm{m}$
飞米,fm	$10^{-15}\ \mathrm{m}$
$GM_\odot/c^2$	$1.477\times10^{5}\ \mathrm{m}$
$1\ \mathrm{eV}/k_B$	$1.160\times10^{4}\ \mathrm{K}$
$\hbar c$	$197.33\ \mathrm{MeV\cdot fm}$
$\mathrm{MeV\cdot fm^{-3}}$	$1.602\times10^{32}\ \mathrm{Pa}$

参 考 文 献

[1] 曹烈兆，周子舫．热学：热力学与统计物理．下册[M]．北京：科学出版社，2008．
[2] 龚昌德．热力学与统计物理[M]．北京：高等教育出版社，1982．
[3] 李政道．统计力学[M]．上海：上海科学技术出版社，2006．
[4] 黄昆，韩汝琦．固体物理学[M]．北京：高等教育出版社，1988．
[5] 梁希侠，班士良．统计热力学[M]．3版．北京：科学出版社，2022．
[6] 苏汝铿．统计物理学[M]．上海：复旦大学出版社，1990．
[7] 薛增泉．热力学与统计物理[M]．北京：北京大学出版社，1995．
[8] 朱晓东．热学[M]．合肥：中国科学技术大学出版社，2014．
[9] 汪志诚．热力学统计物理[M]．4版．北京：高等教育出版社，2008．
[10] 王诚泰．统计物理学[M]．北京：清华大学出版社，1991．
[11] 郑久仁，周子舫．物理学大题典5：热学 热力学 统计物理[M]．2版．北京：科学出版社，2018．
[12] Blundell S J，Blundell K M. Concepts in thermal physics[M]. Oxford：Oxford University Press，2006.
[13] Greiner W，Neise L，Stöcker H. Thermodynamics and statistical mechanics [M]. NewYork：Springer-Verlag，1995.
[14] Huang K. Statistical mechanics[M]. 2nd ed. New York：Wiley，1987.
[15] Kardar M. Statistical physics of particles [M]. Cambridge：Cambridge University Press，2007.
[16] Landau L D，Lifshitz E M. Statistical physics：part 1 [M]. Singapore：Elsevier，2007.
[17] Pathria R K，Beale P D. Statistical mechanics[M]. 3rd ed. Singapore：Elsevier Pte. Ltd.，2011.
[18] Reall H S. Statistical physics [EB/OL]. https://dec41.user.srcf.net/h/II_L/statistical_physics.
[19] 切尔奇纳尼．玻尔兹曼：笃信原子的人[M]．胡新和，译．上海：上海科学技术出版社，2002．
[20] 于渌，郝柏林，陈晓松．相变与临界现象[M]．北京：科学出版社，2005．
[21] 朗盖尔．物理学中的理论概念[M]．向守平，郑久仁，朱栋培，等译．合肥：中国科学技术大学出版社，2017．
[22] 亚伯拉罕．爱因斯坦传[M]．方在庆，李勇，等译．北京：商务印书馆，2019．
[23] 舒茨．数学物理中的几何方法[M]．冯承天，李顺祺，译．上海：上海科学技术文献出版社，1986．
[24] 吴望一．流体力学[M]．2版．北京：北京大学出版社，2021．
[25] Nicholson D R. Introduction to plasma physics[M]. New York：John Wiley & Sons Inc.，1983.
[26] Shapiro S L，Teukolsky S A. Black holes，white dwarfs，

and neutron stars：the physics of compact objects[M]. New York：Wiley，1983.

[27] Battaner E. Astrophysical fluid dynamics [M]. Cambridge：Cambridge University Press，1996.

[28] Padmanabhan T. Structure formation in the universe[M]. Cambridge：Cambridge University Press，1993.

[29] Peskin M E，Schroeder D V. An introduction to quantum field theory [M]. Reading，USA：Addison-Wesley，1995.

[30] Ryder L H. Quantum field theory[M]. Cambridge：Cambridge University Press，1996.

[31] Harwit M. Astrophysical concepts [M]. 3rd ed. New York：Springer-Verlag，1998.

[32] Joule J P. The scientific papers of James Prescott Joule [M]. Cambridge：Cambridge University Press，2011.

[33] Schwartz M D. Quantum field theory and the standard model [M]. Cambridge：Cambridge University Press，2014.

[34] Nernst W. Über die berechnung chemischer gleichgewichte aus thermischen messungen [J]. Nachr. Kgl. Ges. Wiss. Goett.，1906，1：1-40

[35] Bose S N. Plancks gesetz und lichtquantenhypothese. [J]. Zeitschrift für Physik，1924，26：178.

[36] Einstein A. Quantentheorie des einatomigen idealen gases [J]. Sitzber. der Preuss. Akad. der Wiss.，1925，1：3-10.

[37] Ising E. Contribution to the theory of ferromagnetism[J]. Z. Phys.，1925，31：253-258.

[38] Fermi E. Zur Quantelung des idealen einatomigen gases[J]. Zeitschrift für Physik，1926，36：902-912.

[39] Dirac P A M. On the theory of quantum mechanics[J]. Proceedings of the Royal Society of London. Series A，1926，116：661-677.

[40] Chandrasekhar S. The maximum mass of ideal white dwarfs [J]. Astrophys. Journal，1931，74：81.

[41] Oppenheimer J R，Volkoff G M. On massive neutron cores[J]. Physical Review，1939，55：374-381.

[42] Onsager L. Crystal statistics 1：a two-dimensional model with an order disorder transition[J]. Phys. Rev.，1944，65：117-149.

[43] Shannon C E. A mathematical theory of communication [J]. The Bell System Technical Journal，1948，27：379-423，623-656.

[44] Anderson M H，Ensher J R，Matthews M R，et al. Observation of Bose-Einstein condensation in a dilute atomic vapor[J]. Science，1995，269：198.

[45] Davis K B，Mewes M O，Andrews M R，et al. Bose-Einstein condensation in a gas of sodium atoms[J]. Physical Review Letters，1995，75：3969.

[46] Aparicio J M. A simple and accurate method for the calculation of generalized Fermi functions[J]. Astrophys. J. Suppl.，1998，117：627.

[47] Yuan Y F. Electron-positron capture rates and a steady state equilibrium condition for an electron-positron plasma with nucleons [J]. Physical Review D，2005，72：013007.

中英文名词索引

（按拼音字母顺序排列）